Spark 性能调优与原理分析

吕云翔 郭宇光◎编著

清华大学出版社
北京

内 容 简 介

本书主要介绍了 Spark 运行原理及性能调优的相关实践，从 Spark 框架内部及外部运行环境等不同角度分析 Spark 性能调优的过程。第 1 章介绍了 Linux 系统中各种监控工具的使用，对 CPU、内存、网络、I/O 等方面进行介绍，并提供了集群监控报警的解决方案。第 2 章介绍了 Java 虚拟机(JVM)的基本知识、垃圾回收机制，以及对 JVM 运行状态的监控。第 3 章和第 4 章介绍了 Spark 内核架构、任务运行的流程，对各个组件的实现进行了深入的剖析。尤其在 Spark 内存管理、存储原理、Shuffle 阶段，详细介绍了每个实现的细节，这些实现的细节为后期 Spark 性能调优提供了参数调节的理论依据。第 5 章介绍了 Spark 性能调优的详细实践过程，首先介绍了 SparkUI 和 Spark 日志的使用，通过这两项可以迅速定位瓶颈问题；然后根据定位的问题，分别从程序调优、资源调优、Shuffle 过程调优等不同角度介绍了调优的实践过程。

本书在理论部分提供了大量的概念原理图、运行流程图，在实践部分提供了大量的示例。让读者对性能的调节不仅停留在参数调节的层面，而且能理解每个参数的修改对程序的内部运行产生的影响。

本书既可以作为 Spark 开发者的参考用书，也可以作为高等院校计算机与软件相关专业的教材。

图书在版编目(CIP)数据

Spark 性能调优与原理分析/吕云翔，郭宇光编著. —北京：清华大学出版社，2020.7
ISBN 978-7-302-55509-4

Ⅰ. ①S… Ⅱ. ①吕… ②郭… Ⅲ. ①数据处理软件 Ⅳ. ①TP274

中国版本图书馆 CIP 数据核字(2020)第 084267 号

责任编辑：陈景辉 张爱华
封面设计：刘 键
责任校对：焦丽丽
责任印制：沈 露

出版发行：清华大学出版社
网 址：http://www.tup.com.cn，http://www.wqbook.com
地 址：北京清华大学学研大厦 A 座 **邮 编**：100084
社 总 机：010-62770175 **邮 购**：010-83470235
投稿与读者服务：010-62776969，c-service@tup.tsinghua.edu.cn
质量反馈：010-62772015，zhiliang@tup.tsinghua.edu.cn
课件下载：http://www.tup.com.cn,010-83470236
印 装 者：小森印刷霸州有限公司
经 销：全国新华书店
开 本：185mm×260mm **印 张**：19 **字 数**：463 千字
版 次：2020 年 9 月第 1 版 **印 次**：2020 年 9 月第1 次印刷
印 数：1～2000
定 价：69.90 元

产品编号：078664-01

前言

在这个互联网数据爆发的时代，在大数据的浪潮中，各种分布式计算框架、资源调度框架层出不穷。计算速度慢的终究会落地，曾经辉煌的 MapReduce 也成为历史。先进的内存迭代式计算框架 Spark 成为大数据计算的主导。

然而有优秀的计算框架，并不一定就能写出高效的处理程序，就如同一辆兰博基尼行驶在颠簸的乡间小路上一般，纵使有很大的马力，也没有发挥的余地。所以在企业级开发中，Spark 性能的优化才能将 Spark 的性能发挥得淋漓尽致。

一辆车能跑多快不仅仅取决于引擎的动力，车轮、避震、跑道等因素也会对其造成影响。一个 Spark 程序能够运行多快，同样不单单由 Spark 本身决定，用户编写的程序、CPU、内存、磁盘、网络等因素都会对程序的运行产生影响。正因为如此，一个程序真正的调优并不简单，对程序的性能瓶颈的定位更加困难。市面上虽有很多介绍 Spark 的书籍，但大部分对性能调优部分只是一笔带过，只说明要调节哪些参数，对于为什么需要调节、原理如何、调节后的效果如何等介绍得甚少，于是便有了本书。

本书以 Spark 内部实现原理为指导，对其运行过程中的每个组件都进行了详细剖析，以理论指导各种参数的调节，以结果证明理论的正确性。如果从宏观上来看本书，各个章节的理论分析能够使读者更加快速地定位程序运行的瓶颈，解决实际生产中的问题。本书具有以下优点。

(1) 目标针对性强。

本书针对大数据技术开发者，适合想要使用 Spark 但对 Spark 原理不太了解的读者。同时，本书更适合对性能优化有需求的大数据开发工程师。本书不太适合没有 Linux 基础或 Spark 开发基础的读者。

(2) 内容与时俱进。

作为分布式计算框架的领军者，Spark 的发展可谓相当迅速，截至本书写作之时，Spark 最新的版本为 Spark 2.4.0，本书所有功能均针对 Spark 2.4.0 功能进行介绍。在内核源码分析部分使用 Spark 2.2.0 源码为基础进行剖析。

(3) 理论结合实践。

本书以 Spark 内核运行原理为指导，使用了大量图表来描述 Spark 各个环节的运行过程。以理论指导每个调优参数背后影响的过程，让读者不仅知其然，而且知其所以然。同时，本书提供了大量操作示例并提供示例的运行结果，让枯燥的理论不再乏味。读者可以跟随书中的内容同步进行操作。本书每个示例中提供的代码均提供源码下载,读者可扫描下方二维码下载。

源代码

(4) 真实的生产实践。

本书所有调优均来自真实的生产实践,并将主要问题简化后通过实验方式表达出来。大部分实验围绕 Spark 的优化进行,有一些实验围绕系统的优化来进行,如内存、网络等方面。这也表明在真实的生产环境中,对 Spark 程序的调优只是优化的一部分,还有其他方面的优化。

本书的作者为吕云翔、郭宇光,曾洪立也参与了部分内容的编写和辅助教材的制作工作。

由于实验环境条件有限,性能影响因素众多,同时限于作者水平,书中难免有疏漏之处,恳请广大读者批评指正。

作　者

2020 年 9 月

目 录

第 1 章　常用工具简介 …… 1

1.1　Linux 中的性能监控命令 …… 1

1.1.1　程序准备 …… 1

1.1.2　top 命令 …… 4

1.1.3　htop 命令 …… 7

1.1.4　vmstat 命令 …… 9

1.1.5　iostat 命令 …… 11

1.1.6　iftop 命令 …… 13

1.2　Prometheus …… 15

1.2.1　Prometheus 简介 …… 15

1.2.2　Prometheus 的组成 …… 15

1.2.3　Prometheus 的安装及配置 …… 17

1.2.4　监测服务器 …… 18

1.3　Grafana …… 19

1.3.1　Grafana 简介 …… 19

1.3.2　Grafana 的安装 …… 20

1.3.3　Grafana 服务器监控 …… 21

1.4　Alluxio 的使用 …… 22

1.4.1　Alluxio 简介 …… 22

1.4.2　Alluxio 的安装 …… 23

1.4.3　Alluxio 与 Spark 集成 …… 24

1.5　本章小结 …… 25

第 2 章　Java 虚拟机简介 …… 26

2.1　Java 虚拟机基本结构 …… 26

2.1.1　PC 寄存器 …… 27

2.1.2　Java 堆 …… 27

2.1.3　Java 虚拟机栈 …… 28

2.1.4　方法区 …… 30

2.1.5　本地方法栈 …… 31

2.2 Java 常用选项 …… 32
2.2.1 Java 选项分类 …… 32
2.2.2 标准选项 …… 33
2.2.3 非标准选项 …… 34
2.2.4 高级运行时选项 …… 35
2.2.5 高级垃圾回收选项 …… 40
2.3 垃圾回收机制 …… 42
2.3.1 什么是垃圾对象 …… 42
2.3.2 垃圾回收算法 …… 43
2.3.3 垃圾收集器 …… 46
2.4 JDK 自带命令行工具 …… 49
2.4.1 jps 命令 …… 49
2.4.2 jstat 命令 …… 50
2.4.3 jinfo 命令 …… 52
2.4.4 jmap 命令 …… 53
2.4.5 jhat 命令 …… 54
2.4.6 jstack 命令 …… 55
2.4.7 jcmd 命令 …… 57
2.4.8 jstatd 命令 …… 57
2.5 JVM 监控工具 …… 58
2.5.1 JConsole …… 58
2.5.2 Visual VM …… 62
2.5.3 Prometheus 监控 JVM …… 67

第 3 章 Spark 内核架构 …… 69

3.1 Spark 编程模型 …… 69
3.1.1 RDD 概述 …… 69
3.1.2 RDD 的基本属性 …… 70
3.1.3 RDD 的缓存 …… 77
3.1.4 RDD 容错机制 …… 78
3.1.5 Spark RDD 操作 …… 79
3.1.6 源码分析 …… 81
3.2 Spark 组件简介 …… 94
3.2.1 术语介绍 …… 94
3.2.2 Spark RPC 原理 …… 97
3.2.3 Driver 简介 …… 99
3.2.4 Executor 简介 …… 100
3.2.5 Spark 运行模式 …… 101
3.2.6 存储简介 …… 104

3.2.7　源码分析 …… 106

3.3　Spark 作业执行原理 …… 135

3.3.1　整体流程 …… 135

3.3.2　Job 提交 …… 137

3.3.3　Stage 划分 …… 139

3.3.4　Task 划分 …… 143

3.3.5　Task 提交 …… 147

3.3.6　Task 执行 …… 149

3.3.7　Task 结果处理 …… 153

3.3.8　源码分析 …… 154

3.4　Spark 内存管理 …… 180

3.4.1　内存使用概述 …… 180

3.4.2　内存池的划分 …… 182

3.4.3　内存管理 …… 183

3.4.4　源码分析 …… 186

3.5　Spark 存储原理 …… 202

3.5.1　存储模块架构 …… 203

3.5.2　磁盘存储实现 …… 205

3.5.3　内存存储实现 …… 207

3.5.4　块管理器 …… 210

3.5.5　源码分析 …… 211

第 4 章　Shuffle 详解 …… 237

4.1　为什么需要 Shuffle …… 237

4.1.1　Shuffle 的由来 …… 237

4.1.2　Shuffle 实现的目标 …… 237

4.2　Spark 执行 Shuffle 的流程 …… 239

4.2.1　总体流程 …… 239

4.2.2　ShuffleRDD 的生成 …… 240

4.2.3　Stage 的划分 …… 241

4.2.4　Task 的划分 …… 242

4.2.5　Map 端写入 …… 242

4.2.6　Reduce 端读取 …… 244

4.3　Shuffle 内存管理 …… 247

4.3.1　任务内存管理器 …… 247

4.3.2　内存消费者 …… 248

4.3.3　内存消费组件 …… 248

4.3.4　Tungsten 内存管理 …… 255

4.3.5　Tungsten 内存消费组件 …… 257

4.4 ShuffleWrite …… 258
4.4.1 HashShuffleManager …… 258
4.4.2 HashShuffleWriter …… 258
4.4.3 SortShuffleManager …… 259
4.4.4 BypassMergeSortShuffleWriter …… 262
4.4.5 SortShuffleWriter …… 262
4.4.6 UnsafeShuffleWriter …… 263
4.5 ShuffleRead …… 267
4.5.1 获取 ShuffleReader …… 267
4.5.2 拉取 Map 端数据 …… 267
4.5.3 数据聚合 …… 268
4.5.4 key 排序 …… 268

第 5 章 Spark 性能调优 …… 269

5.1 Spark 任务监控 …… 269
5.1.1 SparkUI 使用 …… 269
5.1.2 Spark 运行日志详解 …… 274
5.2 Spark 程序调优 …… 280
5.2.1 提高并行度 …… 280
5.2.2 避免创建重复的 RDD …… 281
5.2.3 RDD 持久化 …… 281
5.2.4 广播大变量 …… 282
5.2.5 使用高性能序列化类库 …… 283
5.2.6 优化资源操作连接 …… 284
5.3 Spark 资源调优 …… 285
5.3.1 CPU 分配 …… 285
5.3.2 内存分配 …… 285
5.3.3 提高磁盘性能 …… 286
5.3.4 Executor 数量的权衡 …… 286
5.3.5 Spark 管理内存比例 …… 287
5.3.6 使用 Alluxio 加速数据访问 …… 288
5.4 Shuffle 过程调优 …… 288
5.4.1 Map 端聚合 …… 288
5.4.2 文件读写缓冲区 …… 289
5.4.3 Reduce 端并行拉取数量 …… 289
5.4.4 溢写文件上限 …… 289
5.4.5 数据倾斜调节 …… 290
5.5 外部运行环境 …… 293

参考文献 …… 294

第1章

常用工具简介

性能调优是一个涉及面很广的话题，影响性能的因素很多，如网络、CPU、内存、I/O、应用程序等，这些因素都可能影响系统的整体性能。所以对性能的调优也并不是单纯地从一方面入手就能解决的问题，这如同木桶原理，系统能够运行多快，取决于最短的那一块板，而最短的那一块板就是经常所说的"瓶颈"。一般解决问题的思路是首先发现"瓶颈"，然后想办法解决。在发现的过程中，对系统的监控是十分必要的。本章将介绍一些常用的监控工具和 Spark 开发过程中辅助的框架。本章主要内容如下：

- Linux 中的性能监控命令。
- Prometheus。
- Grafana。
- Alluxio 的使用。

1.1 Linux 中的性能监控命令

在生产环境中，大部分应用程序都部署在 Linux 系统当中。在对 Spark 性能监控的过程中，对 Linux 系统本身的各种运行状态的监控也是必不可少的。本节基于 Linux 发行版 CentOS 7 介绍 Linux 中常用的性能监控命令和工具。

1.1.1 程序准备

为了更清楚地展示 Java 应用程序对系统 CPU、内存、I/O 等各方面的使用情况，突出各种监控命令对系统不同方面的监控情况，本节使用 4 个不同的 Java 程序，分别模拟真实业务对系统 CPU、内存、磁盘 I/O、网络 I/O 等方面的占用情况。

1. CPU 占用

```
public class CPUConsume {
```

```
    public static void main(String[] args) {
        int threadNumber = 1;
        if (args.length > 0) {
            threadNumber = Integer.parseInt(args[0]);
        }
        IntStream.range(0, threadNumber).forEach(i -> {
            new Thread(() -> {
                while (true) {
                }
            }).start();
        });
    }
}
```

此程序默认开启一个线程，使CPU陷入无限忙循环，大量占用CPU资源；同时可接收一个整型参数，开启指定的线程数，更大程度地占用CPU资源。

2. 内存占用

```
public class MemoryConsume {
    public static void main(String[] args) {
        List<byte[]> list = new ArrayList<>();
        int mbSize = 1024 * 1024;
        Runtime runtime = Runtime.getRuntime();
        while (true) {
            list.add(new byte[1024 * 1024]);
            if (list.size() % 10 == 0) {
                String format = "maxMemory: %sM totalMemory: %sM freeMemory: %sM";
                System.out.println(String.format(format, runtime.maxMemory()/mbSize,
runtime.totalMemory()/mbSize, runtime.freeMemory()/mbSize));
            }
        }
    }
}
```

此程序模拟消耗系统内存，其每次创建1MB数组，放入集合中。并且已分配的内存不可进行垃圾回收，直到系统JVM无法再分配更多的内存，将内存消耗殆尽。

3. 磁盘I/O占用

```
public class DiskIOConsume {
    public static void main(String[] args) {
        int threadNumber = 1;
        if (args.length > 0) {
            threadNumber = Integer.parseInt(args[0]);
        }
        byte[] data = new byte[1024 * 1024];
        IntStream.range(0, threadNumber).forEach(i -> {
            new Thread(() -> {
                while (true){
                    OutputStream out = null;
                    try {
                        out = new FileOutputStream(new File("/tmp/" + i));
                        out.write(data);
                    } catch (Exception e) { e.printStackTrace(); } finally {
```

```
                if(out!= null){
                    try { out.close(); } catch (IOException e) { e.printStackTrace(); }
                }
            }
        }

    }).start();
  });
 }
}
```

此程序默认开启一个线程,循环向磁盘的/tmp 目录写入 1MB 数组；同时可以接收整型参数,开启更多的线程同时向磁盘写入数据。

4. 网络 I/O 占用

网络 I/O 的程序分为服务端程序和客户端程序。程序启动后,客户端将向服务端写入大量数据。

- 服务端程序。

```
public class NetConsumeServer {
    public static void main(String[] args) throws Exception {
        ServerSocket serverSocket = new ServerSocket(10010);
        while (true) {
            Socket socket = serverSocket.accept();
            new Thread(() -> {
                try {
                    byte[] buffer = new byte[2048];
                    InputStream inputStream = socket.getInputStream();
                    int i = 0;
                    while ((i = inputStream.read(buffer)) != -1) { }
                } catch (IOException e) {
                    e.printStackTrace();
                }
            }).start();
        }
    }
}
```

- 客户端程序。

```
public class NetConsumeClient {
    public static void main(String[] args) {
        int threadNumber = 1;
        if (args.length > 1) {
            threadNumber = Integer.parseInt(args[1]);
        }
        IntStream.range(0, threadNumber).forEach((i) -> {
            try {
                Socket socket = new Socket(args[0], 10010);
                OutputStream outputStream = socket.getOutputStream();
                while (true) {
                    outputStream.write(new byte[1024]);
                }
```

```
                } catch (IOException e) {
                    e.printStackTrace();
                }
            });
        }
    }
```

注意：本节中的程序将会严重消耗系统资源，可能会对系统造成不可预知的后果，请在测试环境中执行。

1.1.2 top 命令

top 命令是 Linux 系统中自带的一个应用程序，用于提供对系统运行状态的实时监控，可以显示系统的概要信息、各个进程或线程运行状态和资源占用情况。top 命令还内置了一些交互式命令，用于调整数据输出的方式，如按资源占用排序等。

1. 命令选项

top 命令的格式如下：

```
top [选项]
```

top 命令中的选项很多，表 1.1 列出一些常用的选项进行说明。

表 1.1 top 命令常用选项说明

选 项	说 明	选 项	说 明
-p	监控指定的进程	-d	指定两次数据刷新的间隔
-i	不显示空闲或僵尸进程	-u	按用户过滤进程
-c	显示启动进程命令的完整路径	-H	显示线程而不是进程
-o	按照某个字段排序显示		

2. 交互式命令说明

在 top 命令运行的过程中，还可以输入一些简单的交互式命令，以改变程序的输出状态。这些命令都是由一个字母或数字组成，常用的交互式命令如表 1.2 所示。

表 1.2 top 常用的交互式命令

命令名称	说 明
h 或?	显示帮助信息
M	按照任务使用内存进行排序输出
P	按照任务 CPU 使用率排序输出
H	显示进程和线程的切换
s	改变 top 刷新频率，单位是秒。可以输入小数，如 0.5
c	显示进程启动命令完整路径
F/O	指定某个字段进行排序
1	显示所有 CPU 的运行状态
W	将当前设置写入～/.toprc 文件

使用交互式命令对输出形式调整好后,可以使用 W 命令进行保存。下次启动 top 程序时可自动加载此配置。如果想恢复默认配置,只需将配置文件~/.toprc 删除即可。

3. 示例

【例 1.1】 在命令行中输入不带任何参数的 top 命令即可启动 top 程序。

```
top - 14:59:02 up  5:47,  3 users,  load average: 0.01, 0.03, 0.05
Tasks: 297 total,   1 running, 296 sleeping,      0 stopped,   0 zombie
%CPU(s):  0.0 us,  0.0 sy,  0.0 ni,100.0 id,       0.0 wa,  0.0 hi,  0.0 si,  0.0 st
KiB Mem :  26356841+total,  26121228+free,  2104036 used,  252104 buff/cache
KiB Swap:    4194300 total,    4194300 free,        0 used. 26064505+avail Mem

  PID USER      PR  NI    VIRT     RES    SHR S  %CPU %MEM     TIME+ COMMAND
 1825 ceph      20   0 1136408  436728  19100 S   0.3  0.2  19:34.29 ceph-osd
    1 root      20   0  192488    5460   2456 S   0.0  0.0   0:07.85 systemd
    5 root       0 -20       0       0      0 S   0.0  0.0   0:00.00 kworker/0:0H
```

top 命令的输出中共包含两部分,由空行隔开。中间的空行为交互式命令的命令提示栏,可输入交互式命令。

上半部分为系统的概要信息,共有 5 行,每行的具体含义如下。

第一行显示系统启动的时间,当前登录的用户数,在过去 1min、5min、15min 内系统的负载情况。

第二行显示进程或线程的运行情况,依次为所有进程数量、运行进程数量、休眠进程数量、停止进程数量和僵尸进程数量。这一行显示为进程还是线程取决于当前的运行模式,当为进程模式时,显示当前正在运行的线程数;当运行为线程模式时,Tasks 将变为 Threads。使用交互式命令 H 可以切换进程和线程模式。

第三行显示 CPU 的运行状态。us 表示用户空间程序占用 CPU 的百分比,sy 表示内核空间占用 CPU 的百分比,ni 表示改变过优先级的进程占用 CPU 的百分比,id 表示 CPU 空闲的百分比,wa 表示 I/O 等待占用 CPU 的百分比,hi 表示硬件中断占用 CPU 的百分比,si 表示软件中断占用 CPU 的百分比,st 表示虚拟化占用前虚拟机的时间。

第四行显示内存的使用情况,分别为总内存、空闲内存、已使用内存、缓冲和缓存占用的内存。这部分显示默认以 KB 为单位,可通过交互式命令 E 切换显示的单位。

第五行显示交换分区使用的情况,分别为总交换分区内存、空闲交换分区内存、已使用交换分区的内存。最后一个为系统总的可用内存,会在空闲内存的基础上加上缓冲和缓存占用的内存等可以回收的内存。

下半部分显示系统中各个进程的详细情况。在显示的列表中,每一列的含义如下。

- PID:进程的 ID。
- USER:运行程序的用户。
- PR:进程的优先级,内核空间使用。
- NI:进程的 nice 值,用户空间使用。nice 值会影响进程的 PR 优先级。nice 值的范围为−20~19,数值越小,优先级越高。程序运行过程中可对进程的 nice 值进行调节。
- VIRT:进程使用的总的虚拟内存。

- RES：进程实际占用的物理内存。
- SHR：进程占用的共享内存。
- S：进程的运行状况，R 表示正在运行，S 表示休眠，Z 表示僵死状态。
- %CPU：进程 CPU 使用率。
- %MEM：进程占用的物理内存和总内存的百分比。
- TIME+：该进程启动后占用 CPU 的总时间。
- COMMAND：启动进程的命令。

【例 1.2】 在系统中运行 CPU 占用程序，使用 top 命令查看系统运行状态。

使用 java CPUConsume 6 启动程序，开启 6 个线程同时进入无限循环。启动 top 后，使用 P 交互指令按 CPU 使用率降序排序，使用 c 指令显示程序启动的完整命令。使用 top 命令查看输出如下：

```
Tasks: 224 total,    1 running, 223 sleeping,    0 stopped,    0 zombie
%CPU(s): 25.0 us,   0.0 sy,   0.0 ni,   75.0 id,    0.0 wa,   0.0 hi,   0.0 si,   0.0 st
KiB Mem : 13186345 + total, 13057746 + free,    854732 used,    431264 buff/cache
KiB Swap:           0 total,           0 free,          0 used. 13023400 + avail Mem

  PID USER       PR  NI    VIRT     RES     SHR S  %CPU %MEM     TIME+ COMMAND
 4070 root       20   0 35.269g   45432   11304 S  599.3  0.0    1:39.30 java
 4023 root       20   0  157820    2332    1552 R    0.3  0.0    0:00.07 top
    1 root       20   0  192324    5360    2508 S    0.0  0.0    0:01.90 systemd
```

由以上输出的第 3 行可知，当前系统 CPU 用户空间占用 25%，空闲 75%。运行的 Java 进程 PID 为 4070，其虚拟内存为 35.269GB，实际占用物理内存为 45 432KB，使用共享内存为 11 304KB，占用 CPU 为 599.3%，因为程序内部启动了 6 个线程，因此 CPU 的 6 个核心可以同时并行处理这 6 个线程，进而将 6 个核心跑满。

【例 1.3】 在系统中运行磁盘 I/O 占用程序，使用 top 命令查看系统运行状态。

使用 java DiskIOConsume 100 启动程序，该程序开启了 100 个线程同时向磁盘写入数据。使用 top 命令查看输出如下：

```
top - 10:38:15 up 12:33,   2 users,   load average: 51.92, 15.71, 5.73
Tasks: 224 total,    1 running, 223 sleeping,    0 stopped,    0 zombie
%CPU(s):  0.5 us,   2.4 sy,   0.0 ni,   0.7 id,    95.4 wa,   0.0 hi,   0.0 si,   0.9 st
KiB Mem : 13186345 + total, 13019052 + free,   1149112 used,    523824 buff/cache
KiB Swap:           0 total,           0 free,          0 used. 12993879 + avail Mem

  PID USER       PR  NI    VIRT     RES     SHR S  %CPU %MEM     TIME+ COMMAND
 4115 root       20   0 41.236g 328748   11832 S   91.7  0.2    0:37.04 java
  707 root       20   0  214248    3640    2920 S    0.3  0.0    0:01.91 rsyslogd
 4253 root       20   0  157820    2328    1548 R    0.3  0.0    0:00.06 top
    1 root       20   0  192324    5360    2508 S    0.0  0.0    0:01.90 systemd
```

由以上输出的第三行可知，当前系统用户空间 CPU 占用 0.5%，内核空间 CPU 占用 2.4%，wa 中参数显示 I/O 等待的 CPU 占比达到 95.4%。一般 I/O 等待 CPU 占比过高说明当前系统 I/O 特别频繁，当前状态下磁盘 I/O 压力过大。

1.1.3　htop 命令

htop 命令与 top 命令功能类似，是一个交互式的进程查看工具。htop 与 top 相比其界面显示更加友好，操作更加人性化。htop 与 top 的不同之处主要有以下几点。

- htop 界面显示更加直观，支持个性定制化。
- htop 支持鼠标操作。
- htop 支持彩色显示、主题选择等。
- htop 有滚动列表，可滚动查看完整内容。
- htop 直接通过界面结束某个进程。

1. 软件安装

htop 并不是 Linux 系统中自带的命令，使用 htop 需要进行安装。在 EPEL 源中包含 htop 的安装包及依赖包信息，可通过 EPEL 源安装 htop。

安装 EPEL 源命令如下：

```
yum install https://dl.fedoraproject.org/pub/epel/epel-release-latest-7.noarch.rpm -y
```

安装 htop 命令如下：

```
yum install htop -y
```

安装完成后，输入 htop 命令，若显示 htop 主界面，则为安装成功。htop 的主界面如图 1.1 所示。

```
  1  [||||||            22.9%]   7  [||||||||||||||||||73.7%]   13 [                 0.0%]   19 [                 0.0%]
  2  [||                 7.9%]   8  [||||           11.9%]   14 [|||              8.6%]   20 [|||              9.9%]
  3  [||                 6.7%]   9  [|||             9.2%]   15 [                 0.0%]   21 [||||            15.1%]
  4  [||                 3.3%]   10 [||              2.6%]   16 [|||             11.9%]   22 [                 0.0%]
  5  [||                 3.3%]   11 [||              1.3%]   17 [                 0.0%]   23 [                 0.0%]
  6  [||                 2.0%]   12 [                0.0%]   18 [|||||           19.2%]   24 [                 0.0%]
  Mem[|||||||||||||                           45.0G/251G]   Tasks: 136, 623 thr; 2 running
  Swp[                                          0K/4.00G]   Load average: 4.13 3.48 3.43
                                                            Uptime:

  PID USER      PRI  NI  VIRT   RES   SHR S CPU% MEM%   TIME+  Command
17315 cinder     20   0 5496M  159M  8348 S  0.0  0.1    7065h /usr/bin/python2 /usr/bin/cinder-volume --config-file /usr/s
 3338 ceph       20   0 2776M 1693M 19516 S  6.6  0.7     899h /usr/bin/ceph-osd -f --cluster ceph --id 0 --setuser ceph --
17497 neutron    20   0 29.6G 29.3G  2252 R 94.2 11.7     625h /usr/bin/python2 /usr/bin/neutron-server --config-file /usr/
17495 neutron    20   0  451M  150M  2316 S  0.0  0.1     184h /usr/bin/python2 /usr/bin/neutron-server --config-file /usr/
 3356 ceph       20   0 2776M 1693M 19516 S  0.0  0.7     152h /usr/bin/ceph-osd -f --cluster ceph --id 0 --setuser ceph --
 3355 ceph       20   0 2776M 1693M 19516 S  2.6  0.7     152h /usr/bin/ceph-osd -f --cluster ceph --id 0 --setuser ceph --
 3354 ceph       20   0 2776M 1693M 19516 S  0.7  0.7     151h /usr/bin/ceph-osd -f --cluster ceph --id 0 --setuser ceph --
 9316 mysql      20   0 12.9G  757M  142M S 12.5  0.3     131h /usr/libexec/mysqld --basedir=/usr
 3500 ceph       20   0 2776M 1693M 19516 S  1.3  0.7     107h /usr/bin/ceph-osd -f --cluster ceph --id 0 --setuser ceph --
17101 nova       20   0  710M  195M  9592 S 21.7  0.1 96h33:32 /usr/bin/python2 /usr/bin/nova-api
 3497 ceph       20   0 2776M 1693M 19516 S  0.7  0.7 92h28:36 /usr/bin/ceph-osd -f --cluster ceph --id 0 --setuser ceph --
17358 cinder     20   0 5496M  159M  8348 S  0.0  0.1 79h26:08 /usr/bin/python2 /usr/bin/cinder-volume --config-file /usr/s
17356 cinder     20   0 5496M  159M  8348 S  0.0  0.1 79h14:37 /usr/bin/python2 /usr/bin/cinder-volume --config-file /usr/s
17360 cinder     20   0 5496M  159M  8348 S  0.0  0.1 79h10:09 /usr/bin/python2 /usr/bin/cinder-volume --config-file /usr/s
17359 cinder     20   0 5496M  159M  8348 S  0.0  0.1 79h00:16 /usr/bin/python2 /usr/bin/cinder-volume --config-file /usr/s
17362 cinder     20   0 5496M  159M  8348 S  0.0  0.1 78h59:43 /usr/bin/python2 /usr/bin/cinder-volume --config-file /usr/s
17355 cinder     20   0 5496M  159M  8348 S  0.0  0.1 78h59:14 /usr/bin/python2 /usr/bin/cinder-volume --config-file /usr/s
17357 cinder     20   0 5496M  159M  8348 S  0.0  0.1 78h58:44 /usr/bin/python2 /usr/bin/cinder-volume --config-file /usr/s
17366 cinder     20   0 5496M  159M  8348 S  0.0  0.1 78h45:59 /usr/bin/python2 /usr/bin/cinder-volume --config-file /usr/s
17365 cinder     20   0 5496M  159M  8348 S  0.0  0.1 78h40:01 /usr/bin/python2 /usr/bin/cinder-volume --config-file /usr/s
F1Help  F2Setup F3SearchF4FilterF5Tree  F6SortByF7Nice -F8Nice +F9Kill  F10Quit
```

图 1.1　htop 的主界面

2. 命令选项

htop 命令的格式如下：

```
htop [选项]
```

htop 命令中的选项不太常用，一般直接输入 htop 命令即可。其各种选项功能在进入 htop 命令后，使用交互式操作都可以实现。htop 命令的常用选项如表 1.3 所示。

表 1.3 htop 命令的常用选项

选 项	说 明	选 项	说 明
-C	以黑白色彩显示	-t	指定两次数据刷新的间隔
-d	设置两次刷新时间间隔，单位为 0.1s	-u	按用户过滤进程
-h	显示启动进程命令的完整路径	-p	显示指定的进程
-s	按照某个字段排序显示	-v	显示 htop 版本号

3. 主界面介绍

htop 的主界面包括 3 部分，如图 1.1 所示。

其中顶部又分为左、右两部分，左边显示 CPU 的使用情况、内存的使用率、交换分区的使用率，右边显示 CPU 的使用情况、运行的任务的总进程数、线程数以及正在运行的任务数。细心的读者可能会发现 htop 显示的进程数与 top 显示的进程数是不同的，这是因为 htop 默认隐藏了系统内核的进程，使得 htop 显示的进程数较少。

中间部分显示的是系统中各个进程的详细情况，这部分和 top 命令显示的基本相同。但是在 htop 中，这一部分中每一列的名称是可以用鼠标单击的，以实现对某一列数值的排序显示；也可以单击某一行，从而选中某一个进程，实现对该进程进一步操作。

底部显示的是交互式命令的快捷键，分别为 F1～F10 及对应的功能。

4. 交互式命令

在主界面底部的交互式命令中，其功能都是自解释的。这些功能除了可以按相应的按键完成，还可以通过单击鼠标完成。

F1 可查看帮助信息。在帮助信息中可知，除了自带的交互式命令，常用的命令还有 M、P，可按照内存和 CPU 使用率进行排序。

F2 键可对主界面显示的内容进行设置，其界面如图 1.2 所示。如在 Meters 选项中，可设置在主界面的顶部需要显示的内容，还可以分别设置左边和右边显示的内容。在 Display options 选项中，可以设置主界面显示的方式，如是否显示系统进程、是否以进程树模式显示、是否显示程序的路径等。在 Colors 选项中，可以设置系统的主题颜色。在 Columns 选项中，可以设置进程列表中每一列具体显示的内容，从而修改系统默认显示的内容。

F3 键可实现对某个进程按照名称进行搜索，使搜索出的结果处于选中状态，方便对该进程进行再次操作。

F4 键为过滤功能，可通过该功能按照名称过滤出需要查看的进程。按 Esc 键可取消过滤操作。

F5 键可实现进程树模式和排序模式的切换。在进程树模式中，各个进程之间的关系可

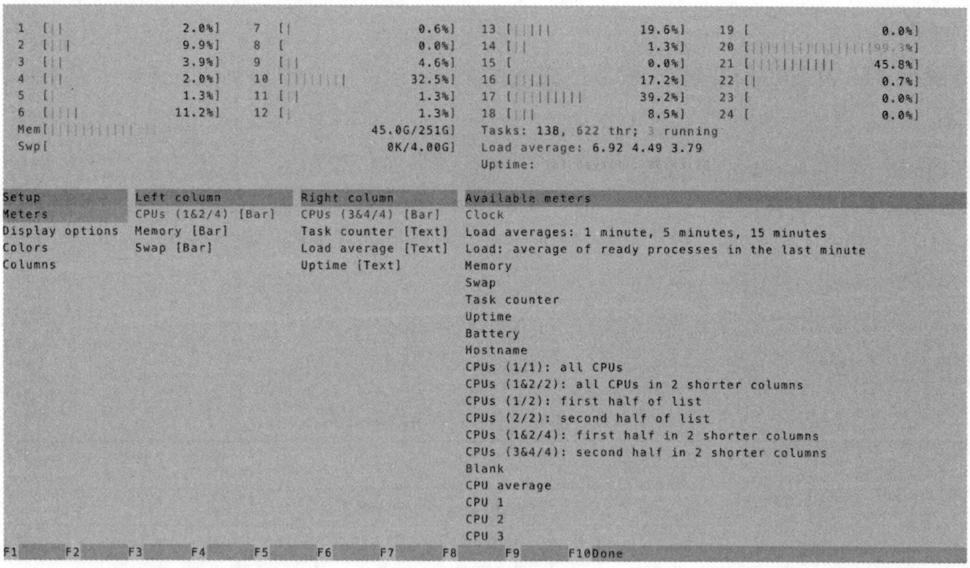

```
  1  [|                2.0%]   7  [|                    0.6%]   13 [|||||          19.6%]   19 [                    0.0%]
  2  [|||              9.9%]   8  [                     0.0%]   14 [||              1.3%]   20 [||||||||||||||||||99.3%]
  3  [||               3.9%]   9  [||                   4.6%]   15 [                0.0%]   21 [||||||||||      45.8%]
  4  [||               2.0%]   10 [|||||||||           32.5%]   16 [|||||          17.2%]   22 [|                 0.7%]
  5  [|                1.3%]   11 [||                   1.3%]   17 [|||||||||      39.2%]   23 [                  0.0%]
  6  [||||            11.2%]   12 [|                    1.3%]   18 [|||             8.5%]   24 [                  0.0%]
  Mem[||||||||||||||              45.0G/251G]   Tasks: 138, 622 thr; 3 running
  Swp[                            0K/4.00G]     Load average: 6.92 4.49 3.79
                                                Uptime:

Setup            Left column          Right column           Available meters
Meters           CPUs (1&2/4) [Bar]   CPUs (3&4/4) [Bar]     Clock
Display options  Memory [Bar]         Task counter [Text]    Load averages: 1 minute, 5 minutes, 15 minutes
Colors           Swap [Bar]           Load average [Text]    Load: average of ready processes in the last minute
Columns                               Uptime [Text]          Memory
                                                             Swap
                                                             Task counter
                                                             Uptime
                                                             Battery
                                                             Hostname
                                                             CPUs (1/1): all CPUs
                                                             CPUs (1&2/2): all CPUs in 2 shorter columns
                                                             CPUs (1/2): first half of list
                                                             CPUs (2/2): second half of list
                                                             CPUs (1&2/4): first half in 2 shorter columns
                                                             CPUs (3&4/4): second half in 2 shorter columns
                                                             Blank
                                                             CPU average
                                                             CPU 1
                                                             CPU 2
                                                             CPU 3
F1      F2      F3      F4      F5      F6      F7      F8      F9      F10Done
```

图 1.2　htop 设置界面

通过树状结构显示。在排序模式中可按 F6 键选择排序的字段,将进程列表按照指定的字段排序后进行显示。此外还可以直接通过鼠标单击对应的字段名称实现排序。

F7/F8 键可以加/减进程对应的 nice 值,通过修改进程的 nice 值,进而改变进程的优先级。

F9 键可直接终止当前选中的进程,而不用像 kill 一样需要指定对应的进程 id。

1.1.4　vmstat 命令

vmstat 也是 Linux 自带的一个性能监控工具,vmstat 为 virtual memory statistics 的缩写。虽然其名称为虚拟内存统计,但它也可以完成 CPU、I/O 等方面的监控。vmstat 监控的是系统整体各个方面的指标,不能监控每个进程的具体情况。

1. 命令选项

vmstat 的命令格式如下:

```
vmstat [options] [delay [count]]
```

vmstat 命令在不加任何参数的情况下,默认输出的值为从系统启动到现在为止各个参数的平均值。count 参数为输出的次数,delay 参数为两次输出之间的间隔,单位为秒。如果只指定了 delay 参数而没有指定 count 参数,则会按照指定的延时时间一直输出。vmstat 命令常用的选项如表 1.4 所示。

表 1.4　vmstat 命令常用的选项

选　项	说　明	选　项	说　明
-a	显示 active/inactive 内存	-w	每列的宽度加宽
-m	显示 slabinfo 信息	-p partition	显示指定磁盘分区的统计数据
-d	显示磁盘统计数据	-S	指定输出的单位(k,K,m,M)

2. 示例

【例 1.4】 在命令行中输入不带任何参数的 vmstat 命令即可启动 vmstat 程序。其输出如下：

```
[root@localhost test]# vmstat
procs ----------- memory ---------- --- swap -- ----- io ---- - system -- ------ CPU -----
 r  b   swpd    free   buff  cache   si   so    bi    bo   in   cs us sy id wa st
 1  0      0  127752     12    200    0    0     1     0  105    3 10  0 90  0  0
```

vmstat 的输出共分为 6 部分，分别为 procs、memory、swap、io、system、CPU，每部分的含义如表 1.5 所示。

表 1.5 vmstat 输出每部分的含义

分　组	字　段	含　义
procs	r	等待运行的进程数
	b	阻塞的进程数
memroy	swpd	已经使用虚拟内存的大小
	free	剩余的空闲内存
	buff	缓冲区占用内存大小
	cache	缓存占用内存大小
swap	si	每秒从 swap 分区交换到内存的大小，单位为 KB
	so	每秒从内存写入 swap 分区的大小，单位为 KB
io	bi	每秒从块设备接收到的块数
	bo	每秒发送到块设备的块数
system	in	系统每秒的中断，包含时钟中断
	cs	每秒上下文切换的次数
CPU	us	用户空间占用 CPU 的百分比
	sy	内核空间占用 CPU 的百分比
	id	空闲 CPU 的百分比
	wa	等待 I/O 的 CPU 占用百分比
	st	虚拟化消耗的 CPU 占比

【例 1.5】 运行 CPU 占用程序，使用 vmstat 进行监控。

使用命令 java CPUConsume 100 启动程序，同时运行 100 个线程占用 CPU。使用 vmstat 进行监控，以 MB 为单位显示，每秒采样一次，共采样 5 次。

```
[root@localhost ~]# vmstat -S M 1 5
procs ----------- memory ---------- --- swap -- ----- io ---- - system -- ------ CPU -----
  r   b   swpd   free   buff  cache   si   so   bi    bo    in   cs us sy id wa st
108   0      0 127498     18    405    0    0    0   106     0    4  3  0 95  1  0
101   0      0 127498     18    405    0    0    0    20 21715 2127 86  0  0  0 14
100   0      0 127498     18    405    0    0    0     0 23079 2183 91  0  0  0  9
100   0      0 127498     18    405    0    0    0     0 21530 1974 83  0  0  0 17
100   0      0 127498     18    405    0    0    0     0 21577 1956 85  0  0  0 15
```

以上 Java 程序启动了 100 个线程同时运行，通过对 vmstat 的结果分析得到如下结论。

r 列：5s 内当前系统等待运行的任务的数量为 100 左右，如果该值的输出长期大于系统的逻辑 CPU 的数量，则表示等待的进程或线程数比较多，CPU 非常繁忙，此时 CPU 可能存在瓶颈。

b 列：系统当前阻塞的进程数为 0，当此值较大时，需要具体分析阻塞的进程，查看系统是否处于正常状态。

swpd 列：系统使用虚拟内存数为 0，如果 swpd 不为 0，则表示可能物理内存不足，但是也需要一并观察 si 和 so 两列是否同时有内存页面进行交换。如果系统虚拟内存使用大于 0，但是内存交换为 0，则可能是在某一时间系统内存不足，后期有占用内存较大的进程结束，释放内存后，依然有部分其他进程数据在交换分区中。如果 swpd 使用较大，同时 si、so 交换频繁，则表示系统当前状态内存不足。

free 列：系统当前剩余的物理内存大小为 127GB 左右，如果系统频繁地使用交换分区，往往其 free 的值也剩余无几。

in 列：系统每秒中断的数量为 22 000 左右。

cs 列：系统每秒上下文切换的次数为 2000 左右，如果此值过高，则说明系统上下文切换浪费了很多 CPU 资源，同时往往伴随着 r 列等待运行的进程数较多。因此这个数值应越小越好。

us 列：用户空间 CPU 时间占比为 90%左右，用户空间占比越大说明 CPU 在用户进程消耗的时间越多，因此此值应较大为宜。

sy 列：内核空间 CPU 时间占比为 0，一般情况下，该值不宜过大。

【例 1.6】 运行磁盘 I/O 占用程序，使用 vmstat 进行监控。

使用命令 java DiskIOConsume 100 启动程序，同时运行 100 个线程向磁盘写入数据。使用 vmstat 进行监控，以 MB 为单位显示，每秒采样一次，共采样 5 次。

```
[root@localhost ~]# vmstat -S M 1 5
procs ----------- memory ---------- --- swap -- ----- io ---- - system -- ------ CPU -----
r  b    swpd   free   buff  cache   si   so    bi    bo   in   cs us sy id wa st
1 101      0 127138    18    496    0    0     0   108    6    4  4  0 95  1  0
0 101      0 127139    18    494    0    0     0 199208 5354 1926  1  4  0 95  0
0 101      0 127139    18    493    0    0     0 168896 4771 1791  1  3  0 96  0
0 101      0 127138    18    493    0    0     0 191488 4903 1655  1  4  0 95  0
0 101      0 127132    18    501    0    0     0 193408 4744 1629  1  4  2 93  1
```

以上 Java 程序启动了 100 个线程向磁盘写入数据，通过对 vmstat 的结果分析可知：b 列显示当前系统阻塞任务数为 101，同时 bo 列显示磁盘写入速率为 190MB/s 左右，wa 显示当前 CPU 在 I/O 等待上消耗为 95%左右。由此可见，当前系统正在大量写入数据，100 多个任务阻塞，大量 CPU 资源浪费在等待 I/O 的操作上，此时可判定系统当前状态磁盘压力过大。

1.1.5 iostat 命令

虽然 vmstat 可以查看到磁盘的 I/O 情况，但是其显示的信息，如系统的哪块磁盘读写较高、等待 I/O 队列长度等却不是很详细。iostat 是一个专门分析磁盘 I/O 的工具，可以查看各种磁盘 I/O 的详细参数。

1. 软件安装

默认 CentOS 7 发行版中没有安装此工具，使用以下命令进行安装：

```
yum install sysstat -y
```

安装完成后，输入 iostat 命令，检查是否安装成功。

```
[root@localhost ~]# iostat
Linux 3.10.0-693.el7.x86_64 (localhost)        12/05/2018      _x86_64_       (24 CPU)

avg-CPU:  %user   %nice %system %iowait  %steal   %idle
           3.77    0.00    0.05    1.51    0.16   94.51

Device:            tps    kB_read/s    kB_wrtn/s    kB_read    kB_wrtn
vda               9.11         6.05      2987.73     289989  143290900
```

2. 命令选项

iostat 命令格式如下：

```
iostat [options] [delay [count]]
```

iostat 命令在不加任何参数的情况下，默认输出的值为从系统启动到现在为止各个参数的平均值。count 参数为输出的次数，delay 参数为两次输出之间的间隔，单位为秒。如果只指定了 delay 参数而没有指定 count 参数，则会按照指定的延时时间一直输出。此用法与 vmstat 类似。iostat 命令常用的选项如表 1.6 所示。

表 1.6 iostat 命令常用的选项

选　项	说　明
-c	只显示 CPU 状态信息
-d	只显示磁盘状态信息
-k	强制使用 KB 为单位
-x	显示更详细的信息
-p device	显示指定设备的信息
-y	如果多次显示，不显示第一次而显示从系统启动后的平均值

3. 示例

【例 1.7】 在命令行中输入 iostat -x 命令启动 iostat 程序。其输出如下：

```
[root@localhost ~]# iostat -x
Linux 3.10.0-693.el7.x86_64 (localhost)        12/05/2018      _x86_64_       (24 CPU)

avg-CPU:  %user   %nice %system %iowait  %steal   %idle
           3.72    0.00    0.05    1.49    0.16   94.58

Device:         rrqm/s   wrqm/s     r/s     w/s    rkB/s    wkB/s avgrq-sz avgqu-sz
await r_await w_await  svctm  %util
vda               0.00     0.15    0.14    8.84     5.96  2946.38   657.49     2.01
222.45    2.35  225.84   2.03   1.83
```

在输出中 avg-CPU 一行输出的为多核 CPU 的平均信息，其内容与 top 中的 CPU 输出信息类似。

下半部分显示每一个块设备或分区的详细的读写信息。每一列的含义如下。

- Device：设备名称或分区名称。
- rrqm/s：发送到设备队列每秒合并的读请求数。
- wrqm/s：发送到设备队列每秒合并的写请求数。
- r/s：每秒完成的合并后的读请求数。
- w/s：每秒完成的合并后的写请求数。
- rkB/s：每秒读取的数据量。
- wkB/s：每秒写入的数据量。
- avgrq-sz：每个请求的平均扇区数。
- avgqu-sz：平均请求队列长度。
- await：平均每次读写所需的时间。
- r_await：平均每次读需要的时间。
- w_await：平均每次写需要的时间。
- svctm：废弃指标。
- util：读写时间占总时间的百分比。

【例 1.8】 运行磁盘 I/O 占用程序，使用 iostat 进行监控。

使用命令 java DiskIOConsume 100 启动程序，同时运行 100 个线程向磁盘写入数据。使用 iostat 进行监控，以 MB 为单位显示，每秒采样一次，共采样 3 次。

```
[root@localhost ~]# iostat  - myx 1 3
Linux 3.10.0 - 693.el7.x86_64 (localhost)     12/20/2018     _x86_64_      (24 CPU)

avg - CPU:   % user    % nice % system % iowait   % steal    % idle
              0.54      0.00     4.14   95.07      0.25      0.00

Device:        rrqm/s    wrqm/s       r/s      w/s     rMB/s     wMB/s avgrq - sz avgqu - sz
await   r_await w_await    svctm    % util
vda             0.00      0.00      0.00  555.00      0.00    184.52    680.91     127.92
258.40     0.00  258.40     1.80  100.10

...
```

以上 Java 程序启动了 100 个线程向磁盘写入数据，通过对 iostat 的结果分析可知：当前系统 CPU 的 I/O 等待占比为 95.07%，大量时间浪费在等待 I/O 的操作上。此时对系统的性能影响比较严重。系统当前 vda 设备每秒处理 555 次合并后的写请求，写入速度为 184.52MB/s，平均队列长度为 127.92，I/O 等待时间为 258.40ms，I/O 时间占比为 100.10%，由此可见系统当前 I/O 特别繁忙，I/O 队列长度较长，每次 I/O 等待时间也较长。如果系统长期处于这种状态，则可能需要考虑提高 I/O 设备性能或优化程序性能。

1.1.6 iftop 命令

iftop 是一个网卡流量的实时监控工具。通过 iftop 可以查看到当前系统网卡的实时流入流出流量。iftop 还可以监控当前系统与外界系统通信的流量情况，清晰直观地显示每一个外界系统流入流出的速率、IP 地址等信息。使用 iftop 命令对于定位系统中的异常流量问题是十分简单有效的。

1. 软件安装

默认 CentOS 7 发行版本中没有安装此工具,安装 iftop 需要使用 EPEL 源,使用以下命令进行安装:

```
yum install iftop - y
```

安装完成后,输入 iftop 命令,检查是否安装成功。

2. 命令选项

iftop 命令格式如下:

```
iftop [options]
```

iftop 命令在不加任何参数的情况下,默认显示第一块网卡的流量信息。iftop 命令常用的选项如表 1.7 所示。

表 1.7 iftop 命令常用的选项

选 项	说 明	选 项	说 明
-i	指定需要监控的网卡	-P	显示端口号
-B	以 B 为单位显示,默认显示的单位为 b	-n	显示 IP 地址,不进行 DNS 反向解析
-F	显示特定网段的网卡流量信息	-N	只显示端口号,而不显示服务名。如 ssh 显示为 22
-m	调节顶部刻度的最大值,如 iftop -m 100m		

3. 示例

【例 1.9】 在命令行中输入 iftop -nNP -m 20m 命令启动 iftop 程序。其输出如图 1.3 所示。

```
                  4.00Mb               8.00Mb               12.0Mb               16.0Mb        20.0Mb
└─────────────────┴────────────────────┴────────────────────┴────────────────────┴──────────────────
192.168.111.41:6801                => 192.168.111.50:49428             8.53Kb  8.53Kb  8.53Kb
                                   <=                                  8.53Kb  8.53Kb  8.53Kb
192.168.111.41:6801                => 192.168.111.43:33360             8.53Kb  8.53Kb  5.33Kb
                                   <=                                  8.53Kb  8.53Kb  5.33Kb
192.168.111.41:45034               => 192.168.111.45:6800                  0b  5.58Kb  6.53Kb
                                   <=                                      0b  10.0Kb  6.48Kb
192.168.111.41:6800                => 192.168.111.54:37650                 0b  9.97Kb  12.2Kb
                                   <=                                      0b  5.46Kb  3.78Kb
192.168.111.41:6801                => 192.168.111.54:54688                 0b  6.82Kb  6.40Kb
                                   <=                                      0b  6.82Kb  6.40Kb
192.168.111.41:6801                => 192.168.111.46:41492             8.53Kb  6.82Kb  5.33Kb
                                   <=                                  8.53Kb  6.82Kb  5.33Kb
192.168.111.41:6800                => 192.168.111.49:43008                 0b  9.70Kb  12.1Kb
                                   <=                                      0b    645b    806b
192.168.111.41:6801                => 192.168.111.52:47580             8.53Kb  5.12Kb  7.46Kb
                                   <=                                  8.53Kb  5.12Kb  7.46Kb
192.168.111.41:6801                => 192.168.111.49:60816                 0b  5.12Kb  6.40Kb
                                   <=                                      0b  5.12Kb  6.40Kb
192.168.111.41:6801                => 192.168.111.56:57036             8.53Kb  5.12Kb  5.33Kb
                                   <=                                  8.53Kb  5.12Kb  5.33Kb

────────────────────────────────────────────────────────────────────────────────────────────────────
TX:             cum:   329KB   peak:   352Kb                 rates:    205Kb   159Kb   165Kb
RX:                    315KB           262Kb                           208Kb   156Kb   157Kb
TOTAL:                 644KB           614Kb                           413Kb   314Kb   322Kb
```

图 1.3 iftop 输出界面

输出共分为 3 部分。顶部为刻度条，是中间部分和底部图形部分的参考刻度。

中间部分为系统与外界连接的信息，包括 IP 地址、端口和系统在 2s、10s、40s 内的数据传输速率。其中=>为发送数据，<=为接收数据。

底部内容分为 3 行，即 TX、RX、TOTAL，分别表示数据的发送、接收和全部的流量数据。cum 列为从运行 iftop 以后总共的流量数据。如在 TX 行中，cum 列运行 iftop 以后，总共发送数据 329KB。peak 为传输速率的峰值。rates 为 2s、10s、40s 内的数据传输速率。

1.2 Prometheus

1.1 节中介绍了 Linux 中常见的性能监控工具，但是这些工具都是监控单台机器的某些特定的指标，无法从整体看到某台机器的运行状态，也无法直观地以图表形式进行展示。本节介绍 Prometheus 监控系统，实现对机器的各项指标的监测，并以丰富的图形界面形式进行展示。

1.2.1 Prometheus 简介

Prometheus 是一个开源的系统监控及报警工具，自 2012 年推出以来，许多公司都采用它搭建监控和报警系统。它拥有非常活跃的开发人员和用户社区，在 2016 年加入了云原生计算基金会(CNCF)，成为继 Kubernetes 之后的第二个托管项目。

1. Prometheus 的特点

- 使用一系列由键值对组成的时间序列多维数据模型。
- 使用灵活的 PromQL 查询语言。
- 不依赖分布式存储系统，单节点自治。
- 通过 HTTP 的方式拉取时间序列数据。
- 支持向中间网关主动推送数据。
- 可通过服务发现或配置方式发现监控目标。
- 以多种图形方式或仪表盘的形式进行展现。

2. 适用场景

Prometheus 适用于任何纯数字的时间序列数据，既适用于以机器为中心的监控，也适用于动态的面向服务的监控。Prometheus 可以对各种服务进行监控，如 SpringBoot、Spark。在微服务的监控中，其多维数据的收集和查询成为一种特殊的优势。Prometheus 不适合要求数据 100%准确的场景，如作为计费系统使用，因为它收集的数据可能不够完整。

1.2.2 Prometheus 的组成

Prometheus 生态系统由很多组件组成，最核心的组件为 Prometheus server，其架构如图 1.4 所示。

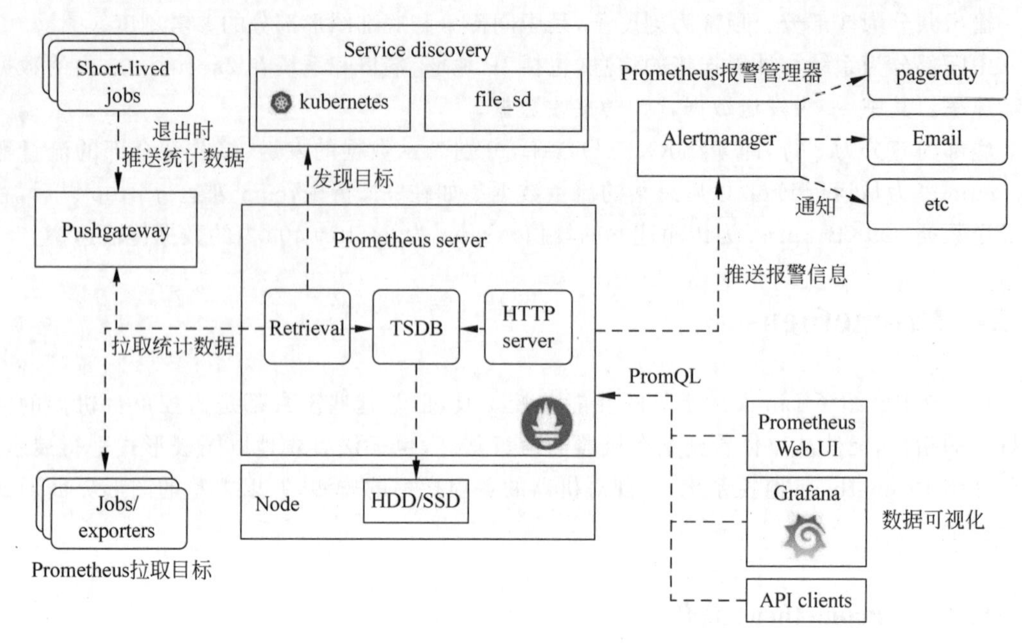

图 1.4　Prometheus 架构

Prometheus server 负责定时的拉取时间序列数据，并将数据进行保存，对外提供 HTTP 接口供其他程序查询。

Exproter 为一个应用程序，它将采集到的信息转换为 Prometheus 支持的格式，并对外提供接口，供 Prometheus server 拉取数据。监控不同类型的数据需要使用不同的 Exporter，如监控服务器性能指标可以使用 node_exporter，监控 Java 程序可以使用 JMX exporter。Prometheus 官方维护了部分常用的 Exporter，同时有很多大量的第三方 Exporter 用于监控各种不同的应用程序。常用的 Exporter 列表可以参考官方文档，地址为 https://prometheus.io/docs/instrumenting/exporters/。

Prometheus 不仅可以主动拉取监控数据，还允许应用程序主动将监控数据进行推送，但是应用程序并不是直接将数据推送至 Prometheus server 中，而是推送至中间的网关称为 Pushgateway。有些服务级别的应用程序可能运行时间很短，还没等 Prometheus server 来拉取数据，程序就结束了。在这种情况下，应用程序在结束的时候可以将数据推送至 Pushgateway，Prometheus server 再从 Pushgateway 中拉取数据，进而获取短时间运行任务的统计数据。

Prometheus 将采集后的数据，使用一些可视化工具通过 PromQL 便可以对数据进行查询。如 Prometheus 自带的 Web UI，还可以使用更强大的 Grafana 等对数据进行可视化的展示。

Prometheus 除了可以对各种指标进行监测外，还可以实现报警的功能。通过编写特定的规则，当 Prometheus 采集到的数据满足规则时，便可以触发报警。Prometheus server 本身并不提供报警的实现，其报警功能由 Altermanager 组件实现。Prometheus server 把满足规则的报警事件推送给 Altermanager，Altermanager 将报警事件做后续处理，如发送邮件、推送至其他平台等。

1.2.3　Prometheus 的安装及配置

1. 安装

Prometheus 安装比较简单,官方提供了已发布的二进制程序包,直接解压即可使用。下载地址为 https://prometheus.io/download/。

将下载的安装包解压,并切换至软件目录:

```
wget https://github.com/.../prometheus-2.6.0.linux-amd64.tar.gz
tar xvfz prometheus-*.tar.gz
cd prometheus-*
```

其目录下的 prometheus 即为可执行的二进制程序,prometheus.yml 为配置文件。使用./prometheus 即可加载当前目录下的配置文件,启动 Prometheus。

2. 配置

打开 prometheus.yml 文件,其内容结构如下:

```
global:
  scrape_interval: 15s
  evaluation_interval: 15s
alerting:
  alertmanagers:
  - static_configs:
    - targets:
      # - alertmanager:9093
rule_files:
  # - "first_rules.yml"
scrape_configs:
  - job_name: 'prometheus'
    static_configs:
    - targets: ['localhost:9090']
```

prometheus.yml 文件整体分为 4 部分内容。global 为全局配置,为其他的配置部分提供了默认值。如 scrape_interval 表示每隔多长时间拉取一次数据;evaluation_interval 表示每隔多长时间对数据按照 rules 进行一次校验,查看是否有报警事件发生。

alerting 配置部分为报警的配置,配置 Altermanager 的地址,当 Prometheus server 检查到有报警事件时,会根据 alterting 的配置,将事件推送到相应的 Altermanager 中。

rule_files 配置相应的报警规则,每个规则可以指定一个单独的文件,其报警检查可以检查多个规则,一旦事件符合某个规则,则将事件推送至 Altermanager 中。

scrape_configs 为最重要的部分,是拉取数据的配置部分。一个 Prometheus server 可以配置多个拉取的任务,每个任务被称为一个 Job。通常一个 Job 由一组功能相同的 target 组成。如一个 Job 为监控所有的服务器指标,另一个 Job 为监控所有的 Spark 任务的指标。每个 Job 在配置文件中通过 job_name 区分,job_name 必须是唯一的。static_configs 用于配置当前 Job 的固定值,如拉取数据的地址、附加的标签等。targets 配置可以指定一组需要拉取数据的地址，这些地址都是 exporter 对外提供的接口的地址。

3. 启动

使用./prometheus 命令启动 Prometheus server。Prometheus server 启动后，使用 9090 端口作为 Web UI 的 HTTP 服务的端口。如果该机器地址为 192.168.99.6，则使用浏览器访问地址 http://192.168.99.6:9090 查看 Prometheus server 是否正常启动。

1.2.4 监测服务器

1. 安装 node_exporter

实现对服务器指标的监测需要使用采集服务器指标的 Exporter，这个 Exporter 被称为 node_exporter。官方的下载地址为 https://prometheus.io/download/。下载完成后，将文件解压，直接运行其二进制文件 node_exporter 即可启动，其命令如下：

```
wget https://... /download/v0.17.0/node_exporter-0.17.0.linux-amd64.tar.gz
tar -zxvf node_exporter-0.17.0.linux-amd64.tar.gz
cd node_exporter-0.17.0.linux-amd64
./node_exporter
```

假如该机器的 IP 地址为 192.168.99.6，node_exporter 启动以后，默认使用本机的 9100 端口提供 HTTP 服务。使用浏览器访问地址 http://192.168.99.6:9100/metrics，可查看启动是否正常，是否返回数据。使用 curl 访问该地址返回数据如下：

```
[root@locahost]# curl http://localhost:9100/metrics |  head -20
# TYPE go_gc_duration_seconds summary
go_gc_duration_seconds{quantile="0"} 0.000188284
go_gc_duration_seconds{quantile="0.25"} 0.000188284
go_gc_duration_seconds{quantile="0.5"} 0.000305924
...
```

2. 配置 Prometheus server

node_exporter 安装完成后以后，即可配置 Prometheus server，将 targets 配置为 node_exporter 的地址。其部分配置如下：

```
scrape_configs:
  - job_name: 'node-status'
    static_configs:
    - targets:
      - 192.168.99.6:9100
```

按照以上配置完成后，启动 Prometheus server，Prometheus 即可定时地到 http://192.168.6.9100/metrics 地址中拉取 node_exporter 采集到的数据。此外如果同一个 Job 中不同的机器拥有不同的属性，也可以使用 labels 添加自定义的属性。如在一个 Job 中都是监控的服务器的状态，而在服务器中有的为测试环境机器，有的为生产环境机器，使用 labels 标签可以进行区分。其实例配置如下：

```
scrape_configs:
  - job_name: 'node - status'
    static_configs:
     - targets:
       - 192.168.99.6:9100
       labels:
         env: test
     - targets:
       - 192.168.100.6:9100
       labels:
         env: product
```

3. 查看监测指标

Prometheus server 的 Web UI 界面提供了简单的指标查询功能，访问地址 http://192.168.99.6:9090，选择指标为 process_CPU_seconds_total，打开 Graph 选项卡，查看显示是否正常。其界面如图 1.5 所示。

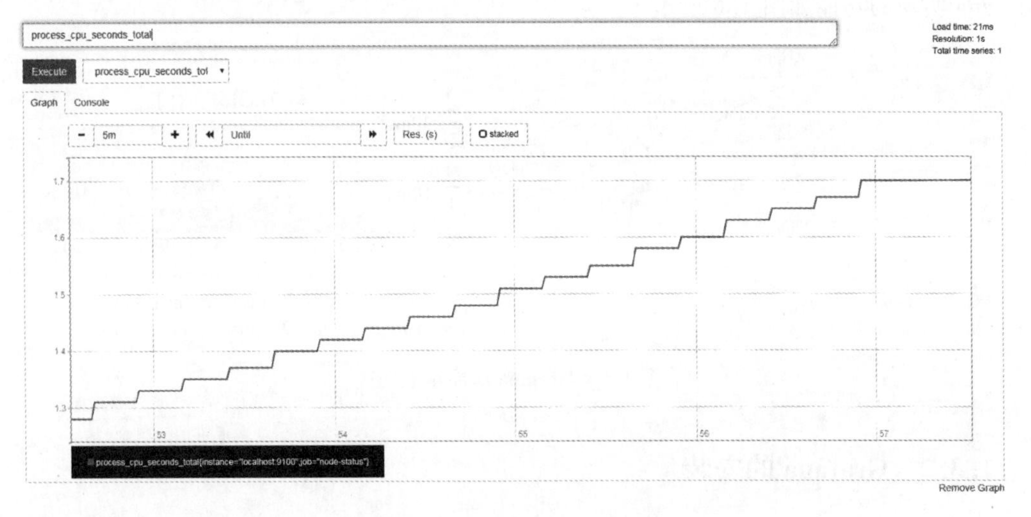

图 1.5　Prometheus Web UI

1.3　Grafana

Prometheus 完成了监测数据的采集、存储、报警等功能，但其对于采集到的指标在可视化方面显得有些单调，只能以表格或图标的形式进行简单的展示，对于重要的指标也不能够自定义面板显示。本节介绍 Grafana 的使用，通过 Grafana 实现后续的可视化展示。

1.3.1　Grafana 简介

Grafana 是一个开源的度量分析和可视化的工具。其主要特点如下。

1. 可视化

Grafana 拥有快速灵活的多选项的图表，可通过面板插件使用不同的方式实现对各种统计数据或日志进行可视化。

2. 报警

Grafana 可以通过可视化的方式为重要的指标配置报警规则，它将自动地监控这些指标并在指标异常的时候发送通知。

3. 数据源统一

Grafana 支持数十种数据库数据源，可以将各种数据整合在同一个平台中，在同一个面板中进行展示。

4. 扩展性

Grafana 拥有数百个面板和插件库。这些插件库几乎可以完成各种常见数据的展示，并且该插件库还在不断地更新，添加新的功能。

Grafana 通过接入不同类型的数据源，在其界面中可以配置可视化面板，通过编写相应的查询语句，配置不同的面板，实现不同类型的数据展示，如折线图、饼状图、表格等方式。Grafana 实现的功能如图 1.6 所示。

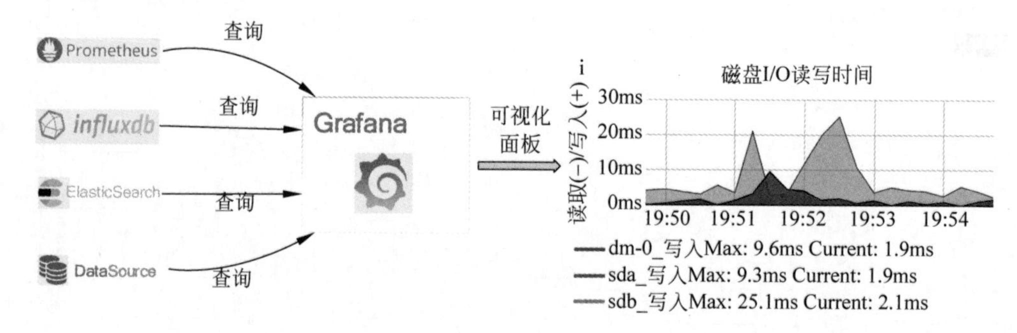

图 1.6　Grafana 功能示意图

1.3.2　Grafana 的安装

1. 网络安装

Grafana 官方提供 rpm 包，可以直接在 CentOS 中安装使用。可使用以下命令直接通过网络进行安装：

```
yum install https://s3-us-west-2.amazonaws.com/grafana-releases/release/grafana-5.1.4-1.x86_64.rpm
```

2. yum 源安装

官方也提供了 yum 源，可通过 yum 源进行安装。在系统中创建文件/etc/yum.repos.d/grafana.repo，文件中写入 yum 源的地址，内容如下：

```
[grafana]
name = grafana
baseurl = https://packagecloud.io/grafana/stable/el/7/$basearch
repo_gpgcheck = 0
```

```
enabled = 1
gpgcheck = 0
```

yum 源安装配置成功后，可直接使用以下命令进行安装：

```
yum install grafana - y
```

软件安装完成后，将软件添加至系统服务，并启动查看其运行状态。命令如下：

```
systemctl enable grafana - server.service
systemctl daemon - reload
systemctl start grafana - server
systemctl status grafana - server
```

软件启动完成后，使用浏览器访问该机器的 3000 端口，查看是否跳转至登录页面。软件默认登录账号密码均为 admin。

1.3.3　Grafana 服务器监控

登录至 Grafana 界面后，即可配置数据源，创建对服务器的监控。首先单击 Grafana 左侧导航栏中的设置按钮，选择 Data Source，单击 Add data source 即可添加数据源。在数据源类型中选择数据源为 Prometheus，输入 Prometheus 的地址并测试，测试成功后即为添加成功。

Grafana 可以添加可视化面板，在可视化面板中使用不同的查询语句添加不同类型的子面板，即可实现数据的自定义展示。但在实际使用时，Grafana 中已经存在很多定义完成的关于 Prometheus node_exporter 的数据展示面板，这些面板直接通过 id 号导入即可使用。Grafana 官方的可视化面板列表地址为 https://grafana.com/dashboards，在本节中，采用 id 为 8919 的面板进行展示。在 Grafana 界面中，通过单击导航栏中的 import 按钮，在 Grafana.com Dashborad 文本框中输入 8919，Grafana 会自动加载该面板，加载完成后，选择上一步添加的 Prometheus 数据源，即可添加完成。其监控界面如图 1.7 所示。

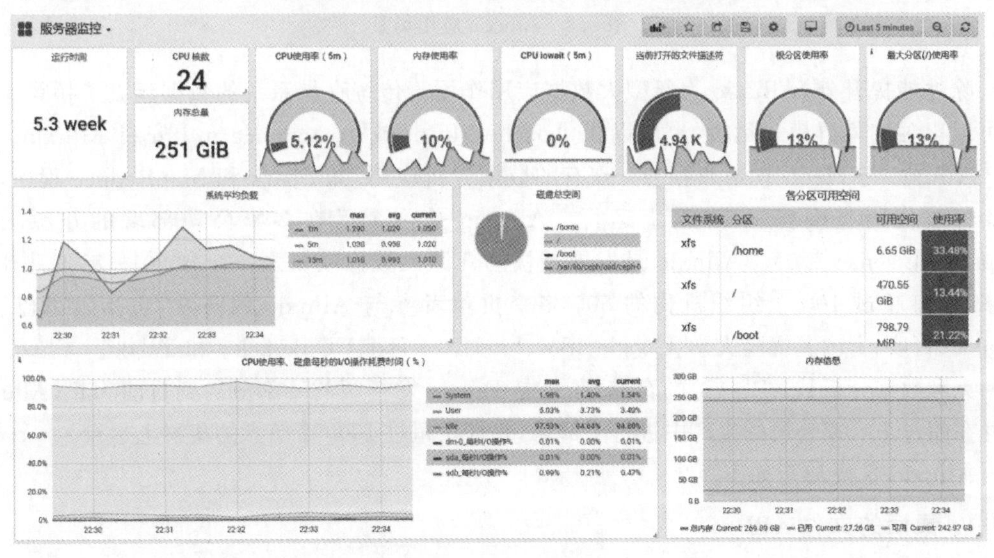

图 1.7　Grafana 服务器监控

1.4 Alluxio 的使用

Alluxio(之前名为 Tachyon)是第一个以内存为中心的虚拟的分布式存储系统。它统一了数据访问的方式,为上层计算框架和底层存储系统构建了数据交互的桥梁。应用只需要连接 Alluxio 即可访问存储在底层任意存储系统中的数据。此外,Alluxio 的以内存为中心的架构使得数据的访问速度比现有方案快几个数量级。

1.4.1 Alluxio 简介

在大数据生态系统中,Alluxio 介于计算框架(如 Apache Spark、Apache MapReduce、Apache HBase、Apache Hive、Apache Flink)和现有的存储系统(如 Amazon S3、OpenStack Swift、GlusterFS、HDFS、MaprFS、Ceph、NFS、OSS)之间。其应用场景如图 1.8 所示。Alluxio 为大数据软件栈带来了显著的性能提升。

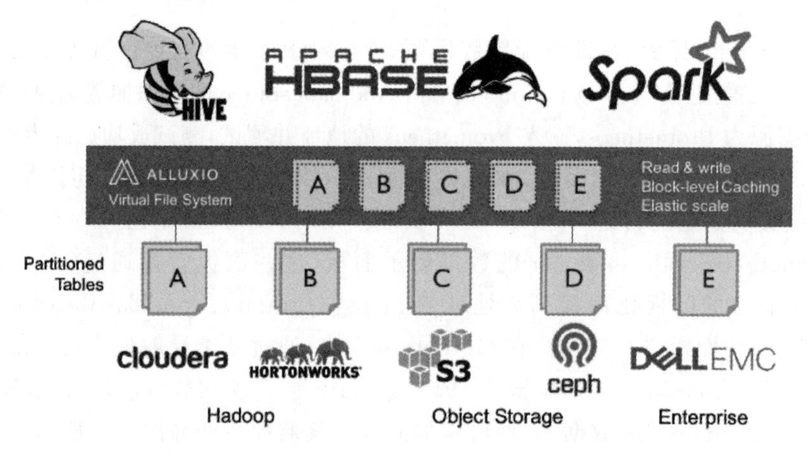

图 1.8 Alluxio 应用场景

除性能提升外,Alluxio 为新型大数据应用作用于传统存储系统的数据建立了桥梁。用户可以以独立集群模式运行,也可以在 Apache Mesos 或 Apache Yarn 中安装 Alluxio。

Alluxio 与 Hadoop 是兼容的。现有的数据分析应用,如 Spark 和 MapReduce 程序,可以不修改代码直接在 Alluxio 上运行。Alluxio 是一个已在多家公司部署的开源项目(Apache License 2.0)。Alluxio 是发展最快的开源大数据项目之一。自 2013 年 4 月开源以来,已有超过 100 个组织机构的 500 多个贡献者参与 Alluxio 的开发,包括阿里巴巴、Alluxio、百度、卡内基梅隆大学、Google、IBM、Intel、Red Hat、UC Berkeley 和 Yahoo。Alluxio 处于伯克利数据分析栈 (BDAS)的存储层,也是 Fedora 发行版的一部分。到目前为止,Alluxio 已经在超过 100 家公司的生产中进行了部署,并且在超过 1000 个节点的集群上运行。

Alluxio 主要功能如下。

1. 灵活的文件 API

Alluxio 的本地 API 类似于 java. io. File 类,提供了 InputStream 和 OutputStream 的

接口，这些接口实现了对内存的高速读写。另外 Alluxio 提供兼容 Hadoop 的文件系统接口，Hadoop MapReduce 和 Spark 可以使用 Alluxio 代替 HDFS。

2. 可插拔的底层存储

在容错方面，Alluxio 备份内存数据到底层存储系统。Alluxio 提供了通用接口，可以很容易地与第三方存储进行对接。目前支持的存储系统有 Microsoft Azure Blob Store、Amazon S3、Google Cloud Storage、OpenStack Swift、GlusterFS、HDFS、MaprFS、Ceph、NFS、Alibaba OSS、Minio 以及单节点本地文件系统。

3. Alluxio 存储

Alluxio 可以管理内存和本地存储(如 SSD 和 HDD)，以加速数据访问。如果需要更细粒度的控制，分层存储功能可以实现自动管理不同层之间的数据，保证热数据在更快的存储层上存储。Alluxio 中 pin 的功能允许用户直接控制数据的存放位置。

4. 统一命名空间

Alluxio 通过挂载功能在不同的存储系统之间实现高效、统一的数据管理，并且在持久化这些对象到底层存储系统时可以保留这些对象的文件名和目录层次结构。

5. Lineage

通过 Lineage(血统)，Alluxio 可以不受容错的限制实现高吞吐的写入，丢失的数据可以通过重新执行生成这一数据的任务来恢复。应用将数据写入内存，Alluxio 以异步方式定期备份数据到底层文件系统。写入失败时，Alluxio 启动任务重新恢复丢失的数据。

6. 网页 UI & 命令行

用户可以通过 UI 界面浏览文件系统。管理员可以查看每一个文件的详细信息，包括存放位置、检查点路径等。用户也可以通过./bin/alluxio fs 与 Alluxio 交互，例如将数据从文件系统拷入拷出。

1.4.2 Alluxio 的安装

Alluxio 可以运行在单机模式中，也可以运行在集群中。在集群中运行时，又可分为单个 Master 和高可用的多个 Master。以下示例中介绍单个 Master 的配置方式。在生产环境中，推荐使用高可用的部署方式。

1. 下载 Alluxio

为了在集群上部署 Alluxio，首先要在所有节点下载 Alluxio 二进制文件。下载地址为 http://www.alluxio.org/download。将下载完的压缩包进行解压：

```
[root@node16 ~]# tar -xzf alluxio-1.7.1-bin.tar.gz
[root@node16 ~]# cd alluxio-1.7.1
```

2. 配置 Alluxio

在 ${ALLUXIO_HOME}/conf 目录下，从模板创建 conf/alluxio-site.properties 配置文件：

```
[root@node16 ~]# cp conf/alluxio-site.properties.template conf/alluxio-site.properties
```

更新 conf/alluxio-site.properties 中的 alluxio.master.hostname 为运行 Alluxio 主节点的机器的主机名。添加所有工作节点的 IP 地址到 conf/workers 文件。如果集群中存在多个工作节点，Alluxio 不可以使用本地文件系统作为 Allxuio 底层存储层。需要在所有 Alluxio 服务端连接的节点启动共享存储，共享存储可以是网络文件系统(NFS)、HDFS、S3 等。

最后，同步所有信息到工作节点。使用以下命令来同步文件和文件夹到所有的 alluxio/conf/workers 中指定的主机：

```
[root@node16 ~]# ./bin/alluxio copyDir <dirname>
```

3. 启动 Alluxio

和 HDFS 一样，第一次启动文件系统时需要进行格式化。启动 Alluxio 的命令如下：

```
[root@node16 ~]# cd alluxio
[root@node16 ~]#./bin/alluxio format
[root@node16 ~]#./bin/alluxio-start.sh
```

为了确保 Alluxio 正常运行，访问 http://<alluxio_master_hostname>:19999，其 Web 界面如图 1.9 所示。

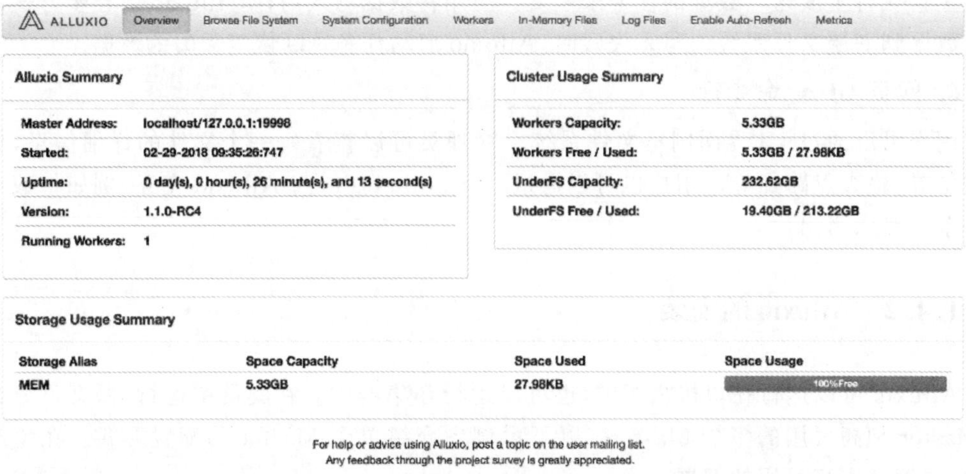

图 1.9 Alluxio Web 界面

也可使用 Alluxio 自带的测试程序测试系统是否正常运行：

```
[root@node16 ~]# ./bin/alluxio runTests
```

1.4.3 Alluxio 与 Spark 集成

Spark 除可以通过本地文件系统或 HDFS 读写数据以外，还可以通过 Alluxio 读写底层存数的数据。Spark 通过使用 Alluxio，其读写性能可提升几十倍。

1. 下载 Alluxio 客户端 jar 包

Spark 操作 Alluxio 需要其客户端，下载地址为 http://www.alluxio.org/download，此外用户也可以根据需要直接编译源代码生成对应的 jar 包。

2. 分发客户端

将 Alluxio 客户端 jar 包分发到 Spark 不同节点的应用程序的 classpath 中。

将如下配置写入 spark/conf/spark-defaults.conf 文件中，为 Spark 应用程序提供额外的 classpath：

```
spark.driver.extraClassPath /<PATH_TO_ALLUXIO>/client/alluxio-1.8.0-SNAPSHOT-client.jar
spark.executor.extraClassPath /<PATH_TO_ALLUXIO>/client/alluxio-1.8.0-SNAPSHOT-client.jar
```

3. 检查 Spark 与 Alluxio 的集成性

在 Alluxio 上运行 Spark 之前，需要确认 Spark 配置已经正确设置集成了 Alluxio。Spark 集成检查器可以完成此检查。当运行 Saprk 集群(或单机运行)时，可以在 Alluxio 项目目录运行以下命令：

```
checker/bin/alluxio-checker.sh spark <spark master uri> <spark partition number(optional)>
```

4. Alluxio 作为输入输出

Alluxio 支持在给出具体的路径时，透明地从底层文件系统中读写数据。假定 HDFS 的 Namenode 节点运行在 localhost，并且 Alluxio 默认的挂载目录是 alluxio，通过以下命令将 HDFS 中的数据挂载至 Alluxio 中：

```
[root@node16 ~] hadoop fs -put -f /alluxio/LICENSE hdfs://localhost:9000/alluxio/LICENSE
```

在编写 Spark 程序时，文件的路径使用 alluxio 协议即可实现对 Alluxio 的读写操作：

```
> val s = sc.textFile("alluxio://localhost:19998/LICENSE")
> val lines = s.map(line => line + line)
> lines.saveAsTextFile("alluxio://localhost:19998/LICENSE2")
```

1.5 本章小结

本章主要介绍了在开发过程中常用的性能监控工具。通过对 top、htop、vmstat、iostat、iftop 等命令的讲解实现了对 Linux 系统的 CPU、内存、磁盘 I/O、网络 I/O 等方面的监控。通过对 Prometheus、Grafana 的介绍实现了对集群的可视化的监控及报警功能。最后介绍了分布式内存文件系统 Alluxio 的使用，通过 Spark 与 Alluxio 的集成，Spark 在 I/O 读写速度方面有了数量级的提升。

第2章

Java虚拟机简介

Spark 主要由 Scala 语言编写,Scala 运行在 Java 虚拟机上,所以在对 Spark 任务进行监控时,对 Java 虚拟机运行状态的监控也显得尤为重要。本节将介绍 Java 虚拟机的相关内容,主要内容如下:

- Java 虚拟机基本结构。
- Java 虚拟机常用选项。
- 垃圾回收机制。
- JDK 自带命令行工具。
- JVM 监控工具。

2.1 Java 虚拟机基本结构

Java 虚拟机(即 JVM)是整个 Java 平台的基石,是 Java 实现跨平台技术的关键。Java 虚拟机如同一台抽象的计算机拥有自己的指令集及运行时的内存区域。虽然称为 Java 虚拟机,但它与 Java 语言并没有必然的联系,它只是与特定的二进制文件格式(class 文件)相关联,任何可以编译成 class 文件的语言都可以在 Java 虚拟机中运行,如 Scala、Groovy 等。

Java 虚拟机有很多种,如 HotSpot 虚拟机、JRockit 虚拟机等。但所有的 Java 虚拟机都会遵从一份规范——Java 虚拟机规范。在 Java 虚拟机规范中,定义了 Java 虚拟机的基本结构、运行时数据区、class 文件的格式、数据类型、指令集等各方面的内容。Java 虚拟机规范是对虚拟机的一种抽象,并不是虚拟机的实现。所有的虚拟机的设计者都可以自行决定规范中没有定义的内部细节,如运行时内存布局、垃圾回收算法等。在《Java 虚拟机规范(JavaSE 8 版)》中规定了 Java 虚拟机运行时数据区结构,如图 2.1 所示。

在运行时数据区中,主要包含方法区、Java 堆、Java 虚拟机栈、Java 本地方法栈、PC 寄存器 5 部分。其中方法区和 Java 堆会随着虚拟机的启动而创建,随着虚拟机退出而销毁。Java 虚拟机栈、Java 本地方法栈、PC 寄存器则会随着每个线程的开始创建、线程的结束而销毁。

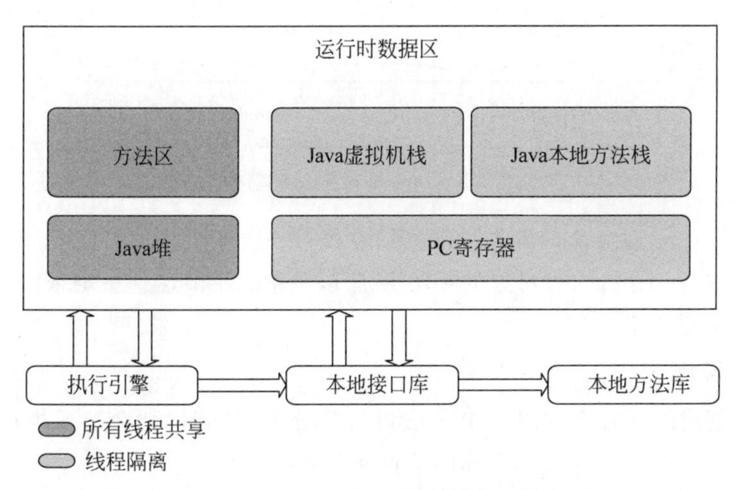

图 2.1 Java 虚拟机运行时数据区结构

2.1.1 PC 寄存器

在 Java 虚拟机中多线程是可以同时执行的，但是如果 CPU 只有一个核，Java 虚拟机如何记录每个线程执行到哪了呢？在每个线程启动的时候，Java 会为每个线程创建一个单独的空间，用于存放这个线程中 Java 虚拟机正在执行的字节码指令的地址，这个空间称为 PC 寄存器(program counter register)。一个线程同一时刻只能执行一条指令，即同一时刻只能执行一个方法，这个方法被称为当前方法(current method)。如果当前方位为 native，则 PC 寄存器的值为 undefined。

2.1.2 Java 堆

在 Java 虚拟机中，Java 堆是所有类的实例和数组对象分配的内存区域，这个区域是所有线程共享的内存区域。随着 JIT 编译器的发展和逃逸技术逐渐成熟，栈上分配、标量替换等技术也可能会将对象分配在栈上。Java 堆在 Java 虚拟机启动时就被创建，是 Java 虚拟机管理的内存中最大的一块区域，这部分区域是被自动内存管理系统所管理的，即被垃圾收集器所管理的。《Java 虚拟机规范(JavaSE 8 版)》中并未明确规定垃圾收集器应如何工作、如何自动回收内存，所以这部分垃圾回收工作在每个具体的虚拟机中实现会不同。

1. 堆结构

为了便于垃圾回收，Java 堆会做进一步的划分，不同的垃圾回收机制其划分的方式也有所不同，其中最常见的就是将堆分为新生代和老年代。新生代用于存放新创建的对象或年龄不大的对象，老年代用于存放老年对象或在新生代无法存放的大对象。新生代还会做进一步的划分，分为 eden 区、s0 区和 s1 区。s0、s1 区也被称为 from、to 区域，这两个区域的大小是完全相等的。这样的划分方式是为了特定的垃圾回收方式而设定的，其详细的工作原理请查看垃圾回收相关章节。Java 堆最常见的结构如图 2.2 所示。

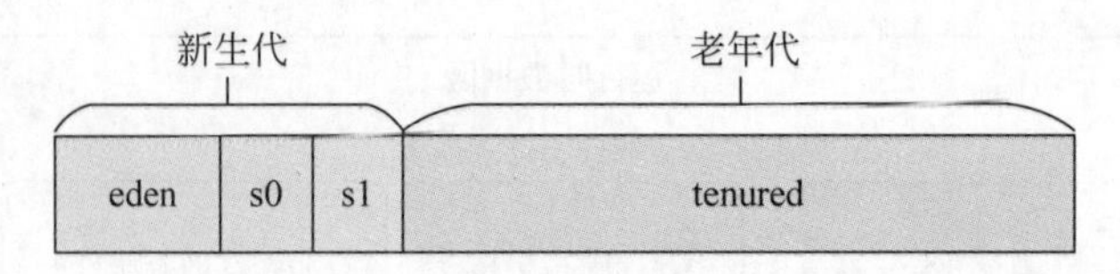

图 2.2 Java 堆最常见的结构

在大部分情况下，对象会分配在 eden 区，在经过一次新生代垃圾回收以后，存活的对象被整理到 s0 区或者 s1 区，同时对象的年龄会加 1，对象的年龄达到一定条件后，就会被认为是老年对象，从而进入老年代。

2. 堆内存溢出

当 Java 中创建的对象在堆内存中无法再为其分配空间时，就会造成堆内存溢出，此时 Java 虚拟机就会抛出一个 OutOfMemroyError 异常。

【例 2.1】 循环创建不可回收的对象，查看堆内存溢出。

```
import java.util.ArrayList;
import java.util.List;

public class HeapOutOfMemoryDemo {
    public static void main(String[ ] args) {
        List < byte[ ]> list = new ArrayList <>();
        while (true) {
            list.add(new byte[1024]);
        }
    }
}
```

以上代码创建了一个 list，向 list 中循环添加字节数组，保证该数组对象不被垃圾回收，当堆内存无法分配更多的内存时，抛出了 OutOfmemoryError 异常。程序输出如下：

```
Exception in thread "main" java.lang.OutOfMemoryError: Java heap space
        at HeapOutOfMemoryDemo.main(HeapOutOfMemoryDemo.java:8)
```

由程序输出可看出在 main 线程中，Java heap 区域发生了溢出。

Java 能创建对象的个数取决于 Java 堆的大小和每个对象的大小。Java 堆越大、每个对象的大小越小，则其创建的对象的个数就会越多。在启动 Java 的进程时，可以通过某些 Java 虚拟机参数调节 Java 堆的大小。

2.1.3 Java 虚拟机栈

每个线程都有自己私有的 Java 虚拟机栈，这个栈随着线程的创建而创建，随着线程的消失而消失。在每个线程中，方法的调用都是通过 Java 虚拟机栈传递的。每个方法的调用都会生成对应的栈帧(frame)压栈，方法执行结束时，对应的栈帧出栈，从而形成了一系列的方法调用过程。

1. 栈帧

栈帧是一种用来存储数据和部分过程结果的数据结构，同时栈帧也用来处理动态链接、方法返回值和异常的分派。每个栈帧都有自己的局部变量表、操作数栈、动态连接信息、方法返回地址以及一些附加信息。一般把动态连接信息、方法返回地址及附加信息统称为栈帧信息。栈帧结构如图 2.3 所示。

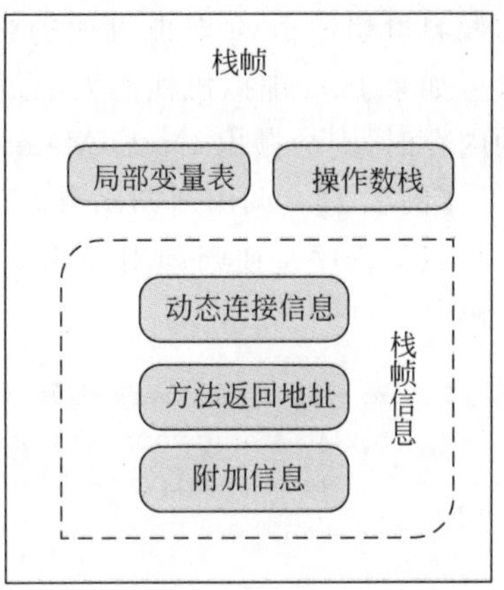

图 2.3 栈帧结构

局部变量表用于完成方法调用时参数的传递，当一个方法被调用时，创建该方法的栈帧压栈，栈帧中的局部变量表即保存了传递给方法的参数，参数的值或者引用使用索引来访问。其中索引为 0 的变量一定用来存储该方法所在对象的引用(即 Java 中的 this 关键字)，后续参数会传递到局部变量表的从 1 开始的连续的位置上。

操作数栈是一个后进先出的栈，每个栈帧中都会包含一个操作数栈。栈帧在刚创建时，操作数栈是空的，Java 虚拟机提供指令从局部变量表或对象实例的字段中复制值到操作数栈，也提供其他指令从操作数栈取走数据、操作数据或者把操作的结果重新压栈。在方法调用时，操作数栈也用来准备调用方法的参数以及接收方法返回的结果。

当方法正常执行完成、没有异常的情况下，栈帧会返回一个值给调用它的方法(如果有返回值)。这时，当前栈帧承担着恢复调用者状态的责任，因为之前调用的该方法的栈帧已经被压栈，所以需要恢复调用者的局部变量表、操作数栈。当前方法的返回值压入调用者的栈帧的操作数栈后，调用者代码继续执行。

如果方法在调用过程中发生异常，并且程序没有进行处理，则方法调用发生异常，一定不会有方法的返回值返回给调用者。

无论方法调用是正常完成还是异常完成，都会导致当前栈帧被弹出。

2. 调用过程

假如在 Java 代码中，a 方法调用了 b 方法，b 方法调用了 c 方法。在这个过程中首先 a 方法调用时产生的栈帧压入 Java 虚拟机栈，a 方法调用 b 方法后，b 方法调用时创建的栈帧压栈，b 方法调用 c 方法，c 方法调用时产生的栈帧压栈。当方法调用完成后，栈帧依次弹出栈。其调用过程如图 2.4 所示。

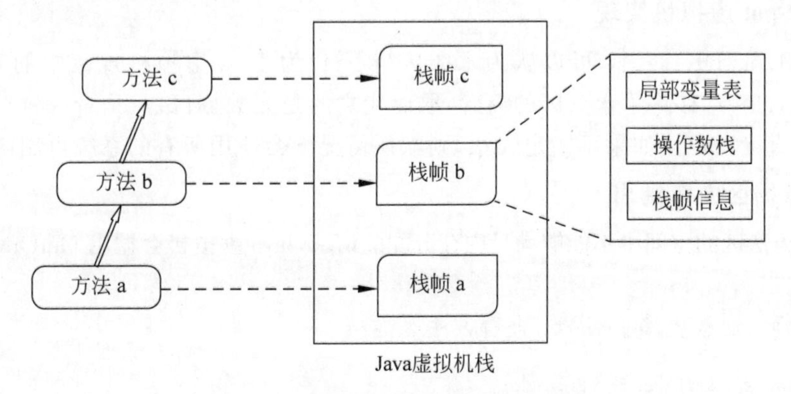

图 2.4 方法调用栈帧压栈调用过程

3. 栈溢出

当方法调用链过长时,会导致大量栈帧压入 Java 虚拟机栈中,如果当前线程请求分配的栈容量超过 Java 虚拟机栈的最大容量时,Java 虚拟机将会抛出 StackOverflowError 异常。如果 Java 虚拟机栈的大小是可以动态扩展的,当 Java 虚拟机无法向物理机申请更多的内存时,则会抛出 OutOfMemoryError 异常。

【例 2.2】 调用递归函数,查看栈溢出。

以下程序会递归调用 main()函数,main()函数的栈帧反复压入 Java 虚拟机栈,直至栈溢出。

```
public class StackOverflowDemo {
    public static void main(String[] args) {
        main(args);
    }
}
```

程序的输出如下:

```
Exception in thread "main" java.lang.StackOverflowError
        at StackOverflowDemo.main(StackOverflowDemo.java:3)
        at StackOverflowDemo.main(StackOverflowDemo.java:3)
```

由程序输出可以看出在 main 线程中,发生了栈内存溢出。

Java 方法调用的链的长度取决于 Java 虚拟机栈的大小和每个栈帧的大小,栈帧越小,能够压入栈的栈帧数量就越多,其调用链长度就会越长。在启动 Java 的进程时,可以通过某些 Java 虚拟机参数调节 Java 虚拟机栈的大小。

2.1.4 方法区

在 Java 虚拟机中,方法区是可以供各个线程共享的内存区域。它用来存储每个类的结构信息,如运行时常量池、字段和方法数据、构造函数等节码内容,还包括一些在类、实例、接口初始化时用到的特殊方法。Java 虚拟机规范中,并没有限定该区域需要垃圾回收或者其固定大小,这些内容取决于具体虚拟机的实现。

1. HotSpot 虚拟机实现

在 JDK1.6、JDK1.7 中,可以认为永久区(perm)为 Java 虚拟机规范中的方法区的实现。在 JDK1.8 中,移除了永久区的概念,取而代之的是元数据区(metaspace),元数据区是一块堆外的直接内存。如果不指定大小,则默认情况下会使用所有的系统可用内存。

2. 元数据区内存溢出

如果在方法区的空间中不能够满足内存分配的请求,Java 虚拟机会抛出 OutOfMemoryError 异常。

【例 2.3】 加载更多 Java 类,查看方法区溢出。

```
import net.sf.cglib.proxy.Enhancer;
import net.sf.cglib.proxy.MethodInterceptor;
```

```
public class MethodAreaOutOfMemory {
    public static void main(String[] args) {
        while (true) {
            Enhancer enhancer = new Enhancer();
            enhancer.setSuperclass(MethodAreaOutOfMemory.class);
            enhancer.setUseCache(false);
            enhancer.setCallback((MethodInterceptor) (obj, method, args1, proxy) -> proxy.
invokeSuper(obj, args1));
            enhancer.create();
        }
    }
}
```

以下程序使用 cglib 包,动态生成代理类,并加载至元数据区中。当元数据区无法发配更多内存时,抛出 OutOfMemroyError 异常。程序的输出如下:

```
Exception in thread "main" java.lang.OutOfMemoryError: Metaspace
  at java.lang.Class.forName0(Native Method)
  at java.lang.Class.forName(Class.java:348)
  at net.sf.cglib.core.ReflectUtils.defineClass(ReflectUtils.java:386)
  at net.sf.cglib.core.AbstractClassGenerator.create(AbstractClassGenerator.java:219)
  at net.sf.cglib.proxy.Enhancer.createHelper(Enhancer.java:377)
  at net.sf.cglib.proxy.Enhancer.create(Enhancer.java:285)
  at MethodAreaOutOfMemory.main(MethodAreaOutOfMemory.java:13)
```

由程序输出可以看出在 main 线程中,发生了元数据区(metaspace)内存溢出。

2.1.5 本地方法栈

Java 虚拟机实现可能会用到传统的栈来支持 native 方法的执行,这个栈就是本地方法栈。如果 Java 虚拟机不支持 native 方法,或本身不依赖传统的栈,那么可以不提供本地方法栈。如果 Java 虚拟机提供了本地方法栈,这个栈一般会在线程创建的时候按线程分配。本地方法栈也可能会发生内存溢出的情况。

【例 2.4】 查看 Java 虚拟机中堆、栈、方法区和对象的关系。

```
public class ObjectRelation {

    public static void main(String[] args) {
        ObjectRelation o1 = new ObjectRelation();
        o1.init();
    }

    private void init() {}
}
```

以上代码执行时,首先 Java 虚拟机初始化运行时数据区的方法区和 Java 堆,创建 main 线程,为该线程初始化所需要的 Java 虚拟机栈、PC 寄存器、本地方法栈等。类加载器加载该类的 class 文件至元数据区,当 main()函数执行时,会创建 main()函数的栈帧,压入当前线程的 Java 虚拟机栈,调用 new ObjectRelation()后,Java 虚拟机为在 Java 堆区创建该对象,并将该对象的引用地址压赋值给栈区的 o1 变量。调用 o1 的 init 方法后,创建 init 方法的栈帧,压入 Java 虚拟机栈中,执行完成后弹栈。main 函数执行完成后弹栈,main 线程执行结束,清除 main 线程所关联的 Java 虚拟机栈、PC 寄存器、本地方法栈等信息。该程序运行过程中,Java 虚拟机栈、Java 堆、方法区、Java 对象的关系如图 2.5 所示。

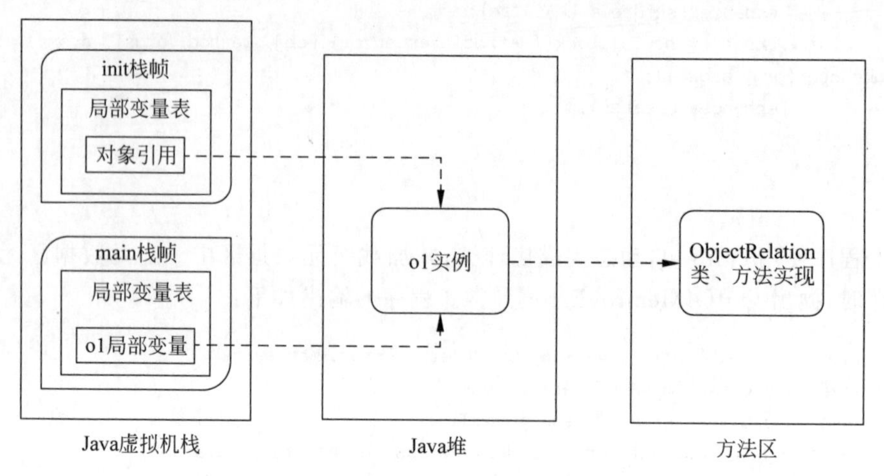

图 2.5　对象与堆栈之间的关系

2.2　Java 常用选项

2.1 节中对 Java 虚拟机的基本结构进行了介绍,但对于 Java 虚拟机中的各部分内存大小的调节却没有提及。本节将介绍 Java 中一些常用的选项,这些选项的参数有些会对 Java 虚拟机的运行产生非常大的影响。

2.2.1　Java 选项分类

java 命令用于启动一个 Java 程序,一般 java 命令的格式如下:

```
java [options] classname [args]
java [options] - jar filename [args]
```

在启动 Java 程序时需要指定类名、参数或者指定一个 jar 包、参数启动。在这个命令中,options 部分可以传入一些 java 命令支持的选项用于改变一些配置或者影响 Java 虚拟机的运行状态。

java 命令支持很多选项,这些选项根据类型可以分为以下几项:

- 标准选项。
- 非标准选项。
- 高级运行时选项。
- 高级 JIT 编译器选项。
- 高级维护选项。
- 高级垃圾回收选项。

标准选项支持所有的Java虚拟机，这些选项均为一些通用的操作，如查看JRE版本、设置classpath(类路径)、开启详细的日志输出等功能。

非标准选项仅仅针对HotSpot虚拟机，只能在HotSpot虚拟机中使用，将来也可能会发生变化。这些选项都以-X为前缀。

所有的高级选项都应慎重使用，这些选项用于调节HotSpot虚拟机的特定的内存区域或者一些高级特性，并不是所有的虚拟机都能够支持。这些选项都以-XX为前缀。

根据java命令高级选项传入参数的类型，可分为布尔类型、数字类型、字符串类型。一般地，布尔类型用于控制某项功能的开启或关闭，使用+/－控制，格式为-XX:+<option>、-XX:-<option>。数字类型和字符串类型使用等号赋值，格式为-XX:<option>=<number>，如果需要传入单位，如设置内存大小等，可接收的单位有k/K/m/M/g/G；如果需要传入比值，则其大小为0～1。

2.2.2 标准选项

Java的标准选项适用于所有的虚拟机。

1. 显示类加载信息

每一个Java程序的运行，都离不开类的加载，所以类的加载非常重要。随着动态代理技术的使用，有时候有些类很难从文件中找到，对于类的加载只有Java虚拟机是最清楚的，在启动Java程序时，可以通过-verbose:class显示详细的类加载信息。

【例2.5】 查看类加载信息。

本例使用例2.4的实例程序，显示类的详细加载情况。启动命令为：

```
java - verbose:class ObjectRelation
```

程序的输出如下：

```
[Opened /usr/local/jdk1.8.0_101/jre/lib/rt.jar]
[Loaded java.lang.Object from /usr/local/jdk1.8.0_101/jre/lib/rt.jar]
[Loaded java.io.Serializable from /usr/local/jdk1.8.0_101/jre/lib/rt.jar]
[Loaded java.lang.Comparable from /usr/local/jdk1.8.0_101/jre/lib/rt.jar]
[Loaded java.lang.CharSequence from /usr/local/jdk1.8.0_101/jre/lib/rt.jar]
[Loaded java.lang.String from /usr/local/jdk1.8.0_101/jre/lib/rt.jar]
```

由输出可以看出通过-verbose:class选项不仅显示了加载类的全类名，也显示了加载类所在的jar包，这对于一些存在不同jar包、类版本冲突的情况问题的排查是十分重要的。

2. 显示垃圾回收信息

垃圾回收(GC)是Java内存管理的重要部分，对于运行性能问题的排查、对垃圾回收情况的查看是非常必要的。在启动Java程序时，可通过-verbose:gc选项启用垃圾回收信息的日志输出，每当Java虚拟机执行GC时，将会输出本次GC的信息。

【例2.6】 查看垃圾回收日志信息。

```
public class GCDemo {
    public static void main(String[] args) {
```

```
            for (int j = 0; j < 1000; j++) {
                byte[] bytes = new byte[1024];
            }
            System.gc();
        }
    }
```

以上程序中，创建了1000个1MB数组，循环执行完毕后，所有分配的数组都会变为垃圾对象，使用System.gc()方法触发垃圾回收的执行。程序输出如下：

```
[GC (System.gc())  3011K->816K(101376K), 0.0007217 secs]
[Full GC (System.gc())  816K->632K(101376K), 0.0034760 secs]
```

该输出显示垃圾回收执行了两次，都是由System.gc()方法触发。第一行为minor gc，回收的为新生代内存。回收前的内存使用为3011KB回收后变为816KB，总的可用堆内存为101 376KB，最后显示的为所用时间。第二行为Full GC，回收新生代和老年代内存，执行GC前内存使用816KB，GC后使用632KB。

3. 切换运行模式

Java虚拟机可以支持两种模式运行：client和server。这两种模式在不同的硬件平台上支持的情况不同。具体不同平台的支持情况读者可以参考官方文档http://docs.oracle.com/javase/8/docs/technotes/guides/vm/server-class.html。client模式系统启动较快，对于运行时间不长、追求启动速度的程序可以使用client模式。server模式启动较慢，而且其内部有更复杂的优化算法堆程序进行优化，当系统稳定运行后，server模式的运行速度会远高于client模式。通过-client或-server切换运行模式。平台的默认运行模式可通过java -version命令查看。如以下输出中，加粗部分显示为server模式。

```
java version "1.8.0_101"
Java(TM) SE Runtime Environment (build 1.8.0_101 - b13)
Java HotSpot(TM) 64 - Bit Server VM (build 25.101 - b13, mixed mode)
```

2.2.3 非标准选项

Java的非标准选项仅适用于HopSpot虚拟机。可通过java -X命令查看所有可用的非标准选项。

1. 调节Java堆大小

Java程序在启动时，Java虚拟机会为该进程分配一块初始化的堆空间，系统在运行的过程中，Java虚拟机尽量使用这块初始化的空间，当这块空间耗尽时，虚拟机会对堆进行扩展，直到扩展至虚拟机可以申请的最大堆内存为止。

使用-Xms <size>设置堆内存的初始值，使用-Xmx <size>设置堆内存的最大值，使用-Xmn <size>设置堆内存新生代大小的初始值和最大值。

【例2.7】 手动设置Java堆的大小。

```
public class HeapPrint {
```

```
    public static void main(String[] args) {
        System.out.print("free:" + Runtime.getRuntime().freeMemory()/1024/1024 + "M  ");
        System.out.print("total:" + Runtime.getRuntime().totalMemory()/1024/1024 + "M  ");
        System.out.println("max:" + Runtime.getRuntime().maxMemory()/1024/1024 + "M");
    }
}
```

以上程序运行时,会输出当前堆内存的剩余空间、已分配空间、最大可用空间。使用 java -Xmx100m -Xms50m -Xmn10m HeapPrint 启动程序,设置其最大堆内存为 100MB,初始化堆内存为 50MB,新生代大小为 10MB。运行程序,输出如下:

```
free:47M  total:49M  max:97M
```

由输出可知,最大可用空间为 97MB,约等于设置的 100MB,中间的差额部分将会在后续章节中详细讲解。

2. 调节 Java 栈大小

Java 虚拟机栈的大小直接决定了每个线程中方法调用的深度。可使用-Xss < size >选项指定栈的大小。

【例 2.8】 测试 Java 虚拟机栈大小对方法调用深度的影响。

```
public class StackDeep {
    private static int deep = 0;
    public static void main(String[] args) {
        try {
            deep++;
            main(args);
        } catch (Throwable e) {
            System.out.println(deep);
        }
    }
}
```

以上程序运行时,main()函数会递归调用自己,使 main()函数的栈帧反复压栈,同时使用 deep 变量记录递归的深度,当栈溢出时,捕获异常输出递归的深度。分别使用 java -Xss100k StackDeep 和 java -Xss200k StackDeep 运行程序,当栈增大时,方法调用的深度将会增大。

3. 保存 GC 信息到文件

当 GC 事件发生时,记录 GC 事件是十分必要的,可以使用-Xloggc:filename 选项将 GC 的事件保存至文件中,其输出的格式与-verbose:gc 相同,如果同时指定-Xloggc 与-verbose 选项,前者将会覆盖后者的配置。

2.2.4 高级运行时选项

高级运行时选项只针对 HopSpot 虚拟机,它的设置可以影响虚拟机的运行情况。

1. 设置直接内存大小

随着NIO技术的使用,直接内存的使用也变得越来越普遍。它允许Java程序跳过Java堆内存,而直接使用物理机的内存空间,这在一定程度上加快了内存的访问速度。但是一般情况下,直接内存的分配与回收会比Java堆慢,所以在频繁创建和销毁内存空间的情况下,直接内存并不是很好的选择。默认情况下直接内存的大小与堆内存的大小相同,在使用量达到最大值,并且不能进行垃圾回收的情况下,直接内存也会引起内存溢出。可以通过选项-XX:MaxDirectMemorySize=size设置Java可以使用的最大直接内存。

【例2.9】 直接内存与堆内存的读写速度对比。

```
public class DirectMemory {
    static final int bufferSize = 4 * 1024 * 1024;
    static final int testCount = 100;
    public static void main(String[] args) {
        ByteBuffer direct = ByteBuffer.allocateDirect(bufferSize);
        ByteBuffer heap = ByteBuffer.allocate(bufferSize);
        testReadWrite(direct, "direct memory");
        testReadWrite(heap, "heap memory");
    }
    private static void testReadWrite(ByteBuffer byteBuffer, String type) {
        long start = System.currentTimeMillis();
        for (int i = 0; i < testCount; i++) {
            for (int j = 0; j < bufferSize; j++)
                byteBuffer.put((byte) i);
            byteBuffer.flip();
            for (int j = 0; j < bufferSize; j++)
                byteBuffer.get();
            byteBuffer.clear();
        }
        long end = System.currentTimeMillis();
        System.out.println(type + " use time:" + (end - start));
    }
}
```

以上程序分别对4MB大小的直接内存和Java堆内存进行100次读写,并输出其读写用的时间,在笔者的机器上,程序运行结果如下:

```
direct memory use time:286
heap memory use time:1662
```

由输出的结果可以看出,直接内存和Java的堆内存读写速度还是有一定差距的,因此在涉及缓存频繁读写的情况下可以使用直接内存代替Java的堆内存。

【例2.10】 直接内存与堆内存的分配速度对比。

```
public class DirectAllocate {
    static final int bufferSize = 1024 * 1024;
    static final int testCount = 10000;

    public static void main(String[] args) {
```

```
        testDirectMemory();
        testHeapMemory();
    }

    private static void testDirectMemory() {
        long start = System.currentTimeMillis();
        for (int i = 0; i < testCount; i++) {
            ByteBuffer.allocateDirect(bufferSize);
        }
        long end = System.currentTimeMillis();
        System.out.println("direct memory use time:" + (end - start));
    }

    private static void testHeapMemory() {
        long start = System.currentTimeMillis();
        for (int i = 0; i < testCount; i++) {
            ByteBuffer.allocate(bufferSize);
        }
        long end = System.currentTimeMillis();
        System.out.println("heap memory use time:" + (end - start));
    }
}
```

以上程序分别对1MB大小的直接内存和Java堆内存进行10 000次分配，并输出其分配用的时间，在笔者的机器上，程序运行结果如下：

```
direct memory use time:18549
heap memory use time:4334
```

由输出的结果可以看出，直接内存的分配会比Java对内存的分配慢很多，因此在频繁进行缓冲区分配和回收的场景下不适合使用直接内存。

2. 异常错误处理

Java在运行过程中，难免会出现错误，如内存溢出等情况，想及时获取错误的信息，可以通过Java提供的-XX:OnOutOfMemoryError=string和-XX:OnError=string选项进行错误处理，这两个选项均可以指定一个或多个命令。在出现错误的情况下，Java虚拟机会自动执行这些命令，从而触发一些自定义的操作。如果命令存在空格，则需要使用引号；如果执行多个命令，则需要用分号分隔。

3. 设置Java栈大小

使用-XX:ThreadStackSize=size选项也可以设置Java虚拟机栈的大小，此命令与-Xss命令等价。

4. 指针压缩

在HopSpot虚拟机中当堆内存小于32GB时，默认是开启指针压缩的。既然是开启指针压缩的，那这个参数在程序开发中有什么影响呢？可以通过以下计算得到。

对于计算机而言，在32位的系统中，内存地址大小为32位，即4字节，其寻址范围为2^{32}b，即4GB内存，在64位的系统中，计算机的寻址范围为2^{64}b，约为180亿GB。在Java

虚拟机中，对象存在于堆内存中，Java 通过对象的引用来找到这个对象，在 32 位的虚拟机中，引用大小为 4 字节，在 64 位系统中，为了获取更大的寻址范围，Java 的引用变为 8 字节。但是这样随之也带来了问题，如果一个 Java 程序运行在 64 位 Java 虚拟机中，最大使用的堆内存却只有 4GB，这就造成 8 字节的指针中有 4 字节是浪费的。明明可以使用 4 字节可以解决的问题，却使用了 8 字节，虽然现在内存容量已经很大了，4 字节的浪费并不会造成很大的影响，但是在一些有几千万甚至上亿的对象的堆内存中，其浪费的容量还是相当可观的。Java 虚拟机为了解决这个问题，提出了指针压缩的概念。

在 Java 的堆内存中，一个对象占用的内存空间可分为 3 部分，分别是对象头、实例数据和对齐填充数据。对象头包含该对象的元数据信息，如锁的状态、对象的年龄等，这部分称为 Mark Word，同时还包含一个指针引用 klass，指向该对象的类。如果对象为数组，在其对象头中还会包含其数组的长度。对象中的成员变量等数据，存储在实例数据部分中。另外在 Java 堆中对象的大小并不是任意的，一般为 8 字节对齐，即对象的大小必须是 8 的倍数，如果不是 8 的倍数，则使用对齐填充数据，将其补齐。对象在堆内存中的结构如图 2.6 所示。

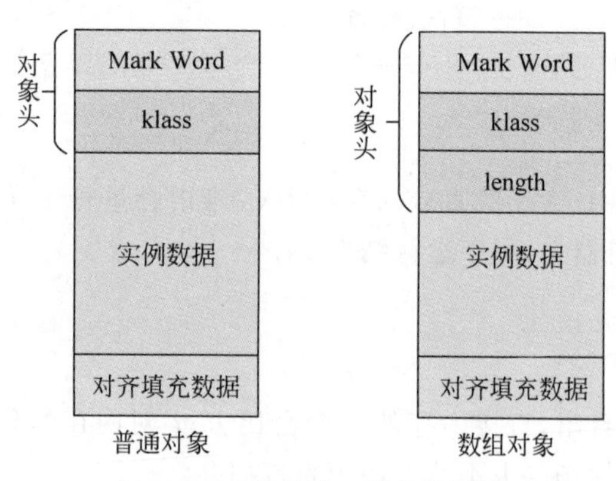

图 2.6 对象在堆内存中的结构

对象在内存中每个部分的大小，在 32 位和 64 位系统中是不同的，如 klass 和实例数据中引用类型数据，都是一个对象的引用地址，这个引用的地址大小是不同的。每部分占用内存空间的大小如表 2.1 所示(单位：字节)。

表 2.1 对象部分占用内存空间的大小

内 容	32 位	64 位
Mark Word	4	8
klass	4	8
length	4	8
reference	4	8

因此在 32 位系统中，一个对象头大小为 8 字节、如果是数组则为 12 字节。在 64 位系统中一个对象头大小为 16 字节，如果是数组则为 24 字节。一个最小的对象在内存中可以仅仅只有一个对象头，如 new Object()，那么在 32 位系统中，最小对象为 8 字节，一个最小的数组因为需要 8 字节对齐，因此 12 字节的对象头对齐后变为 16 字节。在 64 位系统中，

一个最小的对象为 16 字节，一个最小的数组为 24 字节。不同系统中对象头大小如表 2.2 所示(单位：字节)。

表 2.2　不同系统中对象头大小

内　容	32 位	64 位
最小对象	8	16
最小数组	16	24

如果 64 位 Java 虚拟机启用指针压缩后，其压缩的内容为引用指针的大小，那么如果对象为数组类型，其数组中每个指针也会被压缩，由原来的 8 字节压缩至 4 字节。一个对象在内存中压缩前后各部分占用大小如表 2.3 所示(单位：字节)。

表 2.3　对象压缩前后大小对比

内　容	压缩前	压缩后
Mark Word	8	8
klass	8	4
length	8	4
reference	8	4

因此如果启用的指针压缩，一个对象头由原来的 16 字节变为 12 字节，如果为数组对象，则对象头由原来的 24 字节变为 16 字节。一个最小的对象虽然对象头被压缩为 12 字节，但需要进行 8 字节对齐，其最小大小仍为 16 字节，一个最小的数组对象变为 16 字节。压缩前后，对象大小对比如表 2.4 所示(单位：字节)。

表 2.4　启用指针压缩后对象压缩前后大小对比

内　容	压缩前	压缩后
对象头	16	12
数组对象头	24	16
最小对象	16	16
最小数组	24	16

因为 Java 的对象一般是按照 8 字节对齐的，也就是其内存地址最低 3 位永远为 0，因此 Java 虚拟机可以利用这 3 位进行更大范围的寻址，实现 32GB 内存地址的寻址。所以 64 位的 Java 虚拟机在 32GB 以下是自动开启指针压缩的，即启动 Java 程序时自动添加了 -XX:+UseCompressedOops 选项。当堆内存分配超过 32GB 时，便不再使用指针压缩。通过以上分析可以计算出，如果使用一个大的数组，存放最小的 Java 对象，32GB 经过指针压缩后，理论上可以容纳 32×1024×1024×1024/(16+4)=17.17 亿个对象。如果不使用指针压缩可以容纳 32×1024×1024×1024/(16+8)=14.31 亿个对象，压缩后大约少了 3 亿个对象。当内存超过 32GB 时，也就是不再使用指针压缩后，如果想依然创建 17.17 亿个对象，需要的内存为 17.17 亿×(16+8)B=38GB。

由此可见当堆内存大小分配在 32～40GB 时，实际上内存的增大对 Java 虚拟机而言，其可用内存基本上没有增加，甚至其真正可用内存可能会减少，因为大量的内存被 8 字节的引用占用了。

开启指针压缩以后并不是所有的指针都会被压缩的，如堆栈、入参、返回值等指针都不会被压缩。

【例 2.11】 查看在指针压缩和不压缩的情况下对象使用内存的大小。

本例中，使用 lucene 中的一个工具类，可以直接查看对象占用内存的大小，其 maven 坐标为：

```
<dependency>
    <groupId>org.apache.lucene</groupId>
    <artifactId>lucene-core</artifactId>
    <version>4.0.0</version>
</dependency>
```

Java 程序如下：

```
public class OopsTest {
    public static void main(String[] args) {
        System.out.println("object size:" + RamUsageEstimator.sizeOf(new Object()));
        System.out.println("array size:" + RamUsageEstimator.sizeOf(new Object[0]));
    }
}
```

通过指定虚拟机参数-XX:+UseCompressedOops 和-XX:-UseCompressedOops，分别使用指针压缩和不压缩，其输出如下：

```
//指针压缩
object size: 16
array size:16
//指针不压缩
object size:16
array size:24
```

在输出中，压缩前后对象占用空间相同，因为压缩后，对象头为 12 字节，需要 8 字节对齐，因此补充了 4 字节。读者可以重新定义一个类，加入一个 int 类型的成员变量，在指针压缩的情况下，其对象占用大小依然为 16 字节。

2.2.5 高级垃圾回收选项

高级垃圾回收的选项，基本上都和特定的垃圾回收器有关，可以通过这些选项影响垃圾回收的一些执行操作。建议读者首先阅读 2.3 节垃圾回收机制再查看本节中的参数设置。

1. 堆内存设置

在非标准选项中，介绍了一些调节 Java 堆的选项，可以使用-Xmx <size>设置 Java 堆的最大值，使用-Xms <size>设置 Java 堆的初始大小，使用-Xmn <size>设置新生代的大小。

在垃圾回收选项中，-XX:MaxHeapSize=size 与-Xmx <size>的功能相同，都是设置最大堆内存。

-XX:InitialHeapSize=size 与-Xms <size>功能相同，设置堆的初始化大小。

-XX:NewSize=size 设置新生代初始值，-XX:MaxNewSize=size 设置新生代最大值，两个选项同时使用相当于-Xmn <size> 同时设置新生代的初始值和最大值。

如果不指定新生代大小可以使用-XX:NewRatio 设置老年代与新生代的比例，默认为 2。

在新生代内存中，可以通过-XX:SurvivorRatio=ratio 设置 eden 区与 s0 区大小的比例，默认 Java 虚拟机会动态调节这个比例。

2. Serial 收集器

使用-XX:+UseSerialGC 在新生代使用串行回收器。

3. ParNew 收集器

使用-XX:+UseConcMarkSweepGC 参数指定使用 CMS 收集器后，会自动使用 ParNew 作为新生代收集器。

-XX:+UseParNewGC 强制指定使用 ParNew 收集器。

-XX:ParallelGCThreads 指定垃圾收集的线程数量，ParNew 默认开启的收集线程与 CPU 的数量相同。

4. Parallel Old 收集器

-XX:+UseParallelOldGC 指定使用 Parallel Old 收集器。

5. CMS 收集器

-XX:+UseConcMarkSweepGC 指定使用 CMS 收集器。

在并发清除时，垃圾收集线程与用户线程同时执行，用户线程在运行过程中会新产生的垃圾，称为浮动垃圾。这使并发清除时需要预留一定的内存空间，在内存占用到一定程度时就开始收集。-XX:CMSInitiatingOccupancyFraction 设置 CMS 预留内存空间。

CMS 基于标记清除算法，清除后不进行压缩操作，会产生大量不连续的内存碎片。在分配大内存对象时，可能无法找到足够的连续内存，从而需要提前触发另一次 Full GC 动作。-XX:+UseCMSCompactAtFullCollection 使得 CMS 出现这种情况时不进行 Full GC，而开启内存碎片的合并整理过程。但合并整理过程无法并发执行，停顿时间会变长。

-XX:+CMSFullGCsBeforeCompaction 设置执行多少次不压缩的 Full GC 后，进行一次压缩整理，为减少合并整理过程的停顿时间默认为 0，即每次都执行 Full GC，都不会进行压缩整理。

6. G1 收集器

-XX:+UseG1GC 指定使用 G1 收集器。

-XX:InitiatingHeapOccupancyPercent 当整个 Java 堆的占用率达到参数值时，开始并发标记阶段，默认为 45。

-XX:MaxGCPauseMillis 为 G1 设置暂停时间目标，默认值为 200ms。

-XX:G1HeapRegionSize 设置每个内存区域大小，范围为 1～32MB，默认值将根据堆内存大小算出最优解。

2.3 垃圾回收机制

垃圾回收(Garbage Collection,GC)是 Java 内存管理中一个非常重要的概念。Java 虚拟机提供了自动内存管理,使程序开发人员从手动释放内存的工作中解放出来。本节将介绍垃圾回收的基本原理和常用的垃圾收集器,进而更加深入地理解 Java 的垃圾回收机制。

2.3.1 什么是垃圾对象

我们知道 Java 运行时数据区分为 Java 堆、Java 虚拟机栈、方法区、Java 本地方法栈和 PC 寄存器。其中 Java 虚拟机栈、Java 本地方法栈和 PC 寄存器是与每个线程的生命周期关联的,当线程结束时,对应的内存区域会被自动回收。但是 Java 堆和方法区两部分区域的生命周期是和整个 Java 应用程序相关联的。Java 堆和方法区必须尽力保证系统申请内存创建新对象的时候有足够的空间,如果堆空间足够大当然可以随意使用,用完还有新的空间,但是往往堆空间的大小是有限制的,而且随着程序的运行,系统还在不断地产生新的对象,申请新的空间,这就需要 Java 虚拟机能够发现哪些对象已经没用了,及时对没用的对象进行清理,进而重新利用这片内存空间。

1. 可达性分析

在进行垃圾回收时,如何判断一个对象是否应该进行回收?在主流的实现中,一般都是通过可达性分析判断对象是否存活。在分析时,找到一系列根对象,一般根对象可以为 Java 虚拟机栈引用对象、方法区中静态属性和常量引用对象、本地方法栈引用对象等。以这一系列根对象为起点,向下搜索其引用的对象,当一个对象从根对象不可达时,则认为这个对象可以被回收了。对象可达系分析过程如图 2.7 所示。

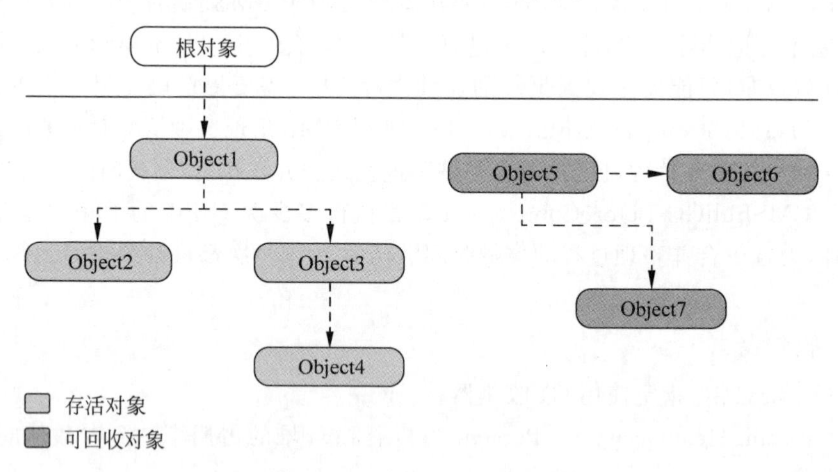

图 2.7 对象可达性分析过程

2. 引用

一般我们说的引用是一种很明确的定义,就是引用类型的数据中存储的数值为另一块内存的真实地址,而且如果存在这种引用关系,对象是不能够被回收的。但是在 Java 中还存在其他几种引用关系，如一些"食之无味，弃之可惜"的对象，这种对象的引用就需要其他的引用关系来描述。

Java 中的引用共分为 4 种，分别为强引用、软引用、弱引用、虚引用，这 4 种引用关系强度依次减弱。

我们平时说的引用就是强引用，在 Java 代码中使用 Object obj＝new Object()来表示，只要这种引用存在，垃圾收集器就不会回收被引用的对象。

软引用用来描述一些还有用但非必须的对象。对于软引用关联的对象，系统在发生内存溢出之前，会把这些对象列入回收范围之内，进行第二次回收。如果回收之后，内存还是不足，则抛出内存溢出的异常。在 Java 代码中使用代码 SoftReference < Object > object＝new SoftReference <>(new Object())表示软引用。

弱引用比软引用的强度更弱，在垃圾收集器回收时，无论内存是否充足都会回收弱引用关联的对象。在 Java 代码中使用 WeakReference < Object > object＝new WeakReference <>(new Object())表示弱引用。

虚引用是最弱的引用关系，虚引用不会对其关联对象回收产生任何影响，也无法通过虚引用获取对象实例，其唯一的目的就是在对象被垃圾回收时，能够收到一个系统的通知。

2.3.2　垃圾回收算法

Java 中的垃圾对象都是通过垃圾收集器回收的，这些垃圾收集器怎样回收、具体是什么原理，都离不开垃圾回收算法。这些垃圾回收算法是各种垃圾收集器的基本指导思想，是其理论基础，而垃圾收集器可以认为是某些回收算法的实现。本节将介绍引用计数法、标记清除算法、标记压缩算法、复制算法、分区算法和分代思想。

1. 引用计数法

引用计数法是一种最古老、最经典的一种垃圾收集算法。在没有可达性分析理论的时候，判断对象是否可回收就是通过引用计数法。它的基本思想是为每个分配的对象添加一个引用计数器，每当有一个引用指向该对象时，该计数器就加 1。当一个对象的引用计数器为 0 时，表示没有任何引用指向该对象，即这个对象对于外界来说无法访问，那么这个对象就可以被回收。

引用计数法实现很简单，但却存在两个很严重的问题。

第一个问题是无法处理循环引用。如 A 引用 B，同时 B 也引用 A，这就造成两个对象的引用计数都不为 0，不能被回收。但是这两个对象对于外界来说都已经不可访问，应该被回收掉。

第二个问题是每次新增引用和清除引用时，都要有加减法的操作，这在一定程度上会影响系统性能。

由于以上两个原因，在 Java 的垃圾收集器中，并没有收集器使用这种算法。

2. 标记清除算法

标记清除算法是其他一些算法的思想基础，其实现过程是将垃圾回收分为两个阶段：标记阶段和清除阶段。在标记阶段使用可达性分析将可达的对象标记出来，然后在清除阶段将未标记的对象清除。标记清除算法的工作流程如图2.8所示。

标记清除算法的缺点是在垃圾回收后,会产生大量的内存碎片,造成内存空间的不连续。在对象分配过程中,连续内存空间的分配效率要远高于不连续的内存空间。

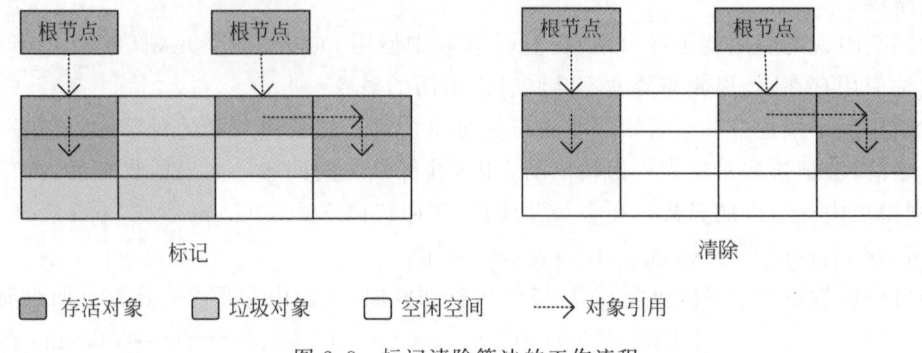

图2.8 标记清除算法的工作流程

3. 标记压缩算法

在标记清除算法中,产生了不连续的内存空间,为了解决此问题,便产生了标记压缩算法。标记压缩算法是标记清除算法的改进版,它在垃圾对象被清除之后,将剩余存活的对象进行一次整理,统一移动到连续的内存空间中。标记压缩算法的工作流程如图2.9所示。

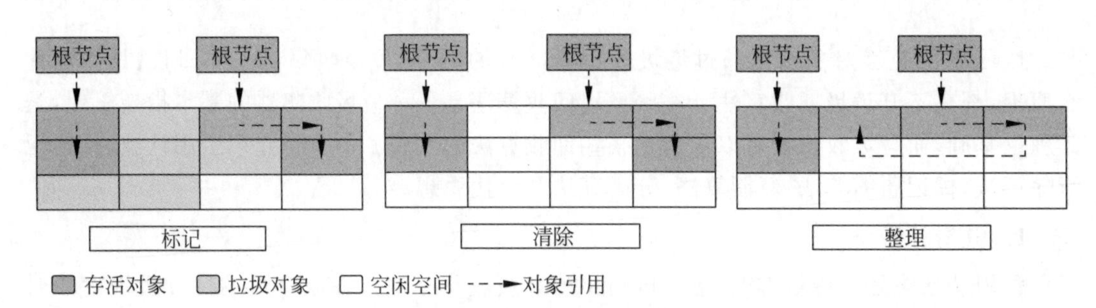

图2.9 标记压缩算法的工作流程

标记压缩算法解决了内存不连续的问题,但在压缩阶段会有额外的移动工作。

标记压缩算法适用于对象生存时间比较长的场景,如一个对象一次被整理后,放到了内存的连续的空间中,从此以后再也没有被回收过,这样这片空间永远都是连续的,而不用再做额外的工作把对象进行移动整理。相反,如果内存空间中对象朝生夕灭,那么使用标记整理算法的时候,就需要反复移动对象的位置,使所有的对象处于连续的内存空间中。

4. 复制算法

复制算法的主要思想是将内存分为大小相等的两个区域,每次使用其中一个区域,当使用的区域内存用完时,执行垃圾回收,将存活的对象复制到另外一块区域,然后将已经使用过的这块区域内存全部清理。这样的分配过程中,内存在分配时不用考虑内存碎片等问题,只要按顺序分配内存即可。假如一块内存分为s0、s1两部分,其内存回收前后对象分布如图2.10所示。

复制算法的优点是分配速度快,实现简单,运行高效。其缺点也是显而易见的,即内存

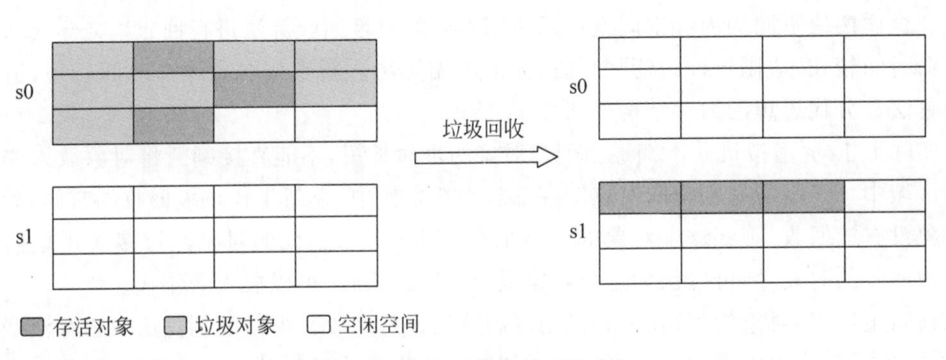

图 2.10 内存回收前后对象分布

浪费太严重，直接损失一半的内存。

复制算法适用于对象存活时间比较短的场景，如在进行垃圾回收时，里边的大部分对象都成了垃圾对象，只有少部分存活下来，这样把一少部分存活下来的对象复制到另一块区域。但是如果对象生存时间比较长，一次垃圾回收并没有减少多少内存，而是增加了对象复制的成本，则不适用于使用复制算法。

5. 分区算法

分区算法是将整个堆空间划分成多个连续的更小的空间，如图 2.11 所示。每个空间独立分配独立回收。将堆内存划分为更小的空间后，系统在进行 GC 的时候可以控制每次回收多少个小区间。一般在相同的条件下，堆空间越大，进行垃圾回收的时候需要的时间就越长，使用分区算法可以有效控制 GC 停顿的时间。

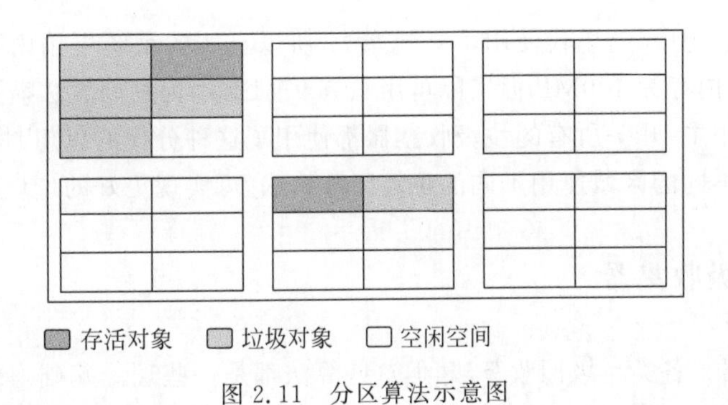

图 2.11 分区算法示意图

6. 分代思想

前面介绍了各种垃圾回收算法，每种算法都有自己的特点，都有各自的优点和缺点。没有哪一种算法能够适用于所有的场景，因此在不同的场景下使用不同的算法才是正确的选择。

在 Java 程序中，创建出来的对象有些是临时使用的，这种对象往往是一个方法的局部变量，当方法执行完成后，该对象便不再使用了，成为垃圾对象。还有一些对象是在程序中共用的，这些对象会随着应用程序的运行一直存在。因此可以按照对象生存的时间分为两种类型：一种是生命比较短的对象；另一种是生命比较长的对象。在堆内存中也划分为两块空间；一块用来存放生命较长的对象，称为老年代；另一块存放生命较短的对象，称为新生代。这样两块不同的内存空间就可以使用不同的垃圾回收算法进行回收。老年代因为对象生命时间较长，适用于标记清除算法、标记压缩算法。新生代对象生命时间较短，适用于复制算法。分代思想的内存结构如图 2.12 所示。

实际上 Java 虚拟机并不知道新创建对象的生命长短，不能直接判断将对象放入哪一块内存区域中。于是所有创建的对象统一都放入新生代中，在新生代垃圾回收的时候，如果一个对象没有被回收，则将这个对象的年龄加 1。当一个新生代的对象经过多次垃圾回收都没有被回收的时候，则可以认为这个对象生命时间比较长，可以放入老年代。

在新生代中，对象的生命较短，使用复制算法进行回收。但是复制算法对内存浪费太严重，直接使新生代中可用内存减半。为了使新生代中的内存得到更充分的利用，将新生代中的内存划分成更具体的 3 部分，分别是 eden、from、to 3 个区。新生代划分后的结构如图 2.13 所示。其中 eden 区也被称为伊甸园区，大部分新创建的对象都分配在 eden 区。from 和 to 是完全大小相等的两部分，使用复制算法进行回收。每次都只使用其中的一部分，如果使用的为 from 区，则当垃圾回收时，如果 eden 区和 from 区存在没有被回收的对象，将会被复制到 to 区。这些没有被回收的对象，熬过了垃圾回收的阶段，存活下来，所以 from 区和 to 区也被称为幸存区(survive)，分别为 s0、s1。

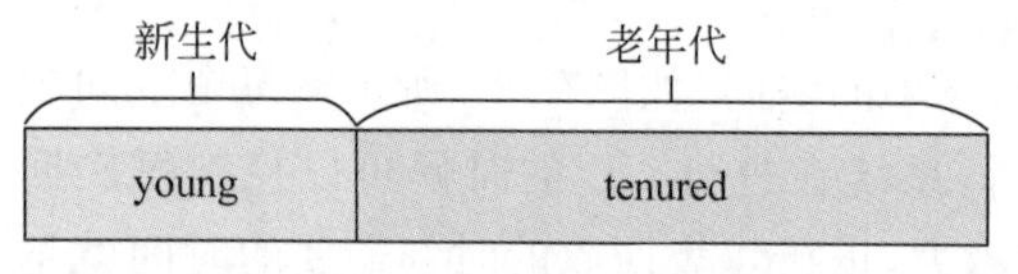

图 2.12　分代思想的内存结构

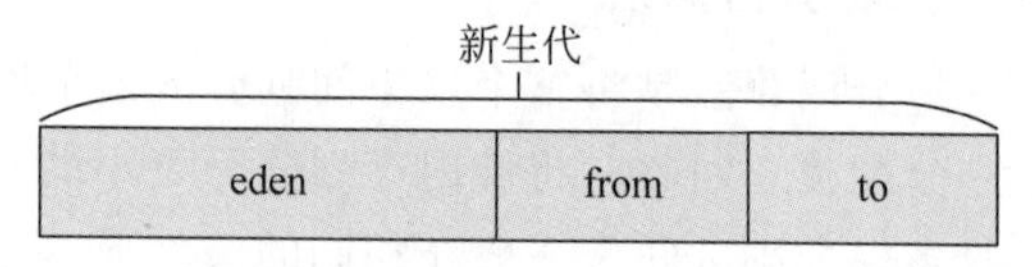

图 2.13　新生代划分后的结构

由于在分代思想中，新生代使用了复制算法，所以真实的系统可用内存将会减小，如在例 2.7 中，分配的内存为 100MB 但实际可用只有 97MB，因为复制算法损失了部分内存。

在实际的应用中，几乎所有的垃圾收集器都使用了这种分代的思想，将堆内存划分为新生代和老年代。不同的区域使用不同的垃圾回收算法，可实现更好的垃圾回收效果。

2.3.3　垃圾收集器

2.3.2 节介绍了各类垃圾回收算法，但这些算法都是一些理论基础，具体垃圾回收功能还是由 Java 虚拟机中的垃圾收集器实现的。Java 虚拟机中垃圾收集器有很多种，每种各有优势，下面介绍一些常见的垃圾收集器。

1. 串行收集器

串行(serial)收集器是最基本、发展历史最长的收集器。串行收集器是一个单线程工作的收集器，当需要进行垃圾回收时，会暂停所有的应用程序中运行的线程，直至垃圾回收完毕后应用程序才能够继续执行。所有应用程序暂停的这种情况被称为 Stop The Word(用户线程暂停)。使用串行收集器，在实时性要求比较高的情况下，可能会造成非常差的用户体验。串行收集器的工作过程如图 2.14 所示。

串行收集器实现相对简单，没有额外的线程切换的开销，在 Java 的发展过程中，它久经考验，在大多数情况下其性能表现是相当不错的，所以它是 client 模式下的默认收集器。在

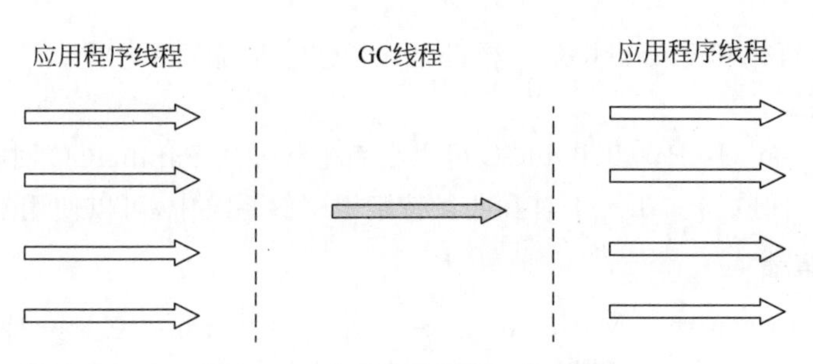

图 2.14 串行收集器的工作过程

单核 CPU 的条件下，串行收集器的性能甚至可能优于其他的处理器。串行收集器可以回收新生代和老年代的垃圾对象。使用-XX:UseSeialGC 参数可以指定 Java 虚拟机在新生代和老年代都使用串行收集器。

2. 并行收集器

并行收集器主要有 3 种，分别是 ParNew 收集器、ParallelGC 收集器、ParallelOldGC 收集器。其中，ParNew 和 ParallelGC 收集器是新生代的垃圾收集器，ParallelOldGC 是老年代的垃圾收集器。

ParNew 收集器工作在新生代，它只是简单的将原来串行收集器中单线程变为了多线程，其回收策略和算法与新生代的串行收集器一样的。ParNew 收集器在进行垃圾回收的时候也需要将应用程序的线程暂停，但由于它使用多线程进行垃圾回收，在多核 CPU 上，它停顿的时间要比串行回收器要短。如果在单核 CPU 中，其性能不一定会比串行收集器要好。其工作过程如图 2.15 所示。

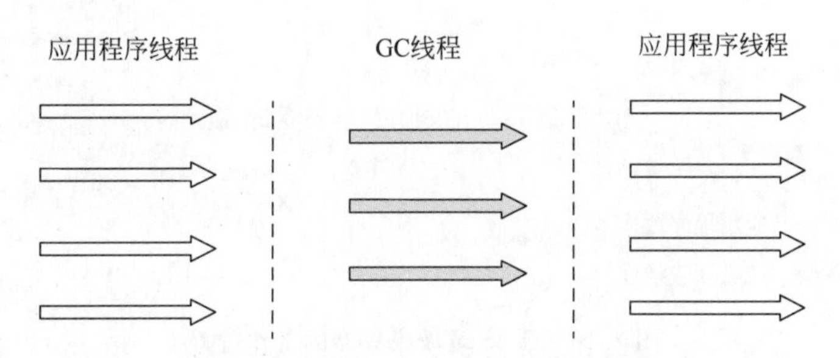

图 2.15 ParNew 收集器的工作过程

在新生代使用 ParNew 收集器的参数为-XX:+UseParNewGC。

ParallelGC 收集器也是工作在新生代的垃圾收集器。它与 ParNew 收集器非常相似，都是多线程的并行收集器。但是 ParallelGC 在进行垃圾收集时更关注系统的吞吐量，它可以通过设置一定的参数控制每次垃圾回收的最大的停顿时间或者设置垃圾回收时间占总时间的百分比。ParallelGC 收集器还支持一种自适应的 GC 调节策略。在这种策略下，新生代大小以及 eden 和 survivior 比例、晋升老年代对象年龄等都可以被自动地调节，以达到系统的执行和垃圾回收停顿的平衡点。在大多数场景中，都可以使用这种策略，让虚拟机完成自动调节的工作。

在新生代使用 ParallelGC 收集器的参数为-XX:+UseParallelGC。

ParallelOldGC 收集器是工作在老年代的多线程并发收集器。它只是在 ParallelGC 中加入了 Old，它的目标和 ParallelGC 一样都是比较注重系统的吞吐量。ParallclOldGC 使用的是标记压缩算法。

通过参数-XX：+UseParallelOldGC 可以在新生代使用 ParallelGC 回收器，在老年代使用 ParallelOldGC 回收器。在一个对吞吐量特别敏感的系统中，可以使用 ParallelOldGC。

3. CMS 收集器

CMS 全称为 Concurrent Mark Sweep，意为并发标记清除。它是一种以获取最短垃圾回收时间为目标的收集器。如果想让 JVM 中的程序提高响应速度，减少系统停顿时间，可以使用此垃圾回收器。一般在一些 Web 服务器中，使用此垃圾回收器比较常见。CMS 执行垃圾回收的过程经历了 4 个阶段，分别为初始标记、并发标记、重新标记、并发清除。在初始标记和重新标记两个阶段是虚拟机独占进程的，会出现用户线程暂停的情况。在初始标记阶段只是记录了所有根节点的可达对象，所以此过程非常快。在并发标记阶段，垃圾回收器会按照上一阶段标记的根对象和用户线程一起执行，进行垃圾标记的过程。在这个过程中，用户执行的进程会产生新的垃圾，所以又执行了重新标记阶段。在重新标记阶段中，也需要停止用户的进程，在这个阶段中标记了在并发标记过程中产生的垃圾。在最后的并发清除阶段，垃圾回收线程也是和用户线程同时执行的。CMS 垃圾收集器的工作过程如图 2.16 所示。

通过参数-XX：+UseConcMarkSweepGC 指定使用 CMS 垃圾收集器。

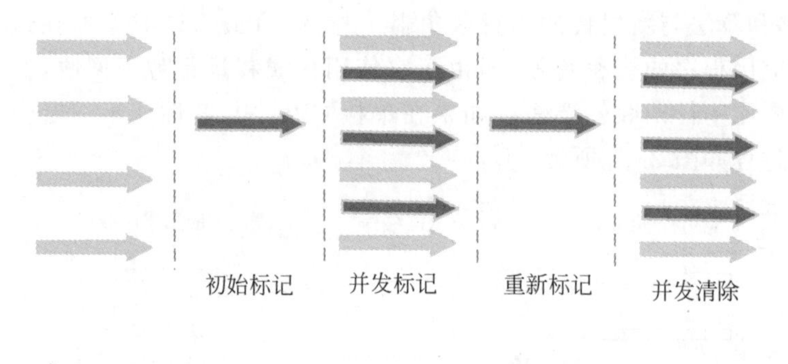

图 2.16　CMS 垃圾收集器的工作过程

4. G1 垃圾收集器

G1 垃圾收集器是一个面向服务端应用的垃圾收集器，它充分利用多核 CPU 的优势，缩短了垃圾回收时用户线程的停顿时间，在 CMS 收集器中原本垃圾收集线程单独执行的过程，在 G1 上可实现与用户的线程同时执行。G1 收集器不需要其他垃圾收集器的配合即可实现整个 GC 堆的管理，它将整个 GC 堆划分为多个大小相等的区域，但依然保留新生代和老年代的概念，只不过新生代和老年代在物理上已经不再隔离，它们都是由区域组成的。G1 除了降低停顿外，还建立了可预测的停顿时间模型，能够让用户指定一段时间范围内垃圾停顿时间的最大值。

G1 垃圾收集器的回收过程也分为 4 个阶段，与 CMS 很类似，分别为初始标记、并发标记、最终标记、筛选回收。在并发标记阶段，与 CMS 相同，需要停止用户线程；在最终标记阶段,G1 收集器也需要停止用户线程,但与 CMS 不同的是,G1 收集器此时可以并发标记,减少停顿时间;在筛选回收阶段,用户执行线程也是停止的,但是 G1 收集器可以根据用户指定的停顿时间进行垃圾回收。G1 垃圾收集器的工作过程如图 2.17 所示。

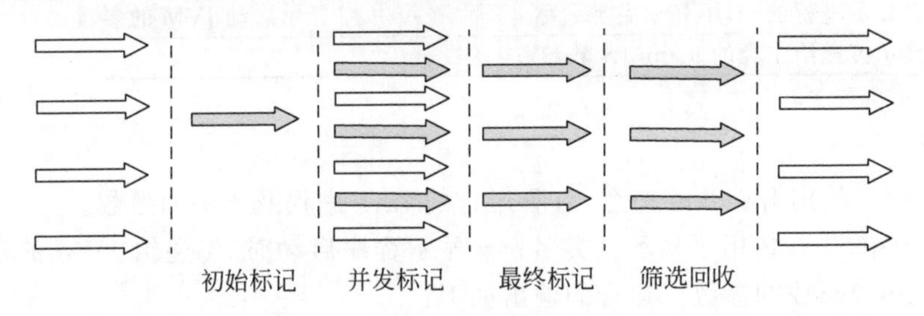

图 2.17 G1 垃圾收集器的工作过程

通过参数-XX:+UseG1GC 指定使用 G1 垃圾收集器。

按照分代执行情况,各个垃圾收集器收集的位置划分如表 2.5 所示。

表 2.5 垃圾收集器收集的位置划分

堆分代	垃圾收集器
新生代	Serial、ParNew
老年代	Serial Old、Parallel Old、CMS
整堆	G1

2.4 JDK 自带命令行工具

在 JDK 中自带有一些命令行工具,这些工具可以查看 JVM 运行的各方面的信息,在处理应用程序的性能问题、定位故障时能够发挥很大的作用。

2.4.1 jps 命令

jps 命令类似于 Linux 中的 ps 命令,可以列出正在运行的虚拟机进程,即显示每一个 Java 程序,并可通过一些选项控制显示每个进程传递给 main()函数的参数、传递给 JVM 的参数等。

1. 命令选项

jps 命令的格式如下:

```
jps [选项] [hostid]
```

jps 可以通过 RMI 协议查询开启了 RMI 服务的远程虚拟机的进程状态,如果不提供 hostid,则为查询本机的虚拟机进程。jps 命令常用的选项如表 2.6 所示。

表 2.6 jps 命令常用的选项

选　项	说　明	选　项	说　明
-h	显示帮助信息	-l	显示全类名,如果为 jar 则输出 jar 的路径
-q	只显示进程的 id,不显示主类名称	-v	显示启动 JVM 的参数
-m	显示传递给主类的 main()函数参数		

2. 示例

【例 2.12】 使用 jps -lvm 命令,查看运行的 Java 进程及传递的参数。

在该命令中,-l 参数用于显示全类名;-v 显示程序启动时、传递给 JVM 的参数;-m 显示传递给 main()函数的参数。运行的输出如下:

```
17539 CPUConsume 10 - Xmx10m
17587 sun.tools.jps.Jps - lvm - Dapplication.home = /usr/local/jdk1.8.0_101 - Xms8m
```

由输出可以看出,当前机器上运行了两个 Java 进程,进程 id 分别是 17539、17587。第一行显示运行的主类名称为 CPUConsume,传递给 main()函数的参数为 10,传递给 JVM 的参数为-Xmx10m。第二行为 jps 命令本身的进程,jps 命令的实现,实质上也是一个 Java 的程序。

2.4.2 jstat 命令

jstat 命令用于监控 JVM 的运行状态,对垃圾回收及内存的使用做统计显示。

1. 命令选项

jstat 命令的格式如下:

```
jstat [ generalOption vmid]  [ interval[s|ms] [ count ] ]
```

jstat 与其他命令不同的是 jstat 提供了一些常规选项,查看其统计的具体分类,同时可以指定统计值的间隔和统计次数。jstat 支持的通用选项可使用 jstat -options 查看。jstat 命令选项如表 2.7 所示。

表 2.7 jstat 命令选项说明

选　项	说　明	选　项	说　明
-class	显示 class loader 的统计信息	-gcnew	显示新生代 GC 信息
-compiler	显示 JIT 编译器的统计信息	-gcnewcapacity	显示新生代空间大小信息
-gc	显示堆内存垃圾回收信息	-gcold	显示老年代 GC 信息
-gccapacity	显示堆内存可用空间信息	-gcoldcapacity	显示老年代空间大小信息
-gccause	显示最近一次的 GC 事件	-gcutil	显示 GC 的统计
-gcmetacapacity	显示 metaspace 空间大小统计信息		

通过使用 jstat 命令的不同选项可以查看各种不同的内存使用情况,如每部分内存的最大值、当前使用的值、使用的百分比、每个区域中 GC 的时间次数等信息。

2. 示例

【例 2.13】 使用 jstat 命令查看 Java 进程的类加载情况。

在使用jstat命令时，需要提供进程的id，可使用jps命令进行查看。如本例中进程id为18339，命令为jstat -class 18339，命令的输出如下：

```
Loaded  Bytes  Unloaded  Bytes     Time
389     805.5  0         0.0       0.04
```

命令输出的含义为当前状态共加载389个类，共805.5字节，卸载0个，耗时0.04s。

【例2.14】 使用jstat命令查看Java进程新生代内存的分配情况。

查看新生代各部分内存的分配情况可使用-gcnewcapacity选项，使用命令jstat -gcnewcapacity 18339，命令的输出如下：

```
NGCMN   NGCMX   NGC     S0CMX   S0C    S1CMX   S1C    ECMX    EC      YGC     FGC
3072.0  3072.0  3072.0  1024.0  512.0  1024.0  512.0  2048.0  2048.0  1642426  0
```

其中，每一列输出的含义如表2.8所示。

表2.8 jstat -gcnewcapacity各列输出含义

列　名	含　义	列　名	含　义
NGCMN	新生代内存最小值	S1C	s1区域当前大小
NGCMX	新生代内存最大值	ECMX	eden区域最大值
NGC	新生代内存当前大小	EC	eden区域当前大小
S0CMX	s0区域最大值	YGC	新生代GC次数
S0C	s0区域当前大小	FGC	老年代GC次数
S1CMX	s1区域最大值		

【例2.15】 使用jstat命令查看Java进程的垃圾回收情况。

查看垃圾回收情况可以使用-gc选项或-gcutil选项。

使用命令jstat -gc 18339，命令的输出如下：

```
S0C     S1C     S0U    S1U    EC      EU     OC      OU
512.0   512.0   0.0    0.0    2048.0  0.0    7168.0  292.1

MC      MU      CCSC   CCSU   YGC     YGCT     FGC   FGCTGCT
4864.0  2469.3  512.0  266.6  794614  904.538  0     0.000904.538
```

其中每一列输出的含义如表2.9所示。

表2.9 jstat -gc各列输出含义

列　名	含　义	列　名	含　义
s0C	s0区域大小	MC	metaspace区域大小
s1C	s1区域大小	MU	metaspace区域使用大小
s0U	s0区域使用大小	CCSC	klass区域占metaspace的大小
s1U	s1区域使用大小	CCSU	klass使用的大小
EC	eden区域大小	YGC	新生代GC次数
EU	eden区域使用大小	YGCT	新生代GC时间
OC	老年代大小	FGC	老年代GC次数
OU	老年代使用大小	FGCT	老年代GC时间
		GCT	GC总时间

使用命令 jstat -gcutil 18339,命令的输出如下:

```
S0     S1     E      O      M      CCS    YGC      YGCT       FGC    FGCT    GCT
0.00   0.00   0.00   4.07   50.77  52.07  1389815  1585.976     0    0.000  1585.976
```

-gcuitl 选项与-gc 选项输出类似,但是-gcuitl 选项输出的各部分内存信息为使用的百分比。如 O 列表示老年代内存使用的百分比为 4.07%。

2.4.3 jinfo 命令

jinfo 命令可以查看和动态调整虚拟机的部分参数。其中,使用-flags 选项可以查看传递给 JVM 的配置参数,使用-sysprops 选项可以查看 Java 系统属性,这个选项的输出与在 Java 代码中调用 System. getProperties()方法的输出是相同的。

1. 命令选项

jinfo 命令的格式如下:

```
jinfo [ 选项]  pid
```

jinfo 命令的常用选项如表 2.10 所示。

表 2.10 jinfo 命令的常用选项

选　项	说　明
-flag name	显示指定的参数的值
-flag [+|-]name	动态调整启用或禁用某功能
-flag name=value	动态设置某个参数的值
-flags	显示所有传递给 JVM 的命令行参数
-sysprops	显示系统属性变量
-h	显示帮助信息

jinfo 命令如果不指定任何选项,则会把系统属性和传递给 JVM 的参数全部打印出来,在动态调整参数的部分也只有部分参数能够动态地调整。使用命令 java -XX:+PrintFlagsFinal -version|grep manageable 可以查看所有的可以动态调整的参数。

2. 示例

【例 2.16】 查看传递给 JVM 的参数。

使用命令 jinfo -flags 18339 命令查看传递给 JVM 的参数,其输出如下:

```
Attaching to process ID 18339, please wait...
Debugger attached successfully.
Server compiler detected.
JVM version is 25.101 - b13
Non - default VM flags: - XX: CICompilerCount = 12 - XX: InitialHeapSize = 10485760 - XX:
MaxHeapSize = 10485760 - XX: MaxNewSize = 3145728 - XX: MinHeapDeltaBytes = 524288 - XX: NewSize =
3145728 - XX: OldSize = 7340032 - XX: + UseCompressedClassPointers - XX: + UseCompressedOops -
XX: + UseParallelGC
Command line:   - Xmx10m
```

在输出中，Command line 一行显示了在启动程序时，手动给 JVM 传递的参数。在 Non-default VM flags 一行为在系统启动时，Java 自动根据机器的配置信息传递给 JVM 的参数，如设置最大堆内存、使用的垃圾回收器等。这些 Java 自动传递给 JVM 的参数都可以通过手动传入值进行覆盖。

【例 2.17】 动态调整打印 GC 信息。

在传递给 JVM 的参数中，是否打印 GC 信息是可以动态调整的。使用命令 jinfo -flag +PrintGC 18339 命令可以设置 JVM 打印 GC 信息，使用 jinfo -flag -PrintGC 18339 可以取消 JVM 打印 GC 信息，这在临时查看 JVM 信息、不停机调试的过程中是十分重要的功能。

2.4.4 jmap 命令

jmap 命令用于查看堆内存信息或生成堆转储快照。jmap 命令也可以显示堆内存中对象的统计，显示在 JVM 中每个类的对象数量及占用内存的大小。

1. 命令选项

jmap 命令的格式如下：

```
jmap [ 选项]  pid
```

jmap 命令的常用选项如表 2.11 所示。

表 2.11 jmap 命令的常用选项

选 项	说 明
-heap	显示堆内存信息
-histo	显示对象统计信息
-dump：format=b,file=filename	转储堆内存快照到文件
-h	显示帮助信息

2. 示例

【例 2.18】 使用 jmap 查看堆内存信息。

使用 jmap 的-heap 选项可查看堆内存信息，命令为 jmap -heap 18339，命令的输出如下：

```
using thread - local object allocation.
Parallel GC with 18 thread(s)

Heap Configuration:
   MinHeapFreeRatio         = 0
   MaxHeapFreeRatio         = 100
   MaxHeapSize              = 10485760 (10.0MB)
   NewSize                  = 3145728 (3.0MB)
   MaxNewSize               = 3145728 (3.0MB)
   OldSize                  = 7340032 (7.0MB)
   NewRatio                 = 2
   SurvivorRatio            = 8
```

```
...
PS Old Generation
   capacity = 7340032 (7.0MB)
   used     = 323680 (0.308685302734375MB)
   free     = 7016352 (6.691314697265625MB)
   4.4097900390625 % used
```

在jmap显示的堆内存信息中，可查看使用的垃圾收集器、堆内存大各部分大小、每部分使用的比例等信息。

【例2.19】 使用jmap查看堆内存中对象的统计信息。

使用jmap的-histo选项可查看堆内存中对象的信息，命令为jmap -histo 18339，命令的输出如下：

```
num     #instances         #bytes  class name
----------------------------------------------
   1:         1992        2088344  [B
   2:          164          93864  [I
   3:          991          84208  [C
   4:          454          51928  java.lang.Class
   5:          501          24912  [Ljava.lang.Object;
   6:          962          23088  java.lang.String
   7:           16           6016  java.lang.Thread
...
Total         6380        2420832
```

在对象的统计信息中，可以显示每个类的对象的数量、占用内存大小的信息。在最后一行中可以查看JVM中总的对象数量和对象占用的内存大小。

【例2.20】 使用jmap转储堆内存快照到文件。

在转储堆内存到文件的过程中，会造成应用程序的暂停，当堆内存特别大时可能会需要比较长的时间，故该命令在生产环境中应谨慎使用。使用jps命令查找到需要dump的Java进程号，使用命令jmap -dump:format=b,file=filename 22616将内存快照转储至filename文件中。转储后的文件可使用后续的jhat命令进行分析。

2.4.5 jhat命令

jhat命令可用于分析jmap生成的堆转储文件，并且jhat内置了一个HTTP服务器，分析完成后，可通过HTTP形式访问其分析结果。分析堆转储文件并不是只有jhat可以做到，使用后文中介绍的Visual VM或者一些更专业的工具(如Eclipse Memroy Analyzer等)都可以对堆转储文件进行分析。

直接使用jhat命令加文件名即可实现对文件的分析。

【例2.21】 使用jhat分析堆转储文件。

在jmap命令的示例中，生成了堆转储文件，但没有进行分析，可使用jhat filename命令对该文件进行分析。执行命令后，jhat会启动HTTP服务器，默认使用7000端口，可使用浏览器访问分析结果。其结果如图2.18所示。

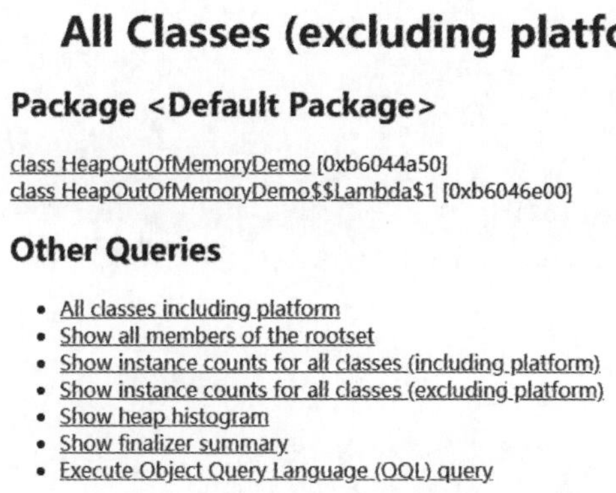

All Classes (excluding platform)

Package <Default Package>

class HeapOutOfMemoryDemo [0xb6044a50]
class HeapOutOfMemoryDemo$$Lambda$1 [0xb6046e00]

Other Queries

- All classes including platform
- Show all members of the rootset
- Show instance counts for all classes (including platform)
- Show instance counts for all classes (excluding platform)
- Show heap histogram
- Show finalizer summary
- Execute Object Query Language (OQL) query

图 2.18 jhat 分析结果界面

在分析的结果中,可以查看所有的对象信息,包括其父类、引用等信息,也可以使用对象查询语言(Object Query Language)对需要的对象进行进一步查询。

2.4.6 jstack 命令

jstack 命令用于生成虚拟机当前时刻的线程快照,这个线程的快照其实就是在每个线程中正在执行的方法堆栈的集合。通过生成的快照信息,可以查看线程的运行状态。如果线程长时间停顿,可以通过该信息分析出该线程在等待什么资源、是否产生死锁等。

1. 命令选项

jstack 命令的格式如下:

```
jstack [ 选项] pid
```

jstack 命令的常用选项如表 2.12 所示。

表 2.12 jstack 命令的常用选项

选 项	说 明	选 项	说 明
-F	当线程没有响应的时候,强制 dump 快照	-l	打印额外的锁信息
-m	打印本地方法栈	-h	显示帮助信息

2. 示例

【例 2.22】 使用 jstack 进行死锁检测。

```
public class DeadLock {
    public static void main(String[ ] args) throws InterruptedException {
        Object o1 = new Object();
        Object o2 = new Object();
        new Thread(() -> {
            while (true) {
                synchronized (o1) {
                    synchronized (o2) { }
```

```
                }
            }
        }).start();
        new Thread(() -> {
            while (true) {
                synchronized (o2) {
                    synchronized (o1) { }
                }
            }
        }).start();
    }
}
```

以上程序创建了两个线程分别获取两个锁对象 o1、o2，并永远地循环执行，直至产生死锁，相互等待对方的资源。运行程序后，使用 jps 命令查看其进程号，使用 jstack 23466 命令查看其线程栈的快照信息，输出如下：

```
...
"Thread-1" #19 prio=5 os_prio=0 tid=0x00007f18bc14b800 nid=0x5bd1 waiting for monitor
entry [0x00007f181a3df000]
   java.lang.Thread.State: BLOCKED (on object monitor)
        at DeadLock.lambda$main$1(DeadLock.java:19)
        - waiting to lock <0x000000058015dbb8> (a java.lang.Object)
        - locked <0x000000058015dbc8> (a java.lang.Object)
        at DeadLock$$Lambda$2/471910020.run(Unknown Source)
        at java.lang.Thread.run(Thread.java:745)
...
Found one Java-level deadlock:
=============================
"Thread-1":
  waiting to lock monitor 0x00007f180c0062c8 (object 0x000000058015dbb8, a java.lang.Object),
  which is held by "Thread-0"
"Thread-0":
  waiting to lock monitor 0x00007f180c004e28 (object 0x000000058015dbc8, a java.lang.Object),
  which is held by "Thread-1"

Java stack information for the threads listed above:
===================================================
"Thread-1":
        at DeadLock.lambda$main$1(DeadLock.java:19)
        - waiting to lock <0x000000058015dbb8> (a java.lang.Object)
        - locked <0x000000058015dbc8> (a java.lang.Object)
        at DeadLock$$Lambda$2/471910020.run(Unknown Source)
        at java.lang.Thread.run(Thread.java:745)
Found 1 deadlock.
```

由命令的输出可以看出，线程处于阻塞状态（BLOCKED，加粗部分），并且两个线程分别在等待不同的锁对象，在输出的最后一行直接提示发现一个死锁。

2.4.7　jcmd 命令

jcmd 命令是 JDK1.7 以后新增的一个命令行工具。它可以向 JVM 中发送一些诊断命令的请求，实现各种之前命令中介绍的功能。如查看 Java 进程列表、堆栈信息、转储堆文件、线程栈信息、手动触发 GC 等。

1. 命令选项

jcmd 命令的格式如下：

```
jcmd [ -l| -h]
jcmd   pid PerfCounter.print
jcmd   pid command
```

使用 -l 选项可以打印所有的 Java 进程，其功能和 jps 类似。

使用 jcmd pid PerfCounter.print 可以打印 JVM 中的性能统计信息。

使用 jcmd pid help 命令可查看所有可用的 command，使用 jcmd pid command 命令即可使用其对应的功能。

2. 示例

【例 2.23】 使用 jcmd 手动触发 GC。

使用 jcmd 18339 help 命令，查看所有可用的 command，其输出如下：

```
The following commands are available:
...
GC.class_stats
GC.class_histogram
GC.heap_dump
GC.run_finalization
GC.run
VM.uptime
VM.flags
...
help
```

在输出的可用命令中，使用 GC.run 可手动触发 GC，使用 jcmd 18339 GC.run 命令即可使 JVM 触发 GC 操作。

2.4.8　jstatd 命令

在上文介绍的命令中，大部分都是针对本地的 Java 虚拟机执行的，也有一些可以针对远程的虚拟机执行，如 jps 等。如果想针对远程的 Java 虚拟机执行一些命令或者进行监控，就需要使用 jstatd 命令。

jstatd 命令是一个 RMI 服务端程序，它相当于一个代理服务器，将其本机中 Java 虚拟机的信息通过一个端口供远程的机器访问。其工作原理如图 2.19 所示。

默认情况下，jstatd 将开启 1099 端口对外提供服务。jstatd 在运行的时候，需要为其设

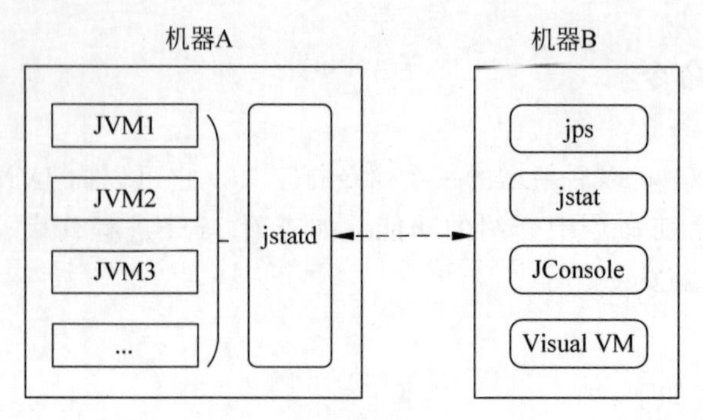

图 2.19 jstatd 命令工作原理

置运行的安全策略，使用以下配置可以为 jstatd 分配运行的最大权限。可将此安全配置保存至文件中。

```
grant codebase "file:${java.home}/../lib/tools.jar" {
    permission java.security.AllPermission;
};
```

在启动 jstatd 的时候，指定其使用的安全策略文件即可。启动的命令为 jstatd -J -Djava.security.policy=/path/to/policy_file。启动以后使用 jps localhost:1099 命令查看运行是否正常。

2.5 JVM 监控工具

2.4 节介绍的工具都为命令行工具，无法以可视化的形式进行查看。本节介绍使用 JVM 常用的可视化监控工具。

2.5.1 JConsole

JConsole 是 Java 中自带的一个图形化监控程序，位于 $JAVA_HOME/bin 的目录下，程序启动后可以选择本地的 Java 进程或者选择远程的进程，其界面如图 2.20 所示。

如果监控本地的 Java 进程，直接双击 Java 进程名称即可。

如果监控远程的 Java 进程，则需要远程的 Java 进程开启 JMX(Java Management Extensions)。JMX 是一个为应用程序、设备、系统等植入管理功能的框架。在 Java 程序启动时，加入以下参数即可启用 JMX 扩展，其中 hostname 和 port 为主机名或 IP 地址和需要监听的端口号。

```
-Djava.rmi.server.hostname=192.168.99.6
-Dcom.sun.management.jmxremote.port=1098
-Dcom.sun.management.jmxremote.ssl=false
-Dcom.sun.management.jmxremote.authenticate=false
```

JConsole 连接到应用程序后，对应用程序的监控分为 6 部分，分别是概览、内存、线程、类、VM 概要、MBean。

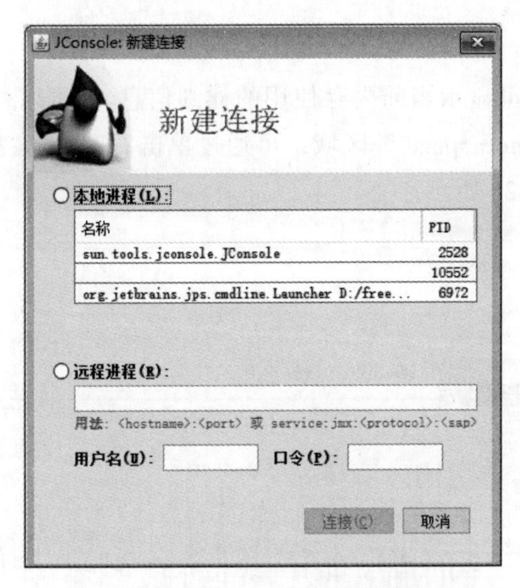

图 2.20　JConsole 连接界面

1. Java 程序概览

在“概览”选项卡中，可以查看到 JVM 所用的堆内存、线程数、加载类的数量、CPU 占用率，如图 2.21 所示。

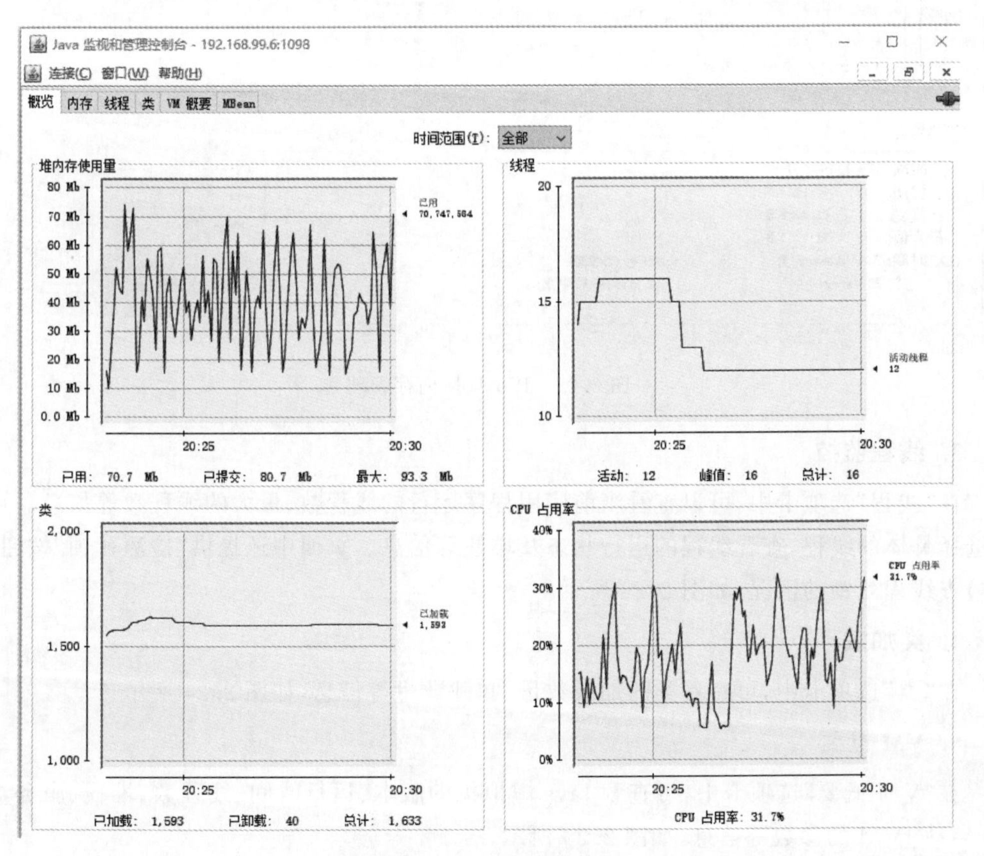

图 2.21　JConsole 程序概览

2. 内存管理

在“内存”选项卡中，可显示当前内存使用的详细信息，还可以查看内存中每一块区域的详细使用情况，如 eden、metaspace 等区域。可通过单击右上角的“执行 GC”按钮，手动触发 Full GC。其界面如图 2.22 所示。

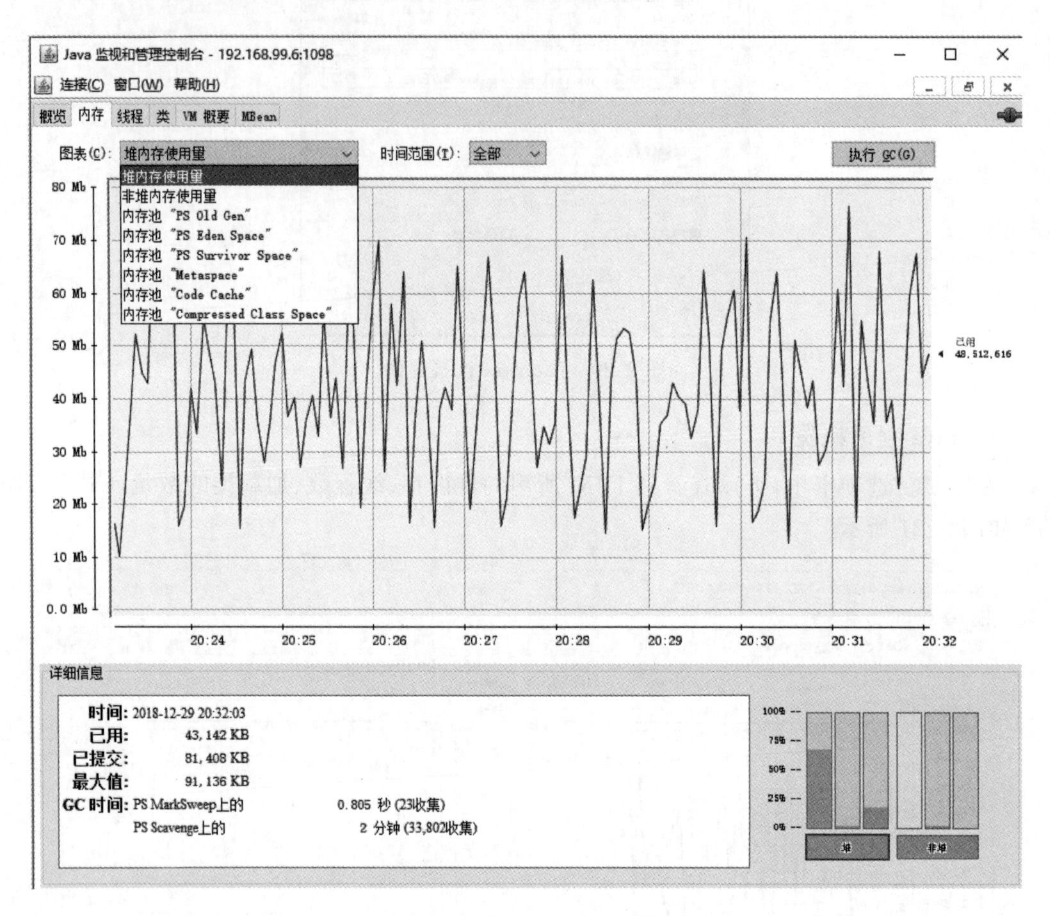

图 2.22 JConsole 内存管理

3. 线程监控

在“线程”选项卡中，可以查看当前应用程序运行的线程数、最大的线程数等信息。可通过选择具体的线程，查看线程的运行状态及堆栈等信息。页面中还提供“检测死锁”按钮，用于检查线程死锁的情况，如图 2.23 所示。

4. 类加载

在“类”选项卡中，可查看类的加载数量、卸载数量等信息，如图 2.24 所示。

5. VM 概要

在“VM 概要”选项卡中，可查看 Java 虚拟机的版本、运行时间、线程数、堆栈、服务器系统、启动 JVM 的参数等信息，如图 2.25 所示。

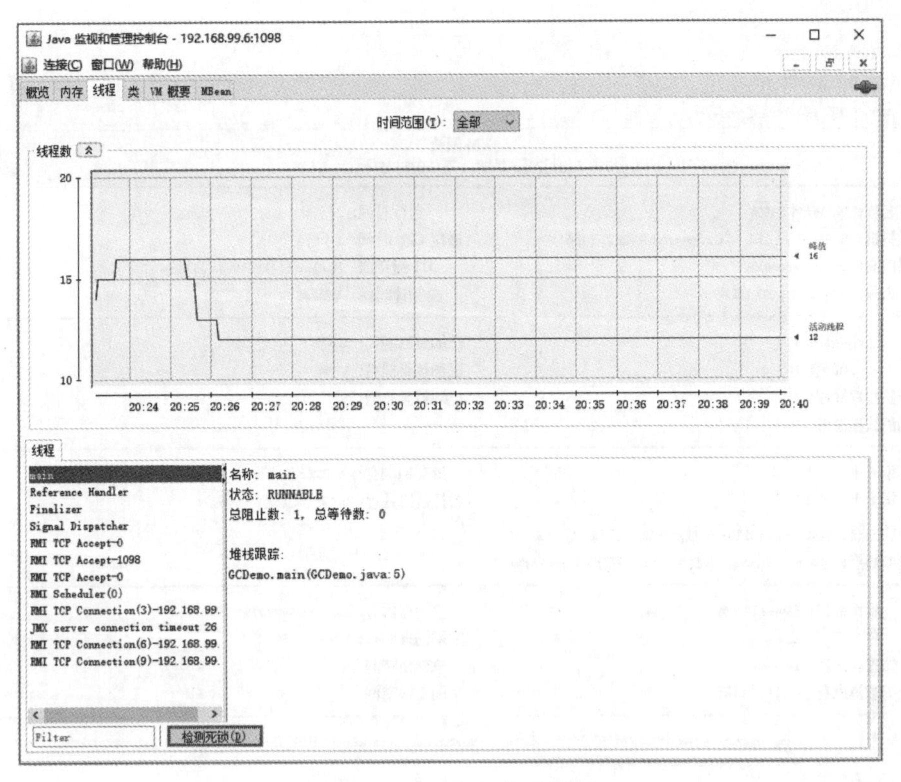

图 2.23　JConsole 线程管理

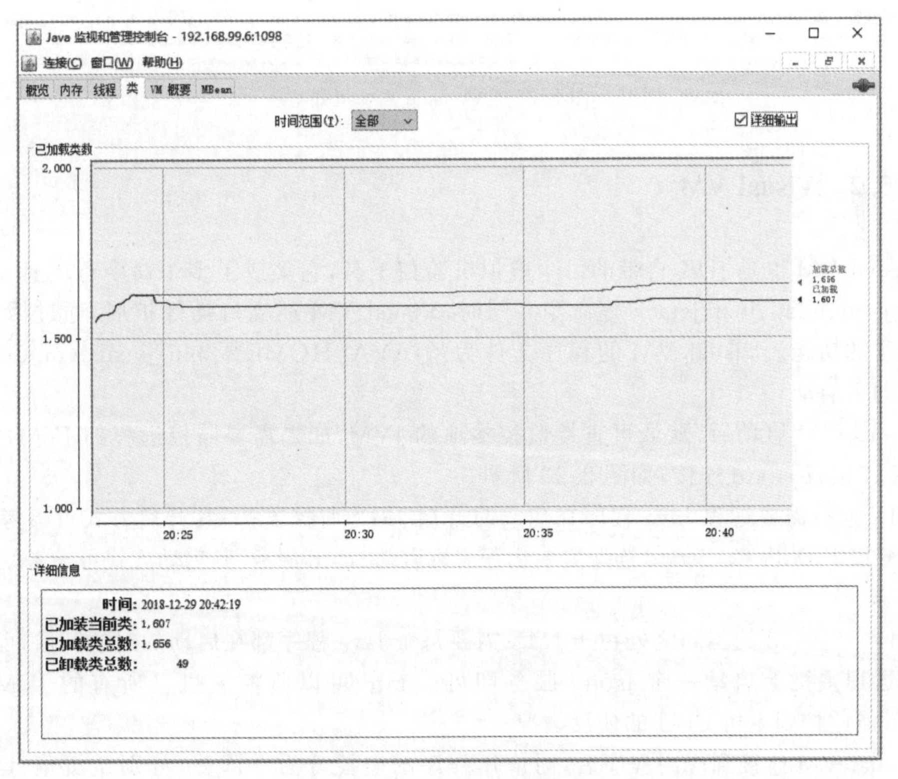

图 2.24　JConsole 类加载管理

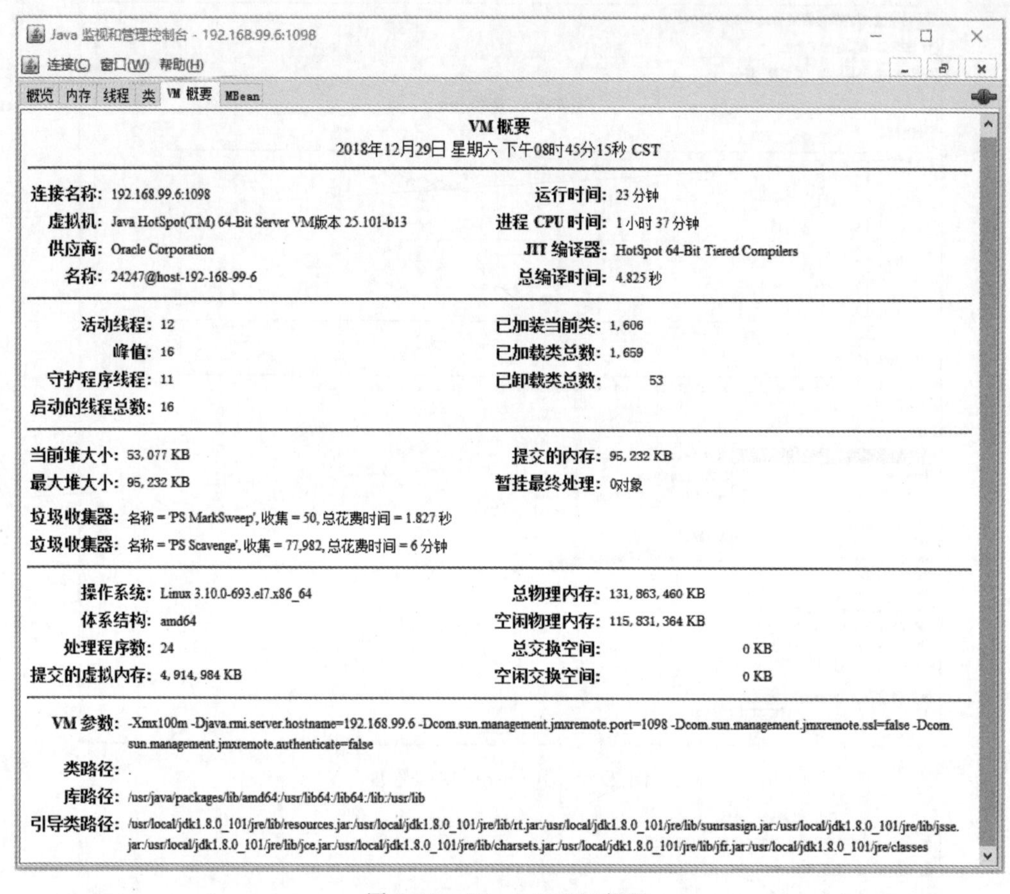

图 2.25 JConsole VM 概要

2.5.2 Visual VM

Visual VM 也是 JDK 自带的一个虚拟机监控工具，它集成了多个命令行工具，几乎可以代替 jstat、jmap、jhat、jstack 等命令。同时，Visual VM 还支持插件扩展，通过插件完成更加丰富的功能。Visual VM 的程序文件为%JAVA_HOME%/bin/jvisualvm.exe，双击该文件即可启动。

Visual VM 启动后，默认可直接监控本地的 JVM，如果需要监控远程的 JVM，需要添加 JMX 连接或 jstatd 连接，如图 2.26 所示。

JMX 连接需要远程 Java 程序在启动时开启 JMX 监控支持，其开启方式可参考 2.5.1 节中的开启 JMX 内容。jstatd 连接需要远程主机启动 jstatd 服务，其启动方式可参考 2.4.8 节中的内容。

JMX 与 jstatd 的不同之处在于 JMX 需要每个 Java 程序都在启动的时候开启，而 jstatd 则是在远程主机上启动一个 jstatd 服务即可，jstatd 可以监控主机上所有的 JVM，但是 jstatd 不能监控到主机 CPU 的使用情况。

Visual VM 连接到应用程序后，对应用程序的监控分为 5 部分，分别是概览、监视、线程、抽样器、Profiler。

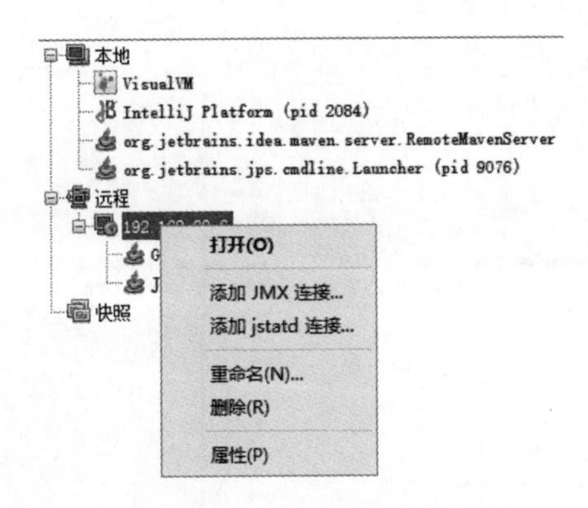

图 2.26 Visual VM 新建连接

1. 概述

在“概述”选项卡中，可查看到应用程序的进程号、主机、JVM 参数、系统属性、保存的数据等信息，如图 2.27 所示。

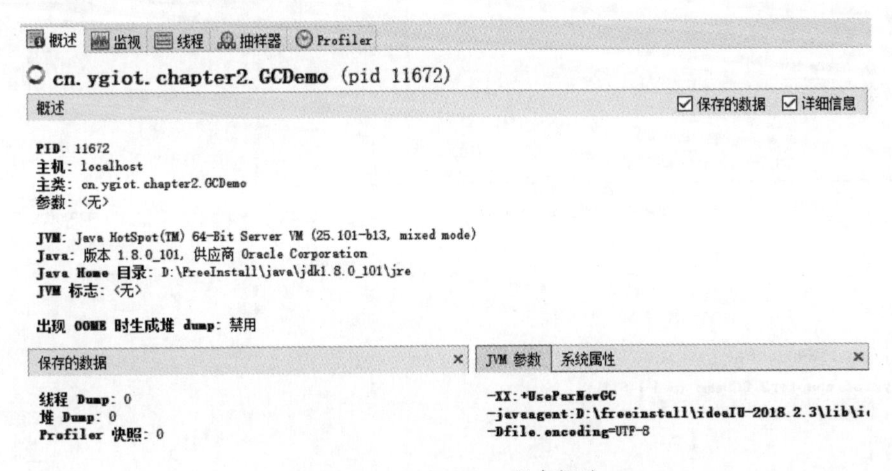

图 2.27 Visual VM 程序概述

2. 监视

在“监视”选项卡中，可对系统的 CPU、堆内存、加载的类、线程数量等信息以图表形式进行展示，还可进行手动触发 GC、dump 堆的操作，如图 2.28 所示。

3. 线程

在“线程”选项卡中，可查看当前应用程序正在运行的所有的线程，以不同颜色显示不同的线程状态，还可设置线程 Dump、查看线程的调用栈信息，如图 2.29 所示。

4. 抽样器

在“抽样器”选项卡中，可对该应用程序的 CPU 和内存进行抽样，查看每个线程占用 CPU 的时间和内存使用的大小；还可通过“设置”复选框，选择要分析的包或排除不分析的包。对内存抽样的结果如图 2.30 所示，可看到 main 线程分配的内存的大小占总线程的 99%以上。

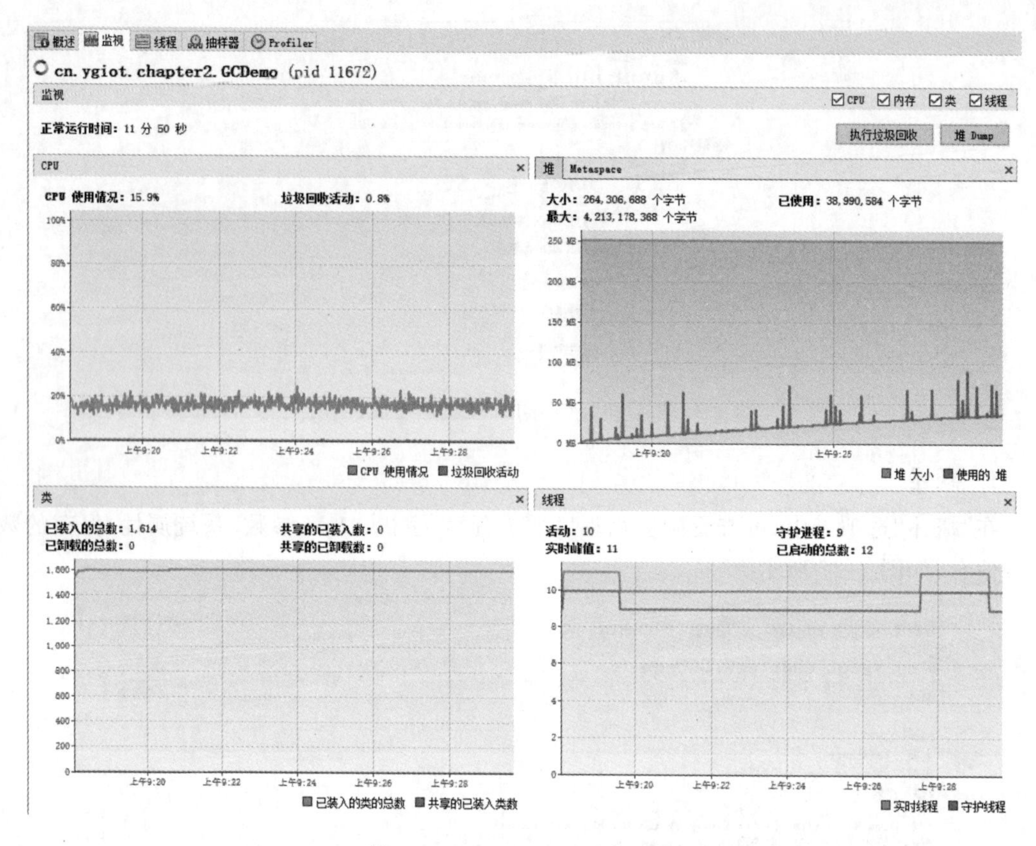

图 2.28　Visual VM 程序监控

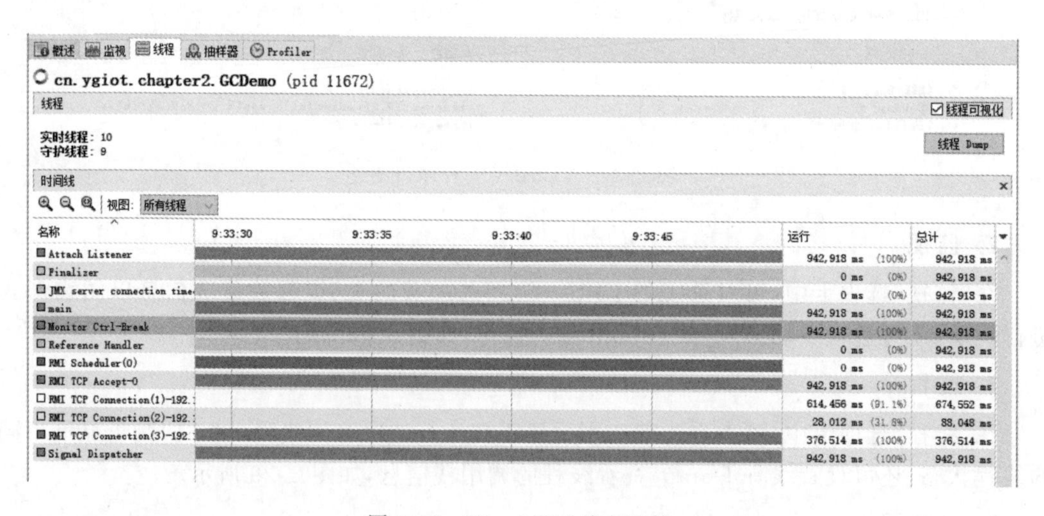

图 2.29　Visual VM 线程监控

5. Profiler

在 Profiler 选项卡中，可针对 Java 应用程序进行 CPU 和内存的性能分析。可单击 CPU 或“内存”按钮进行分析。如界面长时间处于连接 VM 的界面，可在启动 Visual VM

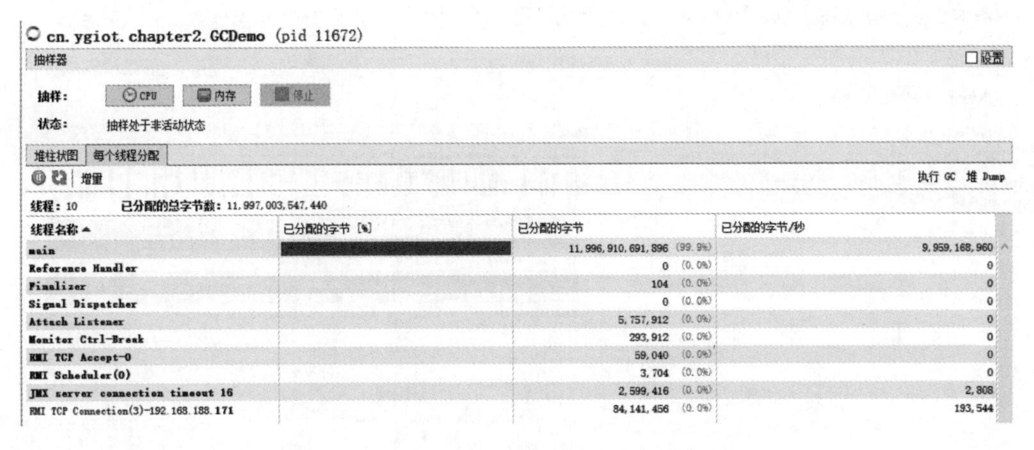

图 2.30 Visual VM 抽样器对内存抽样的结果

时加入参数-J-Dorg. netbeans. profiler. separateConsole＝true，将性能分析器在单独窗口中运行。图 2.31 为内存性能分析的界面，可显示每个类的活动字节、活动对象、年代数等信息，在分析过程中，随着程序的运行，Visual VM 会实时地更新这些数据，动态地显示每个类的活动对象占用内存的大小。

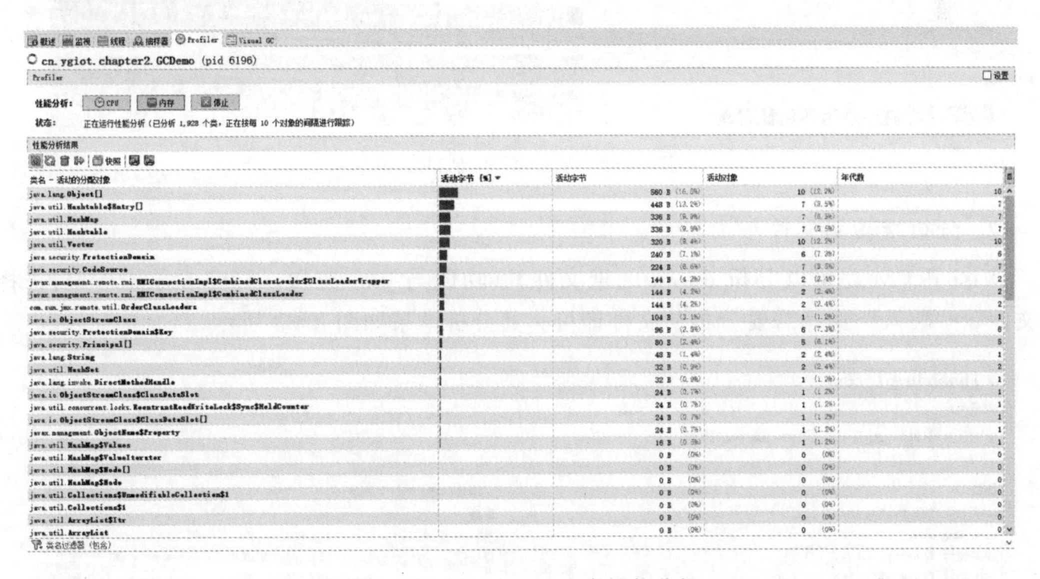

图 2.31 Visual VM 内存性能分析

6. 使用插件

Visual VM 除使用软件自带的功能外，还可以通过安装插件扩展其功能。可选择“工具”→“插件”→“可用插件”进行安装。本例中使用 Visual GC 进行演示。选中 Visual GC 条目，单击“安装”按钮即可。安装完成后，在选项卡中便新添加了一个 Visual GC 选项卡，其界面如图 2.32 所示。使用 Visual GC 插件可以很直观地看到内存中各部分区域的使用情况，其最大值、使用值都通过直观的图标进行展示。

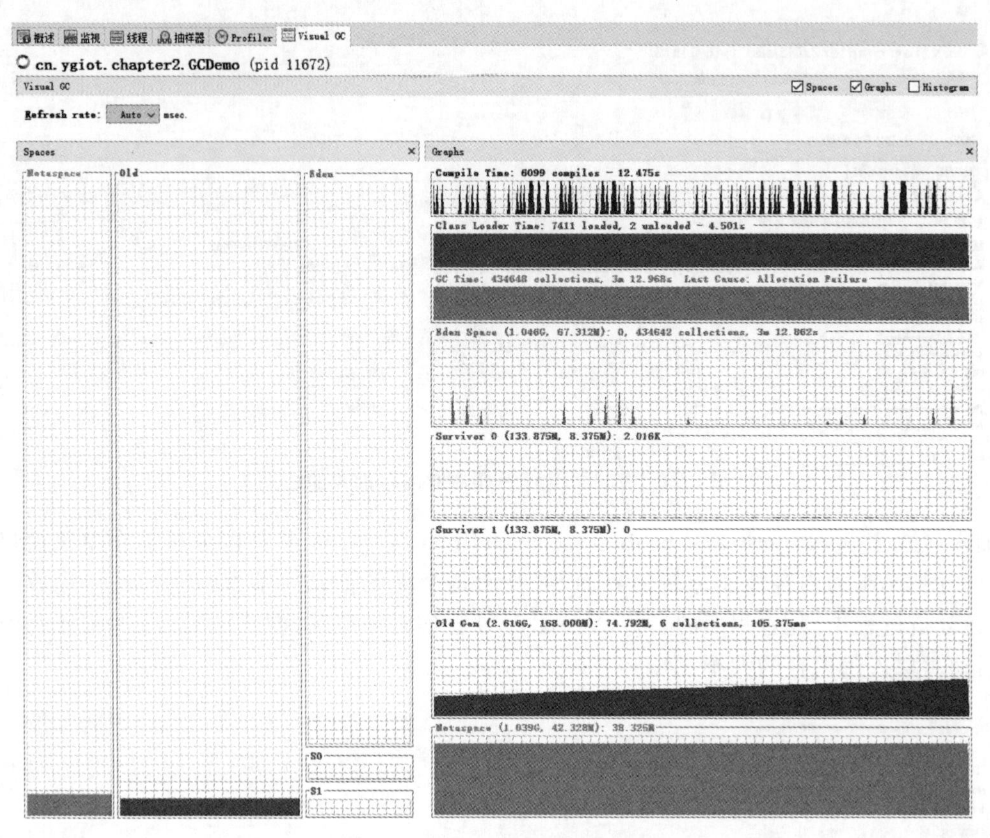

图 2.32 Visual GC 插件使用

7. 分析堆转储文件

Visual VM 还可以分析 dump 的堆文件,其功能与 jhat 类似。打开 Visual VM,选择"文件"→"装入",选择需要分析的文件即可。其分析结果如图 2.33 所示。

[heapdump] test

堆 Dump

概要 类 实例数 OQL 控制台

类 与另一个堆转储进行比较

类名	实例数 [%]	实例数	大小
java.util.TreeMap$Entry		167,142 (26.9%)	9,527,094 (13.3%)
java.lang.Long		104,887 (16.8%)	2,517,288 (3.5%)
java.util.TreeMap		52,344 (8.4%)	4,187,520 (5.8%)
java.util.TreeMap$KeySet		52,324 (8.4%)	1,255,776 (1.7%)
javax.management.openmbean.CompositeDataSupport		52,312 (8.4%)	1,673,984 (2.3%)
byte[]		27,571 (4.4%)	28,899,424 (40.3%)
java.lang.Object[]		25,869 (4.1%)	920,712 (1.3%)
java.util.LinkedHashMap$Entry		24,381 (3.9%)	1,462,860 (2%)
java.util.Arrays$ArrayList		24,168 (3.9%)	676,704 (0.9%)
java.util.Collections$UnmodifiableRandomAccessList		24,153 (3.9%)	772,896 (1.1%)
char[]		10,883 (1.7%)	691,372 (1%)
java.lang.String		10,836 (1.7%)	303,408 (0.4%)
java.lang.String[]		4,362 (0.7%)	145,128 (0.2%)
java.util.HashMap$Node[]		4,222 (0.7%)	640,480 (0.9%)
javax.management.ObjectName$Property[]		4,070 (0.7%)	162,688 (0.2%)
javax.management.ObjectName$Property		4,058 (0.6%)	113,624 (0.2%)
java.util.LinkedHashMap		4,039 (0.6%)	327,159 (0.5%)
javax.management.openmbean.TabularDataSupport		4,024 (0.6%)	160,960 (0.2%)

图 2.33 Visual VM 堆转储文件分析

2.5.3 Prometheus 监控 JVM

Prometheus 监控 JVM 需要使用其官方提供的 exporter，通过 exproter 导出 JVM 的监控数据，Prometheus 定时到 exporter 的端口拉取数据，通过 Grafana 在 Web 页面中进行展示。如果配置相应的 AlterManager，还可以通过对监控指标配置不同的规则来实现自定义监控。

1. 配置 exporter

Prometheus 官方的 JVM exporter 下载地址为 https://github.com/prometheus/jmx_exporter，在下载页面中下载相应的 jar 包，通过在启动 Java 程序时，加入如下参数启动 exporter 的监控：

```
-javaagent:./jmx_prometheus_javaagent-0.3.1.jar=8080:config.yml
```

在其指定的配置文件中，可以通过 jmxUrl 配置需要监控的远程的 JMX 目标，通过 rules 配置需要采集的指标等信息。如果这些配置不指定则默认监控本地的 JVM，采集所有的指标。其配置文件实例如下：

```
lowercaseOutputName: true
lowercaseOutputLabelNames: true
rules:
- pattern: ".*"
```

配置完成后，通过 java -javaagent:./jmx_prometheus_javaagent-0.3.1.jar=8080:config.yaml -jar yourJar.jar 命令启动 Java 程序，exporter 即配置完成。

2. 配置 Prometheus

JVM 的 exporter 配置完成后，需要为 Prometheus 配置相应的 job 来定时拉取 exporter 中的数据。其部分配置文件如下：

```
scrape_configs:
  - job_name: 'jmx'
    static_configs:
     - targets: ['192.168.99.6:8080']
```

Prometheus 配置完成后，重新启动 Prometheus 程序，使配置生效。

3. 配置 Grafana

Prometheus 配置完成后，即可配置 Grafana，通过查询 Prometheus 中的监控数据，实现数据的可视化。在 Grafana 官方的面板列表中，提供了多种对 JMX exporter 数据展示的面板，本节使用的面板的 id 为 3457。在 Grafana 中，通过导入 id 为 3457 的面板，实现数据的展示，其界面如图 2.34 所示。

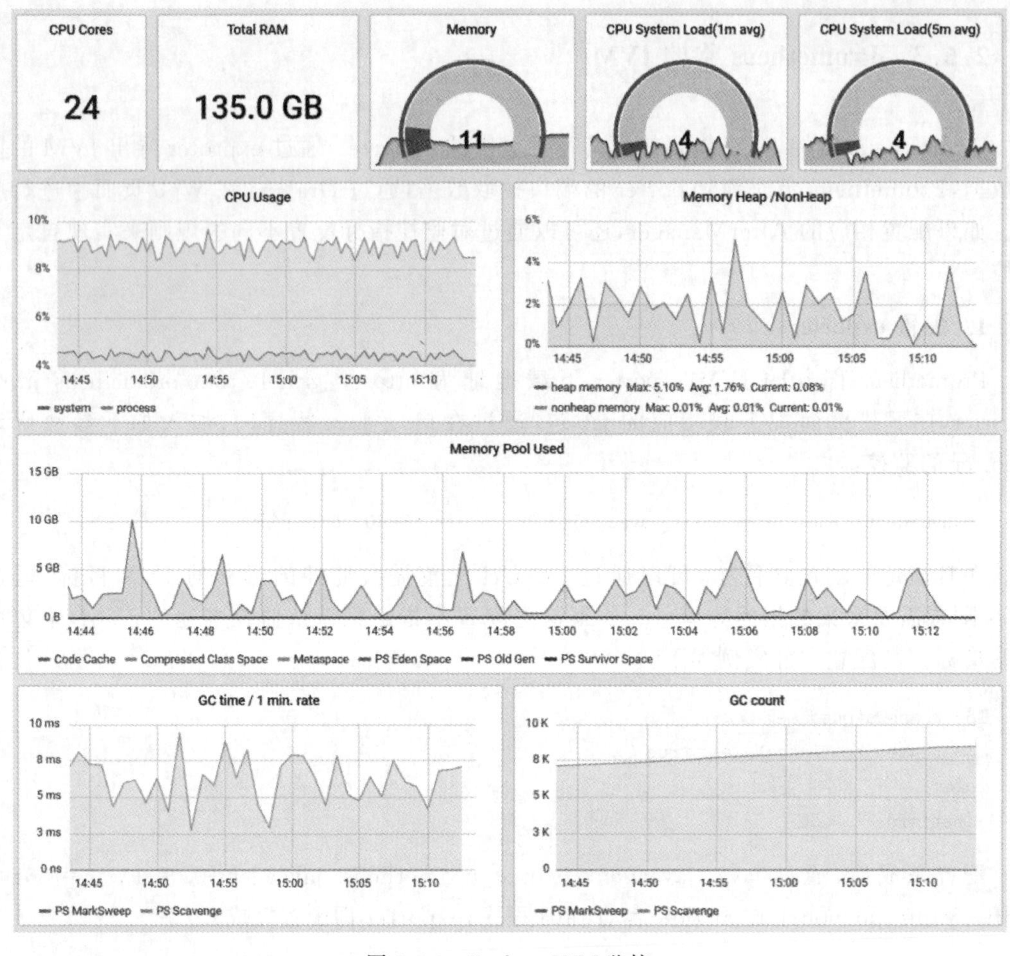

图 2.34 Grafana JVM 监控

第3章

Spark内核架构

Spark 是一个用于大规模数据处理分析的引擎，它为分布式数据处理提供了方便的API，使用户可以更加便捷地用统一的 API 操作分布式的数据集。本章将介绍 Spark 的内核架构，剖析 Spark 的重要组件，为后续性能调优章节提供理论支持。本章的主要内容有：

- Spark 编程模型。
- Spark 组件简介。
- Spark 作业执行原理。
- Spark 内存管理。
- Spark 存储原理。

3.1 Spark 编程模型

视频讲解

Spark 能够做到分布式的迭代计算、容错恢复等，离不开其最基本、最重要的抽象——RDD。本节将对 RDD 的概念及 RDD 的重要特性进行讲解，并分析 Spark 内部对 RDD 的编码实现。

视频讲解

3.1.1 RDD 概述

正如 MapReduce 的编程模型来源于 Google 的论文一样，RDD 最初的概念也是来源于一篇论文——伯克利实验室的 *Resilient Distributed Datasets：A Fault-Tolerant Abstraction for In-Memory Cluster Computing*。这篇论文奠定了 RDD 实现功能的基本思想，感兴趣的读者可以查看这篇论文，网址是 http://www.eecs.berkeley.edu/Pubs/TechRpts/2011/EECS-2011-82.pdf。

从论文的名称即可看出，RDD 实际为 Resilient Distributed Datasets 的简称，意为弹性分布式数据集，是一种基于集群内存计算的容错的抽象。因此，RDD 定义的是一种编程抽象,它规定了在这样的一个基于内存计算的容错的场景下,RDD应该具备的功能。RDD并不是Spark独有的编程模型,Spark只是对RDD编程模型的一种实现,如果用户有一定的编程功底,完全可以根据这个思想开发出另一套类似于Spark的计算引擎。

3.1.2 RDD的基本属性

对于计算系统而言,RDD是一个数据集操作的接口,集群系统可以对RDD的数据进行存储、计算等操作。对于用户而言,RDD是一组数据集,用户可以通过RDD的API对其进行一些操作,如进行转换、过滤等操作。基于以上RDD的基本功能,RDD被抽象出几个最基本的属性,分别为分区、计算函数、依赖、分区器、首选运行位置。这几个基本属性对于RDD而言非常重要,Spark的程序实现基本上都是围绕这些属性进行操作的,所以理解RDD的原理是理解Spark的关键。

1. 分区

RDD的中文含义为弹性分布式数据集,其中分区的概念实现了分布式所需的功能。一个RDD从某种角度上讲就是一组数据集,在一些大规模计算中,一个数据集中的数据量会达到非常大的级别,而这些数据难以在一台机器中进行存储、计算。RDD的解决思路就是将数据进行分区,一个大的数据集被分为很多小的分区,每个分区中包含有RDD中的一部分数据,大量的分区可以在不同的节点中同时运行,通过对每个分区的数据进行计算,然后对计算结果进行汇总,从而实现对整个数据集的计算。这些分区的数量按照数字从0开始依次进行编号,RDD的分区如图3.1所示。

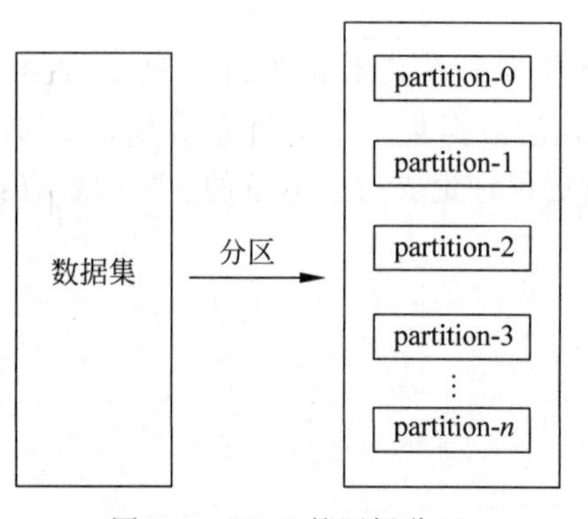

图3.1 RDD的逻辑分区

在真正计算时,RDD的不同分区是分散到不同的计算节点进行计算的,每个计算节点计算RDD的一个或多个分区,从而形成数据的分布式计算。这里需要注意的是,RDD的一个分区数据是不能分散到多个节点上的,一个分区的数据只能在某个具体的节点上。RDD在节点上的分布如图3.2所示。

RDD的计算是以分区为单位进行的,而且同一分区的所有数据都进行相同的计算。对于一个分区数据而言,必须执行相同的操作:要么都执行,要么都不执行。所以RDD的计算是一种粗粒度的计算操作,必须对一批数据全部执行相同的操作。分区的数量决定了同时执行的任务的数量,因为可以为每个分区启动一个计算任务用于单独计算这个分区的数据。理论上分区数越大,能够并行执行的任务数量就越多。但实际运行时,还会受到物理资源如CPU等的限制。

2. 计算函数

RDD的数据被分区了,但是每个分区的数据是如何得来的呢?一个RDD的数据来源只有两种:一是从数据源或集合中进行加载得到RDD的数据;二是通过其他的RDD进行一定的转换得到的数据。无论哪一种方式,RDD的数据其实都是通过RDD的计算函数得到的。

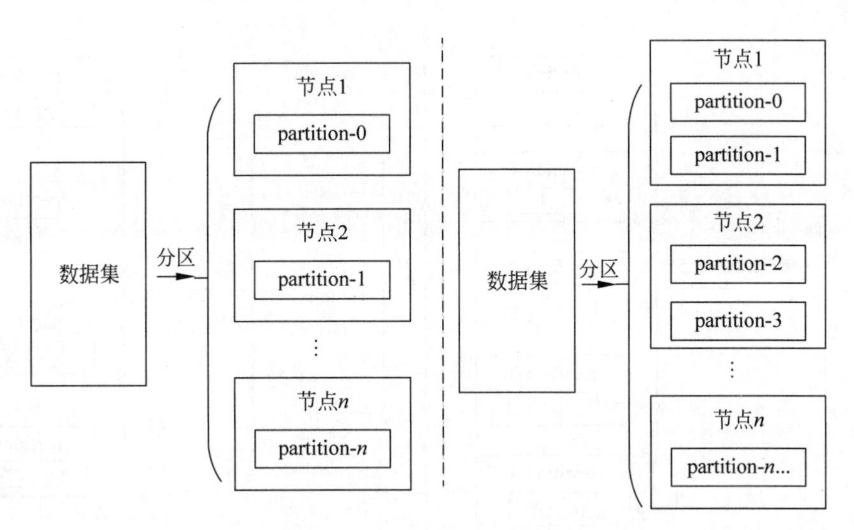

图 3.2 RDD 在节点上的分布

1）创建新的 RDD

RDD 的计算函数定义了如何根据一个分区计算出该分区的数据，并且这个函数的返回值为迭代器类型。这样通过给定某一个具体的分区，就可以通过计算函数计算出该 RDD 这个分区的数据。通过对 RDD 的所有分区进行计算，即可得到 RDD 的所有分区的数据。如 Spark 在加载 HDFS 中的数据时，每个分区的数据通过计算函数加载对应 block 块的数据，从而实现了数据的分布式加载的过程，如图 3.3 所示。

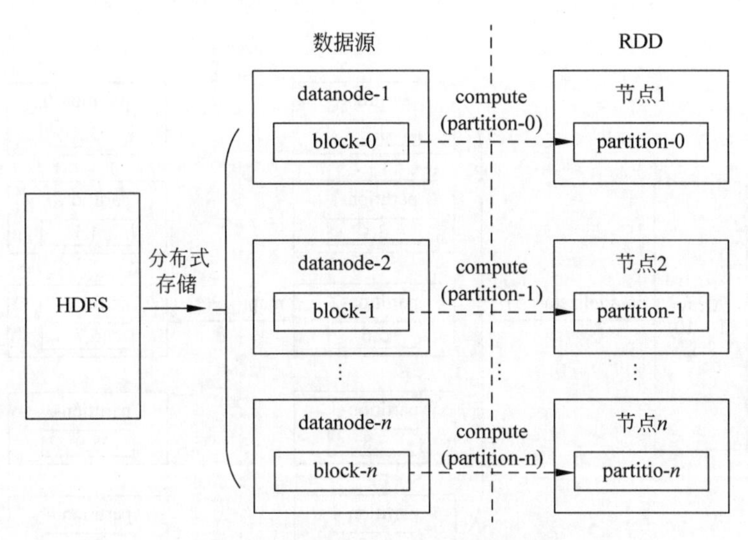

图 3.3 RDD 从 HDFS 加载示意图

RDD 通过定义分区和计算函数可以实现非常丰富的数据加载的类型，如上文中提到的从 HDFS 中加载数据，每个分区加载一个 block 块的数据，还可以实现从集合中进行创建，实现每个分区加载一个集合中的部分数据，如 SparkContext 中实现的 parallelize 的并行集合的方法。甚至用户可以自定义分区函数实现特定加载数据的方式，如将历史数据按照时间分区进行加载等，如图 3.4 所示。

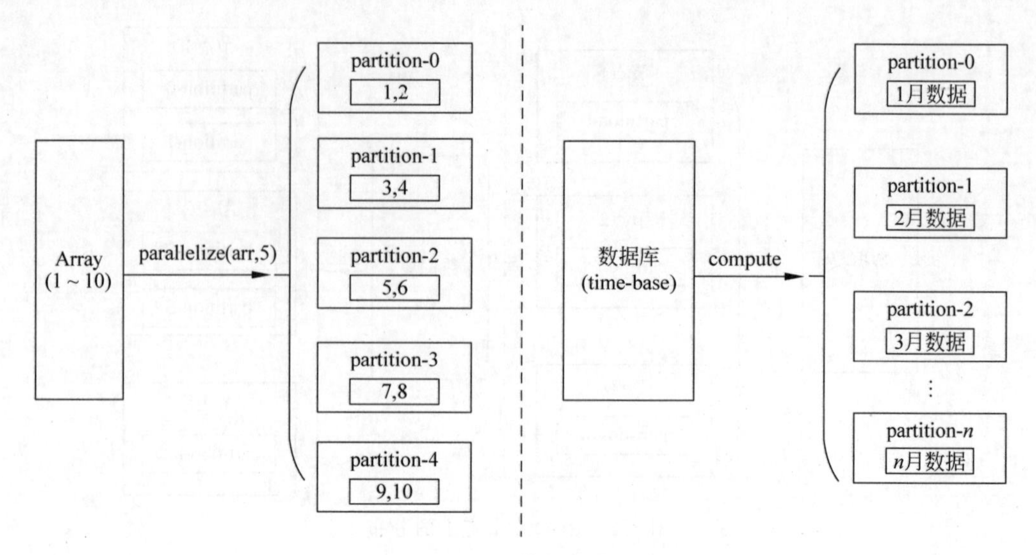

图 3.4 RDD数据加载方式

2）RDD的转换

一个RDD中的数据还可以通过其他RDD中的数据转换得到，通过一定的转换操作将一个RDD转换为一个新的RDD，其中新RDD一般称为子RDD，依赖的RDD成为父RDD。如图3.4所示，将Array转换的RDD每个元素都加1，即可形成一个新的RDD，其转换过程如图3.5所示。

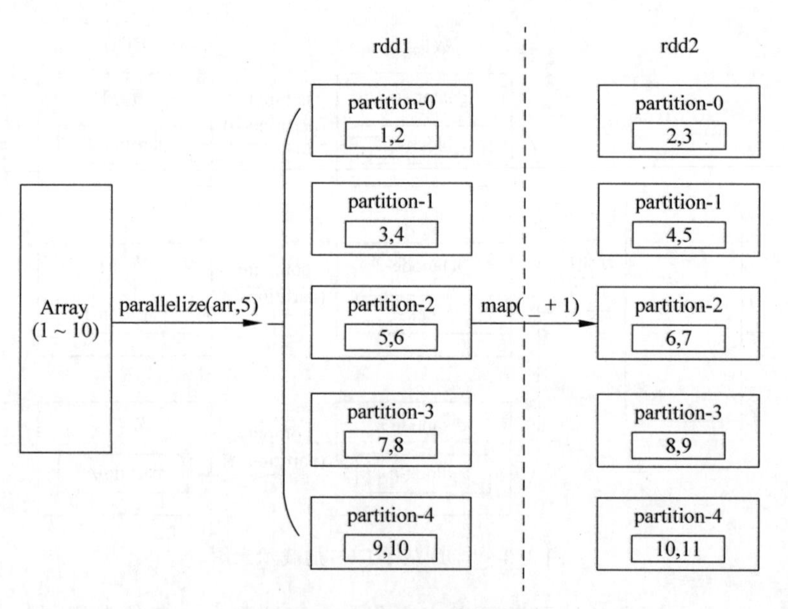

图 3.5 RDD的转换操作

在图3.5中，rdd2通过该RDD的计算函数在rdd1的数据基础之上计算出了该RDD的每个分区的数据。当需要计算rdd2的数据时，rdd2就会调用其计算函数，使用rdd1的数据进行计算，如果rdd1的数据不存在，则首先调用rdd1的计算函数计算rdd1每个分区的数据。

这里需要注意的是，rdd2 的计算函数并不是图 3.5 中的 map() 函数，计算函数是 rdd2 的一个属性，rdd1 通过 map()函数生成了 rdd2。在该过程中，确定了 rdd2 的计算函数应该如何执行。rdd2 的计算函数就是获取 rdd1 中的对应分区的数据，对该分区的数据中执行 map()函数传入的匿名函数(_+1)进行转换，从而得到 rdd2 对应分区的数据。rdd1 的转换操作是 API 级别的，可以控制整个 RDD 的转换，但真正数据的转换需要依靠每个分区的数据进行，这个过程就是由 RDD 的计算函数实现的，因此 RDD 的计算函数一定是和某个分区进行关联的，给定分区才能进行计算，具体计算过程取决于父 RDD 的转换操作。

从 RDD 的角度来看，map()函数是 rdd1 进行的转换，是 API 级别的转换；而计算函数是 rdd2 的属性，是 rdd2 执行的操作，是真正的数据转换过程，只不过 rdd2 执行计算函数时需要 rdd1 对应分区的数据。

在图 3.5 中，rdd1 也会有自己的计算函数，rdd1 的计算函数用于计算 rdd1 中的每个分区的数据。

当形成多个 RDD 的调用，如图 3.6 所示，使用最后一个 rdd4 的计算结果时，会首先调用 rdd4 的计算函数，计算 rdd4 中每个分区的数据。但是 rdd4d 分区的数据依赖于 rdd3 的数据，此时会继续调用 rdd3 的计算函数计算 rdd3 每个分区的数据。在这个过程中，各个 RDD 依次调用其依赖的 RDD 的计算函数，计算依赖的 RDD 分区的数据，并根据依赖的 RDD 分区的数据通过自身的计算函数计算出本 RDD 每个分区中的数据，从而实现 RDD 之间的流水线式的调用。在这多个 RDD 转换的过程中，因为它们之间的分区是一一对应的，也就是每个 RDD 只依赖父 RDD 的一个固定的分区，所以计算一个 RDD 分区的数据时，不必知道父 RDD 所有分区的数据，只需要知道依赖的这个分区的数据即可。每个分区中的数据可以通过一个流水线的任务(task)转换完成，各个任务之间相互独立，互不影响。而且通过流水线的调用避免了中间 RDD 结果的存储。在 rdd1 转换为 rdd4 的过程中，每个分区的数据由一个任务(task)即可完成。在一个具体的任务中，负责依次执行每个 RDD 的计算函数，从而以流水线的形式完成该数据的计算，避免了中间结果的存储。

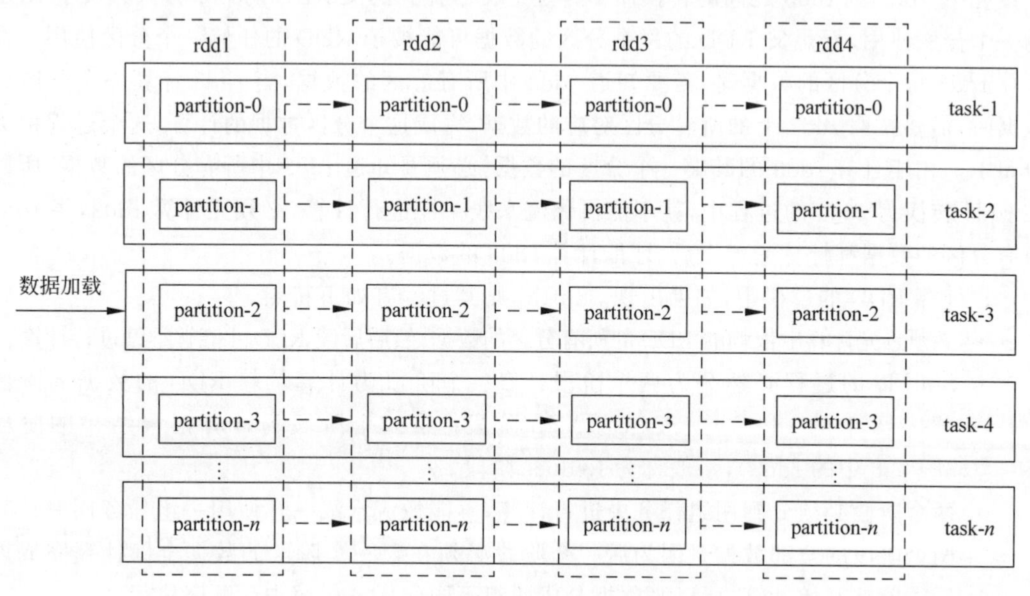

图 3.6　RDD 之间的流水线转换

RDD之间的转换不仅仅限于一个RDD转换为另一个RDD,还可以将多个RDD合并成一个RDD,新RDD的分区数为合并的RDD的分区数之和,这个合并的过程也是由新RDD的计算函数完成的。新RDD的分区需要与合并的分区通过计算函数实现关联,由计算函数计算每个分区中的数据,实现新RDD的分区和父RDD的分区数据的对应。其过程如图3.7所示。在这个计算过程中,每个分区也可以使用一个计算任务完成流水线的计算。

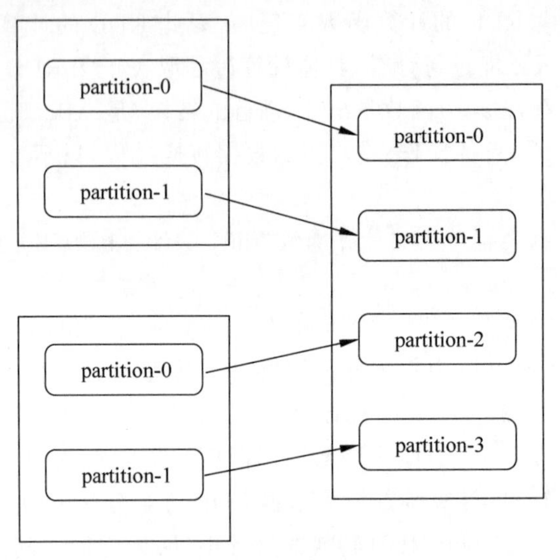

图3.7 RDD合并

在以上RDD的转换中,父RDD的每一个分区总会对应子RDD中的一个分区。但这并不是必然的,同样取决于子RDD的计算函数是如何工作的。图3.8是实现WordCount的经典过程,在rdd1中,每个分区中保存了文本中出现的每个单词,在rdd2中,将每个单词转换为(word,1)的形式,但最终希望得到每个单词出现的总次数,形成rdd3的结果。在这个过程中,rdd2到rdd3之间的转换便不再是上文中提到的父RDD的一个分区只被子RDD的一个分区使用,而是父RDD的每个分区的数据可能被子RDD的任何一个分区使用。在计算rdd3每个分区的数据时,需要知道rdd2中所有分区的数据,当rdd3计算一个分区的数据时,需要拉取rdd2上的所有分区对应的数据,完成这个分区数据的计算,这个过程称为Shuffle。由于计算rdd3的其中一个分区的数据,必须要知道rdd2中所有分区的数据,所以在rdd2转换为rdd3的过程中,就不能再像流水线一样进行计算,必须先计算rdd2,将rdd2所有分区的数据都计算完成以后,才能计算rdd3的数据。

在计算RDD的过程中,如果出现Shuffle,则其过程有如下特点。

- 必须首先计算出依赖的RDD的所有分区的数据,然后后续RDD才能够继续进行计算。
- Shuffle的过程必然分为两个阶段:第一个阶段为计算依赖RDD的数据的阶段(图3.8中的rdd2),一般称为Map阶段;第二个阶段为计算汇聚结果的阶段(图3.8中的rdd3),一般称为Reduce阶段。
- 两个阶段必须分到两组任务中进行计算,不能像流水线一样使用一组任务同时计算两个阶段的全部数据。因为后一个阶段必须在上一个阶段的数据全部计算完成以后才能够开始计算,所以必须拆分成两组不同的任务按照先后顺序执行。

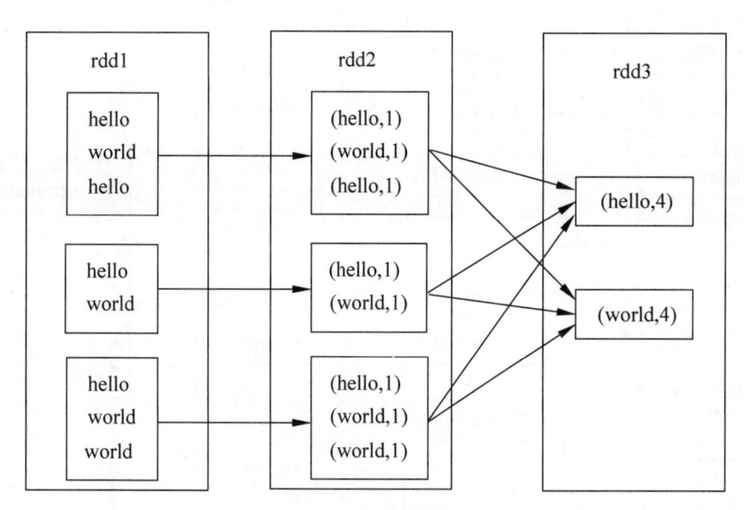

图 3.8 Shuffle 过程

涉及 Shuffle 操作的 RDD 的计算函数是比较复杂的，它必须向依赖的 RDD 的所有分区拉取需要的数据，完成某一个分区数据的计算。

无论是从数据源中创建 RDD，还是通过其他 RDD 进行转换，甚至通过 Shuffle 得到新的 RDD，这些操作都离不开 RDD 的两个基本属性：分区和计算函数。只有知道了 RDD 是如何被分区的、这个 RDD 一共有多少个分区，才能够通过 RDD 的计算函数计算每一分区的数据。

RDD 的计算函数返回值都是迭代器类型，该迭代器中能够返回 RDD 某分区的所有的数据。RDD 的计算函数通过迭代器的形式，避免了分区的数据同时加载至内存中，从而避免了大量内存被占用。

3. 依赖

在 RDD 进行转换的过程中，子 RDD 都是通过父 RDD 转换而来的。但在具体的实现过程中，所有 RDD 的数据都是通过它自身的计算函数而得到的。所以，子 RDD 在计算的过程中需要得到其父 RDD，根据父 RDD 的数据计算出子 RDD 的每个分区的数据。子 RDD 在计算时，就是通过依赖的属性，找到其依赖的父 RDD 的。

在 RDD 进行计算时，有些子 RDD 的一个分区只依赖父 RDD 的一个分区，即每个父 RDD 的分区最多被子 RDD 的一个分区使用，这种依赖关系称为窄依赖。在窄依赖中，多个 RDD 的每一组分区都能够被一个任务以流水线的形式执行。RDD 的窄依赖如图 3.9 所示。

在 RDD 进行计算时，如果一个分区的数据依赖了父 RDD 的多个分区的数据，即多个子 RDD 的分区数据依赖父 RDD 的同一个分区的数据，则这种依赖方式称为宽依赖。在发生宽依赖的位置，必定要发生 Shuffle 操作，将这个过程分为两个阶段进行操作。第一个阶段计算父 RDD 的所有分区的数据，并将结果进行保存。在这个过程中每个分区保存的数据已经做出了分类，区分哪一部分的数据为第二阶段的哪个分区使用。第一阶段完成之后，才能进行第二阶段。第二个阶段在计算每一个分区数据时，通过拉取父 RDD 的对应分区的数据完成数据的聚合。RDD 的宽依赖如图 3.10 所示。

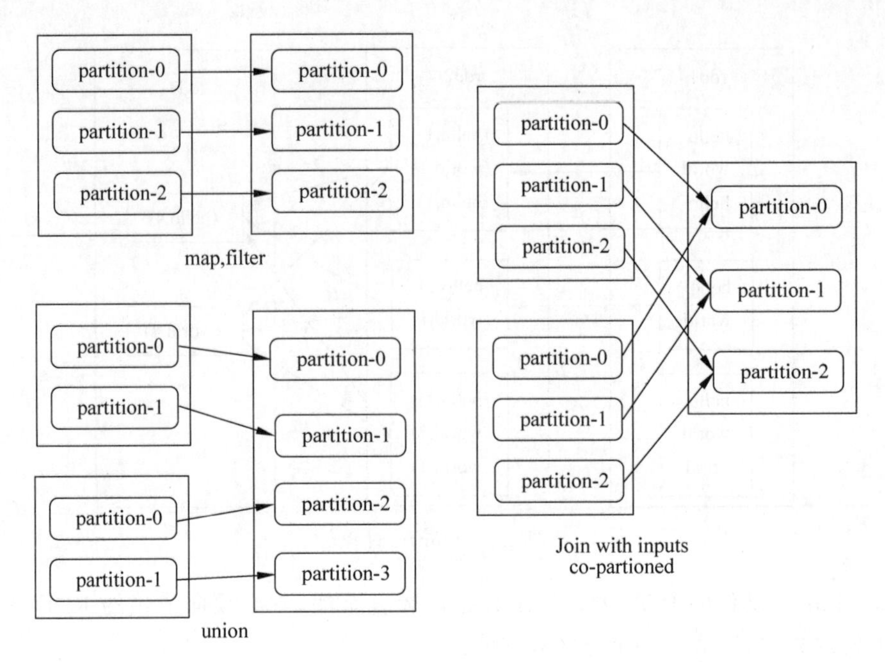

图 3.9 RDD 的窄依赖

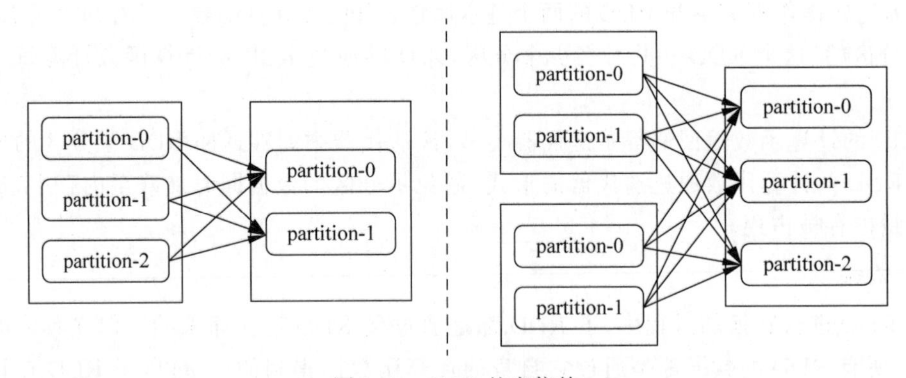

图 3.10 RDD 的宽依赖

RDD 根据其依赖关系和计算函数便可以根据父 RDD 的数据计算出每个分区的数据。RDD 这样的转换和依赖关系称为血统(lineage),即每一个 RDD 只要根据其 lineage,就能够把 RDD 的数据计算出来。甚至根据 lineage 只计算其中某一个分区的数据,而不用计算 RDD 中所有分区的数据。

4. 分区器

并不是所有的 RDD 都有分区器(partitioner),一般只有(key,value)形式的 RDD 才有分区器。分区器在 Shuffle 的 Map 阶段使用,当 RDD 的计算发生 Shuffle 时,Map 阶段虽然将计算结果进行了保存,供 Reduce 阶段的任务来拉取数据,但是 Map 阶段的每个分区的结果可能会被 Reduce 阶段的多个分区使用。如何把 Map 阶段的结果进行分组,区分出结果是给 Reduce 阶段的 RDD 哪个分区呢?这就是分区器的作用。分区器根据每条记录的 key,判断这个 key 属于 Reduce 哪个分区的数据,同时分区器中也计算了按照 key 进行分区将会产生分区的总数量。这个数量决定了在 Map 阶段每个任务结果分组的大小,也决定了下游的 Reduce 任务的分区数量的大小。在一个分区数为 2 的分区器中,分区器的工作原理如图 3.11 所示。

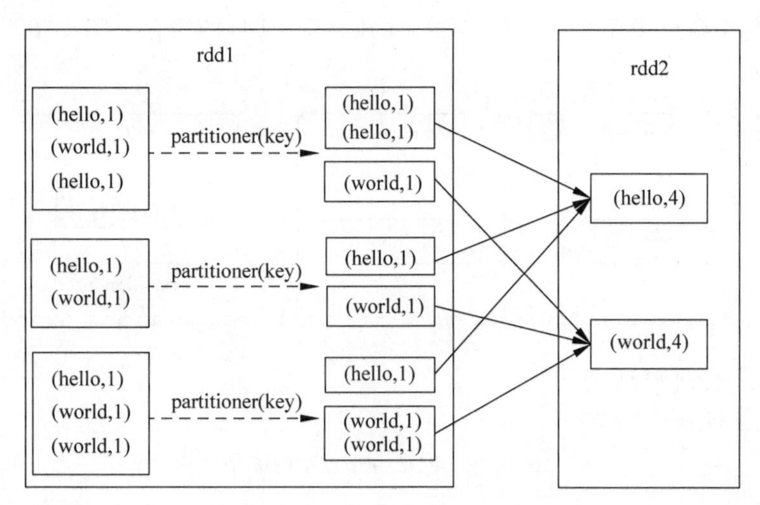

图 3.11 分区器的工作原理

5. 首选运行位置

每个 RDD 对于每个分区来说有一组首选运行位置,用于标识 RDD 的这个分区数据最好能够在哪台主机上运行。通过 RDD 的首选运行位置,可以让 RDD 的某个分区的计算任务直接在指定的主机上运行,从而实现了移动计算而不是移动数据的目的,减小了网络传输的开销,如 Spark 中 HadoopRDD 能够实现加载数据的任务在相应的数据节点上执行。

3.1.3 RDD 的缓存

RDD 是进行迭代式计算的,默认并不会保存中间结果的数据,在计算完成后,中间迭代的结果数据都将会丢失。如果一个 RDD 在计算完成后,不是通过流水线的方式被一个 RDD 调用,而是被多个 RDD 分别调用,则在计算过程中就需要对 RDD 进行保存,避免 RDD 的第二次执行相同的计算。当一个 RDD 被缓存后,后边调用的时候需要 RDD 的数据时,直接从缓存中读取,而不是对 RDD 再次进行计算。尤其是一个 RDD 经过了特别复杂的计算过程、经过多次 Shuffle 生成的数据,如果多次使用其结果,对其进行缓存,可以极大地提高程序的执行效率。其原理如图 3.12 所示。

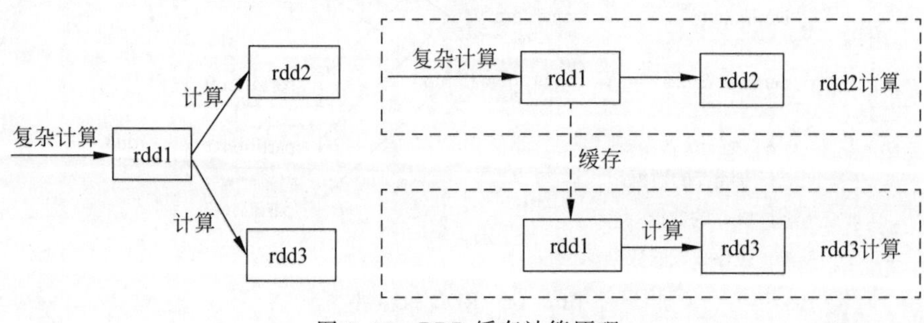

图 3.12 RDD 缓存计算原理

因为RDD的数据是分布式的，不同的分区散落在不同的节点上，所以RDD的缓存也是分布式的。当对一个RDD进行缓存时，可以直接将每个分区的数据缓存在当前分区的计算节点中，每个节点缓存RDD的一部分，完成整个RDD的缓存。RDD在节点中的缓存如图3.13所示。

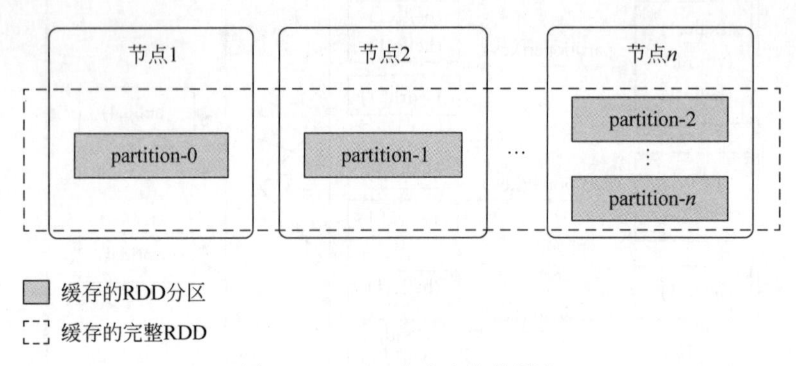

图3.13 RDD在节点中的缓存

根据程序实现的不同，缓存的数据可以选择在内存、磁盘或其他的外部存储器中。也可以实现多副本机制，将本节点的数据复制到其他的节点进行保存，实现数据的冗余。

3.1.4 RDD容错机制

RDD的容错是通过其lineage机制实现的。因为一个RDD的数据都可以通过其父RDD的转换而来。如果在运行的过程中，某一分区的缓存数据丢失，则重新计算该分区的数据，当此RDD的依赖是窄依赖时，只需要计算依赖的父RDD的一个分区的数据即可，避免了一个节点出错则所有数据都需重新计算的缺点。但是如果丢失数据的RDD的依赖是宽依赖，那么这个分区的数据可能依赖父RDD的所有分区的数据，在这种情况下就必须重新计算父RDD的所有分区的数据，从而完成数据恢复。RDD容错机制如图3.14所示。

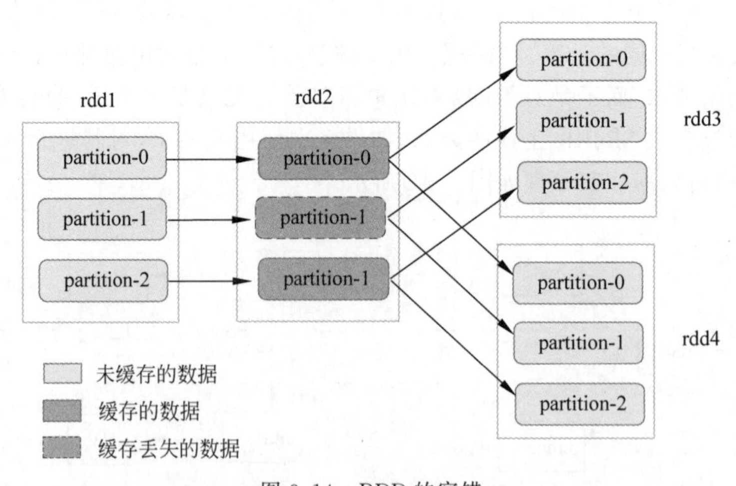

图3.14 RDD的容错

3.1.5 Spark RDD 操作

Spark 定义了很多对 RDD 的操作，主要分为两类：transformation 和 action。transformation 操作并不会真正地触发 Job 的执行，它只是定义了 RDD 之间的转换关系，即 RDD 和 RDD 之间的 lineage，只有 action 才会触发 Job 的真正执行。当在一个 RDD 上执行 action 操作时，会使用这个 RDD 的数据，当 RDD 的数据不存在时，会根据其计算函数由父 RDD 的数据生成，如果父 RDD 的数据不存在，则再次向上查找，一直到最原始的 RDD 从外部加载数据。

虽然在描述中是以 RDD 为单位进行计算的，但是实际在执行过程中，每个 RDD 是以分区为单位计算的，因为 RDD 是分布式的，每个 RDD 的计算就意味着 RDD 的每个分区的计算，在计算某一分区的过程中，如果多个 RDD 之间是窄依赖，那么每个分区可以使用一个任务依次执行多个 RDD 的计算函数，在一个任务中，将多个 RDD 的某一分区的数据计算出来，从而得到这一分区的结果，再将多个分区的结果进行汇总得到最终的结果。如果是宽依赖则必须经过 Shuffle，这个过程比较复杂，会在后续章节单独讲解。

1. transformation 操作

在 Spark 中，主要的 transformation 操作如表 3.1 所示。每个 transformation 操作都会将当前的 RDD 转换成新的 RDD。

表 3.1 主要的 transformation 操作

操　作	说　明
map	迭代 RDD 中的每个元素生成新的 RDD
filter	对 RDD 的元素进行过滤
flatMap	和 Map 类似，将每个元素转化为 0 个或多个元素
mapPartitions	迭代每个分区，这在操作数据库时，可以为每个分区创建一个链接
distinct	将数据去重
groupByKey	按照 key 进行分组
reduceByKey	按照 key 进行聚合
union	将两个 RDD 整合成一个 RDD
coalesce	减小分区数量，一般用在执行 filter、过滤掉大量数据后调用
repartition	重新分区，这会造成所有的分区数据进行 Shuffle

2. action 操作

action 操作用来触发 Spark 任务的真正执行。每次触发 action 操作后，会得到 action 的计算结果。其中间计算的每个 RDD 的数据便不再可用，除非显式地调用 RDD 的 API 进行缓存。Spark 提供的 aciton 操作如表 3.2 所示。

表 3.2 Spark 提供的 action 操作

操 作	说 明
collect	将所有的数据作为一个数据返回 Driver 程序。当每个分区数据较多，返回到 Driver 中时，可能会造成内存溢出。所以 collect 适用于结果数据集较小的情况
count	返回 RDD 数据的总数
first	返回 RDD 中的第一个元素
take	将 RDD 中的前 n 个元素作为数组返回
saveAsTextFile	将数据写入文件系统
foreach	对 RDD 中每个元素都应用给定的函数
reduce	按照给定的函数将数据聚合

3. 持久化

Spark 还可以将 RDD 进行缓存，当一个 RDD 被设置为可缓存，每个节点计算该 RDD 的某个分区时，会将这个分区的数据进行缓存，当下一个 action 操作重新使用这个被缓存的 RDD 时，会直接使用缓存中的数据，大大提高了计算的速度。缓存是迭代算法和快速交互的关键性工具。

RDD 可以使用 persist()方法对 RDD 进行缓存，同时可以指定相应的缓存级别，如内存存储、内存或磁盘、是否序列化等。RDD 的 cache()方法只是 persist()的一个特殊情况使用 MEMORY_ONLY 存储级别。RDD 提供的存储级别如表 3.3 所示。

表 3.3 RDD 提供的存储级别

操 作	说 明
MEMORY_ONLY	将 RDD 数据直接缓存至 JVM 内存中，如果内存不够，则不进行缓存。在下次进行计算时，只计算没有缓存的分区的数据。这也是默认的存储策略
MEMORY_AND_DISK	如果在缓存 RDD 的过程中内存不够，则将数据存储在磁盘中
MEMORY_ONLY_SER (Java and Scala)	将数据序列化后存储在内存中
MEMORY_AND_DISK_SER (Java and Scala)	序列化后，存储在内存或磁盘中
DISK_ONLY	数据只存储在磁盘中
MEMORY_ONLY_2	在内存中存储，并生成一个副本
OFF_HEAP (实验)	与 MEMORY_ONLY 类似，但是数据存储在堆外的直接内存中

Spark 的不同级别的存储旨在提供一个 CPU 效率和内存使用的折中方案。这个策略由用户确定。一般来说，如果内存足够存放整个 RDD 的数据，则使用 MEMORY_ONLY 是最佳的选择，可以让 CPU 以最高效的方式运行。如果这种方式不行，则可以尝试使用 MEMORY_ONLY_SER，将数据进行序列化后存储，可以选择一个高效的序列化的类库。使用此种方式可以更加节约内存，缺点是中间增加了序列化和反序列化的过程，从而延长了计算的时间。一般来说并不推荐将数据缓存到磁盘中，因为在这种情况下，重新计算数据可能比从磁盘中读取数据还要快。除非该 RDD 的数据经过了非常复杂的计算或从大量的数据中过滤出来一批数据，在这种情况下，缓存到磁盘中可能会提高计算效率。

3.1.6　源码分析

1. 源码阅读环境搭建

Spark 是一款开源项目，其项目代码保存在 Github 中，本节以 Windows 系统为例，讲解如何使用 IntelliJ Idea 搭建本地的源码阅读和调试环境。主要使用的软件有 git、maven、JDK、Scala、IntelliJ Idea 等。本节以 Spark2.2.2 版本为例进行讲解，其各软件的版本使用可到 Spark 的官方网站进行查看，网址是 http://spark.apache.org/docs/2.2.0/index.html。

视频讲解

1）安装 JDK

JDK 的安装为最基本的操作，这里不再赘述。

2）安装 Scala

打开 Scala 的官方网站（https://www.scala-lang.org/），选择 Download→Previous Releases→Scala2.11.8→scala-2.11.8.zip，下载 Scala 安装包，将安装包解压后，将其 bin 目录配置在 Windows 的 PATH 环境变量中。打开 cmd，输入 scala -version，验证是否安装成功。其输出如下所示：

```
C:\Windows\system32 > scala - version
Scala code runner version 2.11.8 -- Copyright 2002 - 2016, LAMP/EPFL
```

3）安装 git

在 git 的官方网站（https://git-scm.com），选择 Downloads→Windows→64-bit Git for Windows Portable，下载 git 的安装程序。下载完成后，将压缩文件解压。运行 git-bash.exe，查看其运行是否正常。其运行界面如图 3.15 所示。

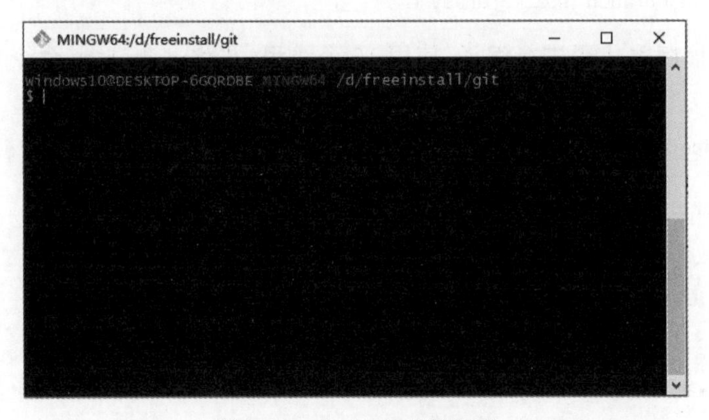

图 3.15　git-bash 运行界面

4）安装 maven

打开 maven 的官方网站（http://maven.apache.org/），选择 Download→Previous Releases→archives→3.3.9→apache-maven-3.3.9-bin.zip，将下载的 maven 安装包进行解压，将 maven 的 bin 目录配置在 Windows 的 PATH 环境变量中。重新打开 git-bash，输入 maven -version，查看 maven 是否安装成功，其输出如下：

```
$ mvn - version
```

```
Apache Maven 3.3.9 (2015-11-11T00:41:47+08:00)
Maven home: D:\freeinstall\maven\apache-maven-3.3.9
Java version: 1.8.0_101, vendor: Oracle Corporation
Java home: D:\freeinstall\java\jdk1.8.0_101\jre
Default locale: zh_CN, platform encoding: GBK
OS name: "windows 10", version: "10.0", arch: "amd64", family: "dos"
```

5）下载 Spark 源码

打开 git-bash，切换至需要保存 Spark 源码的目录中。打开 Spark 的 Github 页面 https://github.com/apache/spark，将 Spark 源码克隆至本地目录。其命令为 git clone https://github.com/apache/spark.git。等待源码下载完成。

6）编译 Spark

如果需要进行源码调试，则需要对 Spark 进行编译，得到最终的 Spark 及其依赖的 jar 包，供项目调试的时候依赖使用。

使用 git tag 命令查看项目中的 tag，其输出如下：

```
$ git tag
...
v2.2.0
...
v2.3.0
v2.3.1
...
```

将需要编译的版本检出，并创建新的分支，命令如下：

```
$ git checkout -b spark-analyse v2.2.0
Switched to a new branch 'spark-analyse'
```

对 Spark 的该版本代码进行编译，使用 16 个线程，并跳过测试，其命令如下：

```
$ mvn clean -T 16 -DskipTests package
[INFO] Scanning for projects...
[INFO] ------------------------------------------------------------
[INFO] Reactor Build Order:
[INFO]
[INFO] Spark Project Parent POM
[INFO] Spark Project Tags
....
```

编译成功后，输出如下：

```
...
[INFO] Spark Integration for Kafka 0.10 Assembly ......... SUCCESS [  9.747 s]
[INFO] ------------------------------------------------------------
[INFO] BUILD SUCCESS
[INFO] ------------------------------------------------------------
[INFO] Total time: 09:26 min (Wall Clock)
[INFO] Finished at: 2019-01-21T12:12:37+08:00
[INFO] Final Memory: 89M/1574M
[INFO] ------------------------------------------------------------
[WARNING] The requested profile "universal" could not be activated because it does not exist.
```

编译完成后，会在 assembly\target\scala-2. 11\jars 目录中生成对应的 Spark jar 包。

7）使用 IntelliJ Idea 打开项目

打开 Idea，选择 Open，选择 Spark 源码根目录中的 pom. xml 文件，打开项目。选择 View→Tool Windows→Maven Projects，弹出 maven 的标签页，对 Spark Project External Flume 和 Spark Project External Flume Sink 右击，选择 Generate Sources and Update Folders，更新 Flume 的依赖，如图 3. 16 所示。依赖更新完成后，单击标签页左上角的 Reimport 按钮，重新导入 maven 的依赖。

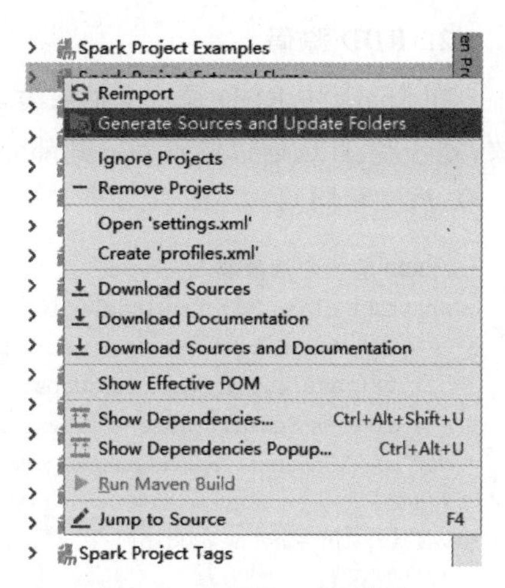

图 3. 16 更新 Flume 依赖

Spark 项目由很多模块组成，其中 core 模块是 Spark 程序的核心模块，example 模块中包含有 Spark 自带的一些例子。由于 Spark 的 example 模块对 Spark 的 core 模块都是编译时依赖，所以在运行 example 程序时，需要将之前编译的 Spark 项目输出的 jar 包作为 example 运行时的依赖文件才能够运行。其配置方式是选择 File→Project Structure→Modules→spark-examples_2. 11→Dependencies，如图 3. 17 所示。单击"+"，选择 JARs or directores，选择目录 assembly\target\scala-2. 11\jars，单击"确定"按钮，添加依赖的 Spark 文件。

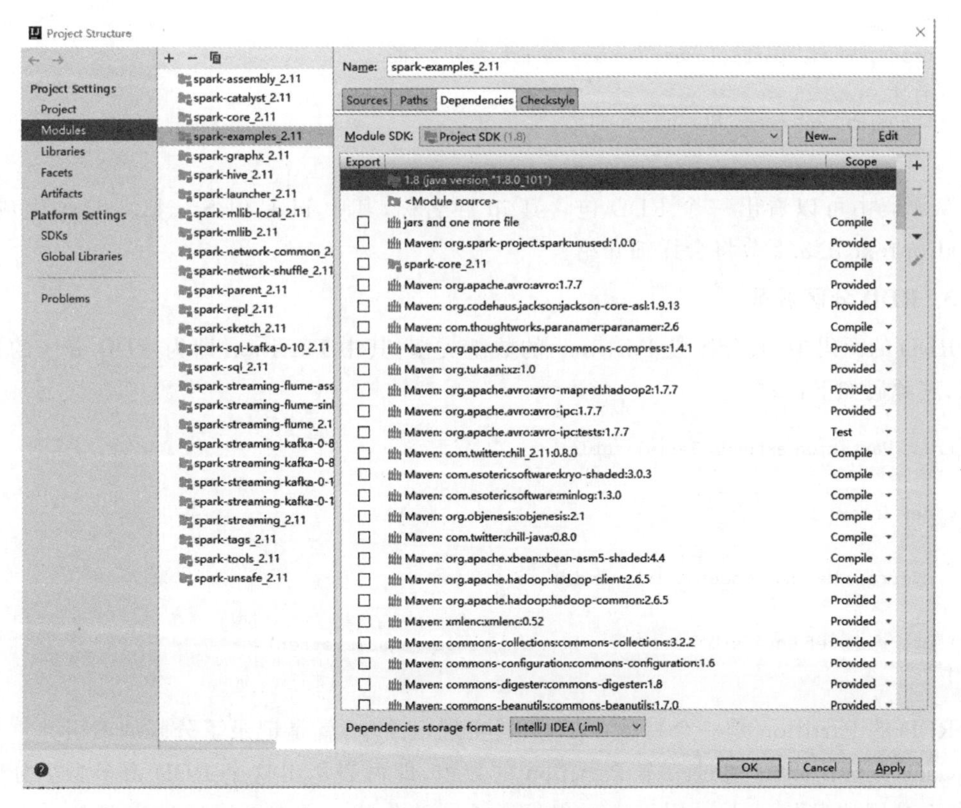

图 3. 17 添加依赖文件

8）运行测试程序

打开 example 中的 LogQuery 并运行，查看是否能够正常运行。

2. RDD 源码

在 Spark 中 RDD 是一个抽象类，定义了 RDD 的各种基本属性，包括分区、依赖、计算函数、分区器、首选运行位置等。其部分源码如下（因为排版占用大量篇幅，源码中部分内容被舍掉，后文相同）：

视频讲解

```
//RDD 是一个抽象类
abstract class RDD[T: ClassTag](
    @transient private var _sc: SparkContext,
    @transient private var deps: Seq[Dependency[_]]
  ) extends Serializable with Logging {
def sparkContext: SparkContext = sc
//id
val id: Int = sc.newRddId()
//计算函数
def compute(split: Partition, context: TaskContext): Iterator[T]
//依赖
private var dependencies_ : Seq[Dependency[_]] = null
//分区
@transient private var partitions_ : Array[Partition] = null
//首选运行位置
protected def getPreferredLocations(split: Partition): Seq[String] = Nil
//分区器
@transient val partitioner: Option[Partitioner] = None
//名称
@transient var name: String = null
}
```

从源码中可以看出一个 RDD 包含其 id 和名称，其中 id 是由 SparkContext 生成的，SparkContext 在 3.2 节将会详细介绍。

3. RDD 分区源码

RDD 的源码中，其分区是 Partition 的数组类型，其中 Partition 即为 RDD 分区的代码实现，其源码如下：

视频讲解

```
trait Partition extends Serializable {

  def index: Int

  override def hashCode(): Int = index

  override def equals(other: Any): Boolean = super.equals(other)
}
```

RDD 的 Partition 是一个特质（trait），其实现很简单，就是记录了分区的索引并重写了 hashCode 方法。RDD 通过一个 Partition 的数组，即可表示出这个 RDD 由多少个分区组成，每个分区的索引（index）用于表示出每个不同的分区。子类可以通过实现 Partition 的特质，从而具有更加丰富的分区功能。

如在 HadoopRDD 的分区中，每个分区和每个 datanode 的一个 block 进行关联，每个 block 对应生成一个 InputSplit。其源码如下：

```
private[spark] class HadoopPartition(rddId: Int, override val index: Int, s: InputSplit)
  extends Partition {
  //每个分区对应生成一个 InputSplit
  val inputSplit = new SerializableWritable[InputSplit](s)

  override def hashCode(): Int = 31 * (31 + rddId) + index

  override def equals(other: Any): Boolean = super.equals(other)

...

}
```

通过 SparkContext 可以把一个集合转化为一个 RDD，这个 RDD 为 ParallelCollectionRDD，在并行集合 RDD 中，它的每个分区都记录了集合中的一部分数据，所有的分区数据合并起来为整个集合的数据。通过一个迭代器即可获取这个分区中的数据。其源码如下：

```
private[spark] class ParallelCollectionPartition[T: ClassTag](
    var rddId: Long,
    var slice: Int,
    var values: Seq[T]
  ) extends Partition with Serializable {
  //每个分区包含集合中的部分数据
  def iterator: Iterator[T] = values.iterator
...
  override def index: Int = slice

}
```

4. RDD 计算函数源码

每个 RDD 都包含有一个 compute()函数，用于计算这个 RDD 的数据。在 RDD 的抽象类中，compute()函数是一个抽象方法，其具体功能由子类实现。其抽象方法如下：

```
def compute(split: Partition, context: TaskContext): Iterator[T]
```

RDD 定义的 compute 抽象方法，接收两个参数。其中，第一个参数为分区，因为 RDD 是分布式的，RDD 的计算实际上为 RDD 的每个分区的计算，其计算函数必须要与某个分区进行关联。即使在 RDD 的数量非常小的情况下，如只有一个分区的时候，其计算也要指定计算是哪个分区的数据。通过计算函数在不同的节点中执行，从而实现 RDD 的分布式计算。第二个参数为 TaskContext，是任务执行的上下文，3.3 节和 3.5 节会详细介绍。RDD 的计算原理如图 3.18 所示。

函数的返回值是一个迭代器，因为 RDD 一般数据量会非常大，无法一次性将数据加载至内存中，只能“一点一点”进行处理，通过使用返回迭代器，可以将 RDD 的数据一条一条

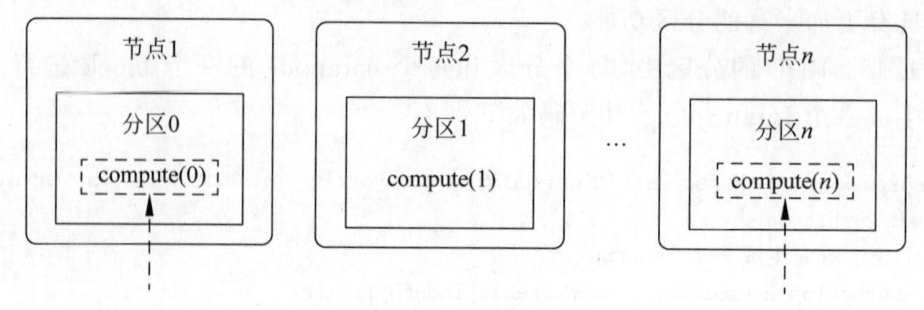

图 3.18 RDD 的计算原理

地返回，从而避免占用大量内存。试想如果返回值为数组类型，大量的数据集怎样才能保存至内存中？必定会造成经常性的内存溢出。

HadoopRDD 的 compute()函数用于计算每个分区的数据，从 HDFS 的 block 中读取数据，其 compute()函数部分实现如下：

```
override def compute(theSplit: Partition, context: TaskContext): InterruptibleIterator[(K, V)] = {
  //创建迭代器
  val iter = new NextIterator[(K, V)] {
    //转换为 HadoopPartition
    private val split = theSplit.asInstanceOf[HadoopPartition]

    private var reader: RecordReader[K, V] = null
    private val inputFormat = getInputFormat(jobConf)
    //获取该 partition 对应的 reader

    reader = inputFormat.getRecordReader(split.inputSplit.value, jobConf, Reporter.NULL)

    private val key: K = if (reader == null) null.asInstanceOf[K] else reader.createKey()
    private val value: V = if (reader == null) null.asInstanceOf[V] else reader.createValue()
    //重写迭代器 getNext()方法
    override def getNext(): (K, V) = {
      try {
        //调用 reader 的 next()方法,迭代每一条结果
        finished = !reader.next(key, value)
      } catch {
        case e: IOException if ignoreCorruptFiles =>
          logWarning(s"Skipped the rest content in the corrupted file: ${split.inputSplit}", e)
          finished = true
      }
      (key, value)
    }
  //将迭代器进行封装,以迭代器形式返回
  new InterruptibleIterator[(K, V)](context, iter)
}
```

HadoopRDD 的计算函数，通过获取分区中已经分配好的 InputSplit，生成对应的 reader，每个分区中通过不同的 reader 读取本分区中的数据，从而完成分区数据的加载。

ParallelCollectionRDD 的计算函数实现如下：

```
override def compute(s: Partition, context: TaskContext): Iterator[T] = {
  new InterruptibleIterator(context, s.asInstanceOf[ParallelCollectionPartition[T]].iterator)
}
```

在并行集合的分区中，已经分配好了每个分区使用的是集合的哪部分数据，并且数据是以迭代器的形式返回的，在 compute()函数中，直接对每个分区的迭代器进行包装生成了新的迭代器返回。通过 compute()函数，根据每个分区计算出这个分区对应的数据。

5. RDD 依赖源码

每个 RDD 都有其依赖的 RDD，通过 RDD 的依赖，实现 RDD 的 lineage 机制。每个 RDD 都可以通过其依赖的 RDD 计算出来。在 Spark 的 RDD 实现中，每个 RDD 都有一组依赖，其源码如下：

```
private var dependencies_ : Seq[Dependency[_]] = null
```

每个 RDD 的依赖都通过 Dependency 表示。Dependency 的源码如下：

```
abstract class Dependency[T] extends Serializable {
  def rdd: RDD[T]
}
```

Dependency 是一个抽象类，其实现就只有短短的 3 行，用于表示依赖的是哪个 RDD。

1) 窄依赖

在 RDD 的窄依赖中，子 RDD 的每个分区都只依赖父 RDD 的特定的分区。每个父 RDD 的分区数据都只能被子 RDD 的一个分区使用。Spark 使用 NarrowDependency 表示 RDD 的窄依赖，其实现如下：

```
abstract class NarrowDependency[T](_rdd: RDD[T]) extends Dependency[T] {
  //通过子 RDD 的 partitionId 返回依赖的父 RDD 的 partitionId
  def getParents(partitionId: Int): Seq[Int]

  override def rdd: RDD[T] = _rdd
}
```

NarrowDependency 依然是一个抽象类，继承了 Dependency。NarrowDependency 中定义了一个 getParents()函数，用于返回子 RDD 的每个分区依赖的是父 RDD 的哪些分区。这样在计算子 RDD 的某个分区时，通过依赖首先找到依赖的父 RDD 的分区，从而先计算父 RDD 的分区的数据。

Spark 中主要有两个 NarrowDependency 的实现，分别是 OneToOneDependency 和 RangeDependency。OneToOneDependency 由其名字就可以看出来是一个一对一的依赖，这也是最常用的一个依赖，通过 map()函数将一个 RDD 转换为另一个 RDD，子 RDD 和父 RDD 之间其实就是一个一对一的依赖，因为子 RDD 的一个分区和父 RDD 的一个分区意义对应。OneToOneDependency 的实现如下：

```
class OneToOneDependency[T](rdd: RDD[T]) extends NarrowDependency[T](rdd) {
  override def getParents(partitionId: Int): List[Int] = List(partitionId)
}
```

OneToOneDependency 继承了 NarrowDependency，重写了 getParents()函数，通过传入子 RDD 的 partitionId，返回一个集合，集合中只有一个元素为 partitionId，即该 RDD 的分区的 index 和依赖父 RDD 的分区 index 相同，从而表示出一对一的关系。如图 3.19 所示，rdd1 通过 map()函数转换为 rdd2，其中 rdd2 和 rdd1 即为 OneToOneDependency，当计算 rdd2 时通过其依赖的 getParents()函数，计算其依赖父 RDD 的分区，如计算 rdd2 的 0 分区时，调用 getParents(0)，由于 rdd2 是 OneToOneDependency，该函数返回 List(0)，表示其依赖的父 RDD 的分区 id 为 0，从而先计算父 RDD 该分区的数据。

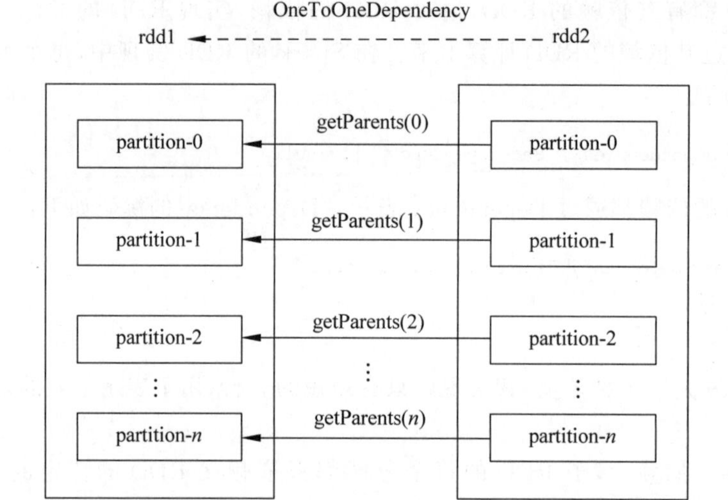

图 3.19 添加依赖文件

RDD 的 map()函数实现如下：

```
def map[U: ClassTag](f: T => U): RDD[U] = withScope {
  val cleanF = sc.clean(f)
  new MapPartitionsRDD[U, T](this, (context, pid, iter) => iter.map(cleanF))
}
```

图 3.19 中通过调用 rdd1 的 map()函数生成了 rdd2，那么 rdd2 的依赖是如何生成的呢？由 map()函数可以看到，f 为用户要执行的转换操作的函数，通过 map()函数，直接返回一个 MapPartitionsRDD，并将 this 传入到 MapPartitionsRDD 的构造函数中，其中 this 表示当前的 RDD，即 rdd1。MapPartitionsRDD 即是生成的 rdd2。MapPartitionsRDD 的源码如下：

```
private[spark] class MapPartitionsRDD[U: ClassTag, T: ClassTag](
    var prev: RDD[T],
    f: (TaskContext, Int, Iterator[T]) => Iterator[U], //(TaskContext, partition index, iterator)
    preservesPartitioning: Boolean = false)
  extends RDD[U](prev) {

  override def getPartitions: Array[Partition] = firstParent[T].partitions

  override def compute(split: Partition, context: TaskContext): Iterator[U] =
```

```
    f(context, split.index, firstParent[T].iterator(split, context))
}
```

在 MapPartitionsRDD 中并没有生成相应的依赖，但它调用了 RDD 的构造函数，传入 rdd1(prev)，并且其分区为 firstParent[T].partitions，说明子 RDD 的分区和父 RDD 的分区是相同的。RDD 的构造函数源码如下：

```
//构造函数
def this(@transient oneParent: RDD[_]) =
  this(oneParent.context, List(new OneToOneDependency(oneParent)))

//子类中使用 firstParent
protected[spark] def firstParent[U: ClassTag]: RDD[U] = {
  dependencies.head.rdd.asInstanceOf[RDD[U]]
}
```

由 RDD 的构造函数可知，如果只传入一个 RDD，则生成一个 OneToOneDependency，并把父 RDD 作为参数传入。因此 rdd2 就在这个地方生成对应的依赖，并记录依赖的父 RDD 的信息。

在 Spark 中另一个窄依赖的实现是 RangeDependency，RangeDependency 用于表示子 RDD 的哪些分区和父 RDD 的哪些分区相对应，此依赖通常用于将两个 RDD 合并为一个新的 RDD，虽然这种合并并不像 RDD 是一对一的关系，但其依赖却是一个窄依赖，因为父 RDD 的一个分区的数据只被子 RDD 的一个分区使用。RangeDependency 实现如下：

```
//rdd, 父 RDD
//instart, 父 RDD 的分区开始位置
//outstart, 子 RDD 的分区开始位置
//length, 依赖长度
class RangeDependency[T](rdd: RDD[T], inStart: Int, outStart: Int, length: Int)
  extends NarrowDependency[T](rdd) {
  //计算依赖父 RDD 的分区
  override def getParents(partitionId: Int): List[Int] = {
    if (partitionId >= outStart && partitionId < outStart + length) {
      List(partitionId - outStart + inStart)
    } else {
      Nil
    }
  }
}
```

在其实现中，通过记录父 RDD 的分区开始位置、子 RDD 的分区开始位置、分区的长度，从而计算出 RDD 分区之间的对应关系。其原理如图 3.20 所示。

在 Spark 中，使用 union()函数连接两个 RDD。如在图 3.2 中可使用 rdd1.union(rdd2)实现两个 RDD 的合并，RDD 的 union()函数实现如下：

```
sc.union(this, other)
```

该函数调用了 sparkContext()方法将两个 RDD 进行连接。sparkContext()方法的实现如下：

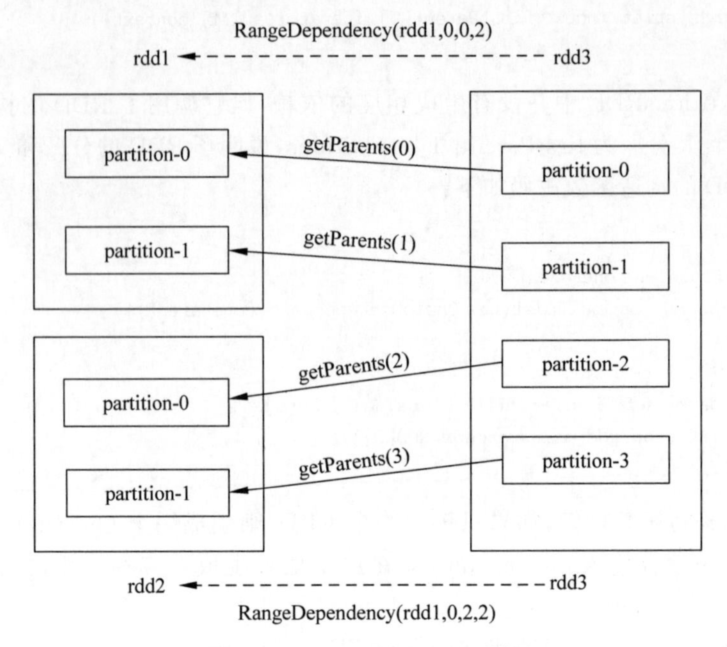

图 3.20 RangeDependency 原理

```
//合并多个 RDD
def union[T: ClassTag](first: RDD[T], rest: RDD[T] * ): RDD[T] = withScope {
  union(Seq(first) ++rest)
}

def union[T: ClassTag](rdds: Seq[RDD[T]]): RDD[T] = withScope {
  val partitioners = rdds.flatMap(_.partitioner).toSet
  if (rdds.forall(_.partitioner.isDefined) && partitioners.size == 1) {
    new PartitionerAwareUnionRDD(this, rdds)
  } else {
    //返回 UnionRDD
    new UnionRDD(this, rdds)
  }
}
```

在代码中返回的 UnionRDD 或 PartitionerAwareUnionRDD 即为新生成的 RDD。UnionRDD 在构造时，传入 SparkContext 对象和所有需要和并的 RDD。其实现为：

```
class UnionRDD[T: ClassTag](
    sc: SparkContext,
    var rdds: Seq[RDD[T]])
  extends RDD[T](sc, Nil) {  //Nil since we implement getDependencies

  override def getPartitions: Array[Partition] = {
    val array = new Array[Partition]( rdds.map(_.partitions.length).seq.sum)
    var pos = 0
    for ((rdd, rddIndex) <- rdds.zipWithIndex; split <- rdd.partitions) {
      array(pos) = new UnionPartition(pos, rdd, rddIndex, split.index)
      pos += 1
```

```
    }
    array
  }

  override def getDependencies: Seq[Dependency[_]] = {
    val deps = new ArrayBuffer[Dependency[_]]
    var pos = 0
    for (rdd <- rdds) {
      deps += new RangeDependency(rdd, 0, pos, rdd.partitions.length)
      pos += rdd.partitions.length
    }
    deps
  }
}
```

在 UnionRDD 的实现中，根据新的 RDD 依赖的 RDD，每个依赖的 RDD 都生成了一个 RangeDependency，不同的 RangeDependency 对于新 RDD 而言其开始的位置不同，即构造函数中的 outStart 参数不同，从而实现了新 RDD 对多个 RDD 的依赖。在新 RDD 的分区中，新 RDD 的分区总数为所有依赖 RDD 的分区数之和，以同样的方式，生成了新 RDD 的分区与依赖 RDD 之间的分区对应关系。

2）宽依赖

Spark 中通过 ShuffleDependency 表示 RDD 之间的宽依赖。在发生 Shuffle 的两个阶段中，Reduce 阶段的 RDD 对 Map 阶段的 RDD 是 ShuffleDependency。其关系如图 3.21 所示。

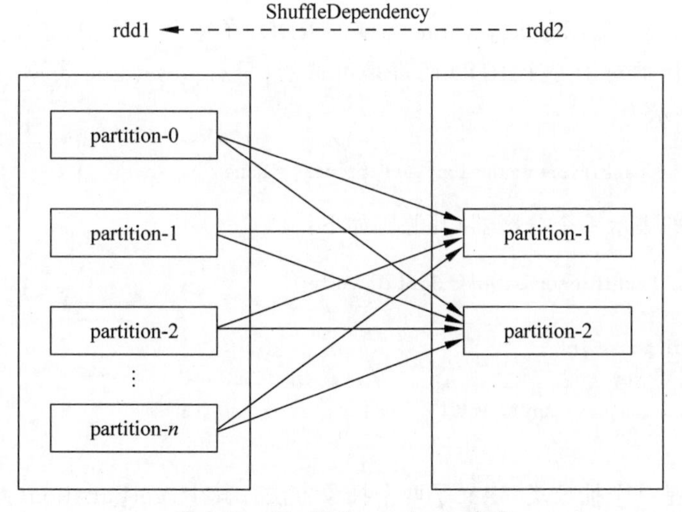

图 3.21 ShuffleDependency 关系

ShuffleDependency 的实现如下：

```
class ShuffleDependency[K: ClassTag, V: ClassTag, C: ClassTag](@transient private val _rdd:
RDD[_ <: Product2[K, V]],
    val partitioner: Partitioner,                              //分区器
    val serializer: Serializer = SparkEnv.get.serializer,      //序列化工具
```

```
    val keyOrdering: Option[Ordering[K]] = None,                //key 排序
    val aggregator: Option[Aggregator[K, V,C]] = None,          //聚合器
    val mapSideCombine: Boolean = false)                        //Map 阶段聚合
  extends Dependency[Product2[K, V]] {
  //发生 Shuffle 的 Map 阶段的 RDD
  override def rdd: RDD[Product2[K, V]] = _rdd.asInstanceOf[RDD[Product2[K, V]]]

  private[spark] val keyClassName: String = reflect.classTag[K].runtimeClass.getName
  private[spark] val valueClassName: String = reflect.classTag[V].runtimeClass.getName
  //Note: It's possible that the combiner class tag is null, if the combineByKey
  //methods in PairRDDFunctions are used instead of combineByKeyWithClassTag.
  private[spark] val combinerClassName: Option[String] =
    Option(reflect.classTag[C]).map(_.runtimeClass.getName)
  //生成 shuffleId
  val shuffleId: Int = _rdd.context.newShuffleId()
  //注册一个 Shuffle
  val shuffleHandle: ShuffleHandle = _rdd.context.env.shuffleManager.registerShuffle(shuffleId,
_rdd.partitions.length, this)
  _rdd.sparkContext.cleaner.foreach(_.registerShuffleForCleanup(this))
}
```

由 ShuffleDependency 的实现可以看出，ShuffleDependency 中记录了依赖的 RDD，其依赖的 RDD 通过构造函数传入。ShuffleDependency 中没有了在窄依赖中的 getParent()方法，因为 ShuffleDependency 中，子 RDD 的一个分区会依赖父 RDD 的所有分区的数据。关于 ShuffleDependency 的详细功能会在第 4 章详细讲述。

6. RDD 分区器源码

在 Spark 中，分区器用于 key-value 类型的 RDD，在每个分区中，指定 key 应该如何进行分组。所以分区器对于一个 RDD 而言是可选的，只有 key-value 类型的 RDD 才有。在 RDD 中的源码表示为：

```
@transient val partitioner: Option[Partitioner] = None
```

Partitioner 即表示一个分区器，其源码如下：

```
abstract class Partitioner extends Serializable {
  //分区总数
  def numPartitions: Int
  //给定 key,将 key 分组
  def getPartition(key: Any): Int
}
```

Partitioner 是一个抽象类，定义了两个抽象方法。其中，getPartition()用于判断给定的 key 应该在哪个分组中，如在 Shuffle 的 Map 阶段，每个分区的数据都需要按照 key 进行分组，分组完成后，下游的 Reduce 阶段根据其所属的分区拉取 Map 阶段对应分组的数据。numPartitions 用于返回一共有多少个分组，Map 阶段每个分区的数据都按照这个分区器进行分组，总共可以将 key 分为多少组，Map 阶段分组的数量也决定了 Reduce 阶段分区的数量。因此 numPartitions 也决定了这个 RDD 如果发生了 Shuffle，其 Reduce 阶段将会生成多少个分区。如果一个分区器其分区的总数为 n，则其原理如图 3.22 所示。

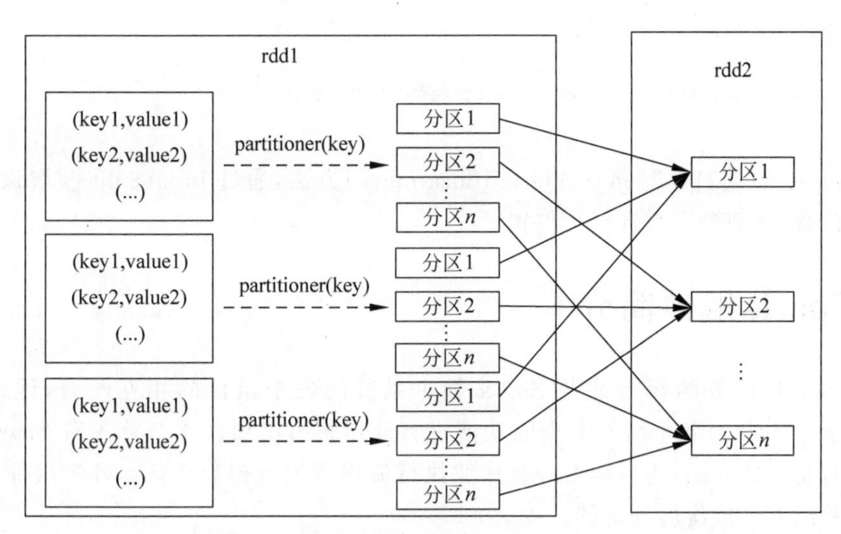

图 3.22 Partitioner 原理

Spark 中 Partitioner 有两种实现方式，分别是 HashPartitioner 和 RangePartitioner。HashPartitioner 通过取 key 的哈希值，从而判断出该记录所属的分区。RangePartitioner 通过将 key 划分为不同的范围实现数据的分区。

HashPartitioner 实现如下：

```
class HashPartitioner(partitions: Int) extends Partitioner {
   def numPartitions: Int = partitions
  //根据 key 获取对应的分区
  def getPartition(key: Any): Int = key match {
    case null => 0
    case _ => Utils.nonNegativeMod(key.hashCode, numPartitions)
  }
  //重写 hashCode()方法
  override def hashCode: Int = numPartitions
}
```

由源码实现可知，每个 key 根据其哈希值判断属于哪个分区，其中分区数不会超过 numPartitions。当 key 为 null 时，其分区数为 0。

7. RDD 首选运行位置源码

RDD 的每个分区的数据都有首选运行位置，在 RDD 的抽象类中定义如下：

```
protected def getPreferredLocations(split: Partition): Seq[String] = Nil
```

由该方法的定义可知，首选运行位置一定是和分区相关联的。每个分区都可以指定一组首选的运行位置。HadoopRDD 中对 RDD 的首选运行位置定义如下：

```
override def getPreferredLocations(split: Partition): Seq[String] = {
  val hsplit = split.asInstanceOf[HadoopPartition].inputSplit.value
  val locs = hsplit match {
    case lsplit: InputSplitWithLocationInfo =>
      HadoopRDD.convertSplitLocationInfo(lsplit.getLocationInfo)
```

```
        case _ => None
      }
      locs.getOrElse(hsplit.getLocations.filter(_ != "localhost"))
    }
```

HadoopRDD 通过重写 getPreferredLocations()方法，通过 InputSplit 获取该 block 对应的主机位置，从而确定首选运行位置。

3.2 Spark 组件简介

视频讲解

一个 Spark 任务的运行涉及 Spark 整个系统的各个组件的相互配合，因此在介绍 Spark 执行流程时，对各个组件实现的功能进行介绍很有必要。本节首先对 Spark 中的各个组件进行初步的介绍，为后续 Spark 作业执行流程章节做初步准备。各个组件的详细实现将会在后续章节依次展开讲解。

视频讲解

3.2.1 术语介绍

在 Spark 中，会出现一些常用术语，本节对 Spark 的常用的术语进行介绍。

1. Application

一个 Application 就是用户编写的一个应用程序。用户使用 RDD 提供的 API 进行操作，对 RDD 进行转换，并最终通过 action 操作得到最终结果。在一个应用程序中，可能会多次获取计算结果。典型的 Application 的结构如图 3.23 所示。

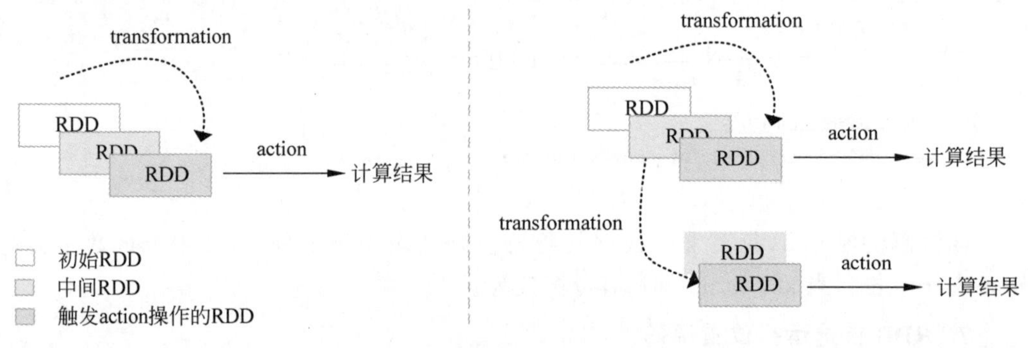

图 3.23 典型的 Application 结构

2. Job

用户的应用程序每获取一次计算结果，即每对 RDD 进行一次 action 操作，就会生成一个 Job，因此用户的一个应用程序可能会包含一个或多个 Job。Application 与 Job 的对应关系如图 3.24 所示。

3. Task

每个 Job 被划分为多个 Task 并行执行，Task 是任务执行的基本单位。每个 Task 负责计算 RDD 的一个分区或者计算窄依赖中一组 RDD 的对应的分区，所以 Task 的数量与

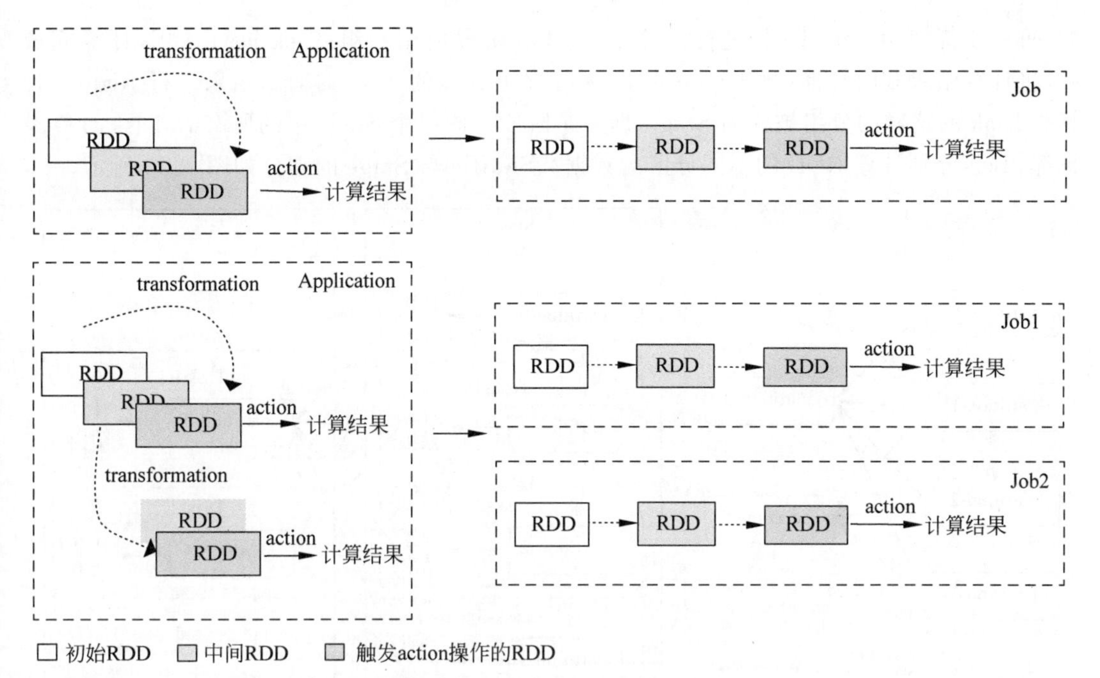

图 3.24 Application 与 Job 的对应关系

RDD 分区的数量相等。每个 Task 的执行，在多个 RDD 之间形成了流水线的操作。在一组窄依赖中，Task 的划分如图 3.25 所示。

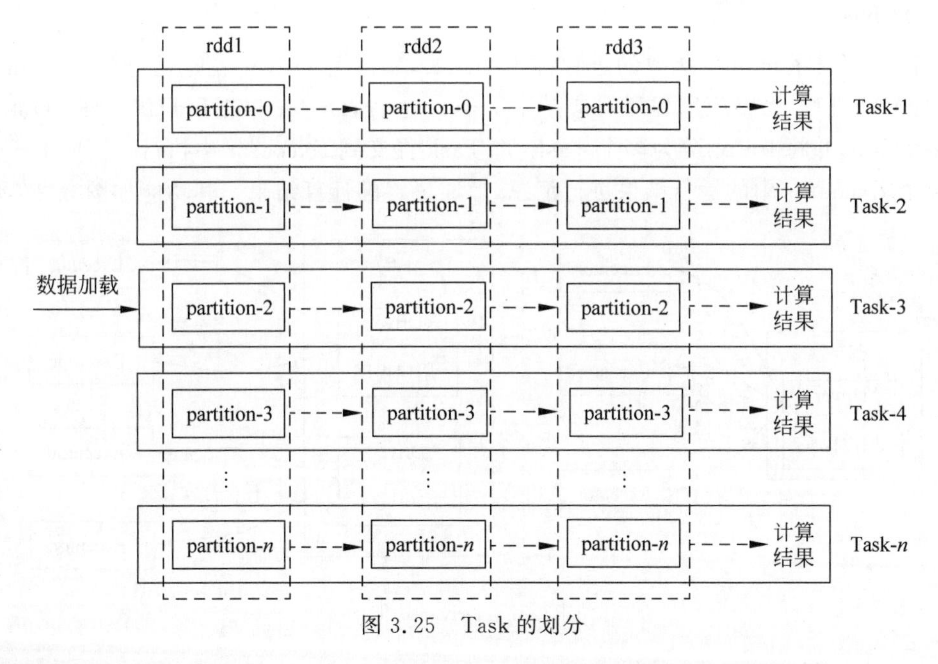

图 3.25 Task 的划分

4. Stage

在 Application 中，RDD 之间的转换并不完全是窄依赖的关系。多个 RDD 转换时，可能出现 Shuffle 的情况。在这种情况下，必须先将 Map 阶段的数据计算出来，再执行 Reduce 拉取 Map 阶段生成的数据。因此在出现 Shuffle 的地方，实际上是分两步进行操作的，每一步都使用一组 Task 进行计算。即 Map 阶段使用一组 Task 进行计算，计算完成后，将计算结果临时存储，再运行一批 Task 拉取上一步的 Map 的输出结果进行 Reduce 计算。Task 的这样的分组被称为 Stage，即一个阶段。同一个 Stage 中的所有的 Task 计算逻辑都相同，分别计算 RDD 的不同分区的数据。Shuffle 与 Stage 的划分如图 3.26 所示。

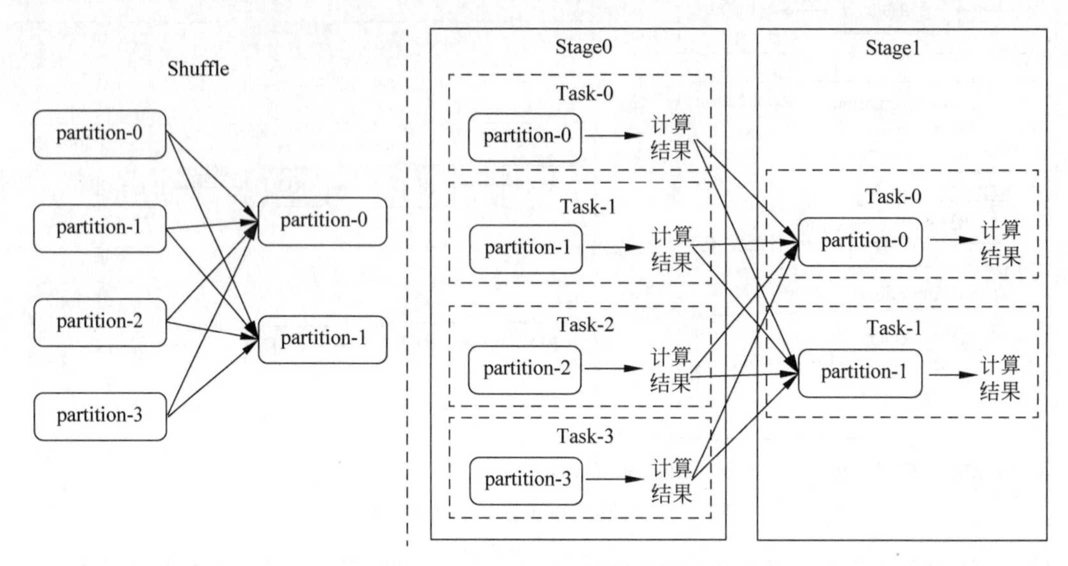

图 3.26 Shuffle 与 Stage 的划分

5. Driver

运行用户程序 main()函数的进程称为 Driver，实际上 Driver 就是运行了用户 main()函数的 JVM 进程，每个应用程序对应一个 Driver 进程，Driver 根据用户编写 RDD 形成一个或多个 Job，并将 Job 划分为多个 Task，将 Task 提交到 Executor 中执行。同时 Driver 负责将各个 Executor 中的运行结果进行汇总，形成最终的计算结果。其功能如图 3.27 所示。

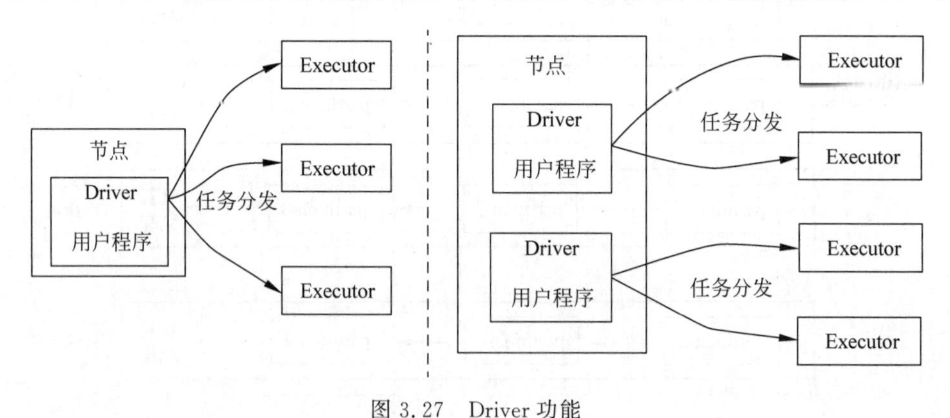

图 3.27 Driver 功能

6. Executor

每个 Application 都会有自己独立的一批 Executor，Executor 负责运行 Driver 分配的 Task，并将执行结果返回给 Driver。不同应用程序间的 Executor 执行互不影响。其功能如图 3.28 所示。

7. Worker Node

任何运行 Executor 的节点都可以称为 Worker Node(工作节点)。如果一个节点中资源充足,也可能会在一个工作节点中运行多个 Executor。工作节点功能如图 3.29 所示。

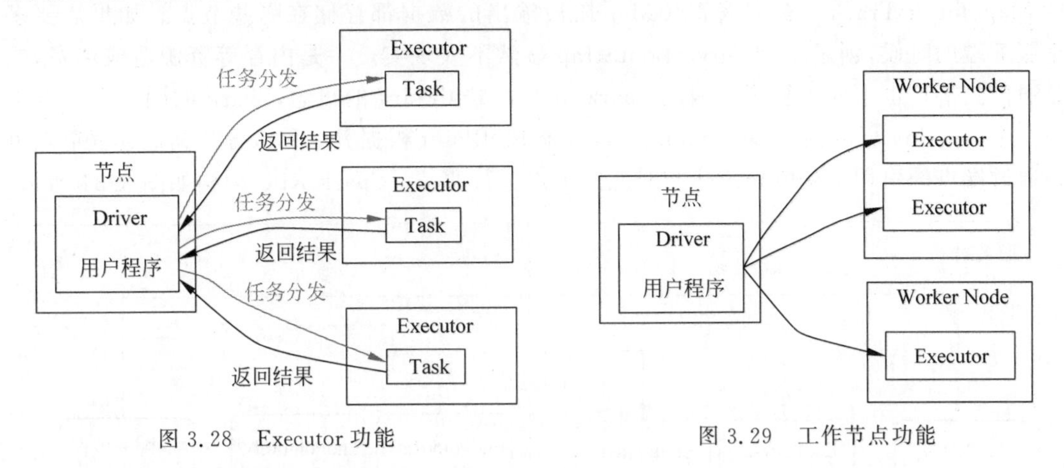

图 3.28　Executor 功能　　　　图 3.29　工作节点功能

3.2.2 Spark RPC 原理

Spark 框架内部使用了大量的网络通信。如在 Driver 端向其他的 Executor 发送 Task、Task 将运行结果通知 Driver、Shuffle 时拉取数据、集群 Master 和 Worker 通信等,各个方面均使用了网络通信。Spark 在早期版本使用了 Akka 作为消息通信的框架,使用 Akka 可以很容易地构建出高并发的分布式的应用。虽然在 Spark2.0 以后 Spark 放弃了 Akka,转而使用 Netty 作为网络通信框架,但这并不表示 Akka 在分布式领域存在问题。Spark 团队认为 Spark 对 Akka 的依赖限制了用户使用不同的 Akka 版本,因而使用 Netty 重新开发了 RPC 框架。使用 Netty 开发的 RPC 框架和 Akka 有着极为相似的使用方式,可以说 Spark 框架内部在使用新的 RPC 框架通信的过程中,除了替换网络通信的服务端和客户端外,基本上代码的实现没有什么变动。

Netty 是一个可以快速开发网络应用的客户端和服务器端的 NIO 框架,它极大地简化了 TCP 和 UDP 通信的 Socket 网络编程。Netty 通过对网络通信过程的封装提供了简单易用的编程接口,基于 Netty 可以实现各种上层协议的解析,如 FTP、SMTP、HTTP 等。Netty 通过使用 Java NIO 编程模型,基于事件驱动实现了高性能的网络通信功能。如果把原始的 Java 网络通信比喻成两点之间的电磁波的通信,那么 Netty 就是一部手机,将底层的通信功能进行了高度封装,并提供了简单易用的接口,供用户使用。在 Netty 框架中,使用 ServerBootstrap 作为服务器端,使用 Bootstrap 作为客户端,其通信过程如图 3.30 所示。

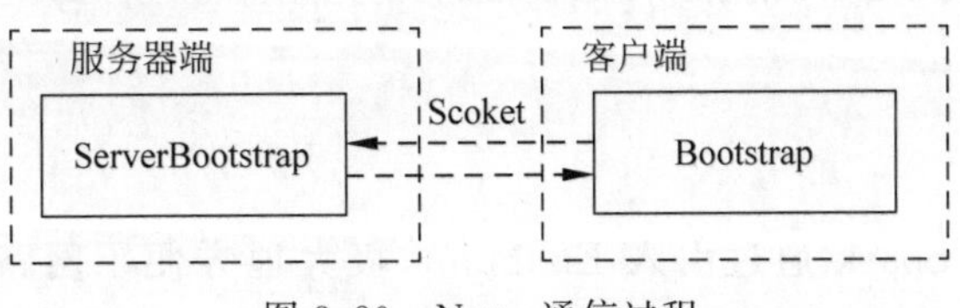

图 3.30　Netty 通信过程

Spark 在 Netty 框架上再次进行了封装，将 Netty 的运行环境分装进 RpcEnv 中，并且引入了端点(EndPoint)的概念，因为在 Spark 框架运行过程中，往往需要多个服务器端，如 Executor 启动完成后，需要向 Driver 端注册，在 Shuffle 的 Reduce 过程中，需要向 Driver 端的 MapOutputTracker 查询该节点 Map 阶段输出的数据都存储在哪些节点。如果需要多个服务端的时候，创建多个 ServerBootStrap 显然不太现实。一是内存等资源造成浪费，二是通信的端口也不便于管理。因此 Spark 引入了 EndPoint 的概念，Spark 的同一个节点中的一个 RpcEnv 可以创建多个 EndPiont，每个 EndPoint 根据其名称区分。其他远程节点可以通过端点的引用 EndPointRef 与对应的端点进行通信。Spark RPC 架构如图 3.31 所示。

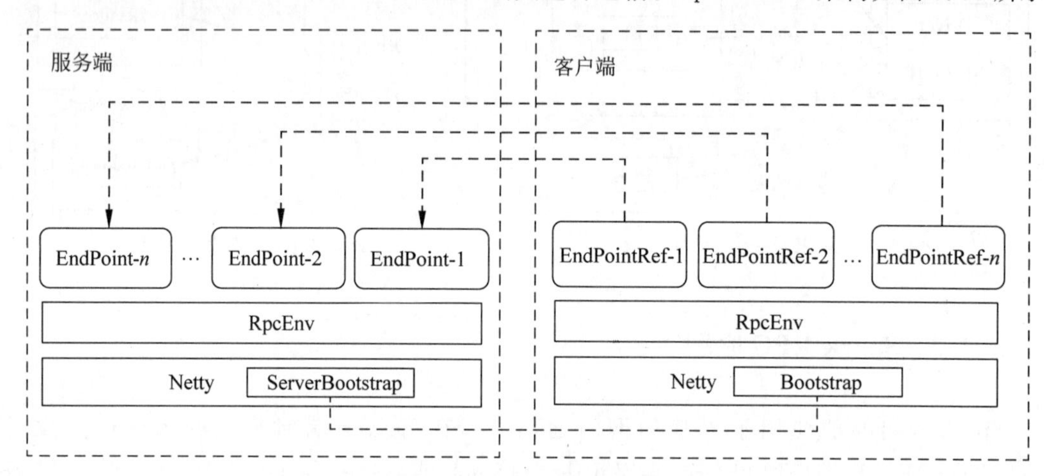

图 3.31 Spark RPC 架构

如果将 Spark 的 RpcEnv 比喻成一部可以通信的手机，那么 EndPiont 就是手机中的"多卡多待"的功能，每个 EndPoint 的名称即为其对应的手机号。只不过在手机中，当一个卡使用时，另一个卡是不能够接打电话的，但在 Spark 中，多个 EndPoint 可以同时与相应的 EndPointRef 进行通信，彼此间不会相互影响。Spark 使用底层的一个通信的 Netty 框架，实现了不同分类的网络端通信的功能。

在 EndPoint 与 EndPointRef 通信的过程中，已经不再使用底层的流进行通信，而是使用彼此间能够理解的消息进行通信，一般消息都是一个 Scala 中的 case class，在服务端接收消息后可以使用模式匹配进行处理。Executor 启动成功后，向 Driver 端发送的消息如下：

```
ref.ask[Boolean](RegisterExecutor(executorId,self,hostname,cores,extractLogUrls))
```

Driver 端在接收到消息以后，处理过程如下：

```
override def receiveAndReply(context: RpcCallContext): PartialFunction[Any,Unit] = {

  case RegisterExecutor(executorId,executorRef,hostname,cores,logUrls) =>
    …
  case _   =>
}
```

由以上示例可见，Spark 通过引入 EndPoint，极大地方便了网路中通信的开发，配合 Scala 的模式匹配功能，可以在同一个 EndPoint 上轻松实现不同消息的发送和解析功能。

3.2.3　Driver 简介

Driver 就是运行用户 main()函数的进程。每个 Spark 应用程序，其初始化的过程都是固定的，必须创建 SparkContext，初始化过程类似于如下过程：

```
val sparkConf = new SparkConf().setAppName("App")
val sc = new SparkContext(sparkConf)
```

每个 Spark 程序都必须经过 SparkContext 初始化后，才能够创建 RDD，执行各种操作。SparkContext 在整个应用程序中起到了至关重要的作用。

Driver 进程其实就是运行 SparkContext 的进程。在 SparkContext 初始化的过程中，创建了一些组件，这些组件负责实现了 Job 执行、Stage 划分、Task 提交等 Driver 的功能。其创建的组件主要有 SparkEnv、ListenerBus、SparkUI、DAGScheduler、TaskScheduler、SchedulerBackend 等。SparkContext 中包含的主要组件如图 3.32 所示。

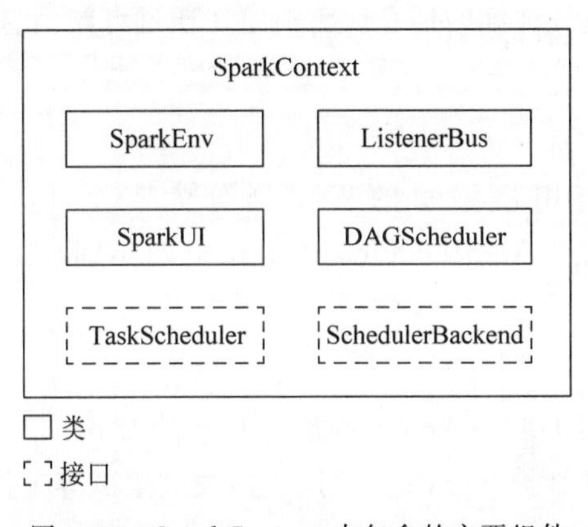

图 3.32　SparkContext 中包含的主要组件

1. SparkEnv

SparkEnv 是 Spark 的运行环境，在 Driver 或 Executor 中都以单例的形式存在。SparkEvn 中保存了在运行过程中使用到的各种管理器等。主要有以下内容：

- RpcEnv。用于管理本节点的 Rpc 环境，为其他组件注册 EndPoint 或引用 EndPoint 提供 Rpc 环境。
- SerializerManager。用于在运行过程中对数据的序列化和反序列化。
- ShuffleManager。用于在 Shuffle 过程的读写数据的操作。
- BroadcastManager。用于在 Driver 端将变量广播到 Executor 或在 Executor 端获取广播的变量。
- BlockManager。负责对该节点的缓存的数据的读写。
- MemoryManager。负责对该节点的内存进行管理。
- MapOutputTracker。负责对 Shuffle 的 Map 阶段的运行结果保存位置进行追踪。

2. ListenerBus

SparkContext 内部有很多组件，各个组件间难免发生数据的交互和消息的通知。比如 SparkUI 中需要监听 Job 的开始结束、Stage 开始结束、Task 运行等各个方面的信息，如果通过传统的函数调用的方式进行，将会使多个组件紧密地耦合在一起，造成难以维护的代码。而且一般函数调用的形式都是同步调用，在分布式的环境中很可能会因为网络问题造成线程阻塞。

为了解决组件间耦合紧密、实现消息的异步通知等功能，Spark 引入了消息总线机制。产生消息的组件可以通过消息总线向总线中投递消息，其他需要接收消息的组件可以订阅总线中的消息，从而实现了各个组件中消息异步传递。在消息总线中常见的消息类型有 Application 开始结束、Job 开始结束、Stage 开始结束、Task 开始结束、环境变量更新、Executor 添加或移除等。

3. SparkUI

Spark 通过 SparkUI 组件提供了每个应用程序的可视化监控界面。在 UI 中可查看到 Job、Stage、Task、运行环境等详细的信息。SparkUI 通过订阅消息总线中的消息，实现数据的异步更新。

4. DAGScheduler

SparkContext 负责将用户编写的程序划分为多个 Job，并将每一个 Job 交给 DAGScheduler 进行处理。DAGScheduler 将 Job 中的 RDD 按照依赖关系划分为多个 Stage，每个 Stage 中包含多个 Task，按顺序提交每个 Stage 的 Task 到 TaskScheduler 中。

5. TaskScheduler

TaskScheduler 负责将 DAGScheduler 提交上来的 Task 依次交给 SchedulerBackend 运行。TaskScheduler 负责维护 Task 的运行状态，失败重试等工作。

6. SchedulerBackend

SchedulerBackend 负责与集群进行交互，根据应用程序的配置申请资源，启动 Executor。SchedulerBackend 负责维护当前应用可用的资源，当有可用的资源时，将可用的资源提供给 TaskScheduler，TaskScheduler 根据提供的可用的资源分配 Task，SchedulerBackend 把 TaskScheduler 分配的 Task 提交到集群中运行。

SchedulerBackend 是一个接口，不同的集群管理系统可以实现不同的接口，从而实现任务在不同的资源管理系统中的调度。如 Spark 内置不同的实现可以分别在本地、Spark Standalone、YARN、Mesos、Kubernetes 中运行。

3.2.4 Executor 简介

Spark 是分布式计算的，其分布式体现在 Executor 是分布式的。一个 Spark 应用程序会有一个 Driver 进程和多个 Executor 进程。Executor 负责接收 Driver 端发来的任务进行计算，并将计算结果通知 Driver 进程，从而完成分布式的计算。理论上每个 Executor 分配的 CPU 越多，Executor 数量越多，Spark 的任务就会计算得越快。

3.2.5 Spark 运行模式

运行 Spark 的应用程序，其实仅仅需要两种角色：Driver 和 Executor。Driver 负责将用户的应用程序划分为多个 Job，分成多个 Task，将 Task 提交到 Executor 中运行。Executor 负责运行这些 Task 并将运行的结果返回给 Driver 程序。Driver 和 Executor 实际上并不关心是在哪运行的，只要能够启动 Java 进程，将 Driver 程序和 Executor 运行起来，并能够使 Driver 和 Executor 进行通信即可。所以根据 Driver 和 Executor 的运行位置的不同划分出了多种部署模式。在不同的环境中运行 Executor，其实都是通过 SchedulerBackend 接口的不同实现类实现的。SchedulerBackend 通过与不同的集群管理器(Cluster Manager)进行交互，实现在不同集群中的资源调度。其架构如图 3.33 所示。

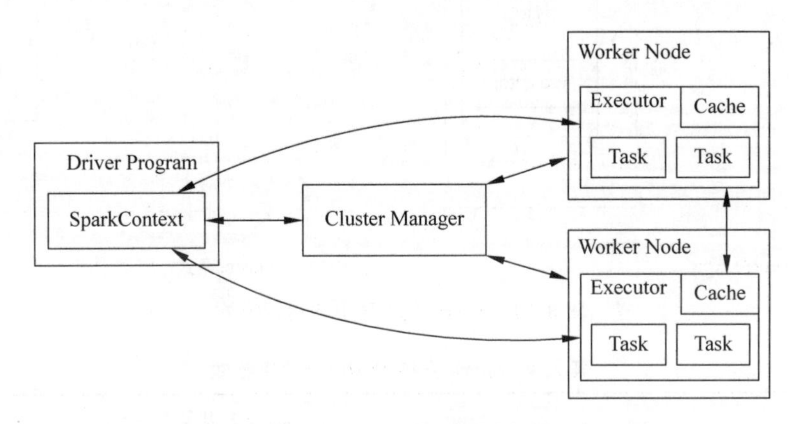

图 3.33 Spark 部署模式架构

Spark 任务的运行方式可分为两大类，即本地运行和集群运行。Spark 的本地运行模式一般在开发测试时使用，该模式通过在本地的一个 JVM 进程中同时运行 Driver 和一个 Executor 进程，实现 Spark 任务的本地运行。在集群中运行时，Spark 当前可以在 Spark Standalone 集群、YARN 集群、Mesos 集群、Kubernetes 集群中运行，其实现的本质都是考虑如何将 Spark 的 Driver 进程和 Executor 进程在集群中调度，并实现 Dirver 和 Executor 进行通信。如果解决了这两大问题，也就解决了 Spark 任务在集群中运行的大部分问题。每一个 Spark 的 Application 都会有一个 Driver 和一个或多个 Executor。在集群中运行时，多个 Executor 一定是在集群中运行的。而 Driver 程序可以在集群中运行，也可以在集群之外运行，即在提交 Spark 任务的机器上运行。当 Driver 程序运行在集群中时，称为 cluster 模式；当 Driver 程序运行在集群之外时，称为 client 模式。Spark 在集群中的运行模式如图 3.34 所示。

在提交 Spark 任务时，可以通过 spark-submit 脚本中--mater 参数指定集群的资源管理器，通过--deploy-mode 参数指定以 client 模式运行还是以 cluster 模式运行；也可以在代码中硬编码指定 Mater。Spark 支持的 Mater 常用参数如表 3.4 所示。

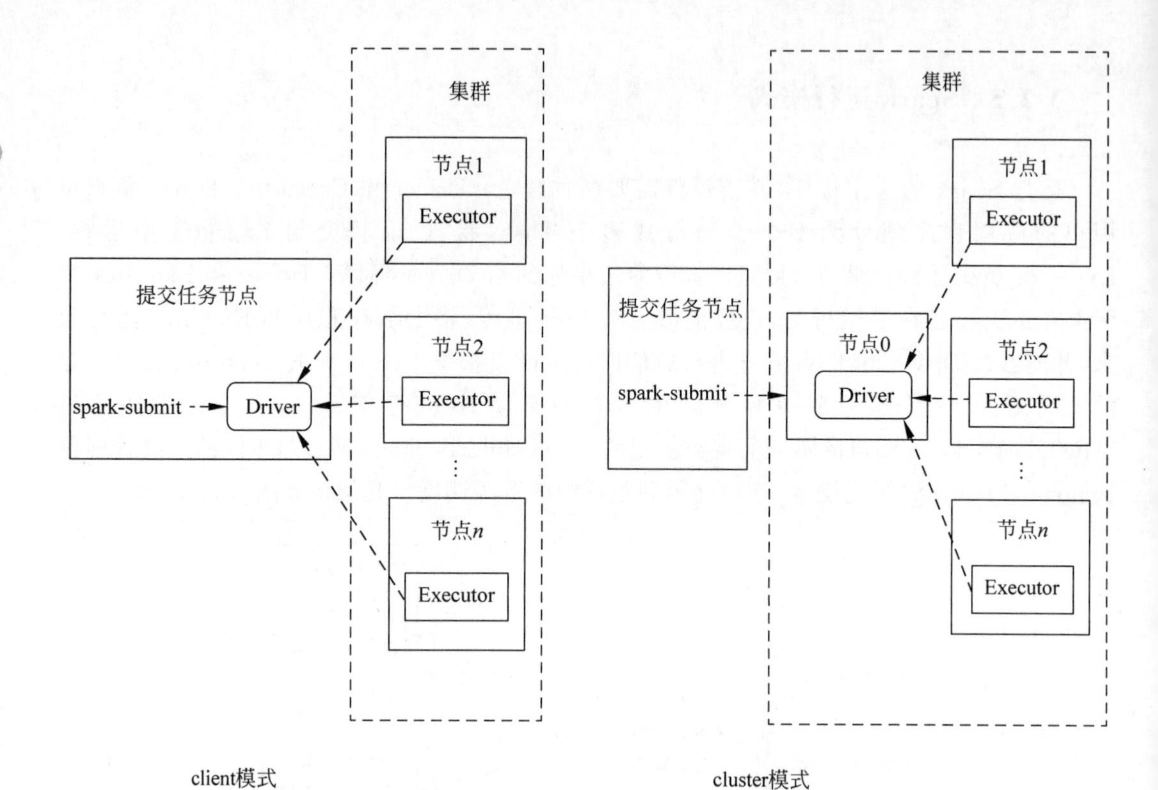

图 3.34 Spark 在集群中的运行模式

表 3.4 Spark 支持的 Mater 常用参数

Master	说 明
local	本地模式运行,启动一个工作线程,此设置实际上没有进行并行计算
local[n]	本地模式运行,启动 n 个工作线程
local[*]	本地模式运行,根据物理 CPU 的数量启动多个工作线程
spark://HOST1:PORT1,HOST2:PORT2	将 Spark 任务提交至 Spark Standalone 集群中运行,可通过--deploy-mode 指定以 client 或者 cluster 模式运行
mesos://HOST:PORT	将 Spark 任务提交至 Mesos 集群中运行 可通过--deploy-mode 指定以 client 或者 cluster 模式运行
yarn	将 Spark 任务提交至 YARN 集群中运行 可通过--deploy-mode 指定以 client 或者 cluster 模式运行
k8s://HOST:PORT	将 Spark 任务提交至 Kubernetes 集群中运行。截至本书完稿,Spark2.4.0 版本只支持 cluster 模式运行,后续版本会支持 client 模式运行

1. Local 模式

在 Local 运行模式中,Driver 和 Executor 运行在同一个节点的同一个 JVM 中。在 Local 模式下,只启动了一个 Executor。根据不同的 Master URL,Executor 中可以启动不同的工作线程,用于执行 Task。Local 模式中 Driver 和 Executor 的关系如图 3.35 所示。

2. Spark Standalone

Spark 框架除了提供 Spark 应用程序的计算框架外,还提供了一套简易的资源管理器。

该资源管理器由 Master 和 Worker 组成。Master 负责对所有 Worker 的运行状态进行管理,如 Worker 中可用 CPU、可用内存等信息,Master 也负责 Spark 应用程序的注册,当有新的 Spark 应用程序提交到 Spark 集群中时,Master 负责对该应用程序需要的资源进行划分,通知 Worker 启动 Driver 或 Executor。Worker 负责在本节点上进行 Driver 或 Executor 的启动和停止,向 Master 发送心跳信息等。Spark Standalone 集群运行如图 3.36 所示。

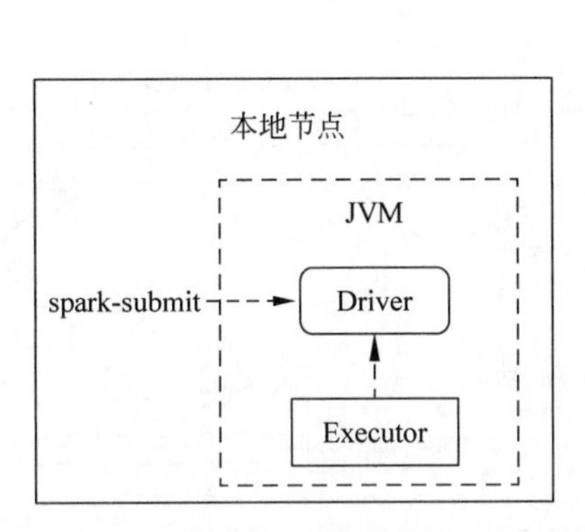

图 3.35 Local 模式中 Driver 和 Executor 的关系

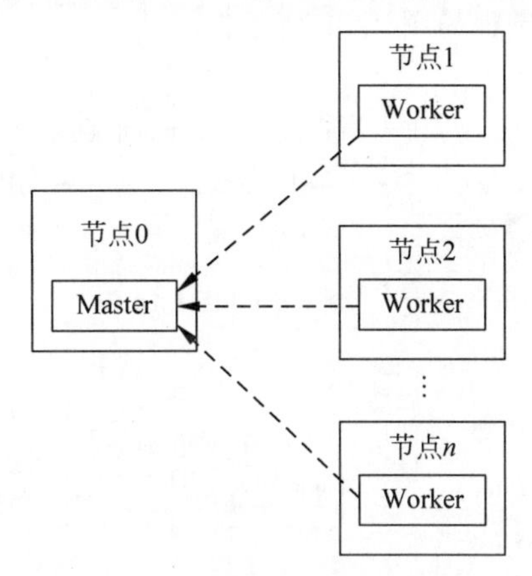

图 3.36 Spark Standalone 集群运行

Spark 任务运行在 Spark 集群中时,在 client 模式下,用户执行 spark-submit 脚本后,会在执行的节点上直接运行用户编写的 main()函数。在用户编写的 main()函数中会执行 SparkContext 的初始化。在 SparkConext 初始化的过程中,该进程会向 Spark 集群的 Master 节点发送消息,向 Spark 集群注册一个 Spark 应用程序,Master 节点收到消息后,会根据应用程序的需求,通知在 Worker 上启动相应的 Executor,Executor 启动后,会再次反向注册到 Driver 进程中。此时 Driver 即可知道所有可用的 Executor,在执行 Task 时,将 Task 提交至已经注册的 Executor 上。其运行流程如图 3.37 所示。

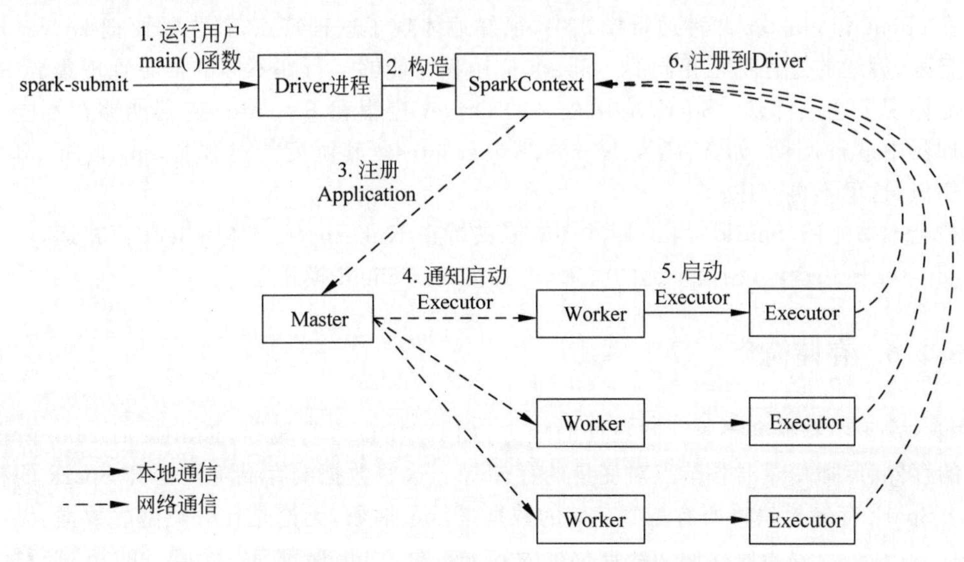

图 3.37 Spark 集群 client 模式运行流程

在 cluster 模式下,用户编写的 main()函数即 Driver 进程并不是在执行 spark-submit 的节点上执行的,而是在 spark-submit 节点上临时启动了一个进程,这个进程向 Master 节点发送通知,Master 节点在 Worker 节点中启动 Driver 进程,运行用户编写的程序。当 Driver 进程在集群中运行起来以后,spark-submit 节点上启动的进程会自动退出,其后续注册 Application 的过程,与 client 模式是完全相同的。在 cluster 模式下,提交 Spark 应用程序的流程如图 3.38 所示。

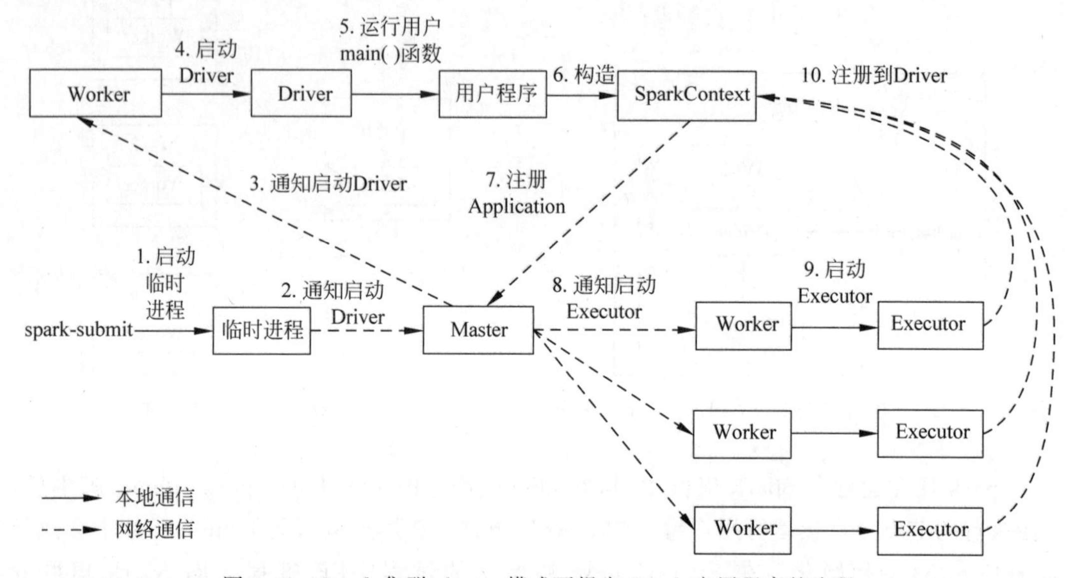

图 3.38 Spark 集群 cluster 模式下提交 Spark 应用程序的流程

3. 其他资源管理集群

在前文中已反复说明,Driver 进程和 Executor 进程实际上并不关心是运行在哪里,只要有 CPU 和内存,能够保证 Driver 进程和 Executor 进程正常通信,运行在哪里都是相同的。在 client 和 cluster 两种运行模式中,很好地体现了这种特点,首先需要把 Driver 进程运行起来,后续的过程都是相同的。Spark 应用程序能够运行在不同的资源管理集群中,也很好地体现了这一特点。Spark 应用程序的 Driver 进程和 Executor 进程能够在不同的资源管理器中进行调度,如 YARN、Mesos、Kubernetes。其调度的过程与 Spark Standalone 集群相似,这里不再赘述。

截至本书完稿,Spark 2.4.0 版本还未能支持在 Kubernetes 上以 client 模式运行,只支持以 cluster 模式运行,相信不远的将来,也会实现以 client 模式运行。

3.2.6 存储简介

在 Spark 中有很多需要存储数据的地方,如对 RDD 进行缓存、Shuffle 时 Map 阶段的数据的存储、广播变量时各节点对变量的存储等。这些数据的存储都离不开 Spark 的存储模块。Spark 存储模块将所有需要存储的数据进行了抽象,无论是什么类型的数据、无论数据是什么内容,只要需要存储的数据都称为 block,每个 block 都有一个唯一的 id 进行标识。并且存储模块提供多种不同级别的存储,如内存存储、磁盘存储、堆外内存存储等。也可以指定混合存储的级别，如内存和磁盘，当数据过大在内存中无法存储时，可以存储在磁盘上。存储模块提供非常方便的存取接口，只根据 blockId 即可获取该 block 的数据，如果数据不存在还可以通过网络从其他远程节点获取。

Spark 的存储模块也是分布式，Driver 端运行了存储模块的主节点 BlockManagerMaster，在 Driver 端和 Executor 端运行了从节点 BlockManager。BlockManagerMaster 是 Rpc 的一个 EndPoint，其他的从节点通过 EndPontRef 与 BlockManagerMaster 进行通信。BlockManagerMaster 中保存了 blockId 和 block 所在节点的对应关系，当其他节点需要获取数据时，都可以通过 Master 获取数据的所在位置。从节点负责对本节点的数据的存储和读取，并将存储的 block 信息汇报至 Master 节点中。Spark 的存储模块架构如图 3.39 所示。

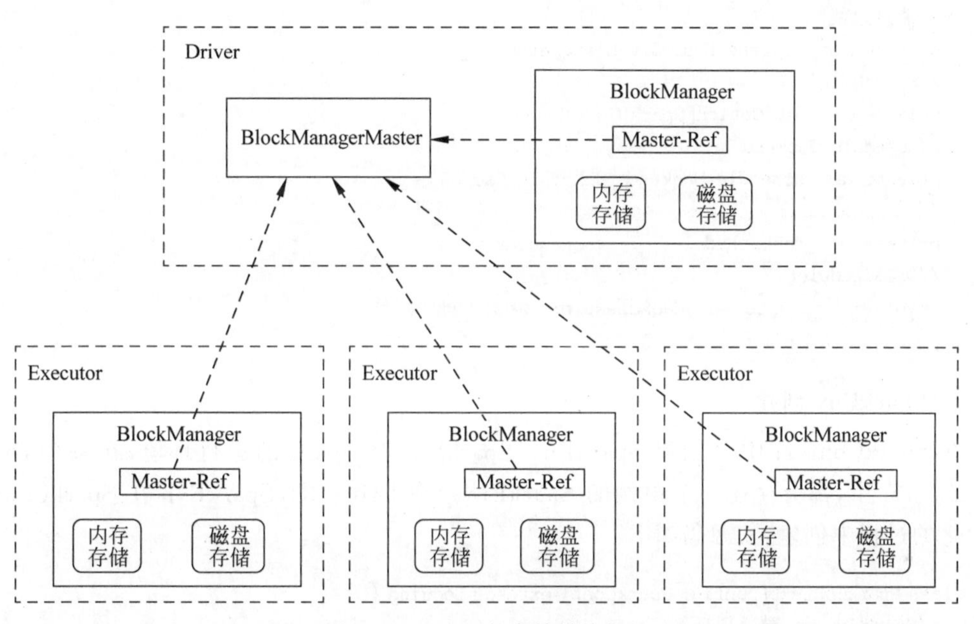

图 3.39 Spark 的存储模块架构

Spark 的存储模块将 RDD 的每个分区都视为一个 block，对 RDD 缓存就是对 RDD 的每一个分区的数据进行缓存。由于 RDD 是分布式的，所以 RDD 的缓存也是分布式的。当对 RDD 进行缓存时，会将 RDD 的某个分区的数据缓存到当前 Executor 的 BlockManager 中，如果指定了缓存数据有多个副本，BlockManager 会负责将当前节点的数据向其他节点的 BlockManager 中复制，实现多副本机制。RDD 在 BlockManager 中的缓存如图 3.40 所示。

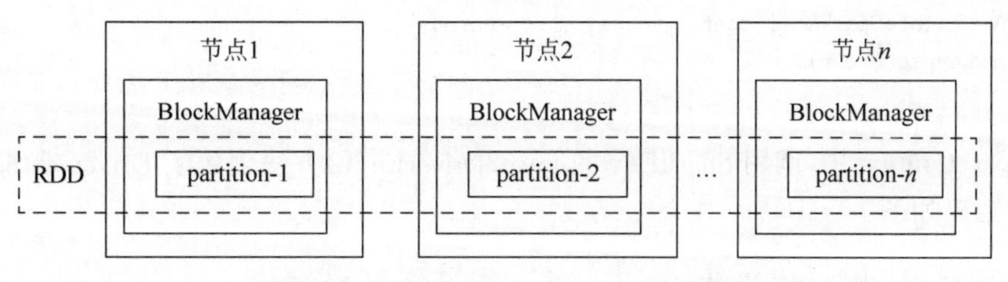

图 3.40 RDD 在 BlockManager 中的缓存

3.2.7 源码分析

1. SparkContext 主要组件

SparkContext 是 Spark 应用程序的入口，在 SparkContext 初始化的过程中，创建了其内部的各个组件并进行了初始化。SparkContext 创建主要组件的成员变量如下：

```
class SparkContext(config: SparkConf) extends Logging {
  private var _conf: SparkConf = _
  //Spark Driver 端运行环境
  private var _env: SparkEnv = _
  //消息总线
  private var _listenerBus: LiveListenerBus = _
  //SparkUI
  private var _ui: Option[SparkUI] = None
  //SchedulerBackend
  private var _schedulerBackend: SchedulerBackend = _
  //TaskScheduler
  private var _taskScheduler: TaskScheduler = _
  //DAGScheduler
  @volatile private var _dagScheduler: DAGScheduler = _
}
```

2. SparkEnv 创建

在 SparkContext 中会创建 SparkEnv，SparkEnv 是 Spark 的运行环境，在每个 Driver 或 Executor 中，都会存在一个单例的 SparkEnv。在 Driver 端，SparkEvn 在 SparkContext 初始化的过程中创建，其源码如下：

```
class SparkContext(config: SparkConf) extends Logging {
  //Spark Driver 端运行环境
  private var _env: SparkEnv = _
  //创建 Spark Driver 端运行环境
  private[spark] def createSparkEnv(
      conf: SparkConf,
      isLocal: Boolean,
      listenerBus: LiveListenerBus): SparkEnv = {
    SparkEnv.createDriverEnv(conf, isLocal, listenerBus, SparkContext.numDriverCores
(master, conf))
  }
  _env = createSparkEnv(_conf, isLocal, listenerBus)
  SparkEnv.set(_env)
}
```

在 SparkContext 中，调用 SparkEnv 的 createDriverEnv()方法创建了 Driver 端 SparkEnv。其方法的源码如下：

```
private[spark] def createDriverEnv(
    conf: SparkConf,
```

```
        isLocal: Boolean,
        listenerBus: LiveListenerBus,
        numCores: Int,
        mockOutputCommitCoordinator: Option[OutputCommitCoordinator] = None): SparkEnv = {

    val bindAddress = conf.get(DRIVER_BIND_ADDRESS)
    val advertiseAddress = conf.get(DRIVER_HOST_ADDRESS)
    val port = conf.get("spark.driver.port").toInt
    val ioEncryptionKey = if (conf.get(IO_ENCRYPTION_ENABLED)) { Some(CryptoStreamUtils.createKey
  (conf))} else { None }
      create(conf, SparkContext.DRIVER_IDENTIFIER, bindAddress, advertiseAddress, Option(port),
  isLocal, numCores, ioEncryptionKey, listenerBus = listenerBus, mockOutputCommitCoordinator =
  mockOutputCommitCoordinator
    )
  }
```

在createDriverEnv()方法中，又调用了create()方法生成了SparkEnv。同时在SparkEnv中还提供了另外一个静态的方法createExecutorEnv()，该方法在Executor进行初始化时调用，用于创建Executor端的SparkEnv。

create()方法较长，主要是在SparkEnv中创建各个组件。由于在Driver端和在Executor端都是通过这个create()方法创建了SparkEnv，create()方法通过传入的Driver或Executor的id判断该环境是Driver还是Executor，以便在后续执行的过程中，执行不同的操作。

create()方法传入的参数以及判断Driver和Executor的方式的代码如下：

```
object SparkEnv extends Logging {
  ...
  private[spark] val driverSystemName = "sparkDriver"
  private[spark] val executorSystemName = "sparkExecutor"

  private def create(
      conf: SparkConf,
      executorId: String,          //Driver 或 Executor 的 id
      bindAddress: String,
      advertiseAddress: String,
      port: Option[Int],
      isLocal: Boolean,
      numUsableCores: Int,
      ioEncryptionKey: Option[Array[Byte]],
      listenerBus: LiveListenerBus = null,
      mockOutputCommitCoordinator: Option[OutputCommitCoordinator] = None): SparkEnv = {
    //判断是否为 Driver
    val isDriver = executorId == SparkContext.DRIVER_IDENTIFIER
val systemName = if (isDriver) driverSystemName else executorSystemName
  ...
}
```

在create()方法中，创建RpcEnv时调用了RpcEnv.create()创建出当前运行环境的RpcEnv。RpcEnv用于Driver和Executor之间的底层的通信。

```
private def create(...): SparkEnv = {
  ...
  //判断是否为 Driver 的 Env
  val rpcEnv = RpcEnv.create(systemName, bindAddress, advertiseAddress, port.getOrElse(-1),
    conf,securityManager, numUsableCores, !isDriver)
  ...
}
```

在 create()方法中,创建了 SerializerManager 用于运行过程中对各种数据的序列化和反序列化,并且可通过配置指定其他的外部序列化工具。默认使用 Java 自带的序列化器。源码实现如下:

```
private def create(...): SparkEnv = {
  ...
  //根据类名,创建对应的对象
  def instantiateClass[T](className: String): T = {
    val cls = Utils.classForName(className)
    try {
      cls.getConstructor(classOf[SparkConf], java.lang.Boolean.TYPE)
        .newInstance(conf, new java.lang.Boolean(isDriver))
        .asInstanceOf[T]
    } catch {
      ...
    }
  }
  def instantiateClassFromConf[T](propertyName: String, defaultClassName: String): T = {
    instantiateClass[T](conf.get(propertyName, defaultClassName))
  }
  //根据配置创建序列化器
  val serializer = instantiateClassFromConf[Serializer](
    "spark.serializer", "org.apache.spark.serializer.JavaSerializer")
  //创建序列化管理器
  val serializerManager = new SerializerManager(serializer, conf, ioEncryptionKey)
  ...
}
```

在 create()方法中,创建了存储模块的 BlockManagerMaster 和 BlockManager。如果是 Driver 的环境,会注册 BlockManagerMaster 的 Endpoint;如果为 Executor 的环境则会创建 BlockManagerMaster 的引用。无论 Driver 还是 Executor 都会创建 BlockManager,用于读写当前节点下的缓存的数据。其源码实现如下:

```
private def create(...): SparkEnv = {
  ...
  //注册或者引用 Endpoint
  def registerOrLookupEndpoint(
      name: String, endpointCreator: => RpcEndpoint):
    RpcEndpointRef = {
    if (isDriver) {
      logInfo("Registering " + name)
      rpcEnv.setupEndpoint(name, endpointCreator)
```

```
    } else {
      RpcUtils.makeDriverRef(name,conf,rpcEnv)
    }
  }
  //在 Driver 中注册 Endpoint; 在 Executor 中,创建该 BlockManagerMaster 的引用
  val blockManagerMaster = new BlockManagerMaster(registerOrLookupEndpoint(
    BlockManagerMaster.DRIVER_ENDPOINT_NAME,
    new BlockManagerMasterEndpoint(rpcEnv, isLocal, conf, listenerBus)),
    conf, isDriver)

  val blockManager = new BlockManager(executorId, rpcEnv, blockManagerMaster,
    serializerManager, conf, memoryManager, mapOutputTracker, shuffleManager,
    blockTransferService, securityManager, numUsableCores)
 ...
}
```

在 create( ) 方法中,创建了 ShuffleManager 用于在 Shuffle 时的数据的读写。ShuffleManager 的实现类可以由用户指定,可选的值为"sort"或"tungsten-sort",但在该 Spark 版本中,无论配置哪种方式,最终都创建了 SortShuffleManager,因此该配置并未生效。其创建的源码如下:

```
private def create(...): SparkEnv = {
  ...
  //创建 ShuffleManager
  val shortShuffleMgrNames = Map(
    "sort" -> classOf[org.apache.spark.shuffle.sort.SortShuffleManager].getName,
    "tungsten-sort" -> classOf[org.apache.spark.shuffle.sort.SortShuffleManager].getName)
  val shuffleMgrName = conf.get("spark.shuffle.manager","sort")
  val shuffleMgrClass =
    shortShuffleMgrNames.getOrElse(shuffleMgrName.toLowerCase(Locale.ROOT),shuffleMgrName)
    val shuffleManager = instantiateClass[ShuffleManager](shuffleMgrClass)
 ...
}
```

在 create()方法中,创建了 MapOutTracker 用于追踪在 Shuffle 时的 Map 阶段输出结果的存储位置。该组件也是 Master-Slave 的结构,在 Driver 中创建的对象为 MapOutputTrackerMaster,在 Executor 中创建的对象为 MapOutputTrackerWorker,在 Worker 中通过引用 Master 的 Endpint 与 Master 进行通信。其创建过程如下:

```
private def create(...): SparkEnv = {
  ...
  //创建 MapOutputTracker
  val mapOutputTracker = if (isDriver) {
    new MapOutputTrackerMaster(conf, broadcastManager, isLocal)
  } else {
    new MapOutputTrackerWorker(conf)
  }
  //创建或引用 Master 的 Endpoint
  mapOutputTracker.trackerEndpoint = registerOrLookupEndpoint(MapOutputTracker.ENDPOINT_NAME,
    new MapOutputTrackerMasterEndpoint(
```

```
        rpcEnv, mapOutputTracker.asInstanceOf[MapOutputTrackerMaster], conf))
    ...
}
```

在 create()方法中，创建了 Spark 的内存管理器，内存管理器分为两种：静态内存管理器和统一内存管理器，内存管理器负责在 Spark 运行的过程中协调计算内存和存储内存的使用。其创建过程如下：

```
private def create(...): SparkEnv = {
  ...
    //读取配置
    val useLegacyMemoryManager = conf.getBoolean("spark.memory.useLegacyMode", false)
     //根据配置创建不同的内存管理器
     val memoryManager: MemoryManager =
       if (useLegacyMemoryManager) {
         new StaticMemoryManager(conf, numUsableCores)
       } else {
         UnifiedMemoryManager(conf, numUsableCores)
       }
  ...
}
```

在 create()方法中，当把各个组件都创建完成后，会将各个组件封装到 SparkEnv 的类中，在 Spark 运行时，无论是在 Driver 还是在 Executor 中，只要通过单例的 SparkEvn 即可获取该运行环境中需要的各种组件的信息。其封装的代码如下：

```
private def create(...): SparkEnv = {
  ...
  //将各个组件封装到 SparkEnv 中
  val envInstance = new SparkEnv(
      executorId,
      rpcEnv,
      serializer,
      closureSerializer,
      serializerManager,
      mapOutputTracker,
      shuffleManager,
      broadcastManager,
      blockManager,
      securityManager,
      metricsSystem,
      memoryManager,
      outputCommitCoordinator,
      conf)
    //返回创建的 SparkEnv
    envInstance
  ...
}
```

在 Driver 和 Executor 中，SparkEnv 中的组件如图 3.41 所示。

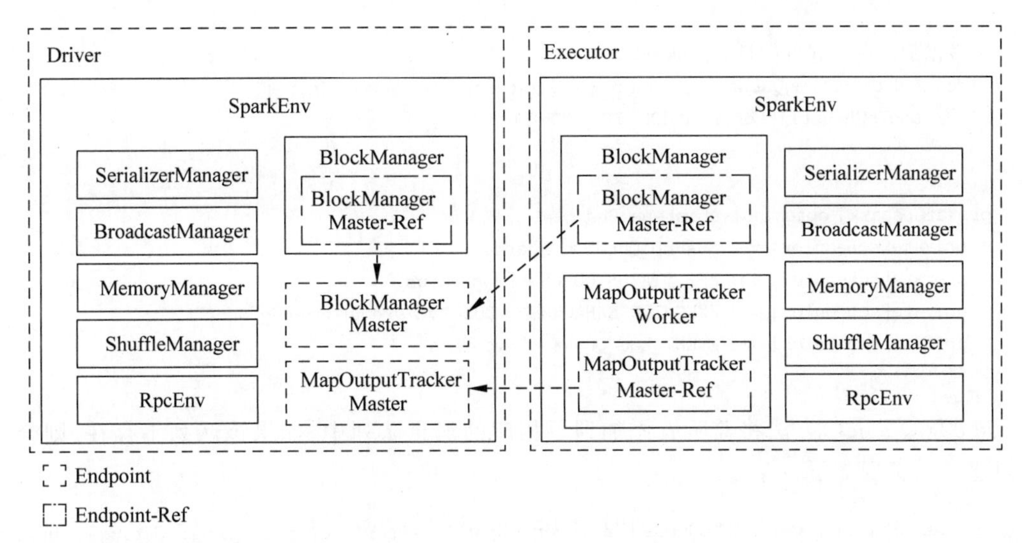

图 3.41 SparkEnv 中的组件

3. 消息总线创建

在 SparkContext 创建的过程中，创建了 Spark 的消息总线，Spark 的消息总线为 LiveListenerBus 的实例。其创建过程如下：

```
class SparkContext(config: SparkConf) extends Logging {
  ...
   //消息总线
   private var _listenerBus: LiveListenerBus = _
   //创建消息总线
   _listenerBus = new LiveListenerBus(_conf)
  ...
}
```

LiveListenerBus 中内置了多个消息队列，每个消息队列中均可以添加不同种类的监听者。当消息总线中收到消息时，会同时向多个不同的消息队列中发送消息，每个消息队列的监听者可根据消息的类型进行处理或者将消息忽略。向消息总线中添加监听者的代码如下：

```
private[spark] class LiveListenerBus(conf: SparkConf) {
  //存储各种类型的队列
  private val queues = new CopyOnWriteArrayList[AsyncEventQueue]()
  //添加监听者到公共的消息队列
  def addToSharedQueue(listener: SparkListenerInterface): Unit = {
      addToQueue(listener, SHARED_QUEUE)
  }
  //添加监听者到 Executor 管理队列
  def addToManagementQueue(listener: SparkListenerInterface): Unit = {
      addToQueue(listener, EXECUTOR_MANAGEMENT_QUEUE)
  }
  //添加监听者到应用状态的队列
  def addToStatusQueue(listener: SparkListenerInterface): Unit = {
      addToQueue(listener, APP_STATUS_QUEUE)
```

```
  }
  //添加监听者到事件日志的队列
  def addToEventLogQueue(listener: SparkListenerInterface): Unit = {
      addToQueue(listener, EVENT_LOG_QUEUE)
  }
}
private[spark] object LiveListenerBus {
  private[scheduler] val SHARED_QUEUE = "shared"
  private[scheduler] val APP_STATUS_QUEUE = "appStatus"
  private[scheduler] val EXECUTOR_MANAGEMENT_QUEUE = "executorManagement"
  private[scheduler] val EVENT_LOG_QUEUE = "eventLog"
}
```

addToQueue()方法将监听者添加到了相应的消息队列中，如果该队列不存在，则会进行创建。其实现如下：

```
private[spark] def addToQueue(listener: SparkListenerInterface, queue: String): Unit =
synchronized {
    queues.asScala.find(_.name == queue) match {
      //如果队列存在，直接加入该监听者
      case Some(queue) =>
        queue.addListener(listener)
      //如果队列不存在，创建一个新的队列，并将队列加入 List 中统一进行管理
      case None =>
        val newQueue = new AsyncEventQueue(queue, conf, metrics, this)
        newQueue.addListener(listener)
        if (started.get()) {
          newQueue.start(sparkContext)
        }
        queues.add(newQueue)
    }
}
```

消息队列的监听者 SparkListenerInterface 中，定义了所有的接收到消息以后进行处理的方法。代码如下：

```
private[spark] trait SparkListenerInterface {
  ...
  //Task 开始
  def onTaskStart(taskStart: SparkListenerTaskStart): Unit
  //Task 结束
  def onTaskEnd(taskEnd: SparkListenerTaskEnd): Unit
  //Job 开始
  def onJobStart(jobStart: SparkListenerJobStart): Unit
  //Job 结束
  def onJobEnd(jobEnd: SparkListenerJobEnd): Unit
  //添加 Executor
  def onExecutorAdded(executorAdded: SparkListenerExecutorAdded): Unit
  //移除 Executor
  def onExecutorRemoved(executorRemoved: SparkListenerExecutorRemoved): Unit
  ...
}
```

每个处理的消息队列使用了 AsyncEventQueue()实现，其内部使用了 Java 的 LinkedBlockingQueue 用于存储总线发来的每个消息，同时每个消息队列中，会有另外一个线程从队列中取出消息，专门用于消息的处理。Spark 消息总线通过这种异步处理的方式，解耦了消息发送端与消息处理的过程。AsyncEventQueue()对消息的处理过程如下：

```
private class AsyncEventQueue(val name: String, conf: SparkConf, metrics: LiveListenerBusMetrics,
bus: LiveListenerBus)
  extends SparkListenerBuswith Logging {
    //使用 LinkedBlockingQueue 存储消息
    private val eventQueue = new LinkedBlockingQueue[SparkListenerEvent](
    conf.get(LISTENER_BUS_EVENT_QUEUE_CAPACITY))
    //创建新线程用于消息处理
    private val dispatchThread = new Thread(s"spark - listener - group - $ name") {
      setDaemon(true)
      override def run(): Unit = Utils.tryOrStopSparkContext(sc) {
        dispatch()
       }
  }
  //处理消息
  private def dispatch(): Unit = LiveListenerBus.withinListenerThread.withValue(true) {
    //队列中不存在数据将会阻塞
    var next: SparkListenerEvent = eventQueue.take()
    while (next != POISON_PILL) {
      val ctx = processingTime.time()
      try {
        //将消息传递至父类的 postToAll()方法处理
        super.postToAll(next)
      } finally {
        ctx.stop()
      }
      eventCount.decrementAndGet()
      next = eventQueue.take()
    }
  }
}
```

在消息处理的过程中，最终将消息传递给了父类的 postToAll()方法进行处理，postToAll()方法最终调用了监听者的相应的方法，从而实现了消息的处理。

在消息总线接收到消息后，会将消息发送到总线中的各个消息队列中，消息最终存储在 LinkedBlockingQueue 中，其他线程读取队列中的数据，完成消息的处理。

4. TaskScheduler 和 SchedulerBackend 创建

在 SparkContext 初始化的过程中，完成了 TaskScheduler 和 SchedulerBackend 的创建，也是在这个过程中，完成了应用程序在集群中的注册、Executor 的创建等。由于 SchedulerBackend 用于和后端的集群进行交互，所以根据用户指定的 MasterUrl 的不同，创建的 SchedulerBackend 的实现类也不相同。创建过程如下：

```
class SparkContext(config: SparkConf) extends Logging {
```

```
  ...
  private var _schedulerBackend: SchedulerBackend = _
  private var _taskScheduler: TaskScheduler = _

  val (sched, ts) = SparkContext.createTaskScheduler(this, master, deployMode)
    _schedulerBackend = sched
    _taskScheduler = ts
    //启动 taskScheduler
    _taskScheduler.start()
  ...
}
```

在创建的过程中调用了 createTaskScheduler()方法，该方法会根据不同的 URL 创建不同的实现类。createTaskScheduler()方法如下：

```
private def createTaskScheduler ( sc: SparkContext, master: String, deployMode: String):
(SchedulerBackend, TaskScheduler) = {
    val SPARK_REGEX = """spark://(.*)""".r
    master match {
      case "local" =>
        val scheduler = new TaskSchedulerImpl(sc, MAX_LOCAL_TASK_FAILURES, isLocal = true)
        val backend = new LocalSchedulerBackend(sc.getConf, scheduler, 1)
        scheduler.initialize(backend)
        (backend, scheduler)
      case SPARK_REGEX(sparkUrl) =>
        val scheduler = new TaskSchedulerImpl(sc)
        val masterUrls = sparkUrl.split(",").map("spark://" + _)
        val backend = new StandaloneSchedulerBackend(scheduler, sc, masterUrls)
        scheduler.initialize(backend)
        (backend, scheduler)
      ...
      case masterUrl =>
        val cm = getClusterManager(masterUrl) match {
          case Some(clusterMgr) => clusterMgr
          case None => throw new SparkException("Could not parse Master URL: '" + master + "'")
        }
        try {
          val scheduler = cm.createTaskScheduler(sc, masterUrl)
          val backend = cm.createSchedulerBackend(sc, masterUrl, scheduler)
          cm.initialize(scheduler, backend)
          (backend, scheduler)
        } catch {
          case se: SparkException => throw se
          case NonFatal(e) =>
            throw new SparkException("External scheduler cannot be instantiated", e)
        }
    }
}
```

在 Standalone 集群中，创建的两个实现类分别为 TaskSchedulerImpl 和 StandaloneSchedulerBackend。这两个类的关系如图 3.42 所示。

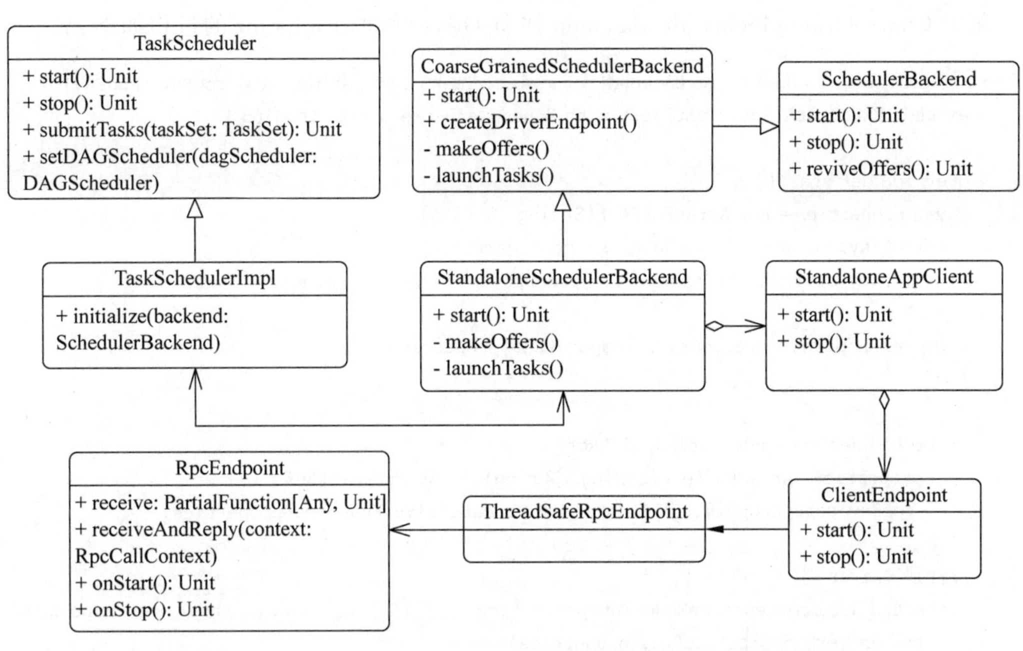

图 3.42　TaskSchedulerImpl 和 StandaloneSchedulerBackend 的关系

在创建出 TaskSchedulerImpl 后，在 SparkContext 中调用了其 start()方法。在 start()方法中最终调用了 StandaloneSchedulerBackend 的 start()方法，在该方法中，StandaloneSchedulerBackend 调用父类 CoarseGrainedSchedulerBackend 的 start()方法注册了 Driver 端的 Endpoint，同时将应用程序需要的 CPU 和内存等信息封装到了 ApplicationDescription 中，并将 ApplicationDescription 发送到 Master 的 Endpoint 中，Master 根据 ApplicationDescription 通知 Worker 创建相应的 Executor，Executor 启动完成后通过 Driver 端的 Endpoint 向 Driver 进行注册，完成 Executor 的启动和注册的过程。StandaloneSchedulerBackend 的 start()方法如下：

```
override def start() {
  ...
  super.start()
  ...
   //启动 Executor 出入的参数
  val javaOpts = sparkJavaOpts ++ extraJavaOpts
   //启动 Executor 的命令
   val command = Command("org.apache.spark.executor.CoarseGrainedExecutorBackend",
  args, sc.executorEnvs, classPathEntries ++ testingClassPath, libraryPathEntries, javaOpts)
  //appDesc
  val appDesc = ApplicationDescription(sc.appName, maxCores, sc.executorMemory, command,
    webUrl, sc.eventLogDir, sc.eventLogCodec, coresPerExecutor, initialExecutorLimit)
  client = new StandaloneAppClient(sc.env.rpcEnv, masters, appDesc, this, conf)
  client.start()
  launcherBackend.setState(SparkAppHandle.State.SUBMITTED)
  waitForRegistration()
  launcherBackend.setState(SparkAppHandle.State.RUNNING)
  ...
}
```

父类 CoarseGrainedSchedulerBackend 注册 Driver 端的 Endpoint 的过程如下：

```
class CoarseGrainedSchedulerBackend(scheduler: TaskSchedulerImpl, val rpcEnv: RpcEnv)
  extends ExecutorAllocationClient with SchedulerBackend with Logging {
  ...
  override def start() {
    val properties = new ArrayBuffer[(String, String)]
    for ((key, value) <- scheduler.sc.conf.getAll) {
      if (key.startsWith("spark.")) {properties += ((key, value))}
    }
    driverEndpoint = createDriverEndpointRef(properties)
  }

  protected def createDriverEndpointRef(
      properties: ArrayBuffer[(String, String)]): RpcEndpointRef = {
      rpcEnv.setupEndpoint(ENDPOINT_NAME, createDriverEndpoint(properties))
  }
  //注册 Driver 端的 Endpoint
  protected def createDriverEndpoint(properties: Seq[(String, String)]): DriverEndpoint = {
      new DriverEndpoint(rpcEnv, properties)
  }
  ...
}
```

ApplicationDescription 完成了对 Spark 应用程序的各种信息的封装，如 Application 的名称、每个 Executor 的 CPU 核数和内存大小、启动 Executor 的命令等。ApplicationDescription 实现如下：

```
private[spark] case class ApplicationDescription(
    name: String,                                  //名称
    maxCores: Option[Int],                         //使用最大的 CPU 数量
    memoryPerExecutorMB: Int,                      //每个 Executor 内存
    command: Command,                              //启动 Executor 的命令
    appUiUrl: String,                              //UI 的 URL
    eventLogDir: Option[URI] = None,               //日志信息
    eventLogCodec: Option[String] = None,          //日志压缩
    coresPerExecutor: Option[Int] = None,          //每个 Executor 的 CPU 核数
    initialExecutorLimit: Option[Int] = None,
                                      //初始化 Executor 数量，只有在动态分配的时候才可用
    user: String = System.getProperty("user.name", "<unknown>")  //用户
    ) {

  override def toString: String = "ApplicationDescription(" + name + ")"
}
```

ApplicationDescription 最终传递给了 StandaloneAppClient，并调用了 StandaloneAppClient 的 start()方法，在 start()方法中，StandaloneAppClient 注册了 Driver 端使用的 Endpoint，在 Endpoint 初始化时，将 ApplicationDescription 提交到了集群的 Master 中。StandaloneAppClient 的 start()方法如下：

```
private [ spark ] class StandaloneAppClient ( rpcEnv: RpcEnv, masterUrls: Array [ String ],
  appDescription: ApplicationDescription, listener: StandaloneAppClientListener, conf: SparkConf)
    extends Logging {
    private val endpoint = new AtomicReference[ RpcEndpointRef]
    def start() {
      //注册 Endpoint,并将引用赋值给 endpoint
      endpoint.set(rpcEnv.setupEndpoint("AppClient", new ClientEndpoint(rpcEnv)))
    }
  }
```

由于 ClientEndpoint 是一个 Rpc 的 Endpoint,在初始化完成后,会自动回调其 onStart()方法,在 onStart()方法中,将 ApplicationDescription 提交到了集群的 Master 中。

```
private class ClientEndpoint(override val rpcEnv: RpcEnv) extends ThreadSafeRpcEndpointwith
Logging {
  //自动回调
  override def onStart(): Unit = {
      try {
          //将 Application 向 Master 注册
          registerWithMaster(1)
      } catch {
      ...
      }
  }
  private def registerWithMaster(nthRetry: Int) {
      registerMasterFutures.set(tryRegisterAllMasters())
      ...
  }
  private def tryRegisterAllMasters(): Array[JFuture[_]] = {
    for (masterAddress <- masterRpcAddresses) yield {
      registerMasterThreadPool.submit(new Runnable {
        override def run(): Unit = try {
          if (registered.get) {
            return
          }
         //获取对应 Master 的引用
          val masterRef = rpcEnv.setupEndpointRef(masterAddress, Master.ENDPOINT_NAME)
          //向 Master 发送 Application 的注册信息
          masterRef.send(RegisterApplication(appDescription, self))
        } catch {
         ...
        }
      })
    }
  }
}
```

Master 接收到应用程序的注册信息后,会根据 RegisterApplication 中的描述信息,启动应用程序需要的 Executor。启动过程会在 Master 源码分析中进行详细分析。TaskScheduler 和 SchedulerBackend 初始化过程如图 3.43 所示。

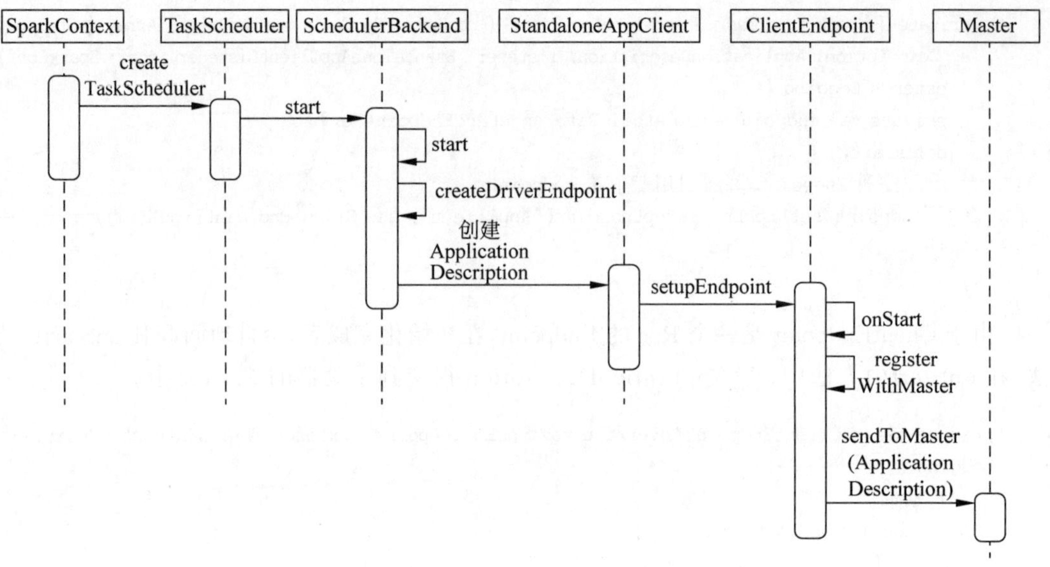

图 3.43 TaskScheduler 和 SchedulerBackend 初始化过程

5. DAGScheduler 创建

DAGScheduler 在 Spark 的 Stage 划分过程中起到了至关重要的作用。但其初始化的过程比较简单,代码如下:

```
class SparkContext(config: SparkConf) extends Logging {
  ...
  @volatile private var _dagScheduler: DAGScheduler = _
  //创建 DAGScheduler 对象
  _dagScheduler = new DAGScheduler(this)
  ...
}
```

6. Master 源码分析

在 Spark Standalone 集群中,Master 负责 Worker 节点的管理、Spark 应用程序的提交等。Master 本身就是一个 Endpoint,Master 的启动过程如下:

```
def main(argStrings: Array[String]) {
  Thread.setDefaultUncaughtExceptionHandler(new SparkUncaughtExceptionHandler(
    exitOnUncaughtException = false))
  Utils.initDaemon(log)
  val conf = new SparkConf
  val args = new MasterArguments(argStrings, conf)
  val (rpcEnv, _, _) = startRpcEnvAndEndpoint(args.host, args.port, args.webUiPort, conf)
  rpcEnv.awaitTermination()
}
def startRpcEnvAndEndpoint(
    host: String,
    port: Int,
    webUiPort: Int,
    conf: SparkConf): (RpcEnv, Int, Option[Int]) = {
```

```
  val securityMgr = new SecurityManager(conf)
  val rpcEnv = RpcEnv.create(SYSTEM_NAME, host, port, conf, securityMgr)
//注册 Endpoint
  val masterEndpoint = rpcEnv.setupEndpoint(ENDPOINT_NAME, new Master(rpcEnv, rpcEnv.address,
webUiPort, securityMgr, conf))
  val portsResponse = masterEndpoint.askSync[BoundPortsResponse](BoundPortsRequest)
  (rpcEnv, portsResponse.webUIPort, portsResponse.restPort)
}
```

在 Master 的启动过程中，首先创建了 Master 的 RpcEnv，注册了 Master 的 Endpoint。Master 的所有的功能都在 Master 类中实现。

Master 类中记录了所有的 Worker 信息、Spark Application 信息，每个 Spark Application 注册成功后，还会记录对应的 Driver 信息等。Master 的成员变量如下：

```
private[deploy] class Master(override val rpcEnv: RpcEnv, address: RpcAddress, webUiPort: Int,
val securityMgr: SecurityManager, val conf: SparkConf)
  extends ThreadSafeRpcEndpoint with Logging with LeaderElectable {
  //所有的 Worker 信息
  val workers = new HashSet[WorkerInfo]
  //appId 与 ApplicationInfo 对应
  val idToApp = new HashMap[String, ApplicationInfo]
  //等待运行的 App
  private val waitingApps = new ArrayBuffer[ApplicationInfo]
  //所有的 App
  val apps = new HashSet[ApplicationInfo]
  //id 和 Worker 的对应关系
  private val idToWorker = new HashMap[String, WorkerInfo]
  //Rpc 与 Worker 的对应关系
  private val addressToWorker = new HashMap[RpcAddress, WorkerInfo]
  //Endpoint 与 App 的对应关系
  private val endpointToApp = new HashMap[RpcEndpointRef, ApplicationInfo]
  //Rpc 与 App 的对应关系
  private val addressToApp = new HashMap[RpcAddress, ApplicationInfo]
  //完成的 App
  private val completedApps = new ArrayBuffer[ApplicationInfo]
  }
```

在 Master 的成员变量中，使用了大量的 Map 保存对应关系，保证根据 key 能够快速地找到对应信息。Master 本身就是一个 Endpoint，Master 会收到引用发来的消息，并对消息进行处理。当 Master 收到消息后，会自动回调 Master 中的 receive()或 receiveAndReply()方法。当发送给 Master 的消息只是通知而不需要回复时，即 Endpoint-Ref 使用 send()方法发送的消息会使用 receive()方法进行处理。当发送消息时使用的是 ask()方法，则会调用 receiveAndReply()方法，返回数据给 Endpoint-Ref。

Master 的 receive()方法收到的消息类型如下：

```
override def receive: PartialFunction[Any, Unit] = {
  ...
  //注册 Worker 节点
  case RegisterWorker(id, workerHost, workerPort, workerRef, cores, memory, workerWebUiUrl,
```

```
masterAddress) =>
        ...
    //注册 Spark 应用程序
    case RegisterApplication(description, driver) =>
        ...
    //Executor 状态改变
    case ExecutorStateChanged(appId, execId, state, message, exitStatus) =>
        ...
    //Driver 状态改变
    case DriverStateChanged(driverId, state, exception) =>
        ...
    //Worker 心跳信息
    case Heartbeat(workerId, worker) =>
        ...
    ..
}
```

当 Master 接收到 Worker 的注册消息 RegisterWorker 时，会把 Worker 信息在 Master 中进行注册，将该 Worker 信息添加到成员变量的各种映射中。由于当前状态下，可能有其他的应用程序正在等待可以使用的资源运行应用程序，所以当有新的 Worker 加入到集群中时，会再次检查是否有待运行的 Spark 应用程序，如果有则在新加入的 Worker 中进行调度。Master 注册 Worker 的过程如下：

```
case RegisterWorker(id, workerHost, workerPort, workerRef, cores, memory, workerWebUiUrl,
masterAddress) =>
        //如果 Master 处于 Standby 模式,不进行注册,通知 Worker
    if (state == RecoveryState.STANDBY) {
        workerRef.send(MasterInStandby)
    //如果 Worker 已经注册,提示注册失败
    } else if (idToWorker.contains(id)) {
        workerRef.send(RegisterWorkerFailed("Duplicate worker ID"))
    } else {
        val worker = new WorkerInfo(id, workerHost, workerPort, cores, memory, workerRef,
workerWebUiUrl)
        //注册 Worker
        if (registerWorker(worker)) {
          persistenceEngine.addWorker(worker)
          workerRef.send(RegisteredWorker(self, masterWebUiUrl, masterAddress))
          //调度资源,运行等待资源的 App
          schedule()
        } else {
          //注册失败
          val workerAddress = worker.endpoint.address
          workerRef.send(RegisterWorkerFailed("Attempted to re - register worker at same
address: " + workerAddress))
        }
    }
```

在注册 Worker 的过程中，将注册信息转为了 Master 中使用的 WorkerInfo()，WorkerInfo()中保存了该 Worker 的 id、主机名、端口、可用的 CPU 核数、可用的内存数量、

Worker 的 Endpoint-Ref 等。当在 Worker 中运行 Driver 或 Executor 时，会对该 WorkerInfo()的可用 CPU 和内存进行变更。WorkerInfo()的实现如下：

```
private[spark] class WorkerInfo(val id: String, val host: String, val port: Int, val cores:
Int, val memory: Int, val endpoint: RpcEndpointRef, val webUiAddress: String)
  extends Serializable {
  //executorId 与 Executor 映射
  @transient var executors: mutable.HashMap[String, ExecutorDesc] = _
  //driverId 与 Driver 映射
  @transient var drivers: mutable.HashMap[String, DriverInfo] = _
  init()
  //剩余 CPU 核数
  def coresFree: Int = cores - coresUsed
  //剩余内存
  def memoryFree: Int = memory - memoryUsed

  //初始化
  private def init() {
      //记录该 worker 中运行的 Executor
      executors = new mutable.HashMap
      //记录该 Worker 中运行的 Driver
      drivers = new mutable.HashMap
      //已经使用的 CPU 核数
      coresUsed = 0
      //已经使用的内存
      memoryUsed = 0
  }
  //添加 Executor
  def addExecutor(exec: ExecutorDesc) {
      executors(exec.fullId) = exec
      coresUsed  += exec.cores
      memoryUsed  += exec.memory
  }
  //移除 Executor
  def removeExecutor(exec: ExecutorDesc) {
      if (executors.contains(exec.fullId)) {
        executors -= exec.fullId
        coresUsed -= exec.cores
        memoryUsed -= exec.memory
      }
  }
  //添加 Driver
  def addDriver(driver: DriverInfo) {
      drivers(driver.id) = driver
      memoryUsed  += driver.desc.mem
      coresUsed  += driver.desc.cores
  }
  //移除 Dirver
  def removeDriver(driver: DriverInfo) {
      drivers -= driver.id
      memoryUsed -= driver.desc.mem
      coresUsed -= driver.desc.cores
  }
}
```

将 Worker 的注册的信息转换为 WorkerInfo()后，调用了 registerWorker()在 Master 中进行注册，registerWorker()实现如下：

```
private def registerWorker(worker: WorkerInfo): Boolean = {
    //移除已经存在的无效节点
    workers.filter { w =>
      (w.host == worker.host && w.port == worker.port) && (w.state == WorkerState.DEAD)
    }.foreach { w =>
      workers -= w
    }

    val workerAddress = worker.endpoint.address
    if (addressToWorker.contains(workerAddress)) {
      val oldWorker = addressToWorker(workerAddress)
      if (oldWorker.state == WorkerState.UNKNOWN) {
        removeWorker(oldWorker, "Worker replaced by a new worker with same address")
      } else {
        return false
      }
    }
    //加入到 Workers 的 HashSet 中
    workers  += worker
    //加入到 id 和 Worker 的对应 Map 中
    idToWorker(worker.id) = worker
    //加入到 address 和 Worker 的对应 Map 中
    addressToWorker(workerAddress) = worker
    true
  }
```

Worker 注册成功后，会调用 schedule()方法，对等待资源的应用程序进行调度。schedule()方法的实现，将在 Application 注册时进行统一分析。

当 Master 接收到应用程序的注册消息 RegisterApplication 时，会将应用程序的信息保存在 Master 的成员变量的各种映射中，然后调用 schedule()方法调度启动 Executor。其实现过程如下：

```
case RegisterApplication(description,driver) =>

    if (state == RecoveryState.STANDBY) {
        //如果是 Standby 模式，则直接忽略
    } else {
        //生成 ApplicationInfo
        val app = createApplication(description, driver)
        //注册 ApplicationInfo
        registerApplication(app)
        persistenceEngine.addApplication(app)
        //向 Driver 发送注册成功
        driver.send(RegisteredApplication(app.id, self))
        //调度资源
        schedule()
    }
```

在接收到应用程序的注册以后，首先将注册信息转换为 ApplicationInfo()，该类中描述了应用程序的启动时间、id、Driver 的 Endpoint-Ref、申请的 CPU 数量、分配的 CPU 数量等信息。ApplicationInfo()的实现如下：

```
private [ spark ] class ApplicationInfo ( val startTime: Long, val id: String, val desc: ApplicationDescription, val submitDate: Date, val driver: RpcEndpointRef, defaultCores: Int)
  extends Serializable {
  @transient var state: ApplicationState.Value = _        //应用程序的状态
  @transient var executors: mutable.HashMap[Int, ExecutorDesc] = _
                                                          //分配的所有的 Executor
  @transient var removedExecutors: ArrayBuffer[ExecutorDesc] = _     //移除的 Executor
  @transient var coresGranted: Int = _                    //已分配的 CPU 核数
  @transient var endTime: Long = _                        //结束时间
  //申请的 CPU 的核数
  private val requestedCores = desc.maxCores.getOrElse(defaultCores)
  //还未分配的 CPU 核数
  private[master] def coresLeft: Int = requestedCores - coresGranted
  init()
  private def init() {
    state = ApplicationState.WAITING
    executors = new mutable.HashMap[Int, ExecutorDesc]
    coresGranted = 0
    endTime = -1L
    appSource = new ApplicationSource(this)
    nextExecutorId = 0
    removedExecutors = new ArrayBuffer[ExecutorDesc]
    executorLimit = desc.initialExecutorLimit.getOrElse(Integer.MAX_VALUE)
  }
  //添加 Executor
  private[master] def addExecutor(
      worker: WorkerInfo,
      cores: Int,
      useID: Option[Int] = None): ExecutorDesc = {
    val exec = new ExecutorDesc(newExecutorId(useID), this, worker, cores,
desc.memoryPerExecutorMB)
    executors(exec.id) = exec
    coresGranted  += cores
    exec
  }
  //移除 Executor
  private[master] def removeExecutor(exec: ExecutorDesc) {
    if (executors.contains(exec.id)) {
      removedExecutors  += executors(exec.id)
      executors -= exec.id
      coresGranted -= exec.cores
    }
  }
  ...
}
```

在转换成 ApplicationInfo() 以后，会对该应用程序在 Master 中进行注册，registerApplication()方法实现如下：

```
private def registerApplication(app: ApplicationInfo): Unit = {
  //Driver 端的地址
  val appAddress = app.driver.address
  //将 App 信息保存
  apps += app
  //保存 appId 和 App 的对应信息
  idToApp(app.id) = app
  //保存 Driver 和 App 的对应信息
  endpointToApp(app.driver) = app
  //保存 Address 和 App 的对应信息
  addressToApp(appAddress) = app
  //将该 App 加入到等待队列中
  waitingApps += app
}
```

将应用程序的信息加入到等待队列中后，会调用 schedule()方法，为该应用程序分配相应的 Executor，由于 Spark 在运行时支持 client 和 cluster 两种模式，所以在调用 schedule()方法时，会同时调度等待的 Driver 和应用程序需要分配的 Executor。在上一步的过程中，提交至 Master 的 RegisterApplication()是 Driver 端提交的，因此在以上过程中，Driver 程序已经启动。schedule()方法中的 Driver 的调度是在 cluster 模式中使用的。schedule()方法的实现如下：

```
private def schedule(): Unit = {
  //将所有的 Worker 顺序打乱
  val shuffledAliveWorkers = Random.shuffle(workers.toSeq.filter(_.state == WorkerState.ALIVE))
  //当前可用的 Worker 数量
  val numWorkersAlive = shuffledAliveWorkers.size
  var curPos = 0
  //遍历所有的等待的 Driver
  for (driver <- waitingDrivers.toList) {
      var launched = false
      var numWorkersVisited = 0
      //尝试把该 Driver 在每一个 Worker 上运行，直到运行成功
      while (numWorkersVisited < numWorkersAlive && !launched) {
          val worker = shuffledAliveWorkers(curPos)
          numWorkersVisited += 1
          //如果当前的 Worker 中 CPU 和内存资源足够
          if (worker.memoryFree >= driver.desc.mem && worker.coresFree >= driver.desc.cores) {
            //启动 Driver
            launchDriver(worker, driver)
            //将 Driver 在等待的队列中移除
            waitingDrivers -= driver
            launched = true
          }
          curPos = (curPos + 1) % numWorkersAlive
      }
  }
  //启动 Executor
  startExecutorsOnWorkers()
}
```

在 schedule()方法中，如果存在等待的 Driver，则先会尝试在 Worker 中启动 Driver，如果启动成功，则 Driver 中会进行 SparkContext 的初始化，将 Spark 应用程序的 RegisterApplication()提交至 Master 中进行注册。启动 Driver 的过程中，launchDriver()的方法实现如下：

```
private def launchDriver(worker: WorkerInfo,driver: DriverInfo) {
  //记录该 Worker 中启动的 Driver
  worker.addDriver(driver)
  //在 Driver 中记录运行的 Worker
  driver.worker = Some(worker)
  //向 Worker 发送启动 Driver 的消息
  worker.endpoint.send(LaunchDriver(driver.id, driver.desc))
  //将 Driver 的状态修改为 RUNNING
  driver.state = DriverState.RUNNING
}
```

在调用的过程中，使用 startExecutorsOnWorkers()方法启动 Executor，在方法的实现中，首先遍历所有的在等待状态的 App，获取 App 中每个 Executor 需要分配的 CPU 核数，如果还未分配的 CPU 核数大于一个 Executor 需要分配的 CPU 核数，则尝试为此 App 启动 Executor，当 Executor 分配后，App 未分配的 CPU 核数将会减少，直到为 0 或剩余数量小于单个 Executor 分配的 CPU 核数，则不再为此 App 分配 Executor。其实现过程如下：

```
private def startExecutorsOnWorkers(): Unit = {
//遍历所有未完成的 App
  for (app <- waitingApps) {
      //每个 Executor 都需要分配的 CPU 核数
      val coresPerExecutor = app.desc.coresPerExecutor.getOrElse(1)
      //If the cores left is less than the coresPerExecutor, the cores left will not be allocated
      //如果 App 的剩余 CPU 核数大于每个 Executor 需要分配的 CPU 核数，则需要为该 App 启
动 Executor
      if (app.coresLeft >= coresPerExecutor) {
          //过滤出所有的可用的 Worker
          val usableWorkers = workers.toArray.filter(_.state == WorkerState.ALIVE)
            .filter(worker => worker.memoryFree >= app.desc.memoryPerExecutorMB &&
              worker.coresFree >= coresPerExecutor)
            .sortBy(_.coresFree).reverse
          //尝试在每个 Worker 中都分配可以使用的 CPU 核数
          val assignedCores = scheduleExecutorsOnWorkers(app, usableWorkers, spreadOutApps)
          //遍历分配的结果
          for (pos <- 0 until usableWorkers.length if assignedCores(pos) > 0) {
            //按照分配的 CPU 核数在相应的 Worker 中启动 Executor
            allocateWorkerResourceToExecutors(app, assignedCores(pos), app.desc.
coresPerExecutor, usableWorkers(pos))
          }
      }
  }
}
```

在 allocateWorkerResourceToExecutors()方法中，最终调用到 launchExecutor()方法

在 Worker 中启动 Executor,其方法的实现如下：

```
private def launchExecutor(worker: WorkerInfo, exec: ExecutorDesc): Unit = {
  //记录 Worker 中运行的 Executor
  worker.addExecutor(exec)
  //向 Worker 发送启动 Executor 的消息
  worker.endpoint.send(LaunchExecutor(masterUrl, exec.application.id, exec.id, exec.
application.desc, exec.cores, exec.memory))
  //向 Driver 发送添加 Executor 的消息
  exec.application.driver.send(ExecutorAdded(exec.id, worker.id, worker.hostPort, exec.
cores, exec.memory))
}
```

7. Worker 源码分析

在 Spark Standalone 集群中,Worker 负责本节点上的 Driver 和 Executor 的启动和停止,在 Worker 启动时,会向 Master 注册 Worker 信息,在 Master 注册成功后,Master 即可通知 Worker 启动 Driver 或 Executor。Worker 本身也是一个 Endpoint,其初始化过程如下：

```
private[deploy] object Worker extends Logging {
  def main(argStrings: Array[String]) {
      Thread.setDefaultUncaughtExceptionHandler(new SparkUncaughtExceptionHandler
(exitOnUncaughtException = false))
      Utils.initDaemon(log)
      val conf = new SparkConf
      val args = new WorkerArguments(argStrings, conf)
      val rpcEnv = startRpcEnvAndEndpoint(args.host, args.port, args.webUiPort,
          args.cores,args.memory, args.masters, args.workDir, conf = conf)
      ...
      rpcEnv.awaitTermination()
  }
  def startRpcEnvAndEndpoint(host: String, port: Int, webUiPort: Int, cores: Int, memory: Int,
masterUrls: Array[String],
  workDir: String, workerNumber: Option[Int] = None, conf: SparkConf = new SparkConf): RpcEnv = {
      val systemName = SYSTEM_NAME + workerNumber.map(_.toString).getOrElse("")
      val securityMgr = new SecurityManager(conf)
      //创建 RpcEnv
      val rpcEnv = RpcEnv.create(systemName, host, port, conf, securityMgr)
      //获取 Master 的 RUL
      val masterAddresses = masterUrls.map(RpcAddress.fromSparkURL(_))
      //注册 Endpoint
      rpcEnv.setupEndpoint(ENDPOINT_NAME,
      new Worker(rpcEnv, webUiPort, cores, memory, masterAddresses, ENDPOINT_NAME, workDir,
conf, securityMgr))
      rpcEnv
  }
}
```

Worker 在初始化完成后,会自动回调其 onStart()方法,在该方法中,Worker 向 Master 进行注册,发送 RegisterWorker 消息。其实现过程如下：

```
override def onStart() {
  ...
  //向 Master 注册
  registerWithMaster()
  ...
}
private def registerWithMaster() {
    registrationRetryTimer match {
      case None =>
        registered = false
        //向 Master 注册
        registerMasterFutures = tryRegisterAllMasters()
        ...
      case Some(_) =>
        logInfo("Not spawning another attempt to register with the master, since there is an" +
          " attempt scheduled already.")
    }
}
private def tryRegisterAllMasters(): Array[JFuture[_]] = {
  masterRpcAddresses.map { masterAddress =>
    registerMasterThreadPool.submit(new Runnable {
      override def run(): Unit = {
        try {
          //获取 Master 的 Endpoint-Ref
          val masterEndpoint = rpcEnv.setupEndpointRef(masterAddress, Master.ENDPOINT_NAME)
          //向 Master 发送注册信息
          sendRegisterMessageToMaster(masterEndpoint)
        } catch {
          case ie: InterruptedException => //Cancelled
          case NonFatal(e) => logWarning(s"Failed to connect to master $masterAddress", e)
        }
      }
    })
  }
}
private def sendRegisterMessageToMaster(masterEndpoint: RpcEndpointRef): Unit = {
  masterEndpoint.send(RegisterWorker(workerId, host, port, self, cores, memory, workerWebUiUrl,
masterEndpoint.address))
}
```

Worker 的注册流程如图 3.44 所示。

当 Worker 启动以后，会等待 Master 发来消息，Worker 收到消息后会调用 receive()方法根据不同的消息类型进行相应的处理。Worker 收到启动 Driver 的消息 LaunchDriver 后，处理过程如下：

```
case LaunchDriver(driverId, driverDesc) =>
  //创建 DriverRunner
  val driver = new DriverRunner(conf, driverId, workDir, sparkHome,
  driverDesc.copy(command = Worker.maybeUpdateSSLSettings(driverDesc.command, conf)), self,
workerUri, securityMgr)
  //记录本 Worker 中运行的所有 Driver
  drivers(driverId) = driver
```

```
//启动 Driver
driver.start()
//记录使用的 CPU 核数
coresUsed += driverDesc.cores
//记录使用的内存
memoryUsed += driverDesc.mem
```

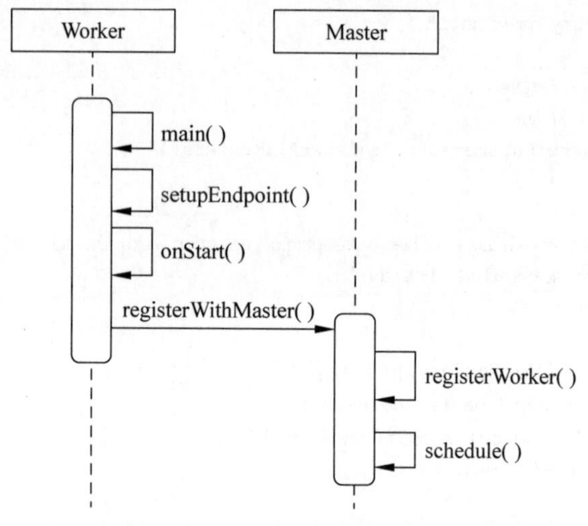

图 3.44 Worker 注册流程

Worker 将 Driver 的信息封装到 DriverRunner 中，通过 DriverRunner 运行 Driver 进程，同时将本机中的 CPU 使用的核数和内存数量进行调整。Worker 接收到启动 Executor 的请求后，处理过程如下：

```
case LaunchExecutor(masterUrl, appId, execId, appDesc, cores_, memory_) =>
  if (masterUrl != activeMasterUrl) {
    logWarning("Invalid Master (" + masterUrl + ") attempted to launch executor.")
  } else {
    try {
      ...
      //创建 ExecutorRunner
      val manager = new ExecutorRunner(appId, execId,
      appDesc.copy(command = Worker.maybeUpdateSSLSettings(appDesc.command, conf)),
        cores_, memory_, self, workerId, host, webUi.boundPort, publicAddress,
        sparkHome, executorDir, workerUri, conf, appLocalDirs, ExecutorState.RUNNING)
      executors(appId + "/" + execId) = manager
      manager.start()
      //更新使用的 CPU 核数
      coresUsed += cores_
      //更新使用的内存
      memoryUsed += memory_
      //通知 Master Executor 状态改变
      sendToMaster(ExecutorStateChanged(appId, execId, manager.state, None, None))
    } catch {
      ...
    }
  }
```

Worker 将 Executor 的信息封装到 ExecutorRunner 中，使用 ExecutorRunner 启动 Executor 的进程。启动 Executor 的命令是封装在 Driver 提交到 Master 的 ApplicationDescription 中的，该命令最终运行了 org. apache. spark. executor. CoarseGrainedExecutorBackend 的 main()函数启动了 Executor 进程。启动过程如下：

```
private[spark] object CoarseGrainedExecutorBackend extends Logging {
  def main(args: Array[String]) {
    //解析传入参数
    ...
    //调用 run()方法启动 Endpoint
    run(driverUrl, executorId, hostname, cores, appId, workerUrl, userClassPath)
    System.exit(0)
  }
  private def run(driverUrl: String, executorId: String, hostname: String, cores: Int,
                  appId: String, workerUrl: Option[String], userClassPath: Seq[URL]) {
    ...
    SparkHadoopUtil.get.runAsSparkUser { () =>
      ...
      //创建 Executor 环境的 SparkEnv
      val env = SparkEnv.createExecutorEnv(driverConf, executorId, hostname, cores, cfg.
ioEncryptionKey, isLocal = false)
      //注册 ExecutorEndpoint
      env.rpcEnv.setupEndpoint("Executor", new CoarseGrainedExecutorBackend(env.rpcEnv,
driverUrl, executorId, hostname, cores, userClassPath, env))
      ...
      env.rpcEnv.awaitTermination()
    }
  }
}
```

CoarseGrainedExecutorBackend 继承了 ThreadSafeRpcEndpoint，即 Executor 进程本身就是一个 Endpoint，在其 onStart()方法中，该 Executor 会向所属的 Driver 进行注册。注册的过程如下：

```
private[spark] class CoarseGrainedExecutorBackend(override val rpcEnv: RpcEnv, driverUrl:
String, executorId: String,
    hostname: String, cores: Int, userClassPath: Seq[URL], env: SparkEnv)
  extends ThreadSafeRpcEndpoint with ExecutorBackend with Logging {
  override def onStart() {
    //获取 Driver 的 Endpoint - Ref
    rpcEnv.asyncSetupEndpointRefByURI(driverUrl).flatMap { ref =>
      driver = Some(ref)
      //向 Driver 节点注册 Executor
      ref.ask[Boolean](RegisterExecutor(executorId, self, hostname, cores, extractLogUrls))
    }(ThreadUtils.sameThread).onComplete {
      case Success(msg) =>
      //Always receive `true`. Just ignore it
      case Failure(e) =>
        exitExecutor(1, s"Cannot register with driver: $driverUrl", e, notifyDriver = false)
    }(ThreadUtils.sameThread)
  }
}
```

至此，Executor启动并向Driver注册完毕，Driver获取Executor的Endpoint-Ref后即可与Executor进行通信，向Executor提交需要执行的任务。Executor的注册流程如图3.45所示。

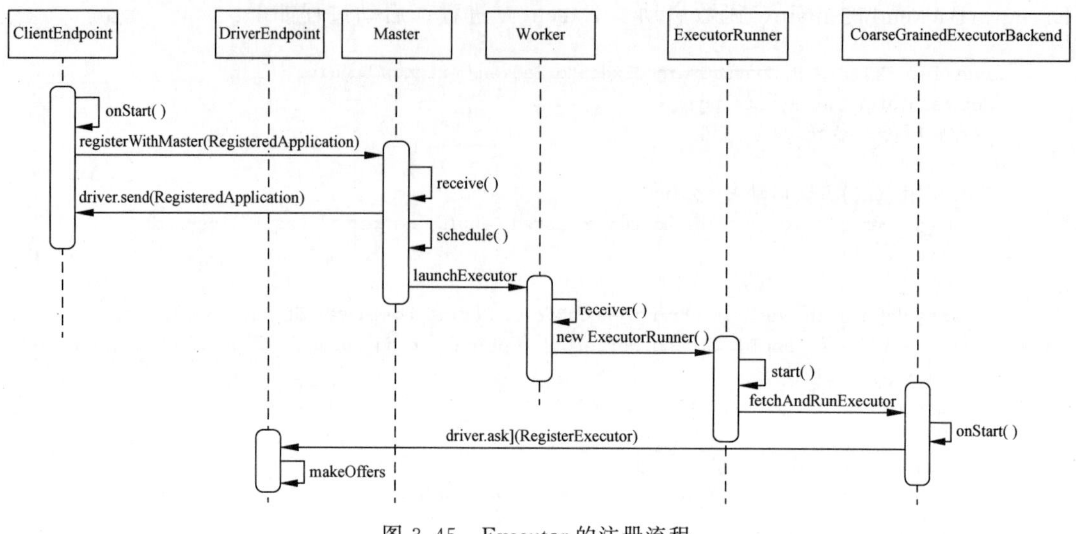

图3.45 Executor的注册流程

8. Spark应用程序提交流程

一般Spark的应用程序都是通过spark-submit脚本提交的，通过这个脚本是如何将用户编写的应用程序在集群中运行的呢？Spark应用程序的运行有两种模式：client模式和cluster模式。如果在脚本中指定的模式为client模式（默认），则会在执行脚本的机器上直接运行用户编写的main()函数，即Driver进程直接在执行脚本的机器上运行，Driver负责与集群的Master通信，通知集群启动Executor，Executor启动后会向Driver端进行注册。如果为cluster模式，则会在执行spark-submit脚本的机器上临时启动一个进程，该进程负责通知Master节点启动Driver进程，Driver进程启动以后，后续启动Executor的过程与client模式是相同的。spark-submit脚本的内容如下：

```
if [ -z "${SPARK_HOME}" ]; then
  source "$(dirname "$0")"/find-spark-home
fi

# disable randomized hash for string in Python 3.3+
export PYTHONHASHSEED=0
//执行 SparkSubmit
exec "${SPARK_HOME}"/bin/spark-class org.apache.spark.deploy.SparkSubmit "$@"
```

spark-submit脚本直接将传入的参数传递给了SparkSubmit类，并执行了SparkSubmit的main()方法。该方法的实现如下：

```
object SparkSubmit extends CommandLineUtils with Logging {
  ...
  override def main(args: Array[String]): Unit = {
      //创建 SparkSubmit 对象
```

```
        val submit = new SparkSubmit() {
          self =>
          //重写 parseArguments()方法
          override protected def parseArguments(args: Array[String]): SparkSubmitArguments = {
            new SparkSubmitArguments(args) {
              override protected def logInfo(msg: => String): Unit = self.logInfo(msg)
              override protected def logWarning(msg: => String): Unit = self.logWarning(msg)
            }
          }
          //重写 doSubmit()方法
          override def doSubmit(args: Array[String]): Unit = {
            try {
              super.doSubmit(args)
            } catch {
              case e: SparkUserAppException =>
                exitFn(e.exitCode)
            }
          }
        }
        submit.doSubmit(args)
    }
    ...
}
```

SparkSubmit 的 main()方法中，直接创建了一个 SparkSubmit 的匿名子类，重写了 parseArguments 对参数进行打印，重写了 doSubmit()方法对异常进行处理，最终调用了对象的 doSubmit()方法，并将用户提交应用程序的参数传递了进去。doSubmit()方法的实现如下：

```
def doSubmit(args: Array[String]): Unit = {
  ...
  val appArgs = parseArguments(args)
  if (appArgs.verbose) {
    logInfo(appArgs.toString)
  }
  appArgs.action match {
    case SparkSubmitAction.SUBMIT => submit(appArgs, uninitLog)
    case SparkSubmitAction.KILL => kill(appArgs)
    case SparkSubmitAction.REQUEST_STATUS => requestStatus(appArgs)
    case SparkSubmitAction.PRINT_VERSION => printVersion()
  }
  ...
}
```

doSubmit()方法首先对用户传入的参数使用 parseArguments()进行了解析，然后将解析的结果传递给了 submit()方法。parseArguments()方法将用户传递的参数封装到 SparkSubmitArguments 的对象中，最终将 SparkSubmitArguments 的实例传递给了 submit()方法。submit()方法的实现如下：

```
private def submit(args: SparkSubmitArguments, uninitLog: Boolean): Unit = {
```

```
val (childArgs,childClasspath,sparkConf,childMainClass) = prepareSubmitEnvironment(args)
def doRunMain(): Unit = {
  if (args.proxyUser != null) {
    ...
  } else {
    runMain(childArgs, childClasspath, sparkConf, childMainClass, args.verbose)
  }
}
if (args.isStandaloneCluster && args.useRest) {
    ...
    doRunMain()
    ...
} else {
  doRunMain()
}
}
```

submit()方法首先调用了 prepareSubmitEnvironment()方法，将参数进行了进一步解析。该过程特别重要，就是在这个解析过程中，确定了 Spark 应用程序使用的集群、运行的模式、启动的主类、启动参数等，最终将解析的参数以 Tuple 的类型返回。prepareSubmitEnvironment()方法较长，本节只列出关于在 client 模式和 Standalone 下的 cluster 模式的相关部分。

```
//如果为 client 模式,运行的主类就是用户指定的类
if (deployMode == CLIENT) {
  childMainClass = args.mainClass
  if (localPrimaryResource != null && isUserJar(localPrimaryResource)) {
    childClasspath += localPrimaryResource
  }
  if (localJars != null) {
    childClasspath ++ = localJars.split(",")
  }
}
//Standalone 下的 cluster 模式
if (args.isStandaloneCluster) {
  if (args.useRest) {
    ...
  } else {
    //STANDALONE_CLUSTER_SUBMIT_CLASS = org.apache.spark.deploy.ClientApp
    //Standalone 下的 cluster 模式 使用 ClientApp 包装用户的程序
    childMainClass = STANDALONE_CLUSTER_SUBMIT_CLASS
    if (args.supervise) {
      childArgs += " -- supervise"
    }
    ...
  }
}
```

最终该方法返回了后续过程中需要执行的主类，如果为 client 模式，则返回的主类就是用户编写的应用程序的主类；如果为 cluster 模式，则返回的主类为 org. apache. spark. deploy. ClientApp，该类会将用户编写的应用程序进行封装，并通知 Master 为该应用程序

启动 Driver 程序。

参数解析完毕后，会传递给 submit()方法中的 runMain()方法，runMain()方法负责将前一过程中生成的主类运行起来。过程如下：

```
private def runMain(childArgs: Seq[String],childClasspath: Seq[String],sparkConf: SparkConf,
                    childMainClass: String,verbose: Boolean): Unit = {
  ...
  var mainClass: Class[_] = null
  try {
    mainClass = Utils.classForName(childMainClass)
  } catch {
    ...
  }
  //如果主类为 SparkApplication 类型,直接创建对象
  val app: SparkApplication = if (classOf[SparkApplication].isAssignableFrom(mainClass)) {
    mainClass.newInstance().asInstanceOf[SparkApplication]
  } else {
    //否则将用户的主类包装为 JavaMainApplication 类型
    ...
    new JavaMainApplication(mainClass)
  }

  try {
    app.start(childArgs.toArray, sparkConf)
  } catch {
   ...
  }
}
```

最终调用了 SparkApplication 的 start()方法进行执行。在上一过程中，Standalone 中的 cluster 模式生成的对应的主类即为 SparkApplication 类型。当为 client 模式时，用户编写的应用程序的主类一般都不是 SparkApplication 类型，会将用户编写的主类封装为 JavaMainApplication 类型，然后调用 start()方法执行。JavaMainApplication 的实现如下：

```
private[deploy] class JavaMainApplication(klass: Class[_]) extends SparkApplication {
  override def start(args: Array[String],conf: SparkConf): Unit = {
      val mainMethod = klass.getMethod("main",new Array[String](0).getClass)
      ...
      mainMethod.invoke(null,args)
  }
}
```

该类中重写了 start()方法，在 start()方法中直接利用反射的方式执行了用户编写的 main()方法。main()方法执行后，根据用户编写的程序进行 SparkContext 初始化，将应用程序在 Master 中注册，从而实现了 client 模式的运行。

在 Standalone 下的 cluster 模式中，运行的主类为 org.apache.spark.deploy.ClientApp，该类的 start()方法负责将用户编写的程序提交到了集群中运行，实现了 cluster 模式。ClientApp 的实现如下：

```
private[spark] class ClientApp extends SparkApplication {
  override def start(args: Array[String],conf: SparkConf): Unit = {
      //封装提交参数
      val driverArgs = new ClientArguments(args)
      //创建 RpcEnv
      val rpcEnv = RpcEnv.create("driverClient", Utils.localHostName(), 0, conf, new
SecurityManager(conf))
      //获取 Master 的 Endpoint - Ref
      val masterEndpoints = driverArgs.masters.map(RpcAddress.fromSparkURL)
      .map(rpcEnv.setupEndpointRef(_, Master.ENDPOINT_NAME))
      //注册 ClientEndpoint
       rpcEnv.setupEndpoint("client", new ClientEndpoint(rpcEnv, driverArgs, masterEndpoints,
conf))
      rpcEnv.awaitTermination()
  }
}
```

ClientApp 通过获取 Master 的 Endpoint-Ref 与 Master 进行通信，ClientEndpoint 在初始化完成后会回调 onStart()方法，onStart()方法的实现如下：

```
override def onStart(): Unit = {
  driverArgs.cmd match {
    case "launch" =>
      //启动 Driver 的主类
      val mainClass = "org.apache.spark.deploy.worker.DriverWrapper"
      ...
      //启动命令
      val command = new Command(mainClass,
        Seq("{{WORKER_URL}}", "{{USER_JAR}}", driverArgs.mainClass) ++driverArgs.driverOptions,
        sys.env,classPathEntries, libraryPathEntries, javaOpts)
      //封装为 DriverDescription
      val driverDescription = new DriverDescription(
        driverArgs.jarUrl,
        driverArgs.memory,
        driverArgs.cores,
        driverArgs.supervise,
        command)
      //向 Master 发送 RequestSubmitDriver 消息
      asyncSendToMasterAndForwardReply[SubmitDriverResponse](
        RequestSubmitDriver(driverDescription))
    ...
  }
}
```

在 onStart()方法中，将 Driver 的信息封装到了 DriverDescription 中，包括 Driver 的内存、可用 CPU 核数、启动命令、jar 包的 URL 等参数，然后通过 asyncSendToMasterAndForwardReply()方法向 Master 发送启动 Driver 的消息，其实现如下：

```
private def asyncSendToMasterAndForwardReply[T: ClassTag](message: Any): Unit = {
  for (masterEndpoint <- masterEndpoints) {
    //向 Master 发送消息，并等待 Master 返回
```

```
    masterEndpoint.ask[T](message).onComplete {
      case Success(v) => self.send(v)
      case Failure(e) =>
        logWarning(s"Error sending messages to master $ masterEndpoint", e)
    }(forwardMessageExecutionContext)
  }
}
```

Master 接收到 ClientApp 发来的 RequestSubmitDriver 消息后，会根据消息中包含的 DriverDescription 信息，启动 Driver。Master 处理过程如下：

```
override def receiveAndReply(context: RpcCallContext): PartialFunction[Any, Unit] = {
  case RequestSubmitDriver(description) =>
  if (state != RecoveryState.ALIVE) {
    ...
  } else {
      //创建 DriverInfo
      val driver = createDriver(description)
      //将 Driver 信息持久化
      persistenceEngine.addDriver(driver)
      //将 Driver 加入等待运行的队列中
      waitingDrivers += driver
      //记录所有的 Driver
      drivers.add(driver)
      //执行调度,运行等待的 Driver 和 Application
      schedule()
      //向调用者回复信息
      context.reply(SubmitDriverResponse(self,true,Some(driver.id),
        s"Driver successfully submitted as ${driver.id}"))
  }
}
```

在 schedule()方法中如果有足够的资源就会在 Worker 上启动 Driver 进程，该方法在上文中已进行分析，不再赘述。

3.3 Spark 作业执行原理

视频讲解

Spark 作业执行是 Spark 数据分析的核心过程，在这个阶段中，才开始涉及用户编写的程序执行的过程。本节中介绍 Spark 作业执行的过程，逐步分析用户编写的程序如何被 Spark 进行处理、并行地在多个机器上运行，并将数据结果返回的详细过程。

3.3.1 整体流程

在 SparkContext 初始化完成后，Spark 就已经完成了所有的环境准备工作，包括在 Driver 端的环境准备、Endpoint 创建、各个组件的创建和各个 Executor 环境的准备、Endpoint 的创建等。SparkContext 初始化完成后，Driver 和 Executor 的组件关系如图 3.46 所示。

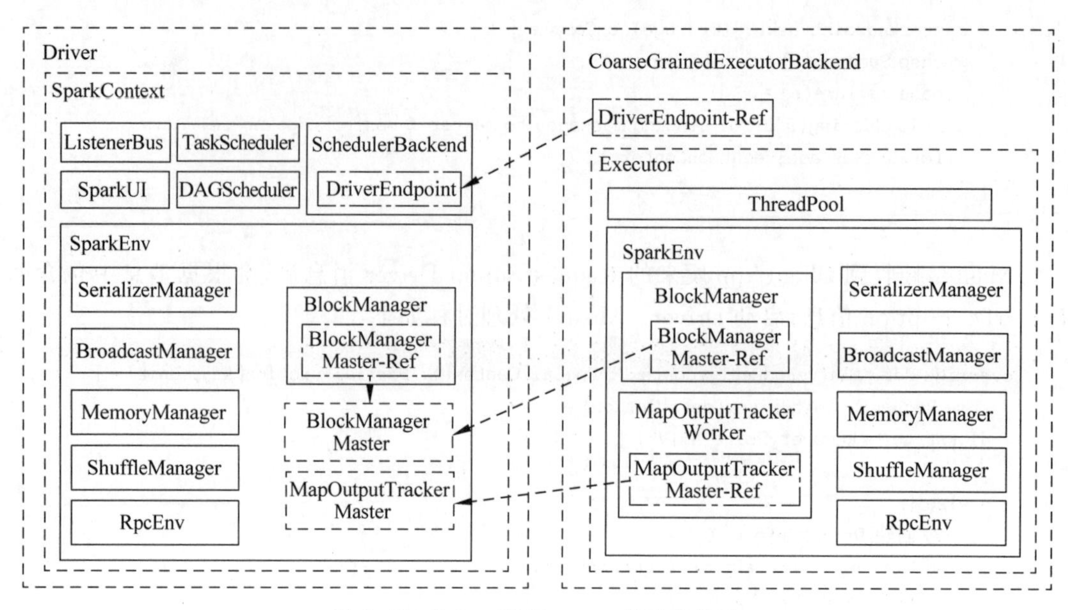

图 3.46 Driver 和 Executor 的组件关系

用户编写的 Spark 应用程序都是以 new SparkContext()开始的，当 SparkContext 创建完毕，就开始执行用户编写的程序，根据 RDD 的算子类型的不同可分为两类：transformation 和 action。transformation 操作会对 RDD 进行转换，每个 transformation 操作都会生成一个新的 RDD，但是 transformation 操作并没有真正地触发 Spark Job 的运行，只是对 RDD 的转换进行了记录，一直到用户的应用程序执行到 action 的操作，才会触发 Spark Job 的运行。RDD 中 transformation 操作就如同菜谱一般，每个 transformation 会记录 RDD 的一次转换，菜谱会记录做菜的先后步骤，一步一步地对菜肴进行加工。只有在需要吃这一道菜的时候，才需要按照菜谱进行操作，否则菜谱只是用来记录操作的步骤。RDD 的 transformation 仅仅用于记录了 RDD 之间血统关系，只有执行到 action 操作的时候，RDD 才会按照血统关系进行一步一步的转换，最终得到 action 中需要的结果。

在用户编写的应用程序中，每执行一个 action 操作，就会触发一个 Job 的执行。一个应用程序中可能会生成多个 Job 执行。每个 Job 即为一系列的 RDD 进行转换，最终得到结果，在转换过程中，RDD 之间可能是窄依赖的关系，也可能是宽依赖的关系。如果两个 RDD 之间是宽依赖，则会把 RDD 之间的转换划分成两个阶段，最终一个 Job 可能会被划分成多个阶段。一个 Job 的执行就是它划分的多个阶段依次进行执行的过程，当最后一个阶段执行完成后，这个 Job 也就执行完成。

一个 Job 被划分为了多个阶段，由于每个阶段都是按照宽依赖进行划分的，所以除了最后的阶段，之前所有的阶段都必定发生了 Shuffle，在发生 Shuffle 的时候，前一个阶段的结果输出即为后一个阶段的数据的输入，前一个阶段将计算结果临时进行存储，下一个阶段进行读取，从而完成两个阶段的数据交换。在最后一个阶段中，如果有结果需要返回，则每个分区的计算结果将发送至 Driver，Driver 根据最后执行的 action 操作进行进一步处理。

在每个阶段中，需要执行的计算过程会被划分成多个逻辑相同的一组 Task，每个 Task 会被提交到 Executor 中运行。由于 Executor 中会包含多个 CPU 资源，Task 会被

Executor 并行地执行，从而实现并行的计算。当有 Task 运行完成后，会将运行结果返回至 Driver 中，Driver 会根据 Executor 资源的空闲情况，再次将同一组的其他 Task 提交运行，循环执行此过程，直到这个阶段中所有的 Task 都执行完成，则这个阶段执行完成。Driver 端会调度下一个阶段，将下一个阶段划分为多个 Task 进行执行。直到所有的阶段执行完毕，则这个 Job 执行完成。

3.3.2 Job 提交

1. 为什么需要 action 操作

在执行用户编写的应用程序的时候，会根据用户编写的 transformation 操作，创建对应的 RDD 对象，但此时每个 RDD 并未执行 compute 操作，只是创建了其分区信息、依赖信息等，每个 RDD 都会生成唯一的一个 id。正是由于这个 id，Spark 才能在多个 Job 中判断这个 RDD 是否被计算过、是否被缓存等。每个 RDD 在其依赖中都记录了其依赖的父 RDD，在 compute()函数中，记录了如何根据父 RDD 计算出当前 RDD 的数据、RDD 如何分区等信息。RDD 这样的 transformation 操作能够得到最后一个 RDD 的数据，即最后一个 RDD 进行 compute 以后，即可得到本 RDD 的数据。transformation 过程如图 3.47 所示。

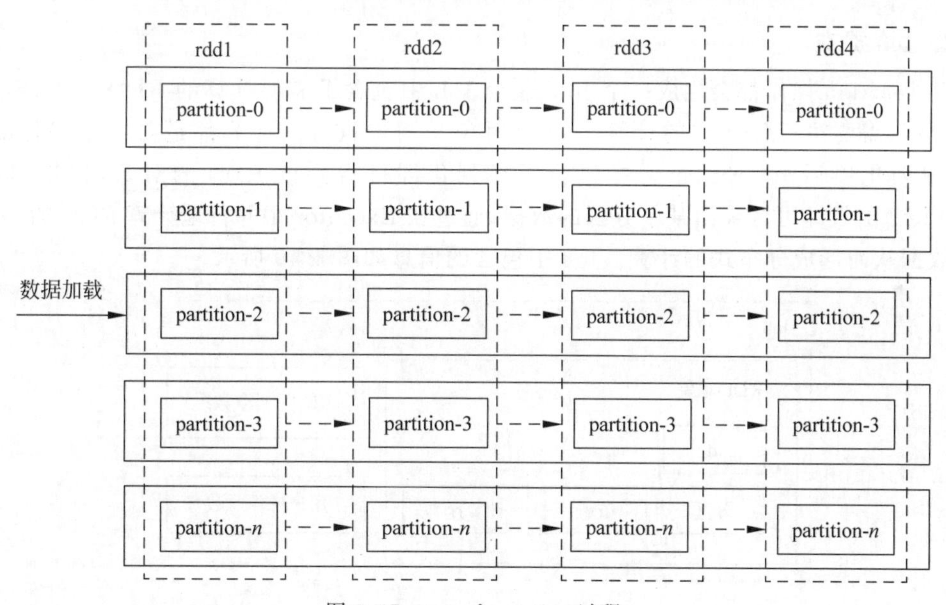

图 3.47 transformation 过程

在 transformation 过程中，只是将一个 RDD 转换成新的 RDD，得到了最后一个 RDD，RDD 中的每个分区中依然是一条一条分散的数据，那么要对最后一个 RDD 执行什么操作呢？这个就是 action 操作的作用。每个 action 操作不会像 transformation 操作一样，都是将当前的 RDD 转换成其他的 RDD，而是要对这个 RDD 执行计算，如统计每个分区的数据量等。由于 RDD 是分区的，对最后一个 RDD 计算就是对 RDD 中每一个分区的计算。每个分区的计算结果都可以发送给 Driver 程序，由 Driver 程序做后续处理。如在 action 操作 count 中，每个分区会统计本分区中的数据量，将所有分区的数据量返回至 Driver 中，Driver

进行累加得到最终的数据量。累加过程如图 3.48 所示。

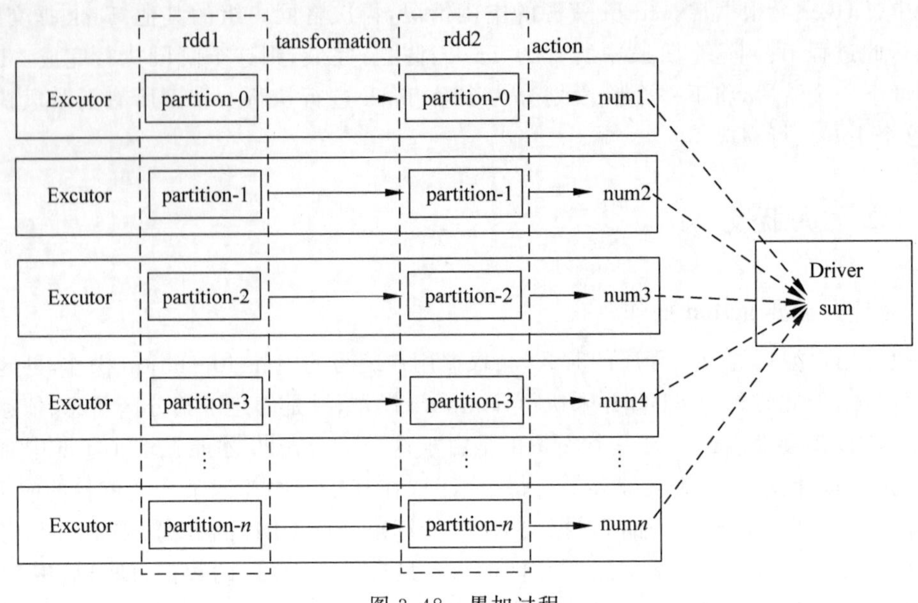

图 3.48 累加过程

2. Job 提交

每个 action 操作都会生成一个 Job，这个 Job 中包含了需要计算的 RDD 对象、需要计算的分区、需要执行什么样的计算。RDD 对象和用户执行的计算都是可以序列化的，将 RDD 序列化以后，在 Executor 中进行反序列化即可得到该 RDD 的对象，根据对象的 compute()函数即可计算出某个分区的数据，通过在 Executor 中并行地计算 RDD 的不同分区的数据从而形成分布式的计算。Job 中包含的信息如图 3.49 所示。

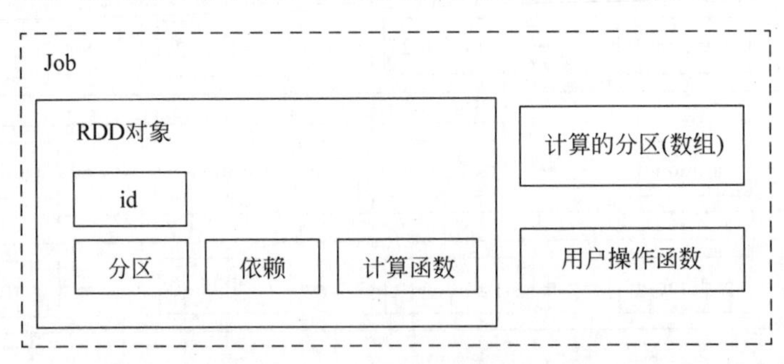

图 3.49 Job 中包含的信息

3. 分布式执行

当提交 Job 以后，就可以将 Job 划分为多个并行的任务，每个任务计算指定分区的一个分区即可。由于 RDD 对象和用户操作函数都可以进行序列化，只需要将 RDD 的对象和用户执行的操作序列化后，发送到 Executor 中，在 Executor 中执行反序列化，Executor 根据需要计算的分区，通过 RDD 的计算函数即可计算出该分区的数据，进而计算出分区的结果。其过程如图 3.50 所示。

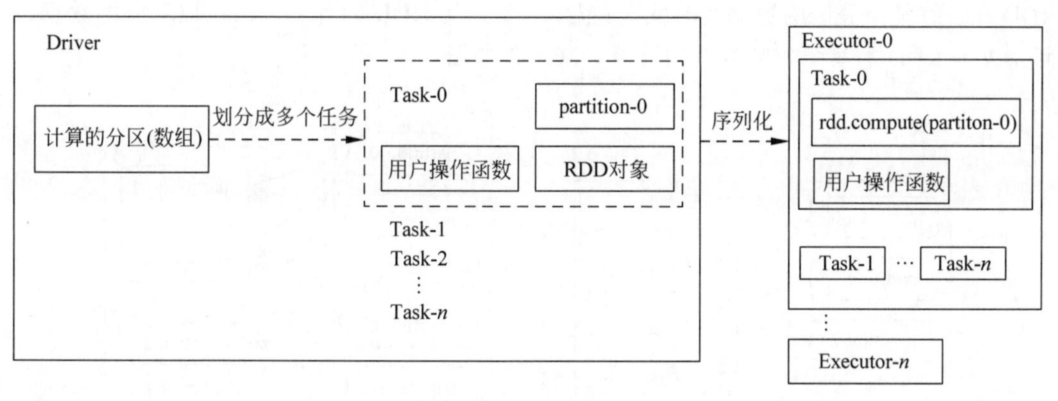

图 3.50 Job 计算过程

4. Spark 实现

Spark 中每个 RDD 都可以执行 action 操作，每个 action 操作最终都会将要执行的 RDD 对象、分区、执行的操作传递给 SparkContext，SparkContext 负责将 RDD 的 action 操作转换为 Job，并将 Job 交给 DAGScheduler 做进一步处理。

3.3.3 Stage 划分

1. 宽依赖和窄依赖

在一个 Job 中，用户编写的 RDD 的 transformation 操作有可能只有窄依赖，也有可能包含宽依赖。在 RDD 的窄依赖中，子 RDD 的某个分区的数据只依赖父 RDD 的固定的某个或某几个分区的数据，在这种情况下，子 RDD 无须获取父 RDD 的所有分区的数据，只需要获取父 RDD 的固定分区的数据即可计算出子 RDD 的分区的数据。如图 3.51 所示，在经典的一对一的依赖中 rdd-B 依赖 rdd-A，并且是一对一的依赖关系。这种情况下，两个 RDD 的分区是完全对应的关系。如果对 rdd-B 执行 action 操作，在计算 rdd-B 中的某个分区数据的时候，只需要获取 rdd-A 对应的分区的数据即可。这样不同 RDD 之间对应的同一组分区只需要使用一个任务即可完成计算。即使用户编写的程序中有多个 RDD 之间都是窄依赖也没关系，每个分区只需使用一个任务就可将关联的这些 RDD 按照 transformation 的流程依次计算出来，形成流水线的操作。

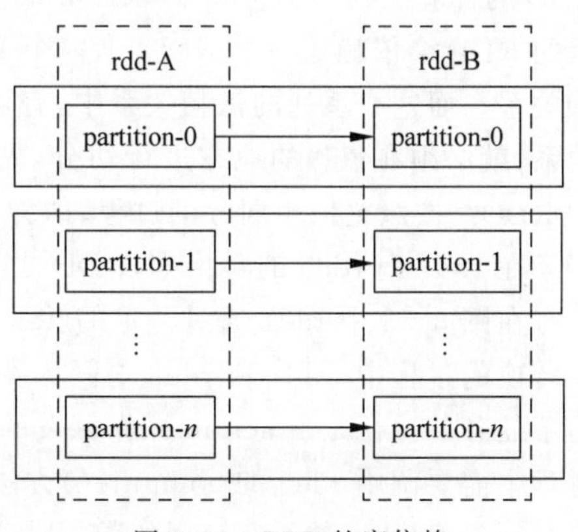

图 3.51 RDD 的窄依赖

用户编写的 RDD 之间的转换过程中，也可能会存在 RDD 之间是宽依赖的关系，如果 RDD 之间为宽依赖，RDD 之间的转换便不能如窄依赖一样子 RDD 的某个分区只依赖父 RDD 的固定分区，在宽依赖中，子 RDD 的某个分区往往依赖父 RDD 的所有分区的数据。所以如果 RDD 之间为宽依赖的关系，必须先将父 RDD 的所有分区的数据计算出来，并将结果临时进行保存，子

RDD在计算某个分区的数据的时候，再根据需要到父RDD的各个分区拉取对应的数据，从而完成子RDD的某个分区数据的计算。其过程如图3.52所示。

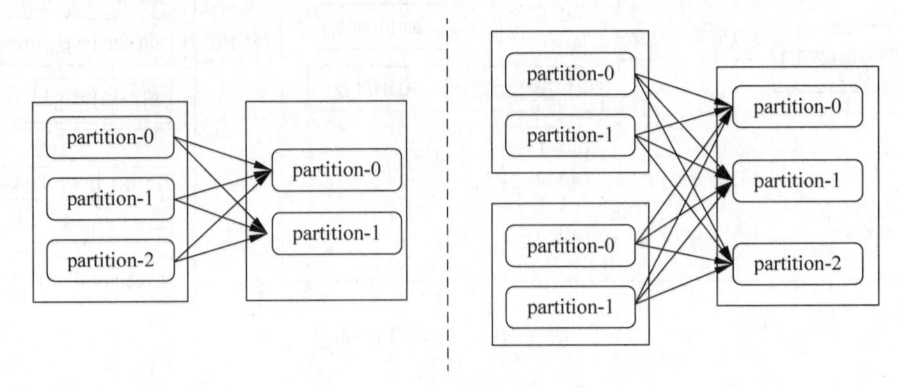

图3.52　RDD的宽依赖过程

2. 如何判断RDD之间的依赖关系

在用户编写的应用程序中，并不是两个RDD进行转换，而是多个RDD之间通过transformation算子进行转换。每经过一次转换就会形成一个新的RDD，新的RDD会依赖之前生成此RDD的RDD，这种依赖关系的建立是在transformation的算子中完成的，所以新RDD对父RDD是宽依赖还是窄依赖主要取决于transformation算子是如何实现的。如在常见的map、filter算子中，返回的RDD类型为MapPartitionsRDD，这种类型的RDD对父RDD都为窄依赖关系，并且子RDD的分区和父RDD的分区为一一对应的关系。但是在groupByKey、reduceByKey等算子中，返回的新RDD的类型为ShuffledRDD，这种RDD对父RDD的依赖关系就为宽依赖。

3. Stage划分

在用户编写的一系列转换中，多个RDD可能既形成了多次窄依赖，也形成了多次宽依赖。在上文中已经进行了分析，连续的窄依赖可以通过一个任务进行流水线执行，但是如果RDD遇到了宽依赖，就必须先将父RDD的所有数据都进行计算并保存起来，再进行子RDD的计算。在一个Job中，action操作只是定义了在最后的RDD中执行何种操作，而最后的RDD会依赖上一个RDD，上一个RDD又会有其他的依赖，这样就形成了一系列的依赖关系。而这一系列的依赖关系中，有可能为窄依赖，也有可能为宽依赖。如果为宽依赖的关系，就必须在依赖的地方进行切分，先将宽依赖的父RDD的数据计算出来，再计算后续的RDD。按照宽依赖划分的过程，即为Stage划分的过程。

在rdd1到rdd5的转换中，RDD之间的转换和依赖关系如图3.53所示。

在图3.53中rdd1通过一定的转换最终转换为rdd5，并在rdd5上执行了action操作。在转换的过程中，rdd2和rdd3之间为宽依赖的关系，rdd4和rdd5之间也是宽依赖的关系。由于任务的执行是由action操作触发的，因此action操作首先获取rdd5的数据，在获取的过程中需要调用rdd5的compute()方法获取数据。因为rdd5和rdd4为宽依赖的关系，所以必须先将rdd4的所有分区的数据计算出来以后，才能计算rdd5的数据。在计算rdd4的某个分区的数据时，由于rdd4和rdd3为窄依赖的关系，所以计算rdd4的某个分区的数据时，只需计算rdd3对应的分区数据即可，所以rdd3和rdd4的两个RDD的对应的同一个分

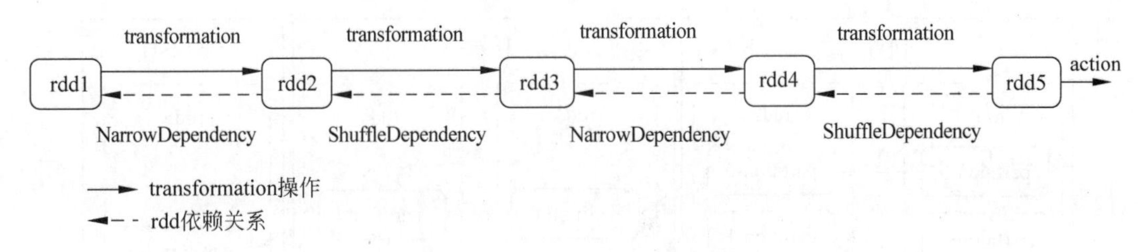

图 3.53 RDD之间的转换和依赖关系

区的计算是可以使用同一个任务完成的。由于 rdd3 和 rdd2 又是宽依赖的关系，同样的道理，必须先计算 rdd2，rdd2 的数据计算完成后，才能够计算 rdd3 的数据。在以上转换过程中，每个分区的数据计算过程如图 3.54 所示。

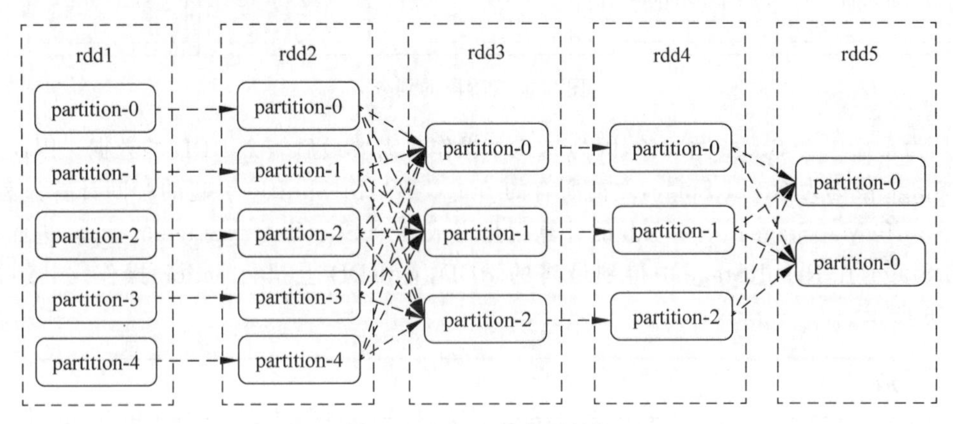

图 3.54 RDD的分区转换

在图 3.54 的转换过程中，发生 Shuffle 的位置是必须有先后计算顺序的，必须先将 rdd2 的数据计算完，并将数据保存，才能够进行 rdd3 的计算。也就是说在发生 Shuffle 的地方，必须将计算分为两个阶段分别执行，前一个阶段计算完成后，才能够计算下一个阶段，因此在发生 Shuffle 的位置，Spark 将计算分为两个阶段分别执行，每发生一次 Shuffle，就将计算划分为两个先后的阶段。在图 3.54 的计算过程中，阶段的划分如图 3.55 所示。

把 RDD 的转换划分为多个阶段后，一个 Spark Job 的执行，其实就是将各个阶段依次执行，依次将依赖的数据计算出来最终得到最后的 RDD 数据，再对最后的 RDD 进行用户指定的 action 的操作。

在划分的阶段中，对于某个阶段而言其并行的计算任务都完全相同，因此在 Job 执行的过程中，并行计算就是指每个阶段中的任务并行的计算。如在阶段-1 中，每个分区的数据可以使用一个任务进行计算。10 000 个分区即可在集群中并行运行 10 000 个任务进行计算。如果集群的资源不能够同时运行 10 000 个任务，则可以将这 10 000 个任务依次在集群中运行，直到运行完毕，将计算结果保存，再开始运行阶段-2。同样，阶段-2 也会根据分区数启动多个任务并行地加载阶段-1 生成的数据，并转换为 rdd4，再次将计算结果保存，完成阶段-2 的计算。以此类推，一个 Job 的执行，就是多个阶段的依次执行，在最后的阶段中，执行 action 操作，从而完成 Job 的执行。

在 Spark 中，每个阶段被称为一个 Stage。在一个 Job 运行的过程中，所有的 Stage 其

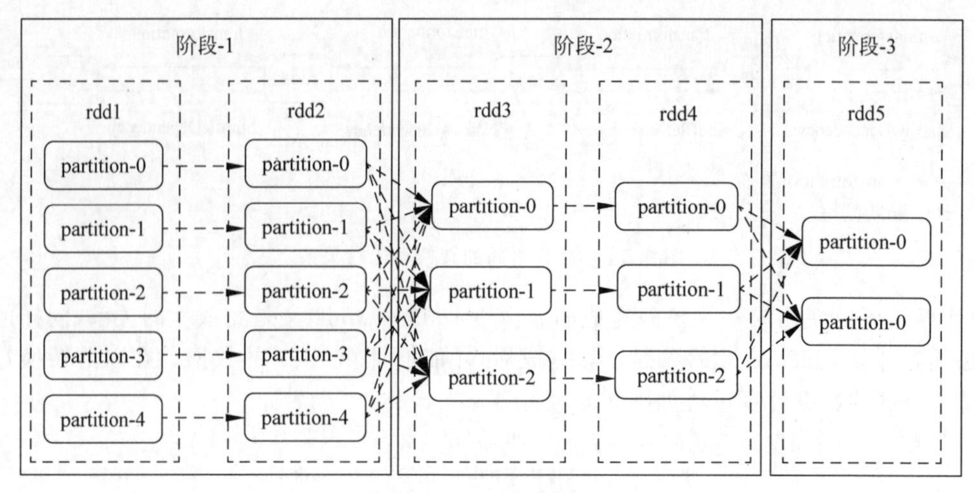

图 3.55 阶段的划分

实都是为最后一个 Stage 做准备,因为 action 操作只需要最后一个 RDD 的数据。因此最后一个 Stage 被称为 ResultStage,之前所有的 Stage 都是由 Shuffle 引起的中间计算过程,被称为 ShuffleMapStage。一个 Job 的计算就是完成多个 ShuffleMapStage 的计算,进而计算 ResultStage,在 ResultStage 中得到最终的 RDD,在 RDD 上执行 action 操作。其组成如图 3.56 所示。

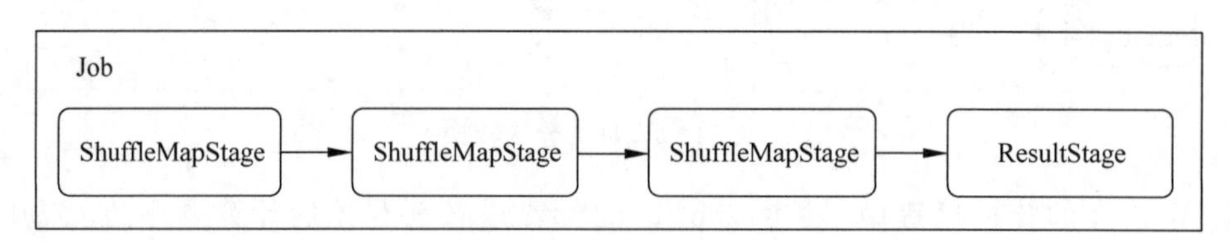

图 3.56 Job 的组成

在 Stage 执行的过程中,如果多个 Stage 之间没有依赖关系可以并行地执行,而并不是 Stage 之间只能如“流水线”一样执行。

4. Spark 实现

在 Spark 实现中,SparkContext 将 Job 提交至 DAGScheduler,DAGScheduler 获取 Job 中执行 action 操作的 RDD,将最后执行 action 操作的 RDD 划分到最后的 ResultStage 中,然后递归遍历该 RDD 依赖和所有父 RDD 的依赖,每遇到宽依赖就将两个 RDD 划分到两个不同的 Stage 中,遇到窄依赖则将窄依赖的多个 RDD 划分到同一个 Stage 中,经过这个过程一个 Job 就会被划分为多个有依赖关系的 Stage,其中最后的 Stage 为 ResultStage,其他依赖的 Stage 为 ShuffleMapStage。在每个 Stage 中,所有的 RDD 之间都是窄依赖的关系,Stage 之间 RDD 为宽依赖的关系。DAGScheduler 将最初被依赖的 Stage 提交,计算该 Stage 中的 RDD 数据,计算完成后,再将后续的 Stage 进行提交,直到运行到最后的 ResultStage,则整个 Job 计算完成。

在 Spark 中 ResultStage 包含的数据有该 Stage 的 id(StageId)、触发 action 操作的 RDD 对象、action 在每个分区上执行的操作函数、所有需要计算的分区 id、依赖的所有的父

Stage。ResultStage 的组成如图 3.57 所示。

在 ShuffleMapStage 中，包含 Stage 的 id、Stage 最后的 RDD、分区数、生成该 Stage 的 ShuffleDependency、所有依赖的父 Stage 等信息。ShuffleMapStage 的组成如图 3.58 所示。

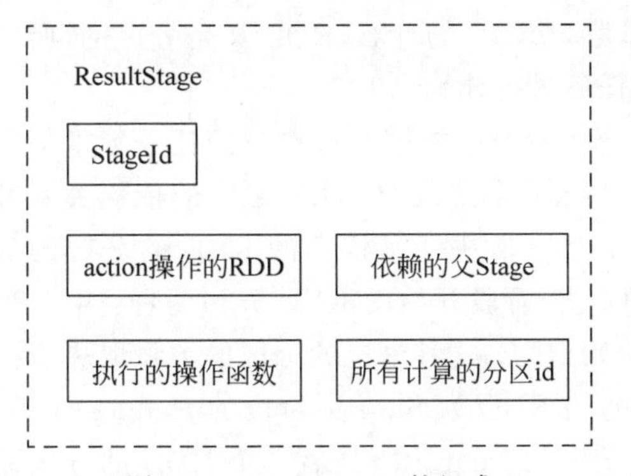

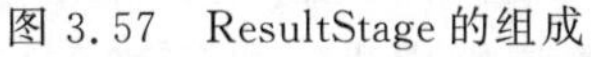
图 3.57　ResultStage 的组成

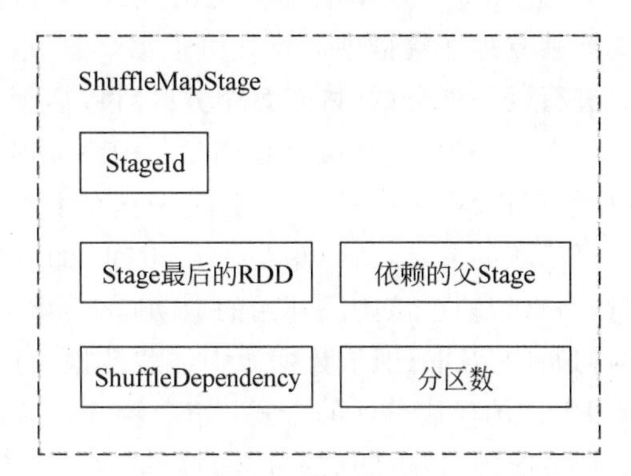

图 3.58　ShuffleMapStage 的组成

在生成 ShuffleMapStage 时，ShuffleDependency 起到了承上启下的作用，如两个 RDD 之间为宽依赖，子 RDD 的依赖为 ShuffleDependency；在划分 Stage 的时候，父 Stage 会保存该 ShuffleDependency，以便在执行父 Stage 的时候，根据 ShuffleDependency 获取 Shuffle 的写入器，在子 Stage 执行的时候，会根据 RDD 的依赖使用相同的 ShuffleDependency 获取 Shuffle 的读取器。

Spark 在计算每个 Stage 的时候，会根据 Stage 需要计算的分区划分为多个 Task，将 Task 提交到集群中运行。

在计算过程中，ShuffleMapStage 会生成该 Stage 的结果，为下一个 Stage 提供数据，计算下一个 Stage 的 RDD 的时候，会拉取上一个 Stage 的计算结果。下一个 Stage 是如何知道上一个 Stage 的输出保存在哪里呢？这离不开 Spark 中的另一个组件 MapOutputTracker。MapOutputTracker 组件也是主从结构，在 Driver 端为 MapOutputTrackerMaster，在每个 Executor 端为 MapOutputTrackerWorker，当 ShuffleMapStage 的任务运行完成后，会通过 Executor 上的 MapOutputTrackerWorker 将数据保存的位置发送至 Driver 上的 MapOutputTrackerMaster 中，MapOutputTrackerMaster 中保存有每次 Shuffle 中 Map 阶段的输出数据保存的位置。

在创建 ShuffleMapStage 的时候，会对本次的 Shuffle 在 MapOutputTrackerMaster 中进行注册，等待 Shuffle 的 Map 阶段数据计算完成后，将计算结果数据的保存位置发送至 MapOutputTrackerMaster 中。在后续 Stage 需要上一个 Stage 的计算结果的时候，会通过 MapOutputTrackerMaster 询问计算结果的保存位置，进而加载相应的数据。

3.3.4　Task 划分

在 DAGScheduler 将 Job 划分为多个 Stage 以后，下一步操作就是如何将每个 Stage 进一步划分成可以在集群中并行执行的任务，只有将任务并行执行，Stage 才能够更快地完成，每个 Stage 更快地完成，也就加快了整个 Job 的完成速度。在任务划分的过程中，需要针对两种不同的 Stage 进行分别处理。

1. 任务的个数

每个 Stage 进行任务划分的最终的目的就是通过将 Stage 划分为多个任务,每个任务能够独立地在集群中运行。由于每个 Stage 中都是对 RDD 的计算,RDD 又是分区的,所以在进行任务划分的时候,每个分区可以启动一个任务进行计算。

无论是 ResultStage 还是 ShuffleMapStage,每个阶段中能够并行执行的任务数量都取决于该阶段中最后一个 RDD 的分区的数量。由于在一个阶段中,RDD 之间的依赖关系都为窄依赖的关系,所以最后一个 RDD 的分区的数量会取决于其依赖的 RDD 的分区的数量,一直依赖至该阶段开始的 RDD 的分区。对于一个阶段开始的 RDD 分为两种:第一种为初始的 RDD,即从数据源中加载数据形成的初始 RDD,这种情况的分区的数量取决于初始 RDD 的形成分区的方式;第二种为该阶段的初始 RDD 为 Shuffle 阶段的 Reduce 任务,这种情况下,该 RDD 的分区的数量取决于在 Shuffle 的 Map 阶段最后一个 RDD 的分区器设置的分区的数量。关于分区器在 3.1.2 节 RDD 的基本属性中进行过简要介绍,在后续 Shuffle 部分会做详细讲解。

总而言之,在创建 Stage 的时候,就已经确定了该 Stage 的最后一个 RDD 的分区的数量,该分区的数量决定了能够并行执行任务的数量。

2. Task 的生成

当确定了每个 Stage 中分区的数量以后,就需要为每个分区生成相应的计算任务,该计算任务就是需要对该阶段的最后的一个 RDD 执行什么操作。

在 ResultStage 中,需要对最后的一个 RDD 的每个分区分别执行用户定义的 action 操作。所以在 ResultStage 中生成的每个 Task 都包含如下最重要的三个部分。

(1) 需要对哪个 RDD 进行操作。

(2) 需要对 RDD 的哪个分区进行操作。

(3) 需要对分区的内容执行什么样的操作。

在 ResultStage 中划分的 Task 被称为 ResultTask。ResultTask 中包含了 ResultStage 中最后一个 RDD,即执行 action 操作的 RDD、需要计算的 RDD 分区的 id 和执行 action 操作的函数。按照 Job 中需要计算的分区,每个分区会生成一个 ResultTask。ResultTask 的组成如图 3.59 所示。

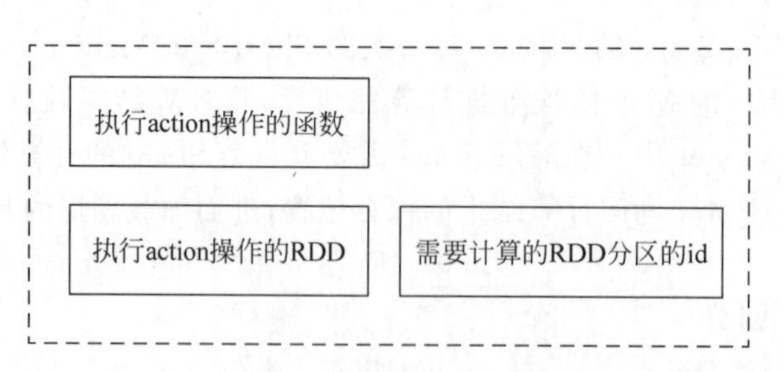

图 3.59 ResultTask 的组成

在确定了三个最重要的部分后,根据这三部分内容就可以在不同节点中进行并行计算。可以将 Task 序列化至其他节点,在其他节点反序列化,可通过需要执行操作的 RDD 和需

要计算的分区 id 通过 RDD 的计算函数算出该 RDD 的该分区的数据。虽然在序列化时只序列化了 ResultStage 中最后一个 RDD 的信息,但是最后一个 RDD 的对象中包含了其依赖的 RDD 的信息,当最后一个 RDD 计算的分区数据不存在时,可根据其依赖信息先计算其父 RDD 的数据,进而将最后一个 RDD 的该分区的数据计算出来。在将数据计算出来后,对数据执行用户需要执行的 action 操作,即可实现一个分区的结果的计算。

将多个 Task 提交至多个节点中并行运行,即可实现分区的并行计算过程。

在 ShuffleMapStage 中,最终需要完成 Shuffle 过程中的 Map 阶段的操作,每个分区的数据按照 Shuffle 中 Map 端定义的过程执行数据的分组操作,将分组的结果进行保存并将保存的位置通知 Driver 端的 MapOutputTrackerMaster,MapOutputTrackerMaster 保存着每一个 Shuffle 中的 Map 端输出结果的位置。ShuffleMapStage 划分的 Task 称为 ShuffleMapTask,ShuffleMapTask 同样由三个重要的部分组成:Stage 中最后的 RDD(也就是在划分 Stage 的时候,子 RDD 宽依赖的父 RDD)、需要计算的分区的 id、划分 Stage 的 ShuffleDependency。按照 ShuffleMapStage 中最后的 RDD 的分区的数量,每个分区会生成一个 ShuffleMapTask。ShuffleMapTask 的组成如图 3.60 所示。

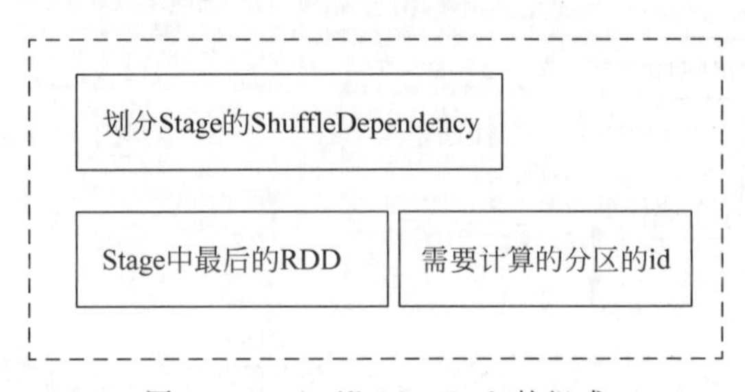

图 3.60 ShuffleMapTask 的组成

ShuffleMapTask 中包含了划分成两个 Stage 的 ShuffleDependency,通过该 ShuffleDependency 可以获取在该 Shuffle 阶段如何进行数据分区、如何将数据保存等各方面的信息。在 Shuffle 的 Reduce 即下一个 Stage 中,根据 RDD 的依赖使用同样的 ShuffleDependency 可获取如何读取 Shuffle 中的 Map 阶段的结果信息。因此该 ShuffleDependency 在两个阶段中起到了承上启下的作用。

同 ResultTask 一样,ShuffleMapTask 也可以经过序列化,通过网络传递至其他节点进行计算。根据 Stage 中的最后一个 RDD 对象和需要计算的分区 id 可计算出这个 RDD 中的该分区的数据,然后根据 ShuffleDependency 可获取这个 Shuffle 中数据分组及写入的方式,根据这些信息将该 RDD 分区的数据进行分组并将分组结果进行保存,将该分区计算结果的保存的位置通知 Driver 端的 MapOutputTrackerMaster,从而完成这个 Stage 中的一个分区的计算。

3. Task 最佳运行位置计算

在生成 Task 的时候,还会计算 Task 的最佳运行位置。虽然 Task 中包含了计算 RDD 的所有信息,可以在任何节点上运行,但是如果通过为 Task 计算分配最佳的运行位置,可以将 Task 调度到含有该 Task 需要的数据的节点,从而实现移动计算而不移动数据的目的。Spark 根据 RDD 可能分布的情况,将 Task 的运行位置主要分为 Host 级别和 Executor 级别。当一个 RDD 被某个 Executor 缓存,则对该 RDD 计算时,优先会把计算的

Task 调度到该 Executor 中执行。当一个 RDD 需要的数据存在于某个 Host 中时，则会把该 Task 调度到这个节点的 Executor 中。

在进行最佳位置计算时，会根据计算的 RDD 生成其最佳的运行位置。对于每个 Stage 而言，其计算的 RDD 都是该阶段的最后一个 RDD。首先 DAGScheduler 会查找在 DAGScheduler 中是否缓存了该 RDD 的位置分布的信息，如果没有缓存，则会查看该 RDD 的缓存级别是否为 None，如果为 None，则 Spark 不会缓存 RDD 的任何数据，该 RDD 便没有最佳的运行位置。如果 RDD 的缓存级别不为 None，则会调用 blockManagerMaster，找到 RDD 的每个分区的数据缓存到了哪些 Executor 中，并把该 RDD 的缓存位置保存在本地缓存中。对该 RDD 进行计算时，会把计算某个分区的 Task 优先调度到缓存有该分区数据的 Executor 中进行执行。如果 RDD 的缓存位置为 None，则会查找该 RDD 是否有有限调度的位置，如 HadoopRDD 中，每个分区会有其优先调度位置。如果优先调度位置也为 None，会递归查找其所有的窄依赖的父 RDD 的最佳运行位置，如果能够找到，则该 RDD 每个 Task 的最佳运行位置与其父 RDD 的运行位置相同。Task 的最佳运行位置计算流程如图 3.61 所示。

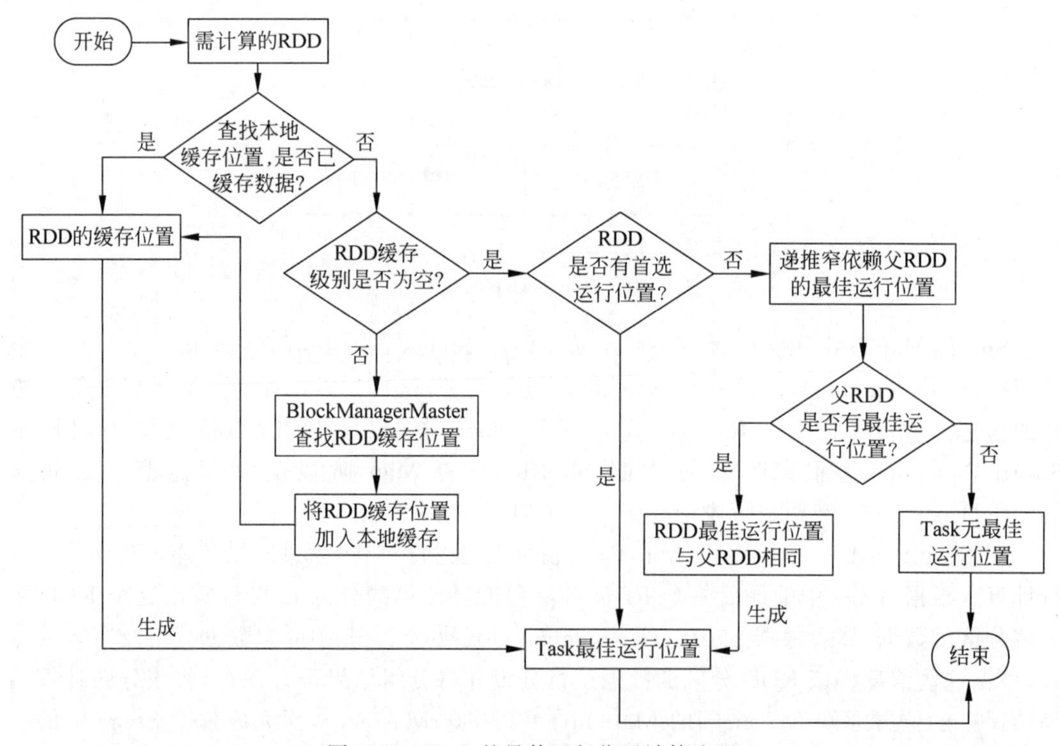

图 3.61 Task 的最佳运行位置计算流程

4. Spark 实现

Spark 使用 DAGScheduler 实现了对 Stage 的 Task 的划分，在划分 Task 的时候，除了将获取组成 Task 的 3 个重要组成部分以外，还将很多其他的额外的信息封装到了 Task 中，如该 Task 所属的 Stage 的 id、Job 的 id、Task 的最佳运行位置等信息都封装到了 Task 中。同一个 Stage 的多个 Task 会封装到一个 TaskSet 中，最终一个 Stage 会生成一个

TaskSet,每个 TaskSet 包含多个 Task,这些 Task 计算的 RDD 和计算逻辑完全相同,只是计算的分区不同。DAGScheduler 会将 TaskSet 提交至 TaskScheduler 中进一步处理。

此外由于同一个 Stage 划分的多个 Task 中需要执行的 RDD 和对 RDD 执行的操作都是完全相同的,因此 Spark 在实现的时候并不是每个 Task 都保存一个 RDD 的信息和对 RDD 的操作的信息,而是将这两部分内容进行了一次序列化,使用广播变量将这些内容广播到了 Executor 中,多个 Task 在同一个 Executor 中运行时,不必经过多次网络传输,只经过一次广播即可实现多个 Task 共用一份 RDD 的计算的信息。

3.3.5 Task 提交

DAGScheduler 将 Stage 生成 TaskSet 以后,会将 TaskSet 交给 TaskScheduler 进行处理。TaskScheduler 负责将 Task 提交到集群中运行,并负责失败重试、为 DAGScheduler 返回事件信息等。

1. 整体流程

当有任务提交至 TaskScheduler 中时,TaskScheduler 会通知 SchedulerBackend 分配计算资源,SchedulerBackend 将所有的可用的 Executor 的资源信息转换为 WorkerOffer 交给 TaskScheduler,WorkerOffer 中包含 executorId、Executor 的 hostanme、Executor 可用 CPU 等。TaskScheduler 负责根据这些 WorkerOffer 在相应的 Executor 分配 TaskSet 中的 Task,并将 Task 转换为 TaskDescription 交给 SchedulerBackend。最终有空闲的 CPU 的 Executor 会被分配到一个或多个 TaskDescription,SchedulerBackend 将这些 TaskDescription 提交到对应的 Executor 中执行。Task 运行的流程如图 3.62 所示。

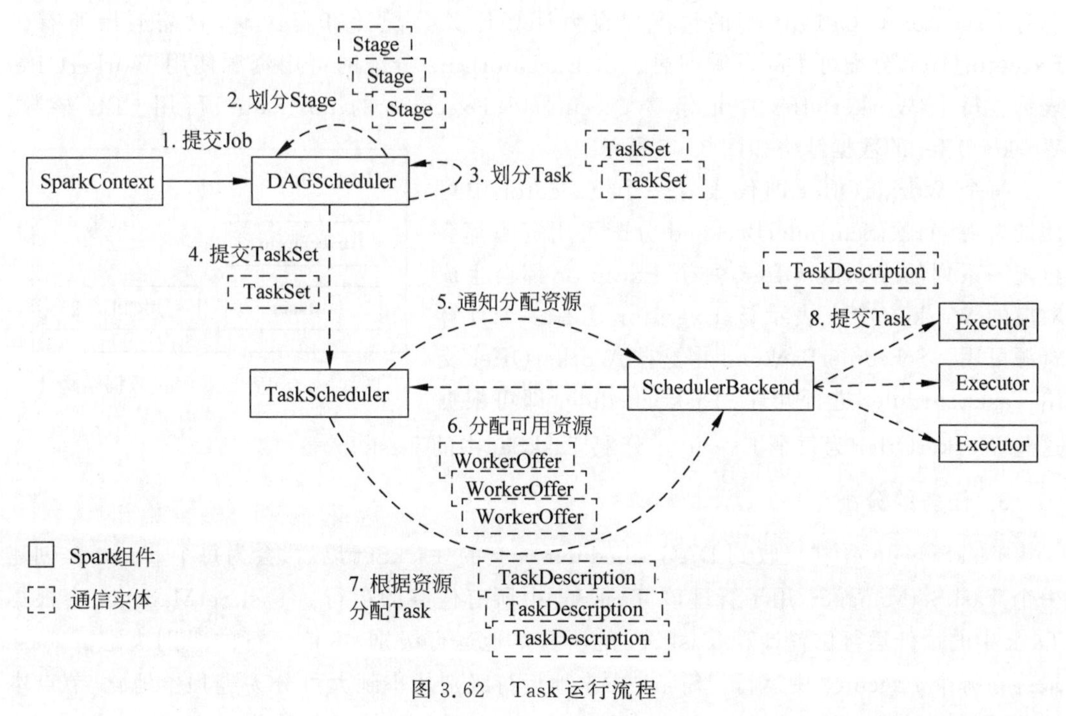

图 3.62 Task 运行流程

2. 集群资源管理

Task 的运行离不开集群中的计算资源，即在 SparkContext 初始化过程中创建的 Executor 资源。在 Executor 创建完毕后，会向 SchedulerBackend 进行注册。Executor 在进行注册时，会将 Executor 的基本信息发送至 SchedulerBackend 中，Executor 注册时发送的信息包含的内容有 executorId、Executor-Ref 引用、Executor 的 hostname、可用的 CPU 核数。Executor 的注册信息如图 3.63 所示。

SchedulerBackend 接收到 Executor 的注册信息以后，会将 Executor 的注册信息转化为 ExecutorData 进行保存。并且在 SchedulerBackend 中，使用 Map 结构保存每个 executorId 和 ExecutorData 之间的映射关系。ExecutorData 除包含 Executor 基本的注册信息外，还记录该 Executor 剩余可用的 CPU 核数。ExecutorData 中包含的数据如图 3.64 所示。

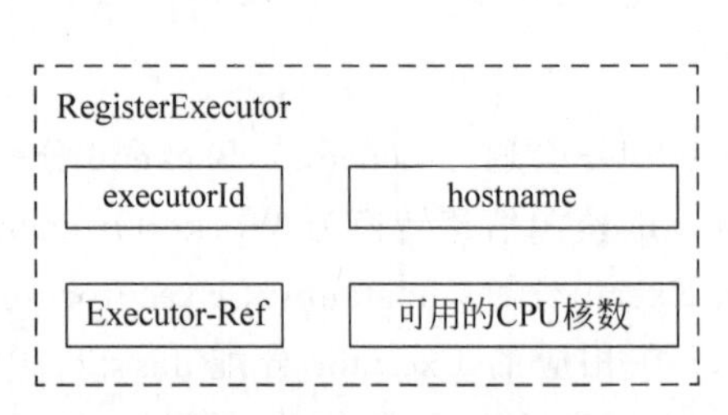

图 3.63 Executor 的注册信息

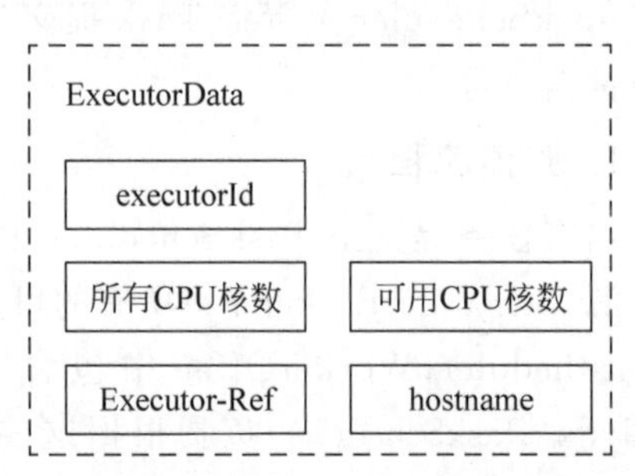

图 3.64 ExecutorData 数据结构

SchedulerBackend 中通过使用 Map 结构记录每一个 ExecutorData 的映射，即可管理所有 Executor 的 CPU 使用的情况。在为计算任务分配计算资源时，只需遍历所有的 ExecutorData，分配可用的资源即可。由 ExecutorData 分配的可用资源使用 WorkerOffer 表示。每个 WorkerOffer 中记录着 executorId、Executor 的 hostname、可用 CPU 核数。WorkerOffer 的数据结构如图 3.65 所示。

每个 WorkerOffer 即代表着一个 Executor 中可用的资源，每次 SchedulerBackend 分配可用资源都会分配一系列的 WorkerOffer，每个 Executor 都会生成对应的 WorkerOffer 表示该 Executor 还有多少计算资源可用。SchedulerBackend 将这些 WorkerOffer 交给 TaskScheduler 进行处理，TaskScheduler 即可根据这些 WorkerOffer 为每个 Executor 分配 TaskSet 中的 Task。

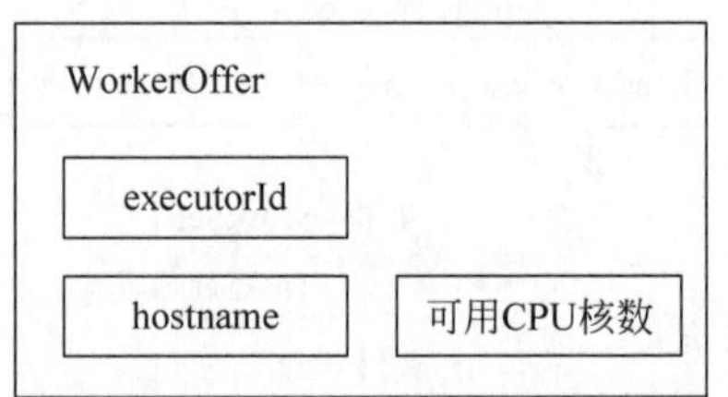

图 3.65 WorkerOffer 数据结构

3. 任务的分配

TaskScheduler 在接收到 DAGScheduler 提交的 TaskSet 以后，会为每个 TaskSet 创建一个 TaskSetManager，用于管理该 TaskSet 中所有任务的运行。TaskSetManager 会根据 Task 中的最佳运行位置计算 TaskSet 的所有本地运行级别，本地运行的级别决定了 Task 最终在哪个 Executor 中运行。Spark 中本地运行级别从小到大可分为进程本地化、节点本地化、无优先位置、机架本地化、任意节点。在 TaskSetManager 初始化时，TaskSetManager

为 5 个本地化级别创建 5 个 Map，分别保存在该本地化级别下，可以运行所有的 Task。如对于进程本地化而言，会使用 Map 记录每个 executorId 和能够在这个 Executor 中运行的所有 Task 的映射关系。这些映射关系的建立，是根据在生成 Task 时 Task 运行的最佳位置确定的。在这 5 种映射关系中，某个 Task 可能会重复存在于几个本地化级别中。如某个 Task 可能既存在于 Executor 的映射中，也存在于 Host 的映射中。TaskSetManager 中包含的 5 个本地化级别的 Map 如图 3.66 所示。

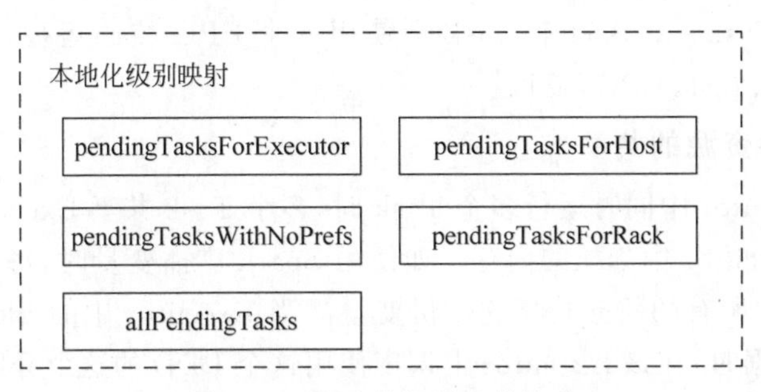

图 3.66　本地化级别映射关系

在 TaskSetManager 中也使用数组记录每个 Task 正在运行的副本数，根据这个数组中的内容可确定 Task 是否已经运行，避免多个本地化级别中存在某个 Task 时 Task 重复进行调度执行。

当有新的 TaskSet 加入、有 Task 执行完成、有新的 Executor 加入时，都会触发 SchedulerBackend 重新计算可用的计算资源，生成最新的 WorkerOffer，SchedulerBackend 会将 WorkerOffer 提供给 TaskScheduler，TaskScheduler 按照调度的顺序，依次调度每个 TaskSetManager 中的 TaskSet，对于每个 TaskSet，遍历所有本地化运行级别，分别从小到大尝试在 Executor 中分配 Task，根据每个 WorkerOffer 中的 executorId 和 hostname，使用 TaskSetManager 判断在当前本地化级别下，是否可以在该 Executor 上或 Host 上分配任务，因为 TaskSetManager 中保存有 5 种本地化级别的映射关系，根据映射关系即可判断此 WorkerOffer 中的 Executor 或 Host 是否有可以分配的 Task，直到在该本地化级别下无法分配 Task，再将本地化运行级别提高一级再次尝试分配 Task。经过对所有本地化级别的遍历，即可实现所有的 WorkerOffer 分配任务或将所有待执行的任务分配完成。每个 TaskSet 中部分任务分配完成后会生成一组 TaskDescription，每个 TaskDescription 中包含有 executorId 和 Task 的其他运行信息。SchedulerBackend 根据 TaskDescription 中的 executorId，将每个 TaskDescription 封装为 LaunchTask 消息提交到不同的 Executor 中执行。

3.3.6　Task 执行

Executor 接收到 SchedulerBackend 提交的 LaunchTask 消息后，即可运行该消息中包含的 Task。Executor 将接收到的 Task 封装到 TaskRunner 中，TaskRunner 是一个 Runnable 接口，从而可以将该任务提交到线程池中运行。

1. Executor 可以并行运行 Task 的数量

在创建 Executor 时，每个 Executor 可能会分配多个 CPU 核数，而 Executor 运行的所有任务都是在线程池中运行的。Executor 运行的时候其本身并没有记录 CPU 使用的情况,Executor 所有可用的资源都交给 Executor 中的线程池来执行,只要 SchedulerBackend 提交了任务,Executor 便可以将该任务放到线程池中运行。对于每个 Executor 能够同时运行多少个任务是由 Driver 端的 SchedulerBackend 控制的,SchedulerBackend 每在一个 Executor 中提交一个任务时,便在 ExecutorData 中减少该 Executor 可用的 CPU 核数,直到可用 CPU 为 0 时,该 Executor 生成的 WorkerOffer 中可用的 CPU 核数也为 0,则不再为该 Executor 分配 Task。默认每个 Task 会使用一个 CPU 核心运行,该变量也可以通过 Spark 的配置 spark. task. CPUs 修改。

2. Executor 中资源的共享

当在一个 Executor 中同时运行多个 Task 时,多个 Task 共享 Executor 中 SparkEnv 的所有组件,共用 Executor 中分配的内存。如使用 Spark 广播变量时,每个 Executor 中会存在一份,Executor 中所有的任务共享这一份变量。当 Executor 中的 BlockManager 缓存了某 rdd 某分区的数据时,在该 Executor 上调度使用这个 RDD 的这个分区的数据的 Task 执行,可以有效减少网络加载数据的过程,减少网络传输。

3. ResultTask 运行

在执行 ResultTask 时,首先会反序列化出该 Task 执行计算的 RDD 和对该 RDD 执行的操作。这个操作是在提交 Job 时,由用户调用的 action 操作生成的。每一个 ResultTask 的运行都代表着该 RDD 的某一个分区数据的计算。每个 ResultTask 中都包含有需要计算的分区,根据 RDD 和分区信息,即可使用 RDD 的计算函数计算出 RDD 的该分区的数据,再对该分区的数据执行需要的操作,则完成了本分区的计算。

但是往往在计算 RDD 的某个分区的数据时,RDD 分区的数据是不存在的,RDD 会根据其依赖信息,先计算父 RDD 的分区中的数据,依次向上查找,最终将 RDD 的分区的数据计算出来。如在图 3.67 中,ResultStage 中包含 rdd1 到 rdd3 的转换,最终在 rdd3 中执行需要的操作。

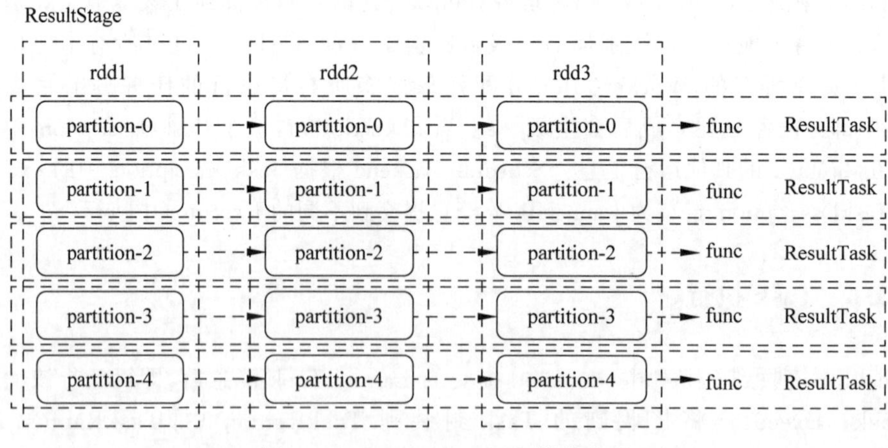

图 3.67　ResultStage RDD 转换流程

每个 ResultStage 的计算,首先会计算触发 action 算子的 RDD,一般情况下,由于第一次运行,该 RDD 的数据并不存在,会通过计算函数计算该分区的数据,计算该分区的数据

时，会依赖父 RDD 的对应分区的数据，依次向上查找，最终会先计算该 Stage 中涉及的第一个 RDD，由于 Stage 是按照 Shuffle 划分的，所以 rdd1 在计算该 RDD 数据时只有两种可能。一种是在用户编写的 RDD 的 transformation 中，根本没有涉及 Shuffle 操作，一个 Job 中就只有一个 ResultStage，rdd1 直接从数据源中加载数据。

另一种就是在该过程中涉及了 Shuffle，划分了两个 Stage，rdd1 为 Shuffle 的 Reduce 阶段。由于 DAGScheduler 在划分 Stage 时，必定会首先计算依赖的父 Stage，所以执行到 ResultStage 时，其父 Stage 的 Shuffle Map 阶段必定已经完成，并且将计算结果保存到了 BlockManager 中，在 ResultStage 中 rdd1 负责根据 MapOutputTrackerMaster 的计算结果位置信息加载该分区的数据即可。其过程如图 3.68 所示。

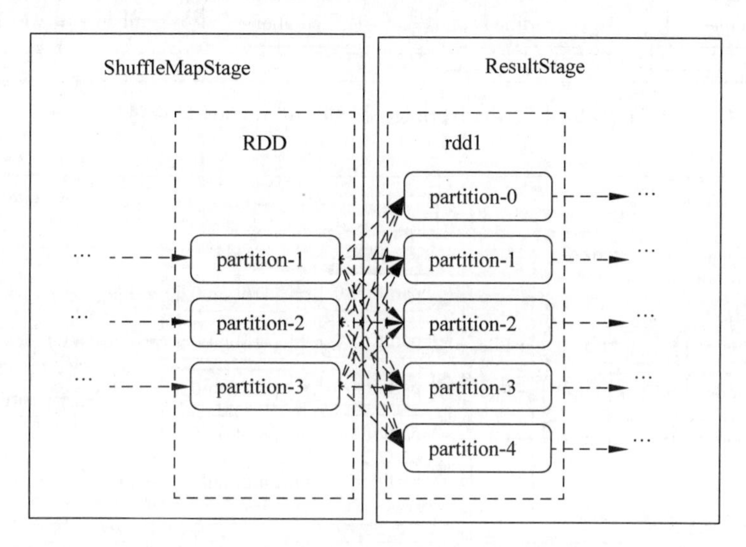

图 3.68　ResultStage RDD 计算

4. ShuffleMapTask 运行

在计算 ShuffleMapTask 时，首先会反序列化出 Task 中包含的计算的 RDD 和划分此 Stage 的 ShuffleDependency。ShuffleDependency 包含 RDD 需要执行分组操作的分区器 partitioner，并且通过 ShuffleDependency 可获取 ShuffleManager 的写入器，将本分区的分组的计算结果通过写入器写入文件中进行保存。在这个过程中，一个分区的数据生成的多个分组的数据分别属于下游 Reduce 阶段的不同的分区的数据。

ShuffleMapTask 中计算的 RDD 同样为这个 Stage 中的最后一个 RDD，当计算此 RDD 的某个分区的数据时，通过传入分区信息调用 RDD 的计算函数计算该分区的数据。当 RDD 依赖的父 RDD 的分区数据不存在时，会首先计算 RDD 的依赖的父 RDD 的分区的数据。图 3.69 为在一个 ShuffleMapStage 中 rdd1 到 rdd3 的转换过程。

在图 3.9 所示的 RDD 的转换过程中，会在 rdd3 的每个分区中执行分组操作，并将结果通过 ShuffleManager 的写入器写入文件。在计算 rdd3 的某个分区的数据时，会首先计算其父 rdd2 的分区数据，rdd2 分区数据不存在时，会先计算 rdd1 的分区数据。与 ResultStage 中的第一个 RDD 相同，rdd1 可能会直接从数据源中加载数据，也可能为 Shuffle 的 Reduce 阶段。多个 Stage 的 RDD 的转换过程如图 3.70 所示。

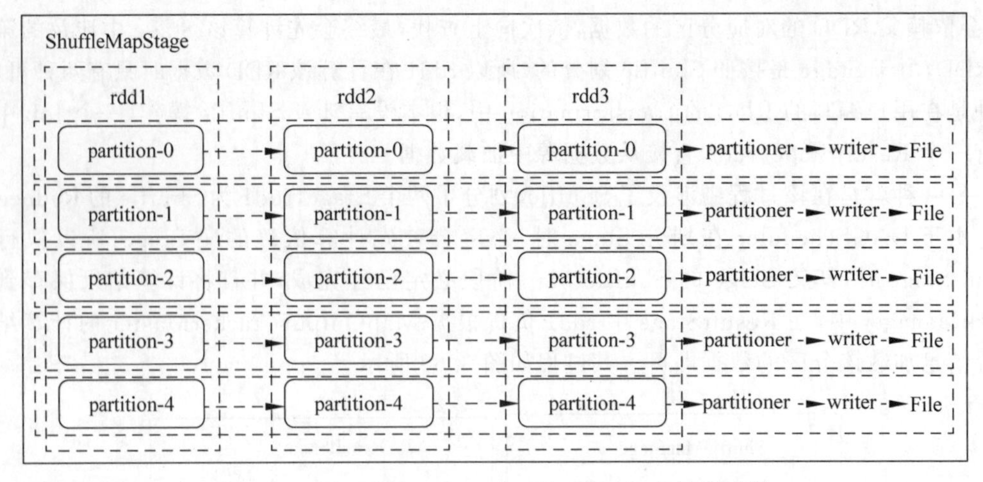

图 3.69 ShuffleMapStage 中 rdd1 到 rdd3 的转换过程

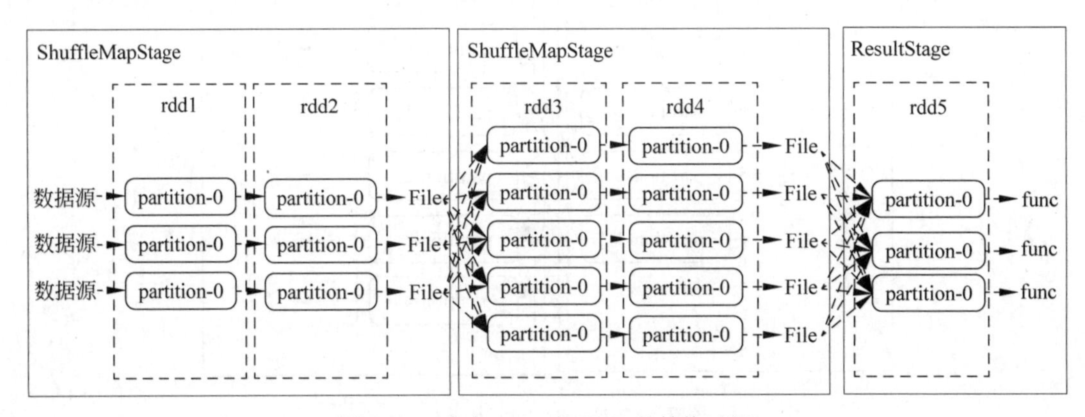

图 3.70 多个 Stage 的 RDD 的转换过程

5. 缓存处理

在执行 RDD 的转换操作时，如果用户指定了对某个 RDD 进行缓存，则在 RDD 第一次计算的时候，会将 RDD 的每个分区的数据缓存到所在的 Executor 中的 BlockManager 中，当 RDD 的数据再次被使用到的时候，会直接从缓存中读 RDD 的分区的数据，避免了从其父 RDD 计算的过程，从而加快了计算过程。如果一个 RDD 的数据进行了缓存，并且在一个 Stage 中使用到了该 RDD，那么该 Stage 的 Task 在计算最佳运行位置的时候，Task 的最佳运行位置会与计算的 RDD 的分区依赖该 RDD 的分区所在的 Executor 保持一致。这样在 Task 执行时，无须进行数据的网络传输，直接使用本地 BlockManager 缓存的 RDD 的分区的数据，即可实现 RDD 的计算。

同样，当 RDD 进行了 checkpoint，RDD 的计算也不会通过其父 RDD 的数据进行计算，而是加载 checkpoint 目录中 RDD 的数据，避免了该 RDD 之前的所有父 RDD 的计算。

6. 迭代计算

在一个 Stage 中，多个 RDD 的计算是通过每一条数据的迭代计算的，并不是通过多个 RDD 的每个分区执行转换的。如在一个 Stage 中包含 rdd1 到 rdd3 的转换，该 RDD 真正计算时，并不是先计算出 rdd1 的某分区的所有数据，该分区的数据都计算完成后，再经过转换变为 rdd2 的分区的数据……在实际的计算过程中，Spark 通过迭代器，依次对某分区中每一条数据执行 rdd1 到 rdd2 的转换，再执行 rdd2 到 rdd3 的转换，再将 rdd3 中该条数据按照需要执行的操作执行，执行完成后，迭代下一条数据，再次经过 rdd1 到 rdd3 的转换操作，最终将该分区中的所有数据一条一条按照转换过程迭代完成。Spark 使用这样的迭代方式，避免了一次性将分区中的所有数据加载到内存中，造成内存的溢出。Spark 的每个 Task 在执行计算时都只计算其中一条数据，完成这一条数据的转换后，再执行下一条。通过这样的迭代操作实现了在内存比数据量小很多地情况下，依然能够快速地计算。在一个 Stage 中，每个 Task 负责依次迭代某一分区的数据，一条一条进行转换，完成该分区的数据的计算。当所有分区都计算完成时，该 Stage 也就计算完成。

7. 内存使用

在任务执行的过程中，除了在每个 Task 中迭代每条数据产生的堆内存消耗外，还有其他部分，如 Shuffle 的 Map 阶段对数据进行分组、Reduce 阶段对数据进行聚合等过程会额外消耗内存。对于其他部分的内存消耗，在每个 Executor 中都使用内存管理器来管理该 Executor 使用的内存。

在对 RDD 进行缓存时，RDD 的缓存是对 RDD 的每个分区数据进行缓存，如果数据缓存在内存中，对应分区所在的 Executor 会使用内存管理器记录缓存数据的大小，以免在内存不足时，在数据缓存的过程中出现内存溢出的情况。在 Shuffle 过程中，Map 阶段按照 key 在本阶段的分组和在 Reduce 阶段的数据聚合过程，都会产生额外的内存消耗，通过记录 Shuffle 过程的内存消耗可以在内存不足时将数据溢写到磁盘上，避免内存溢出。这也是 RDD 的“弹性”所在。关于 Spark 运行过程中内存的使用和分配过程将在 3.4 节内存管理中做详细讲述。

3.3.7 Task 结果处理

当 Executor 中 Task 运行完成时，需要将 Task 的运行结果返回 Driver 程序，Driver 程序根据结果判断该 Stage 是否计算完成，或者该 Job 是否计算完成。

1. ResultTask 结果

ResultTask 运行完成后，会将其运行结果返回至 Driver 端。根据运行结果的大小返回的结果被分为直接运行结果和非直接运行结果。当运行结果的大小大于 Spark 配置的最大直接结果大小的参数时，会将运行结果保存至当前 Executor 的 BlockManager 中，并将保存的地址序列化后返回，否则直接将运行结果序列化后返回。

2. ShuffleMapTask 结果

ShuffleMapTask 运行完成后，会将运行结果直接保存在当前 Executor 的 BlockManager 中，并将保存结果的位置封装到 MapStatus 中，最终 ShuffleMapTask 运行完成的结果都为 MapStatus 类型。

3. 返回至 Driver 端

Executor 将 Task 的运行结果序列化后，通过 Driver 的 Endpoint-Ref 发送至 Driver 端。Driver 端的 Endpoint 收到运行结果后，通知 TaskScheduler Task 运行完成，TaskScheduler 获取对应的 TaskSetManager，TaskSetManager 将从正在运行的 Task 列表

中移除该 Task。使用 TaskResultGetter 工具获取该 Task 的运行结果,如果为非直接的运行结果,会使用 BlockManager 到相应的节点拉取运行结果。获取运行结果后再次交由 TaskScheduler 处理,TaskScheduler 将结果交由对应 TaskSetManager 处理,TaskSetManager 结束该 Task 其他正在运行的副本,将运行结果通知 DAGScheduler。

DAGScheduler 判断该 Task 所属的 Stage 是 ResultStage 还是 ShuffleMapStage。如果是 ResultStage,则将该 Stage 对应的 Job 完成的 Task 加 1。如果完成的 Task 数量和 Job 与需要计算的分区的数量相同,表示所有的分区都计算完毕,则结束该 Job。如果为 ShuffleMapStage,会将对应的结果保存至对应的 ShuffleMapStage 中,ShuffleMapStage 将该分区 id 从正在运行的分区列表中移除。当 ShuffleMapStage 中正在运行的分区数为 0 时,表示该 Stage 的所有分区数据计算完成,通过 MapOutputTrackerMaster 将该 Stage 的每个分区的运行结果位置保存至 MapOutputTrackerMaster 中。该 Stage 运行完成后,检查是否有需要运行的子 Stage,如果有则将子 Stage 进行提交,运行下一个 Stage。Driver 端对运行结果的处理流程如图 3.71 所示。

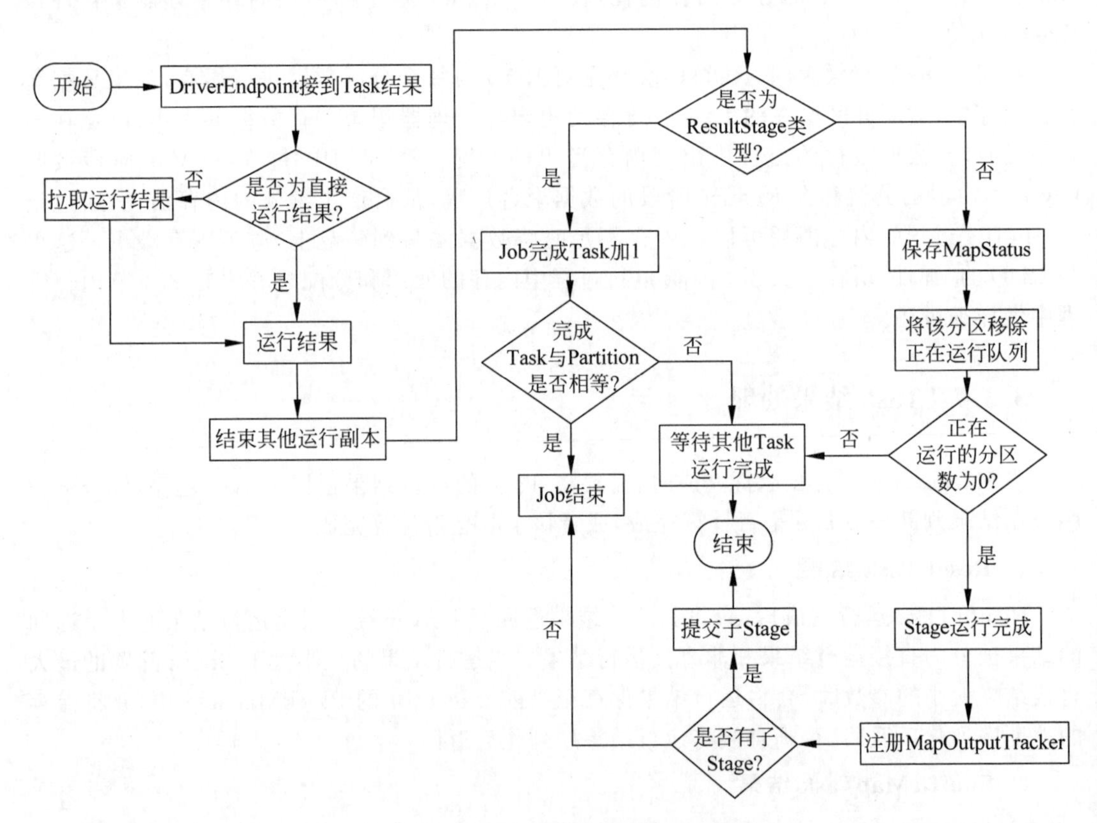

图 3.71 Driver 端对结果的处理流程

3.3.8 源码分析

1. Job 提交

Spark Job 的提交都是由 RDD 的 action 操作触发,每个 action 操作都会触发 SparkContext

中的 runJob()执行。如在典型的 action 操作 count 中,RDD 的 count 代码如下：

```
def count(): Long = sc.runJob(this,Utils.getIteratorSize _).sum
```

上述代码在 count 中调用了 SparkContext 的 runJob(),该方法接收两个参数：第一个为需要执行的 RDD,在代码中即为 this；第二个为在每个分区中需要执行的操作。在 count 操作中,每个分区执行的操作即为统计每个分区的记录的数量。runJob()的返回值为数组类型,包含每个分区的运行结果,通过对每个分区数量进行求和,进而得到 RDD 的数据量的大小。Utils.getIteratorSize 实现如下：

```
def getIteratorSize[T](iterator: Iterator[T]): Long = {
  var count = 0L
  while (iterator.hasNext) {
    count += 1L
    iterator.next()
  }
  count
}
```

该方法获取 RDD 的某个分区的迭代器,每个记录加 1,进而求得分区记录的数量。

runJob()方法调用了 SparkContext 中重载的 runJob()方法,在重载的方法中,接收三个参数,分别为执行的 RDD、每个分区执行的操作 func、执行的分区的数组。其实现如下：

```
def runJob[T,U: ClassTag](rdd: RDD[T],func: Iterator[T] => U): Array[U] = {
  runJob(rdd,func,0 until rdd.partitions.length)
}
```

在 runJob()方法中,又调用了重载的 runJob()方法,该方法将对分区的操作清除了闭包,保证该操作能够进行序列化。其实现如下：

```
def runJob[T,U: ClassTag](
                              rdd: RDD[T],
                              func: Iterator[T] => U,
                              partitions: Seq[Int]): Array[U] = {
  val cleanedFunc = clean(func)
  runJob(rdd,(ctx: TaskContext,it: Iterator[T]) => cleanedFunc(it),partitions)
}
```

runJob()继续调用重载方法,在重载方法中创建了和分区相同大小的数组,用于保存每个分区的计算结果,最终将结果的数组返回。其实现如下：

```
def runJob[T,U: ClassTag](
                              rdd: RDD[T],
                              func: (TaskContext,Iterator[T]) => U,
                              partitions: Seq[Int]): Array[U] = {
  val results = new Array[U](partitions.size)
  runJob[T,U](rdd,func,partitions,(index,res) => results(index) = res)
  results
}
```

runJob()继续调用重载方法,最终将 Job 信息提交至 DAGScheduler 进行处理,并且

Job 执行完成后，对 RDD 进行了 doCheckpoint 操作。其实现如下：

```
def runJob[T,U: ClassTag](rdd: RDD[T],func: (TaskContext,Iterator[T]) => U,
                          partitions: Seq[Int],resultHandler: (Int,U) => Unit): Unit = {
  val callSite = getCallSite
  val cleanedFunc = clean(func)
  dagScheduler.runJob(rdd,cleanedFunc,partitions,callSite,resultHandler,localProperties.get)
  rdd.doCheckpoint()
}
```

2. Stage 划分

DAGScheduler 的 runJob()方法将 Job 进行了提交，并且返回了 waiter 对象，等待 Job 运行完成。其实现如下：

```
def runJob[T,U](
             rdd: RDD[T],
             func: (TaskContext,Iterator[T]) => U,
             partitions: Seq[Int],
             callSite: CallSite,
             resultHandler: (Int,U) => Unit,
             properties: Properties): Unit = {
  val start = System.nanoTime
  val waiter = submitJob(rdd,func,partitions,callSite,resultHandler,properties)
  ThreadUtils.awaitReady(waiter.completionFuture,Duration.Inf)
  waiter.completionFuture.value.get match {
    case scala.util.Success(_) =>
      logInfo("Job %d finished: %s,took %f s".format(waiter.jobId,callSite.shortForm,
(System.nanoTime - start)/1e9))
    case scala.util.Failure(exception) =>
      ...
  }
}
```

DAGScheduler 的 submitJob()方法中，为 Job 创建了该 Job 的 id，并且生成了 JobWaiter 对象，用于等待 Job 运行完成，将 Job 的信息封装到 JobSubmitted 消息中，并将该消息提交到 DAGScheduler 的消息队列中。其实现如下：

```
def submitJob[T,U](rdd: RDD[T],func: (TaskContext,Iterator[T]) => U,partitions: Seq[Int],
                  callSite:CallSite,resultHandler: (Int,U) => Unit,properties: Properties):
JobWaiter[U] = {
  val maxPartitions = rdd.partitions.length
  ...
  val jobId = nextJobId.getAndIncrement()
  ...
  val func2 = func.asInstanceOf[(TaskContext,Iterator[_]) => _]
  //创建 waiter 对象
  val waiter = new JobWaiter[U](this,jobId,partitions.size,resultHandler)
  //将 job 提交到队列中,提交的消息在 DAGSchedulerEventProcessLoop 中处理
  eventProcessLoop.post(JobSubmitted(
    jobId,rdd,func2,partitions.toArray,callSite,waiter,
```

```
    SerializationUtils.clone(properties)))
  //返回 waiter 对象
  waiter
}
```

DAGScheduler 的消息队列中的消息最终被线程池中的线程处理，在接收到 JobSubmitted 的消息后，交给了 DAGScheduler 的 handleJobSubmitted()方法进行处理。处理过程如下：

```
private def doOnReceive(event: DAGSchedulerEvent): Unit = event match {
  case JobSubmitted(jobId, rdd, func, partitions, callSite, listener, properties) =>
    dagScheduler.handleJobSubmitted(jobId, rdd, func, partitions, callSite, listener, properties)
  ...
}
```

在 handleJobSubmitted()方法中，根据 Job 中最终执行的 RDD 首先创建了最后执行的 ResultSteage，在创建 ResultSteage 时，因为 ResultSteage 会记录其所有的父 Stage，所以会先创建其父 Stage。Stage 都创建完成后，会提交最后一个 finalStage 进行执行。handleJobSubmitted()方法实现如下：

```
private[scheduler] def handleJobSubmitted(jobId: Int,
    finalRDD: RDD[_], func: (TaskContext, Iterator[_]) => _, partitions: Array[Int],
    callSite: CallSite, listener: JobListener, properties: Properties) {
  var finalStage: ResultStage = null
  try {
    //创建 ResultStage
    finalStage = createResultStage(finalRDD, func, partitions, jobId, callSite)
  } catch {
    ...
  }
  //创建 Job 对象
  val job = new ActiveJob(jobId, finalStage, callSite, listener, properties)
  ...
  val jobSubmissionTime = clock.getTimeMillis()
  jobIdToActiveJob(jobId) = job
  activeJobs += job
  finalStage.setActiveJob(job)
  ...
  submitStage(finalStage)
}
```

在 createResultStage()方法中，创建了 ResultStage，同时递推创建了其父 Stage，创建过程如下：

```
private def createResultStage(rdd: RDD[_], func: (TaskContext, Iterator[_]) => _,
  partitions: Array[Int], jobId: Int, callSite: CallSite): ResultStage = {
  //获取这个 RDD 的直接的父 Stage
  val parents = getOrCreateParentStages(rdd, jobId)
  //生成 Stage id
  val id = nextStageId.getAndIncrement()
  //创建 ResultStage
  val stage = new ResultStage(id, rdd, func, partitions, parents, jobId, callSite)
```

```
    stageIdToStage(id) = stage
    stage
  }
```

在 getOrCreateParentStages()方法中，获取了该 RDD 所有直接的 ShuffleDependency，根据这些依赖，创建了其直接的父 Stage。方法的实现如下：

```
  private def getOrCreateParentStages(rdd: RDD[_],firstJobId: Int): List[Stage] = {
  //获取 RDD 的直接的 ShuffleDependency
    getShuffleDependencies(rdd).map { shuffleDep =>
      //每一个 Shuffle 依赖,都创建一个 ShuffleMapStage
      getOrCreateShuffleMapStage(shuffleDep, firstJobId)
    }.toList
  }
```

在 getShuffleDependencies()方法中，将最终的 RDD 压入栈中，遍历栈中的所有的 RDD，如果 RDD 的依赖为宽依赖，则将该 ShuffleDependency 加入到 parent 的 HashSet 中，如果为窄依赖，将窄依赖的父 RDD 压入栈中，继续遍历。最终得到该 RDD 的所有的直接的 ShuffleDependency。其实现如下：

```
  private[scheduler] def getShuffleDependencies(rdd: RDD[_]): HashSet[ShuffleDependency[_, _, _]] = {
    //所有的直接宽依赖
    val parents = new HashSet[ShuffleDependency[_, _, _]]
    //遍历过的 RDD
    val visited = new HashSet[RDD[_]]
    //等待遍历的栈
    val waitingForVisit = new Stack[RDD[_]]
    //将最后的 RDD 压入栈中
    waitingForVisit.push(rdd)
    //遍历栈中所有元素
    while (waitingForVisit.nonEmpty) {
      //取出栈中的 RDD
      val toVisit = waitingForVisit.pop()
      if (!visited(toVisit)) {
        //将遍历过的 RDD 加入到已遍历的列表中,防止出现循环依赖
        visited += toVisit
        //获取该 RDD 的依赖信息,遍历每一个依赖
        toVisit.dependencies.foreach {
          case shuffleDep: ShuffleDependency[_, _, _] =>
            //如果为 ShuffleDependency,将该依赖加入到返回的集合中
            parents += shuffleDep
          case dependency =>
            //如果为窄依赖,继续遍历依赖的 RDD,将依赖的 RDD 压入栈中
            waitingForVisit.push(dependency.rdd)
        }
      }
    }
    parents
  }
```

在 getOrCreateParentStages 方法中，将获取到的每一个 ShuffleDependency，在

getOrCreateShuffleMapStage 方法中都创建一个 ShuffleMapStage。getOrCreateShuffleMapStage 方法实现如下：

```
private def getOrCreateShuffleMapStage(shuffleDep: ShuffleDependency[_, _, _], firstJobId:
Int): ShuffleMapStage = {
  shuffleIdToMapStage.get(shuffleDep.shuffleId) match {
      case Some(stage) =>
          //如果存在则直接返回
          stage
      case None =>
          //如果不存在,则先创建这个 shuffleDep 的祖先的 ShuffleMapStage
          getMissingAncestorShuffleDependencies(shuffleDep.rdd).foreach { dep =>
            if (!shuffleIdToMapStage.contains(dep.shuffleId)) {
                  createShuffleMapStage(dep, firstJobId)
            }
          }
          //创建 shuffleDep 的 ShuffleMapStage
          createShuffleMapStage(shuffleDep, firstJobId)
  }
}
```

getMissingAncestorShuffleDependencies 方法获取了宽依赖的 RDD 的所有的父宽依赖,为其父宽依赖首先创建 ShuffleMapStage,所有的父宽依赖的 RDD 都创建完成后,创建本宽依赖的 ShuffleMapStage。在 shuffleIdToMapStage 中记录这每个 ShuffleId 和 ShuffleMapStage 的对应关系,若一个 ShuffleDependency 已经创建过 ShuffleMapStage,则不用重新创建。

createShuffleMapStage 方法根据 ShuffleDependency 创建了 ShuffleMapStage,并且在 MapOutputTracker 中注册了该 Shuffle。其实现如下：

```
def createShuffleMapStage(shuffleDep: ShuffleDependency[_, _, _], jobId: Int): ShuffleMapStage = {
  //该宽依赖的依赖的 RDD
  val rdd = shuffleDep.rdd
  //Stage 中运行的 task 的数量等于 RDD 的分区的数量
  val numTasks = rdd.partitions.length
  //获取这个 Shuffle 依赖的父 Stage,一般来说,执行到这一步的时候,它的父 Stage 都已经创建了
  val parents = getOrCreateParentStages(rdd, jobId)
  val id = nextStageId.getAndIncrement()
  //创建 ShuffleMapStage
  val stage = new ShuffleMapStage(id, rdd, numTasks, parents, jobId, rdd.creationSite, shuffleDep)

  stageIdToStage(id) = stage
  shuffleIdToMapStage(shuffleDep.shuffleId) = stage
  updateJobIdStageIdMaps(jobId, stage)
  //如果 mapOutputTracker 中有 Shuffle 的结果
  if (mapOutputTracker.containsShuffle(shuffleDep.shuffleId)) {
    val serLocs = mapOutputTracker.getSerializedMapOutputStatuses(shuffleDep.shuffleId)
    val locs = MapOutputTracker.deserializeMapStatuses(serLocs)
    (0 until locs.length).foreach { i =>
      if (locs(i) ne null) {
```

```
          //第一次运行 locs(i)为空
          stage.addOutputLoc(i, locs(i))
        }
      }
    } else {
      //在 mapOutputTracker 注册 Shuffle
      mapOutputTracker.registerShuffle(shuffleDep.shuffleId, rdd.partitions.length)
    }
    stage
  }
```

在 mapOutputTracker 中注册 Shuffle，记录 shuffleId 和其运行结果的映射关系，Shuffle Map 端的运行结果都是 MapStatus，记录结果的保存位置，在注册 Shuffle 时，使用数组保存所有分区的计算结果，数组的大小即为 RDD 分区的大小，注册的过程如下：

```
def registerShuffle(shuffleId: Int, numMaps: Int) {
  //使用一个数组，保存每个 Shuffle 的结果
  if(mapStatuses.put(shuffleId, new Array[MapStatus](numMaps)).isDefined) {
    throw new IllegalArgumentException("Shuffle ID " + shuffleId + " registered twice")
  }
  ...
}
```

经过以上过程，Job 被分为一个 ResultStage 和多个 ShuffleMapStage。每个 Stage 都记录着其父 Stage，从而形成了一系列的 Stage 之间的依赖关系。在后续执行过程中，只要依次执行各个 Stage 即可完成 Job 的执行。ResultStage 和 ShuffleMapStage 都继承自抽象类 Stage，它们的关系如图 3.72 所示。

在抽象类 Stage 中，其成员变量有 Stage 的 id、该 Stage 中最后执行操作的 RDD、Task 的数量、该 Stage 依赖的所有的父 Stage、触发该 Stage 的第一个 Job 的 id。在其方法中

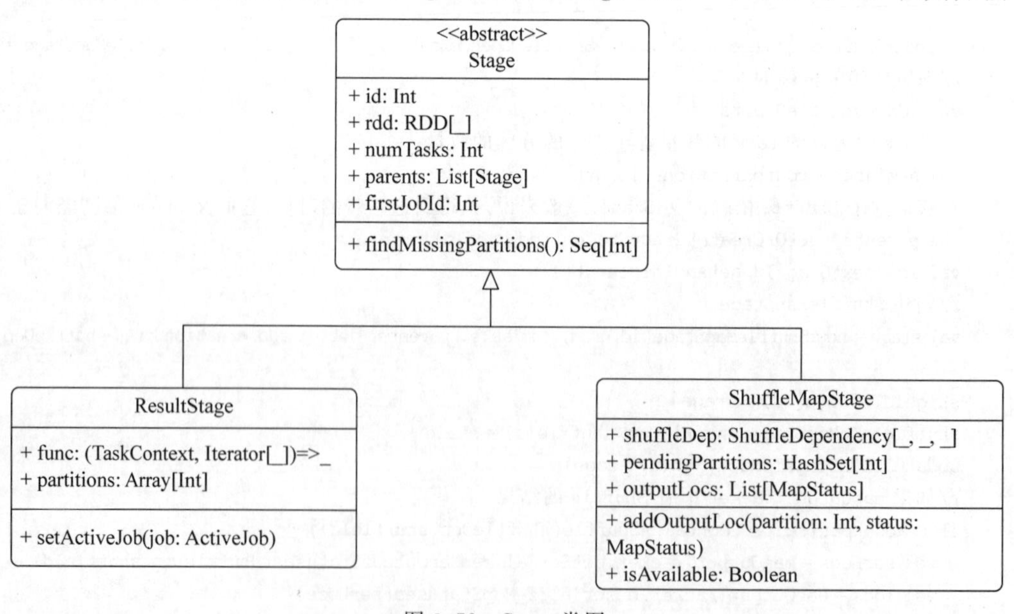

图 3.72　Stage 类图

findMissingPartitions()可以返回该 Stage 中哪个分区的数据不可用，在执行该 Stage 的时候，只需要计算不可用的分区的数据即可，其他可用分区的数据可直接使用，不必再次进行计算。findMissingPartitions()为抽象方法，由其子类实现。Stage 的实现如下：

```
private[scheduler] abstract class Stage(
                                    val id: Int,
                                    val rdd: RDD[_],          //这个阶段运行的最后一个 rdd
                                    val numTasks: Int,        //这个阶段的 Task 数量
                                    val parents: List[Stage], //当前的 Stage 依赖的 Stage
                                    val firstJobId: Int,
                                    val callSite: CallSite)
  extends Logging {
  val numPartitions = rdd.partitions.length
  override final def hashCode(): Int = id
  override final def equals(other: Any): Boolean = other match {
    case stage: Stage => stage != null && stage.id == id
    case _ => false
  }
  def findMissingPartitions(): Seq[Int]
}
```

在 ResultStage 中，除包含有父类的信息以外，还有成员变量 func，记录最终对该 RDD 执行何种操作、partitions 记录在 ResultStage 中需要计算哪些分区，使用 Int 类型的数组保存每个分区的 id。在 ResultStage 中可以通过 setActiveJob 设置当前执行的 Job，在 ActiveJob 中记录了该 Job 最后一个 Stage 中每个分区的计算完成情况，使用 Boolean 类型的数组表示。当分区的数据计算完成时，会将对应的分区设置为 true，表示该分区的结果已计算完成。ActiveJob 源码如下：

```
private[spark] class ActiveJob(
                                 val jobId: Int,             //Job id
                                 val finalStage: Stage,      //最后一个 Stage
                                 val callSite: CallSite,
                                 val listener: JobListener,
                                 val properties: Properties) {
  //Job 需要计算的分区数
  //如果为 ResultStage，即为该 Stage 的分区的数量
  //如果为 ShuffleMapStage，则为 Shuffle Map 阶段的 RDD 的分区的数量
  val numPartitions = finalStage match {
    case r: ResultStage => r.partitions.length
    case m: ShuffleMapStage => m.rdd.partitions.length
  }
  //记录每个分区数据完成的情况
  val finished = Array.fill[Boolean](numPartitions)(false)
  var numFinished = 0
}
```

ResultStage 中 findMissingPartitions()方法判断哪个分区的数据不可用，通过调用 activeJob 中的 finished 数组判断分区是否计算完成。ResultStage 的实现如下：

```
private[spark] class ResultStage(
    id: Int,
    rdd: RDD[_],
    val func: (TaskContext, Iterator[_]) => _,
    val partitions: Array[Int],
    parents: List[Stage],                                    //依赖的父 stage
    firstJobId: Int,
    callSite: CallSite)
  extends Stage(id, rdd, partitions.length, parents, firstJobId, callSite) {
  private[this] var _activeJob: Option[ActiveJob] = None
  def activeJob: Option[ActiveJob] = _activeJob
  def setActiveJob(job: ActiveJob): Unit = {
    _activeJob = Option(job)
  }
  def removeActiveJob(): Unit = {
    _activeJob = None
  }
  //计算数据不可用的分区
  override def findMissingPartitions(): Seq[Int] = {
    val job = activeJob.get
    (0 until job.numPartitions).filter(id => !job.finished(id))
  }
  override def toString: String = "ResultStage " + id
}
```

在 ShuffleMapStage 中除包含父类的信息外，还记录了划分该 Stage 的 ShuffleDependency，由于划分 Stage 的时候，是依次调用 RDD 的父 RDD 找到宽依赖划分的 Stage，所以在 ShuffleMapStage 中记录的 ShuffleDependency 是该 Stage 中最后一个 RDD 和下一个 Stage 的第一个 RDD 产生的依赖。在 ShuffleDependency 中记录了如何对数据进行聚合、如果写入到文件等操作。在 ShuffleMapStage 中还是用 pendingPartitions 记录了等待计算的分区，使用 outputLocs 记录每个分区的计算结果等。ShuffleMapStage 每个分区的计算结果都是 MapStatus，记录结果保存的位置。findMissingPartitions()通过判断 outputLocs 中某个分区是否有可用的结果，从而判断出该 Stage 中所有不可用的分区。ShuffleMapStage 的实现如下：

```
private[spark] class ShuffleMapStage(
                                    id: Int,
                                    rdd: RDD[_],  //这个 RDD 是在这个 Stage 中的最后一个 RDD
                                    numTasks: Int,         //分区数
                                    parents: List[Stage],   //所有父 Stage
                                    firstJobId: Int,
                                    callSite: CallSite,
                                    val shuffleDep: ShuffleDependency[_, _, _])
                                    //划分该 Stage 的宽依赖
  extends Stage(id, rdd, numTasks, parents, firstJobId, callSite) {
  //还未计算的分区
  val pendingPartitions = new HashSet[Int]
  //这个 Stage 每个分区的结果输出
  private[this] val outputLocs = Array.fill[List[MapStatus]](numPartitions)(Nil)
```

```
    override def toString: String = "ShuffleMapStage " + id
    ...
    //这个 Stage 是否可用
    def isAvailable: Boolean = _numAvailableOutputs == numPartitions

    //计算不可用的分区
    override def findMissingPartitions(): Seq[Int] = {
      val missing = (0 until numPartitions).filter(id => outputLocs(id).isEmpty)
      missing
    }
    //某个 partition 运行完成,记录运行结果
    def addOutputLoc(partition: Int, status: MapStatus): Unit = {
      val prevList = outputLocs(partition)
      outputLocs(partition) = status :: prevList
      if (prevList == Nil) {
        _numAvailableOutputs += 1
      }
    }
    ...
  }
```

在创建了最后执行的 ResultStage 和其依赖的一系列的 ShuffleMapStage 后,即可将各个 Stage 提交进行执行,首先会提交 ResultStage 执行,在执行 ResultStage 时,会递归判断其依赖的父 Stage 是否已经计算完成,如果父 Stage 没有计算完成,则会首先提交依赖的父 Stage。直到某个 Stage 依赖 Stage 计算完成或者没有依赖的父 Stage,再将需要执行的 Stage 划分为 Task 进行执行。submitStage 方法提交 Stage 的过程如下:

```
private def submitStage(stage: Stage) {
  val jobId = activeJobForStage(stage)
  if (jobId.isDefined) {
    if (!waitingStages(stage) && !runningStages(stage) && !failedStages(stage)) {
      //获取这个 Stage 直接关联的父 Stage
      val missing = getMissingParentStages(stage).sortBy(_.id)
      if (missing.isEmpty) {
        //如果父 Stage 完成,则提交本 Stage
        submitMissingTasks(stage, jobId.get)
      } else {
        //否则,提交父 Stage,这个过程会递归所有的父 Stage
        for (parent <- missing) {
          submitStage(parent)
        }
        //将该 Stage 加入到等待队列汇总
        waitingStages += stage
      }
    }
  } else {
    abortStage(stage, "No active job for stage " + stage.id, None)
  }
}
```

3. Task 划分

在 DAGScheduler 中，使用 submitMissingTasks 方法将 Stage 划分为多个 Task，并将 Task 封装为 TaskSet 交给 TaskScheduler 处理。在划分 Task 时，首先通过 Stage 的 findMissingPartitions()方法得到该 Stage 中数据不可用的分区，为这些分区每个分区创建一个 Task 执行。由于同一个 Stage 中，所有的 Task 执行的 RDD 和执行的操作都相同，所以 Spark 为每个 Stage 创建了一份 taskBinary，包括执行的 RDD 和执行的操作，通过广播变量的形式，广播到其他的 Executor 中，多个 Task 在同一个 Executor 中执行时，只需要共用一份 taskBinary 即可。ResultStage 创建 ResultTask，ShuffleMapStage 创建 ShuffleMapTask，创建的过程如下：

```
private def submitMissingTasks(stage: Stage, jobId: Int) {
  //找到这个 Steage 丢失的分区的数量
  val partitionsToCompute: Seq[Int] = stage.findMissingPartitions()
  //计算 Task 运行的首选位置,后续详细分析
  ...
  runningStages += stage
  //将 Task 序列化,并广播出去
  var taskBinary: Broadcast[Array[Byte]] = null
  try {
    val taskBinaryBytes: Array[Byte] = stage match {
      //ShuffleMapStage 的 Task 就是 (rdd, shuffleDep)
      case stage: ShuffleMapStage =>
        JavaUtils.bufferToArray(
          closureSerializer.serialize((stage.rdd, stage.shuffleDep): AnyRef))
      //ResultStage 的 task 就是用户定义的 func (rdd, func)
      case stage: ResultStage =>
        JavaUtils.bufferToArray(closureSerializer.serialize((stage.rdd, stage.func): AnyRef))
    }
    //将 Task 序列化数据,通过广播变量广播出去
    taskBinary = sc.broadcast(taskBinaryBytes)
  } catch {
    ...
  }
  //将每个 partition 通过 map 函数转化为 Task
  val tasks: Seq[Task[_]] = try {
    val serializedTaskMetrics = closureSerializer.serialize(stage.latestInfo.taskMetrics).array()
    stage match {
      case stage: ShuffleMapStage =>
        stage.pendingPartitions.clear()
        //通过要计算的 partition 生成对应的 Task
        partitionsToCompute.map { id =>
          //Task 运行的首选位置
          val locs = taskIdToLocations(id)
          //对应的 partition
          val part = stage.rdd.partitions(id)
          //将需要运行的 partition 加入 Stage 待运行的队列中
          stage.pendingPartitions += id
          //shuffleMapStage 生成 ShuffleMapTask
```

```
          new ShuffleMapTask(stage.id, stage.latestInfo.attemptId,
            taskBinary, part, locs, properties, serializedTaskMetrics, Option(jobId),
            Option(sc.applicationId), sc.applicationAttemptId)
        }
      case stage: ResultStage =>
        partitionsToCompute.map { id =>
          val p: Int = stage.partitions(id)
          val part = stage.rdd.partitions(p)
          val locs = taskIdToLocations(id)
          new ResultTask(stage.id, stage.latestInfo.attemptId,
            taskBinary, part, locs, id, properties, serializedTaskMetrics,
            Option(jobId), Option(sc.applicationId), sc.applicationAttemptId)
        }
    }
  } catch {
    ...
  }
  if (tasks.size > 0) {
    //将这个 Stage 的一批 Task 封装成一个 taskSet 对象,交给 taskScheduler 处理
    taskScheduler.submitTasks(new TaskSet(tasks.toArray, stage.id, stage.latestInfo.attemptId,
jobId, properties))
  } else {
    ...
    submitWaitingChildStages(stage)
  }
}
```

在创建的 ResultTask 和 ShuffleMapTask 中,它们都继承了 Task 类。它们之间的关系如图 3.73 所示。

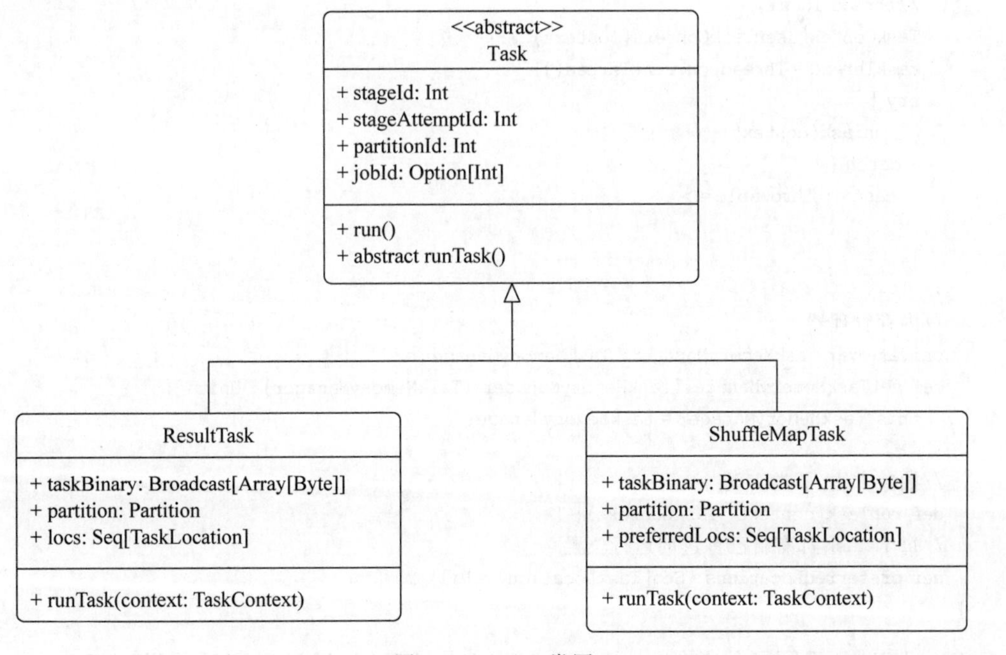

图 3.73 Task 类图

在 Task 中记录了所属的 Stage 的 id,计算的分区的 id、jobId 等。Task 的 run()方法中,调用了其抽象方法 runTask(),子类通过重写 runTask()方法,实现自定义的 Task 执行的内容。Task 类会被序列化后,提交到 Executor 中运行。在 Task 的父类中,定义了 Task 运行的上下文 TaskContext,TaskContext 中最重要的为其内存管理器,内存管理器伴随着每个 Task 的从开始运行到结束,记录该 Task 在执行时对内存的使用情况。关于内存使用部分会在内存管理章节详细讲解。Task 的源码如下:

```
private[spark] abstract class Task[T](
    val stageId: Int,                         //Stage id
    val partitionId: Int,
    val jobId: Option[Int] = None,            //Job id
    val appId: Option[String] = None,         //App id
    ...
    val appAttemptId: Option[String] = None) extends Serializable {
  final def run(
      taskAttemptId: Long,
      attemptNumber: Int,
      metricsSystem: MetricsSystem): T = {
    SparkEnv.get.blockManager.registerTask(taskAttemptId)
    context = new TaskContextImpl(
      stageId,
      partitionId,
      taskAttemptId,
      attemptNumber,
      taskMemoryManager,                      //内存管理器
      localProperties,
      metricsSystem,
      metrics)
    //thread local
    TaskContext.setTaskContext(context)
    taskThread = Thread.currentThread()
    try {
      runTask(context)
    } catch {
      case e: Throwable =>
      ...
    }
  }
  //内存管理器
  private var taskMemoryManager: TaskMemoryManager = _
  def setTaskMemoryManager(taskMemoryManager: TaskMemoryManager): Unit = {
    this.taskMemoryManager = taskMemoryManager
  }
  //抽象方法,子类实现
  def runTask(context: TaskContext): T
  //每个 Task 都有自己首选的运行位置
  def preferredLocations: Seq[TaskLocation] = Nil
}
```

ResultTask 重写了父类的 runTask 方法,ResultTask 经过序列后传送到 Executor 中

执行，最终会执行 ResultTask 的 runTask()方法，在 runTask()方法中，通过反序列化 Task 的二进制数据得到要计算的 RDD 和需要在 RDD 上执行的操作，通过 rdd.iterator()方法计算 RDD 的某分区的数据，在该分区的数据中执行用户定义的操作，从而完成 Task 的运行。ResultTask 实现如下：

```
private[spark] class ResultTask[T, U](
                                        stageId: Int,
                                        stageAttemptId: Int,
                                        taskBinary: Broadcast[Array[Byte]],
                                        partition: Partition,
                                        locs: Seq[TaskLocation],
                                        val outputId: Int,
                                        localProperties: Properties,
                                        serializedTaskMetrics: Array[Byte],
                                        jobId: Option[Int] = None,
                                        appId: Option[String] = None,
                                        appAttemptId: Option[String] = None)
  extends Task[U](stageId, stageAttemptId, partition.index, localProperties, serializedTaskMetrics,
    jobId, appId, appAttemptId)
    with Serializable {
  //运行首选位置
  @transient private[this] val preferredLocs: Seq[TaskLocation] = {
    if (locs == null) Nil else locs.toSet.toSeq
  }
  //resultTask 返回的结果是用户定义的类型
  override def runTask(context: TaskContext): U = {
    //获取序列化工具
    val ser = SparkEnv.get.closureSerializer.newInstance()
    //返序列化出需要的 RDD 和需要执行的 function
    val (rdd, func) = ser.deserialize[(RDD[T], (TaskContext, Iterator[T]) => U)](ByteBuffer.
wrap(taskBinary.value), Thread.currentThread.getContextClassLoader)
    ...
    //为当前 RDD 的该分区数据迭代执行 func 操作
    func(context, rdd.iterator(partition, context))
  }
  ...
}
```

ShuffleMapTask 重写了父类的 runTask()方法，ShuffleMapTask 经过序列后传送到 Executor 中执行，最终会执行 ShuffleMapTask 的 runTask()方法，在 runTask()方法中通过反序列化 Task 的二进制数据得到要计算的 RDD 和对应的 ShuffleDependency，通过 ShuffleDependency 可获取到该 Shuffle 的 Map 操作的写入器，使用写入器该分区的数据按照 ShuffleDependency 中定义的操作进行分区，最终写入到文件中，返回 MapStatus 类型结果。关于 Shuffle 过程中的细节将会在 Shuffle 章节详细讲述。ShuffleMapTask 实现如下：

```
private[spark] class ShuffleMapTask(
    stageId: Int, stageAttemptId: Int, taskBinary: Broadcast[Array[Byte]],
    partition: Partition, @transient private var locs: Seq[TaskLocation],
    localProperties: Properties, serializedTaskMetrics: Array[Byte],
```

```
    jobId: Option[Int] = None, appId: Option[String] = None, appAttemptId: Option[String] = None)
  extends Task[MapStatus](stageId, stageAttemptId, partition.index, localProperties,
    serializedTaskMetrics, jobId, appId, appAttemptId)
  with Logging {
  @transient private val preferredLocs: Seq[TaskLocation] = {
    if (locs == null) Nil else locs.toSet.toSeq
  }

  //ShuffleMap 返回的结果是 MapStatus
  override def runTask(context: TaskContext): MapStatus = {
    val ser = SparkEnv.get.closureSerializer.newInstance()
    //获取 RDD 和其依赖
    val (rdd, dep) = ser.deserialize[(RDD[_], ShuffleDependency[_, _, _])](ByteBuffer.wrap
(taskBinary.value), Thread.currentThread.getContextClassLoader)
    var writer: ShuffleWriter[Any, Any] = null
    try {
      //获取 ShuffleManager
      val manager = SparkEnv.get.shuffleManager
      //获取一个写入器
      writer = manager.getWriter[Any, Any](dep.shuffleHandle, partitionId, context)
      writer.write(rdd.iterator(partition, context).asInstanceOf[Iterator[_ <: Product2[Any,
Any]]])
      //返回 mapStatus
      writer.stop(success = true).get
    } catch {
      ...
    }
  }
  ...
}
```

在生成 Task 的过程中，还会计算 Task 的首选运行位置，Task 的首选运行位置与该 Task 执行的 RDD 和分区有关，计算的过程如下：

```
//计算每个 partition 的首选运行位置
val taskIdToLocations: Map[Int, Seq[TaskLocation]] = try {
  stage match {
    case s: ShuffleMapStage =>
      partitionsToCompute.map { id => (id, getPreferredLocs(stage.rdd, id)) }.toMap
    case s: ResultStage =>
      partitionsToCompute.map { id =>
        val p = s.partitions(id)
        //根据 partition 计算 Task 的位置
        (id, getPreferredLocs(stage.rdd, p))}.toMap
  }
} catch {
  ...
}
```

通过遍历需要计算的所有的分区，为每个分区通过调用 getPreferredLocs()方法计算出 RDD 的该分区最佳的运行位置，getPreferredLocs()方法调用其私有方法

getPreferredLocsInternal(),该方法首先从 DAGScheduler 本地获取是否缓存了 RDD 的分区的信息,如果没有缓存,则会查找 RDD 的分区的本身的首选运行位置,如果再找不到则递归该 RDD 所有的窄依赖的 RDD 的最佳运行位置。getPreferredLocsInternal()方法实现如下:

```
private def getPreferredLocsInternal(
                                     rdd: RDD[_],
                                     partition: Int,
                                     visited: HashSet[(RDD[_], Int)]): Seq[TaskLocation] = {
  //如果这个 RDD 的 partition 已经被计算过,则不用重新在计算
  if (!visited.add((rdd, partition))) {
    return Nil
  }
  //获取 RDD 缓存的位置,从本地缓存或 blockmanger 获取缓存位置
  val cached = getCacheLocs(rdd)(partition)
  if (cached.nonEmpty) {
    return cached
  }
  //RDD 本身有首选的位置,比如 haddop 的 InputRDD,会首选 datanode 所在的节点
  //RDD 的首选位置,都是 Host 级别的,也就是其结果都是 string 类型,表明其首选的 Host
  val rddPrefs = rdd.preferredLocations(rdd.partitions(partition)).toList
  if (rddPrefs.nonEmpty) {
    //返回 RDD 本身的首选位置
    return rddPrefs.map(TaskLocation(_))
  }
  //递归找到 RDD 的窄依赖的其他的 RDD 的位置,如果依赖的 RDD 的缓存不为空,则返回其依赖 RDD
  //的位置
  rdd.dependencies.foreach {
    case n: NarrowDependency[_] =>
      for (inPart <- n.getParents(partition)) {
        val locs = getPreferredLocsInternal(n.rdd, inPart, visited)
        if (locs != Nil) {
          return locs
        }
      }

    case _ =>
  }
  //都没找到,返回空,表示没有首选位置,随便调度
  Nil
}
```

在获取缓存的 RDD 位置信息的方法中,首先会从本地查找是否有缓存信息,如果没有则会通过 BlockManagerMaster 获取到 RDD 的缓存的信息。关于 BlockManager 组件的功能会在 Spark 存储原理章节做详细介绍。getCacheLocs()方法实现如下:

```
//获取 RDD 的缓存的位置
private[scheduler] def getCacheLocs(rdd: RDD[_]): IndexedSeq[Seq[TaskLocation]] = cacheLocs.
synchronized {
  //DAGSchduler 在 cacheLocs 中自己缓存了一份 RDD 的存储位置数据
  //如果本地的缓存记录中,不存在该 RDD 的缓存信息
```

```
  if (!cacheLocs.contains(rdd.id)) {
    //如果 RDD 的缓存的级别是 NONE,则肯定没缓存,直接返回空
    val locs: IndexedSeq[Seq[TaskLocation]] = if (rdd.getStorageLevel == StorageLevel.NONE) {
      IndexedSeq.fill(rdd.partitions.length)(Nil)
    } else {
      //RDD 的缓存级别不是 NONE,说明 RDD 可能别缓存了
      //将 RDD 的 partition 转换为 RDDBlockId
      val blockIds = rdd.partitions.indices.map(index => RDDBlockId(rdd.id, index)).toArray
[BlockId]
      //通过 blockManagerMaster 获取这些 Block 数据缓存的位置
      blockManagerMaster.getLocations(blockIds).map { bms =>
        bms.map(bm => TaskLocation(bm.host, bm.executorId))
      }
    }
    //将获取到的位置数据,保存到本地的缓存中
    cacheLocs(rdd.id) = locs
  }
  cacheLocs(rdd.id)
}
```

在 Stage 划分完成 Task 后，最终将一个 Stage 的所有的 Task 封装到了 TaskSet 中，调用了 TaskScheduler 的 submitTasks()方法，将 TaskSet 提交。

4. Task 提交

TaskScheduler 调用 submitTasks()方法后，会将 TaskSet 作为参数传入到方法中，TaskSet 中包含了一个 Stage 中划分的所有的 Task，每个 Task 计算 Stage 的某一个分区的数据，当该 TaskSet 中的 Task 都运行完成时，该 Stage 也就计算完毕。TaskScheduler 会为每一个 TaskSet 创建一个 TaskSetManager，TaskSetManager 负责这个 TaskSet 中每一个 Task 的运行情况，负责失败重试、将每个 Task 调度到最佳的本地化运行级别当中。TaskScheduler 创建 TaskSetManager 后，会将 TaskSchedulerManager 放入调度池中，该调度池默认按照 FIFO 的顺序依次调度每个 TaskSetManager。在 submitTasks()方法的最后，执行了最重要的一步操作，调用了 SchedulerBackend 的 reviveOffers()方法，通知 SchedulerBackend 分配资源。submitTasks()方法实现如下：

```
override def submitTasks(taskSet: TaskSet) {
  val tasks = taskSet.tasks
  this.synchronized {
    //为每一批 Task 创建一个 TaskManager
    val manager = createTaskSetManager(taskSet, maxTaskFailures)
    val stage = taskSet.stageId
    val stageTaskSets = taskSetsByStageIdAndAttempt.getOrElseUpdate(stage, new HashMap[Int,
TaskSetManager])
    //记录 Stage 和 TaskSetManager 的对应关系
    stageTaskSets(taskSet.stageAttemptId) = manager
    //将 tasksetManager 放入调度池中
    schedulableBuilder.addTaskSetManager(manager, manager.taskSet.properties)
    ...
  }
```

```
    //有新任务加入,找到 SchdulerBackend,分配可用资源
    backend.reviveOffers()
  }
```

在 TaskSetManager 中,实现的最主要的功能就是为 TaskSet 中的 Task 划分了不同的本地化运行级别。Spark 将 Task 的本地化运行级别分为 5 种,从小到大依次为 PROCESS_LOCAL、NODE_LOCAL、NO_PREF、RACK_LOCAL、ANY。TaskSetManager 使用 Map 结构,记录了每个本地化运行级别中对应的 Task。TaskSetManager 存储本地化运行级别的数据结构如下:

```
//每个 Executor 的所有的待执行的任务,这个集合其实是个栈结构,没来新的 Task 就添加到集合
//的尾部
private val pendingTasksForExecutor = new HashMap[String, ArrayBuffer[Int]]
//每个 Host 中待执行的任务
private val pendingTasksForHost = new HashMap[String, ArrayBuffer[Int]]
//每个机架中待执行的任务
private val pendingTasksForRack = new HashMap[String, ArrayBuffer[Int]]
//没有最佳位置
private[scheduler] var pendingTasksWithNoPrefs = new ArrayBuffer[Int]
//所有的 Task
private val allPendingTasks = new ArrayBuffer[Int]
```

TaskSetManager 中将 Task,添加到相应的级别的过程如下:

```
//添加所有的待执行的 Task
for (i <- (0 until numTasks).reverse) {
  addPendingTask(i)
}

//添加 Task 到待执行的列表中
private def addPendingTask(index: Int) {
  //这里的首选位置是在 DAG 里计算出来的位置
  for (loc <- tasks(index).preferredLocations) {
    loc match {
      case e: ExecutorCacheTaskLocation =>
        //如果 Task 的首选运行位置是 ExecutorCacheTaskLocation,则把该 Task 放到这个
        //executor 的运行队列中
        //被缓存的数据可能有多个副本,在这个过程中,是有重复数据的
        pendingTasksForExecutor.getOrElseUpdate(e.executorId, new ArrayBuffer) += index
      //如果是 HDFS
      case e: HDFSCacheTaskLocation =>
        //如果数据缓存在 HDFS 中,那么每个 Task 对应的位置是一个 Host,则获取这个 Host 的
        //所有的 executor
        val exe = sched.getExecutorsAliveOnHost(loc.host)
        exe match {
          //如果这个 Host 中有 Executor,把这个 Task 加入到这个节点的所有的 Executor 中
          case Some(set) =>
            for (e <- set) {
              pendingTasksForExecutor.getOrElseUpdate(e, new ArrayBuffer) += index
            }
```

```
            //如果数据被缓存在节点中,但是没 Executor,则无能为力
            case None => logDebug(s"Pending task $index has a cached location at ${e.host}" +
              ", but there are no executors alive there.")
          }
        //其他的类型不处理
        case _ =>
      }
      //把待执行的 Task 加入到 Host 对应的集合中,这里在 Executor 中添加过的 Task,再在 Host 中
      //添加一遍
      pendingTasksForHost.getOrElseUpdate(loc.host, new ArrayBuffer) += index
      //获取到这个 Host 对应的机架
      for (rack <- sched.getRackForHost(loc.host)) {
        //对应机架运行的 Task + 1
        pendingTasksForRack.getOrElseUpdate(rack, new ArrayBuffer) += index
      }
    }
    //如果 Task 运行的首选位置为空
    if (tasks(index).preferredLocations == Nil) {
      //没有指定首选位置的 Task
      pendingTasksWithNoPrefs += index
    }
    //记录所有待执行的 Task
    allPendingTasks += index
  }
```

调用 SchedulerBackend 的 reviveOffers()方法后，在 Standalone 模式中，最终会调用 CoarseGrainedSchedulerBackend 类的 makeOffers()方法，在 makeOffers()方法中，SchedulerBackend 将每个 Executor 可用的资源转换为 WorkerOffer，每个 WorkerOffer 即代表了一个 Executor 的可用资源，SchedulerBackend 将这些 WorkerOffer 提供给 TaskScheduler，调用 TaskScheduler 的 resourceOffers()方法，TaskScheduler 根据这些可用的资源，为每个 WorkerOffer 分配可以运行的 Task。SchedulerBackend 将分配的 Task 提交到集群中的 Executor 中运行。makeOffers()方法实现如下：

```
//为空闲的集群资源分配 Task,并把 Task 提交到集群中执行
private def makeOffers() {
  val taskDescs = CoarseGrainedSchedulerBackend.this.synchronized {
    val activeExecutors = executorDataMap.filterKeys(executorIsAlive)
    //找到所有的 Executor,生成 WorkerOffer(executorId: String, host: String, cores: Int)
    val workOffers = activeExecutors.map { case (id, executorData) =>
      new WorkerOffer(id, executorData.executorHost, executorData.freeCores)
    }.toIndexedSeq
    scheduler.resourceOffers(workOffers)
  }
  if (!taskDescs.isEmpty) {
    //运行 Task
    launchTasks(taskDescs)
  }
}
```

WorkerOffer 为一个样例类，记录 Executor 的 id、host 和可用 CPU 的数量。其实现

如下：

```
private[spark] case class WorkerOffer(executorId: String, host: String, cores: Int)
```

TaskScheduler 的 resourceOffers()方法根据 SchedulerBackend 提供的 WorkerOffer 分配 Task，确定每个 Task 在哪个 Executor 中运行。resourceOffers()方法实现如下：

```
def resourceOffers ( offers: IndexedSeq [ WorkerOffer ]): Seq [ Seq [ TaskDescription ]] =
synchronized {
   ...
   //将所有的可用资源打乱
   val shuffledOffers: IndexedSeq[WorkerOffer] = shuffleOffers(filteredOffers).
   //对于每一个 Executor,将建一个集合保存分配给它的 taskDesc
   //为每个 Executor 分配一个 ArrayBuffer,存储要运行的 Task,大小是 CPU 的数量,如果每个 Task
   //使用多个 CPU,那么这个 Buffer 肯定足够用了
   val tasks = shuffledOffers.map(o => new ArrayBuffer[TaskDescription](o.cores))
   //将每个 Executor 空闲的 CPU,变成一个数组
   val availableCPUs = shuffledOffers.map(o => o.cores).toArray
   //获取所有等待调度的 TaskSetManager
   val sortedTaskSets = rootPool.getSortedTaskSetQueue
   //按照调度顺序获取每一个 TaskSet
   for (taskSet <- sortedTaskSets) {
      ...
      //记录是否运行在最大的本地化级别
      var launchedTaskAtCurrentMaxLocality = false
      //按照本地化级别分配运行的 Task,顺序为 PROCESS_LOCAL, NODE_LOCAL, NO_PREF, RACK_LOCAL, ANY
      for (currentMaxLocality <- taskSet.myLocalityLevels) {
         //遍历每一个本地化级别,从最小的开始
         do {
            //尝试从给定的一个本地化级别分配这个 tasksetManager 中的 Task
            //如果分配成功,则在当前本地化级别再次分配,直到失败,将运行级别增加,再次分配
            launchedTaskAtCurrentMaxLocality = resourceOfferSingleTaskSet(taskSet,
currentMaxLocality, shuffledOffers, availableCPUs, tasks)
            ...
         } while (launchedTaskAtCurrentMaxLocality)
      }
      ...
   }
   ...
   return tasks
}
```

在 resourceOfferSingleTaskSet()方法中，会为给定的 TaskSet 和当前的本地化运行级别，根据当前的资源情况，分配 Task，直到当前本地化级别无法分配，提升一个级别，再次分配任务。resourceOfferSingleTaskSet()方法实现如下：

```
private def resourceOfferSingleTaskSet(
                                        taskSet: TaskSetManager,
                                        maxLocality: TaskLocality,
                                        shuffledOffers: Seq[WorkerOffer],
                                        availableCPUs: Array[Int],
```

```
                                              tasks: IndexedSeq[ArrayBuffer[TaskDescription]]): Boolean = {
  var launchedTask = false
  //遍历每一个 Executor
  for (i <- 0 until shuffledOffers.size) {
    //Executor Id
    val execId = shuffledOffers(i).executorId
    //对应的 Host
    val host = shuffledOffers(i).host
    //如果当前这个 Executor 的可用的 CPU 数量,大于一个 Task 运行所有的 CPU 数量,说明这个
    //Executor CPU 资源可以运行一个 Task
    if (availableCPUs(i) >= CPUS_PER_TASK) {
      try {
        //调用 taskSetManager,给定 Executor 和 Host 及当前可接受的最大的本地化级别,返回
        //所有可以在这个 Executor 中这个级别下运行的 Task
        for (task <- taskSet.resourceOffer(execId, host, maxLocality)) {
          tasks(i) += task
          val tid = task.taskId
          taskIdToTaskSetManager(tid) = taskSet
          taskIdToExecutorId(tid) = execId
          executorIdToRunningTaskIds(execId).add(tid)
          availableCPUs(i) -= CPUS_PER_TASK
          assert(availableCPUs(i) >= 0)
          launchedTask = true
        }
      } catch {
        ...
          return launchedTask
      }
    }
  }
  //返回是否运行了 Task,如果 CPU 的资源不足,则不能够运行 Task
  return launchedTask
}
```

在分配 Task 的过程中,调用了 TaskSetManager 的 resourceOffer()方法,通过传入 ExecutorId、Host 和本地化运行级别让 TaskSetManager 分配相应的 Task,因为在 TaskSetManager 的成员变量中,保存有每一个运行级别对应的需要运行的 Task, TaskSetManager 通过查询该级别的队列,通过出队的方式将 Task 转化为 TaskDescription 返回。TaskDescription 中包含有一个 Task 的所有的信息和运行的 Executor 的 id 信息。

TaskScheduler 的 resourceOffers()方法最终将一系列的 WorkerOffers 资源,转换为一系列的 TaskDescription 对象。SchedulerBackend 通过调用 launchTasks()方法将 TaskDescription 提交到 Executor 中运行。launchTasks()方法实现如下:

```
private def launchTasks(tasks: Seq[Seq[TaskDescription]]) {
  //展开嵌套的集合,遍历每一个 Task
  for (task <- tasks.flatten) {
    //将 Task 序列化
    val serializedTask = TaskDescription.encode(task)
    //如果序列化的 Task 太大,超过了 Rpc 的最大值,则不执行该 Task
```

```
    if (serializedTask.limit >= maxRpcMessageSize) {
     ...
    }
    else {
      //此时,每个 Task 分配到了一个 executorId
      val executorData = executorDataMap(task.executorId)
      //减少 Executor 的可用 CPU
      executorData.freeCores -= scheduler.CPUS_PER_TASK
      //获取 Executor 的 Endpoint 的引用,提交 Task
      executorData.executorEndpoint.send(LaunchTask(new SerializableBuffer(serializedTask)))
    }
  }
}
```

5. Task 运行

在 SchedulerBackend 提交了 Task 以后,LaunchTask 消息会被相应的 Executor 接收到,Executor 的 Endpoint 接收到消息后,将序列化的数据反序列化得到原始的 TaskDescription,调用 executor 的 launchTask()方法执行。其过程如下:

```
override def receive: PartialFunction[Any, Unit] = {
  ...
  case LaunchTask(data) =>
    if (executor == null) {
      exitExecutor(1, "Received LaunchTask command but executor was null")
    } else {
      val taskDesc = TaskDescription.decode(data.value)
      executor.launchTask(this, taskDesc)
    }
     ...
}
```

executor 的 launchTask()方法中,将 Task 封装为 TaskRunner,TaskRunner 为一个 Runable 接口,提交到线程池中运行,在 TaskRunner 的 run()方法中,会调用 Task 的 run()方法,进而执行 Task 中定义的方法。launchTask()方法实现如下:

```
def launchTask(context: ExecutorBackend, taskDescription: TaskDescription): Unit = {
  val tr = new TaskRunner(context, taskDescription)
  runningTasks.put(taskDescription.taskId, tr)
  threadPool.execute(tr)
}
```

TaskRunner 中 run()方法中,为该 Task 创建了内存管理器,更新 Task 的依赖信息,最终调用 Task 的 run()方法执行,Task 子类对应 runTask()方法。实现如下:

```
class TaskRunner( execBackend: ExecutorBackend, private val taskDescription: TaskDescription)
extends Runnable {
  override def run(): Unit = {
    //创建这个 Task 的内存管理器
    val taskMemoryManager = new TaskMemoryManager(env.memoryManager, taskId)
    //通知 Driver,任务开始运行
```

```
      execBackend.statusUpdate(taskId, TaskState.RUNNING, EMPTY_BYTE_BUFFER)
      try {
        //更新依赖
        updateDependencies(taskDescription.addedFiles, taskDescription.addedJars)
        //反序列化
        task = ser.deserialize[Task[Any]](taskDescription.serializedTask, Thread.currentThread.
getContextClassLoader)
        task.localProperties = taskDescription.properties
        //设置内存管理器
        task.setTaskMemoryManager(taskMemoryManager)
        //Task 任务运行结果
        val value = try {
          //任务真正执行,调用 Task 的 run()方法
          val res = task.run(
            taskAttemptId = taskId,
            attemptNumber = taskDescription.attemptNumber,
            metricsSystem = env.metricsSystem)
          threwException = false
          res
        } finally {
          ...
        }
       ...
      } catch {
       ...
      }
    }
}
```

6. Task 运行结果处理

在 TaskRunner 的 run()方法中,通过调用 Task 的 run()方法,得到了 Task 的执行结果。TaskRunner 会将运行的结果进行序列化传给 Driver 端。如果 Task 的运行结果太大,会先将该结果保存至该 Executor 的 BlockManager 中,返回 IndirectTaskResult 类型,IndirectTaskResult 中包含运行结果的保存的位置,Driver 端接收到 IndirectTaskResult 结果后会使用一个线程单独拉取运行结果的数据。TaskRunner 对结果的处理如下:

```
class TaskRunner(execBackend: ExecutorBackend, private val taskDescription: TaskDescription)
extends Runnable {
  override def run(): Unit = {
      ...
      val value = try {
        //任务真正执行
        val res = task.run(
          taskAttemptId = taskId,
          attemptNumber = taskDescription.attemptNumber,
          metricsSystem = env.metricsSystem)
        threwException = false
        res
      } finally {
```

```
...
val resultSer = env.serializer.newInstance()
//将结果序列化
val valueBytes = resultSer.serialize(value)
//封装为 DirectTaskResult 类型
val directResult = new DirectTaskResult(valueBytes, accumUpdates)
val serializedDirectResult = ser.serialize(directResult)
val resultSize = serializedDirectResult.limit
val serializedResult: ByteBuffer = {
  //Task 运行结果太大,直接忽略
  if (maxResultSize > 0 && resultSize > maxResultSize) {
    ser.serialize(new IndirectTaskResult[Any](TaskResultBlockId(taskId), resultSize))
  } else if (resultSize > maxDirectResultSize) {
    //Task 结果大于直接结果大小,将结果保存到 BlockManager 中,返回保存位置
    val blockId = TaskResultBlockId(taskId)
    env.blockManager.putBytes(
      blockId,
      new ChunkedByteBuffer(serializedDirectResult.duplicate()),
      StorageLevel.MEMORY_AND_DISK_SER)
    ser.serialize(new IndirectTaskResult[Any](blockId, resultSize))
  } else {
    //直接返回结果
    serializedDirectResult
  }
}
...
execBackend.statusUpdate(taskId, TaskState.FINISHED, serializedResult)
} catch {
  ...
}
}
}
```

execBackend 的 statusUpdate()方法会将运行的结果封装为 StatusUpdate 类型,发送给 DriverEndpoint,其执行过程如下:

```
override def statusUpdate(taskId: Long, state: TaskState, data: ByteBuffer) {
  val msg = StatusUpdate(executorId, taskId, state, data)
  driver match {
    case Some(driverRef) => driverRef.send(msg)
    case None => logWarning(s"Drop $msg because has not yet connected to driver")
  }
}
```

DriverEndpoint 在接收到任务执行完成的消息后,会通知 TaskScheduler 任务执行完成,同时会将执行该任务的 Executor 的可用 CPU 核数增加,再次调用 SchedulerBackend 的 makeOffers()方法,生成可用的计算资源,计算后续的等待运行的 Task。其处理过程如下:

```
class DriverEndpoint(override val rpcEnv: RpcEnv, sparkProperties: Seq[(String, String)])
  extends ThreadSafeRpcEndpoint with Logging {
  ...
```

```
override def receive: PartialFunction[Any, Unit] = {
  //收到 Ececutor 的任务状态改变消息
  case StatusUpdate(executorId, taskId, state, data) =>
    //通知 taskSchduler 任务状态改变
    scheduler.statusUpdate(taskId, state, data.value)
    if (TaskState.isFinished(state)) {
      executorDataMap.get(executorId) match {
        case Some(executorInfo) =>
          //对应 Executor 的 freecore 增加
          executorInfo.freeCores += scheduler.CPUS_PER_TASK
          //为单独的一个 Executor 分配计算资源,分配新的 Task 执行
          makeOffers(executorId)
        case None =>
          ...
      }
    }
    ...
  }
}
```

在 TaskScheduler 的 statusUpdate()方法中,会根据 Task 的运行结果,拉取非直接的运行结果。同时通知该 Task 对应的 TaskSetManager 任务执行完成,TaskSetManager 会移除该 Task 的其他运行的副本。最终任务运行完成的消息会传递给 DAGScheduler 的 handleTaskCompletion( )方法。在该方法中,判断完成的 Task 是 ResultTask 还是 ShuffleMapTask。

如果为 ResultTask,则将对应的 Job 中完成的 Task 数量加 1。如果所有完成的 Task 的数量与该 Job 计算的分区数相等,表示该 Job 中所有的分区数据计算完成,Job 也就计算完成。DAGScheduler 对 ResultTask 的处理如下:

```
private[scheduler] def handleTaskCompletion(event: CompletionEvent) {
    val task = event.task
    val stageId = task.stageId
    val taskType = Utils.getFormattedClassName(task)
    //获取该 Task 所属的 Stage
    val stage = stageIdToStage(task.stageId)
    event.reason match {
      case Success =>
        //运行成功
        task match {
          case rt: ResultTask[_, _] =>
            //获取对应的 resultStage
            val resultStage = stage.asInstanceOf[ResultStage]
            resultStage.activeJob match {
              case Some(job) =>
                if (!job.finished(rt.outputId)) {
                  updateAccumulators(event)
                  //对应的分区标记为完成
                  job.finished(rt.outputId) = true
                  //完成数量加 1
```

```
                    job.numFinished += 1
                    //Job 运行完成
                    if (job.numFinished == job.numPartitions) {
                      //Stage 运行结束
                      markStageAsFinished(resultStage)
                      cleanupStateForJobAndIndependentStages(job)
                      //将结束信息放入消息总线
                      listenerBus.post(SparkListenerJobEnd(job.jobId, clock.getTimeMillis(),
JobSucceeded))
                    }
                    ...
                  }
                case None =>
                  logInfo("Ignoring result from " + rt + " because its job has finished")
              }
          }
          ...
      }
}
```

如果为 ShuffleMapTask，会将该 Stage 中等待运行的分区队列中移除计算完成的分区，如果等待运行的分区数为空，则 Stage 运行完成，将 Stage 的运行结果在 MapOutputTracker 中注册，提交正在等待的子 Stage，运行下一个 Stage。

```
private[scheduler] def handleTaskCompletion(event: CompletionEvent) {
    val task = event.task
    val stageId = task.stageId
    val taskType = Utils.getFormattedClassName(task)
    //获取该 Task 所属的 Stage
    val stage = stageIdToStage(task.stageId)
    event.reason match {
      case Success =>
        //运行成功
        task match {
          case smt: ShuffleMapTask =>
            //获取对应的 ShuffleMapStage
            val shuffleStage = stage.asInstanceOf[ShuffleMapStage]
            updateAccumulators(event)
            //获取到 Task 的执行结果
            val status = event.result.asInstanceOf[MapStatus]
            //获取到执行的 executorId
            val execId = status.location.executorId
            ...
            if (failedEpoch.contains(execId) && smt.epoch <= failedEpoch(execId)) {
              logInfo(s"Ignoring possibly bogus $smt completion from executor $execId")
            } else {
              //为该 Stage 对应的分区保存输出结果
              shuffleStage.addOutputLoc(smt.partitionId, status)
              //
              shuffleStage.pendingPartitions -= task.partitionId
            }
```

```
                //如果正在运行的 Stage 中包含此 Stage,并且等待运行的 partition 为空,则 Stage
                //运行完成
                if ( runningStages. contains ( shuffleStage ) && shuffleStage. pendingPartitions.
                isEmpty) {
                  //Stage 结束
                  markStageAsFinished(shuffleStage)
                  //在 mapOutputTracker 中注册该 Shuffle 的 Map 端运行结果
                  mapOutputTracker. registerMapOutputs(shuffleStage. shuffleDep. shuffleId,
                  shuffleStage. outputLocInMapOutputTrackerFormat(), changeEpoch = true)
                  clearCacheLocs()
                  //有任务运行失败了
                  if (!shuffleStage. isAvailable) {
                    //重新提交 Stage,计算失败的 partition
                    submitStage(shuffleStage)
                  } else {
                    ...
                    //这个 Stage 运行完成,提交后边等的 Stage
                    submitWaitingChildStages(shuffleStage)
                  }
                }
            }
            ...
        }
    }
```

在 mapOutputTrackerMaster 的注册过程即保存了该 ShuffleId 和其运行结果的对应关系,下游的同一个 Shuffle 的 Stage 使用该 ShuffleId 获取所有的 Map 端的保存结果的位置。mapOutputTrackerMaster 的 Shuffle 结果注册过程如下:

```
def registerMapOutputs(shuffleId: Int, statuses: Array[MapStatus], changeEpoch: Boolean = false) {
  mapStatuses. put(shuffleId, statuses. clone())
...
}
```

经过以上 Job 的提交、Stage 划分、Task 划分、Task 提交、Task 结果处理的过程即实现了一个 Job 按照 Stage 的顺序依次进行执行,从而完成了一个 Job 的任务。

视频讲解

3.4 Spark 内存管理

Spark 是一个基于内存的分布式计算引擎,其内存管理在整个系统中有着非常重要的作用。本节介绍 Spark 框架中对内存的管理,有助于读者更加了解 Spark 的内存结构。

3.4.1 内存使用概述

Spark 的任务执行、数据缓存等操作都是在 Executor 中执行的,本节中所有的内存分析都是针对 Executor 的内存进行说明。

根据 Spark 管理内存位置的不同,内存可分为堆内存(on-heap)与堆外内存(off-heap),

堆外内存 Spark 默认是不启用的，可通过配置 spark. memory. offHeap. enabled 进行启用，并且使用 spark. memory. offHeap. size 设置堆外内存大小，默认为 0。

根据内存的使用的方法不同，每块内存可再划分为存储内存和执行内存。

1. 堆内存与堆外内存

Executor 作为一个 JVM 进程，其内存管理都是建立在 JVM 的内存管理之上，Spark 在堆内存的基础之上进行了更详细的逻辑划分，以便能够充分地利用和管理内存。同时 Spark 还引入了堆外内存，直接在 Executor 所在节点中申请系统内存空间，此内存空间不再归属于 JVM 的堆内存管理，进一步优化了内存的使用。

2. 存储内存与执行内存

如果一个 RDD 进行了缓存，RDD 的分区的数据会缓存到该 Executor 中的 BlockManager 中，缓存时指定的策略可以为 MEMORY_ONLY、MEMORY_ONLY_SER、MEMORY_AND_DISK、OFF_HEAP 等。如果 RDD 缓存时使用了内存，则相应的 Executor 中的可用内存就会减少。根据不同的策略，不同的使用内存类型，Spark 会将 RDD 的分区的数据存储在堆内存或堆外内存中。此外，Spark 中广播变量的值也会保存在 Executor 的 BlockManager 中。这些由 BlockManager 存储数据时占用的内存区域被称为存储内存。

在进行 Shuffle 操作时，会执行分组、聚合、排序等操作，在执行这些操作时会额外使用一部分内存，这部分内存区域被称为执行内存。执行内存也分为堆内存和堆外内存两种。

在 JVM 的堆内存中，除了存储内存和执行内存外，剩下的区域即为 Task 在运行时生成的对象占用的堆内存的空间。因此在堆内存中，内存可分为 3 块：存储内存、执行内存、其他内存。在堆外内存中，由于不进行 Task 任务的计算，不受 JVM 管理，堆外内存只分为两部分：存储内存和执行内存。

3. 逻辑划分

Spark 在划分内存使用时，并不是划分出两个明确的“界限”，让每块区域分别使用各自的部分，互不影响，而是通过每块内存区域的大小，逻辑上对内存进行划分。在使用存储内存或执行内存时，会记录已经使用内存的大小，通过控制每块内存区域的大小，保存其使用的内存尽量不超过总内存的大小。Spark 的堆内存和堆外内存中，内存组成如图 3.74 所示。

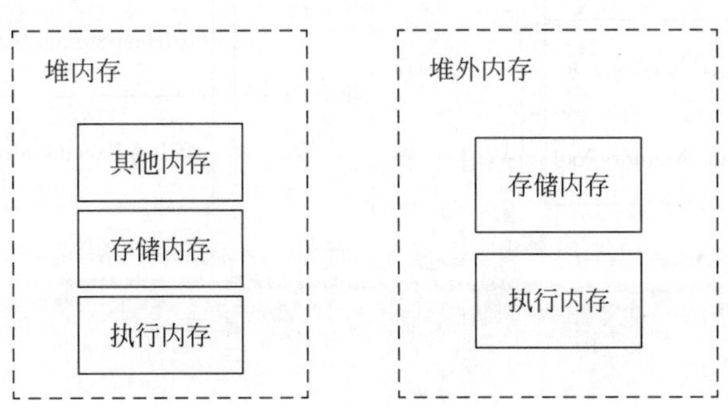

图 3.74 Spark 内存组成

3.4.2 内存池的划分

1. 内存池概念

为了更方便地管理每一块内存区域，Spark 引入内存池的概念。每一个内存池中都记录本内存池的大小（poolSize）、使用的内存大小（memoryUsed）、剩余内存大小（memroyFree）。当在该内存区域申请内存时，首先判断内存池是否有剩余足够大的空间，如果申请成功，则增加内存池中已经使用的大小。同理如果释放该区域的内存时，会减少对应内存池的已经使用的大小。

内存池仅仅是一个逻辑上管理使用内存大小的组件，它只是数字上的概念，并不负责真正的数据的存取。每个内存池初始化时，只需要分配内存池的大小即可。当使用该部分内存时，会随之修改内存池的使用内存的大小，如果申请的内存过大，超过内存池剩余空间的大小，则不允许再往该块内存中写入数据，通过内存池对该块内存使用大小的记录，实现了对一块内存区域的管理。内存池的模型如图 3.75 所示。

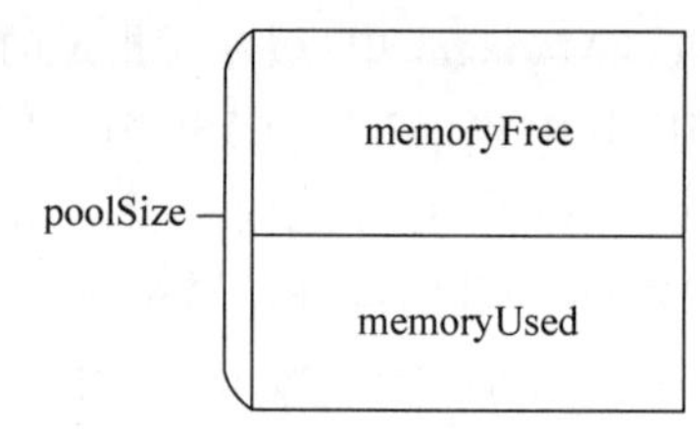

图 3.75 Spark 内存池的模型

2. 内存池划分

在每个 Executor 中，划分了 4 个内存池，分别为堆内存的存储内存池（onHeapStorageMemoryPool）、堆内存的执行内存池（onHeapExecutionMemoryPool）、堆外内存的存储内存池（offHeapStorageMemoryPool）、堆外内存的执行内存池（offHeapExecutionMemoryPool）。

每个内存池在初始化时都会设置其管理内存的大小，每个内存池负责对应区域的内存的管理。如在堆内存的存储内存中，当程序对某个 RDD 的分区数据在堆内存中进行缓存时，会查询对应的内存池是否有足够的空间缓存该大小。如果没有足够的空间，则不进行内存的缓存；如果有足够的空间，则对数据进行缓存时，会修改内存池已经使用内存的大小。通过这种方式实现了内存的管理。Spark 内存池结构如图 3.76 所示。

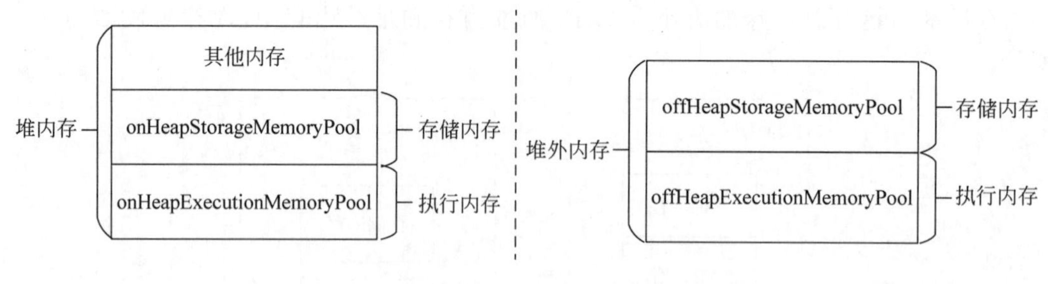

图 3.76 Spark 内存池

3. 内存模式

为方便对存储内存和执行内存做统一管理，Spark 引入了内存模式（MemoryMode）的概念。内存模式共两种：堆内存（ON_HEAP）和堆外内存（OFF_HEAP）。通过使用内存模式，对存储内存或执行内存的操作即可对上层提供统一的操作接口。如申请存储内存时，只需指定 ON_HEAP 或 OFF_HEAP 即可实现对不同的存储池进行操作，方便了内存的管理。

3.4.3　内存管理

Spark 对内存的管理，其实就是对这 4 个内存池的管理。Spark 在每个 Executor 中使用一个内存管理器(MemoryManager)管理其中的 4 个内存池的使用。每个内存管理器在 SparkEnv 创建时进行创建。因此在一个 Driver 和每个 Executor 中都有且仅有一个内存管理器。

Spark 中存在两种内存管理器，分别为静态内存管理器(StaticMemoryManager)和统一内存管理器(UnifiedMemoryManager)。从 Spark1.6 开始，统一内存管理器作为系统中默认的内存管理器。可使用配置 spark.memory.useLegacyMode 选择不同的内存管理器。

内存管理器统一了上层组件的内存使用方式，定义了申请内存、释放内存等方法，通过传入不同的内存模型可实现对不同的内存池的操作。内存管理器也定义了如何申请和释放展开内存的方法。当对 RDD 的某个分区的数据进行缓存时，由于 RDD 返回的是迭代器，在缓存 RDD 的分区的数据并不知该分区的数据的大小，所以在缓存时，一边迭代一边申请内存，在这个过程中申请的内存称为展开内存。展开内存是从存储内存池中申请的，当 RDD 分区数据完全存储完毕后，会将 RDD 申请的展开内存转换为存储内存。

1. 静态内存管理器

静态内存管理器中，存储内存和执行内存占用的比例是固定的，虽然可以通过配置进行调节，但是在运行期间各自占的比例是固定的。

静态内存管理器不支持堆外的存储内存，所以如果启用堆外内存并且使用静态内存管理器，所有的堆外内存都为执行内存所用。每个 Executor 中，可使用的堆外内存大小通过 spark.memory.offHeap.size 配置，默认值为 0。静态内存管理器管理的堆外内存如图 3.77 所示。

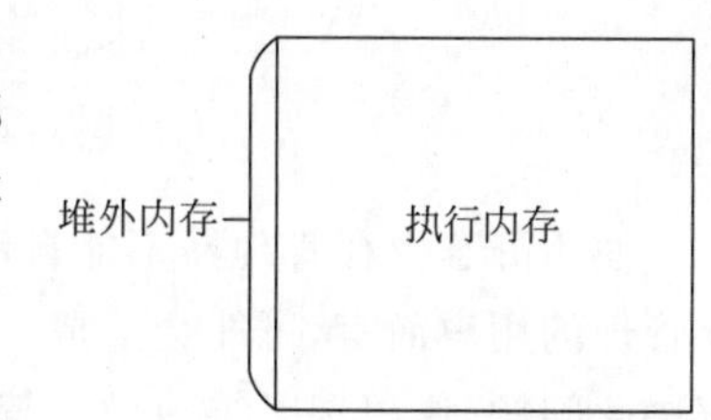

图 3.77　静态内存管理器堆外管理的内存

在计算堆内存的存储内存的大小时，使用存储内存的安全比例 spark.storage.safetyFraction 和存储内存的比例 spark.storage.memoryFraction 共同决定堆内存的存储内存大小。使用一定的安全比例可为程序本身运行预留足够的内存，避免内存溢出。两个参数的默认值如表 3.5 所示。

表 3.5　存储内存配置项

配置名称	默认值	功能
spark.storage.safetyFraction	0.9	系统安全比例
spark.storage.memoryFraction	0.6	存储内存比例

如系统堆内存大小为1000MB,则堆内存用于存储内存的大小为1000MB×0.9×0.6=540MB。

在计算堆内存的执行内存的大小时,使用执行内存的安全比例 spark.shuffle.safetyFraction 和执行内存的比例 spark.shuffle.memoryFraction 共同决定堆内存的执行内存大小。两个参数的默认值如表3.6所示。

表3.6 执行内存配置项

配置名称	默认值	功能
spark.shuffle.safetyFraction	0.8	系统安全比例
spark.shuffle.memoryFraction	0.2	执行内存比例

如系统堆内存大小为1000MB,则堆内存用于执行内存的大小为1000MB×0.8×0.2=160MB。静态内存管理器管理的堆内存默认值如图3.78所示。

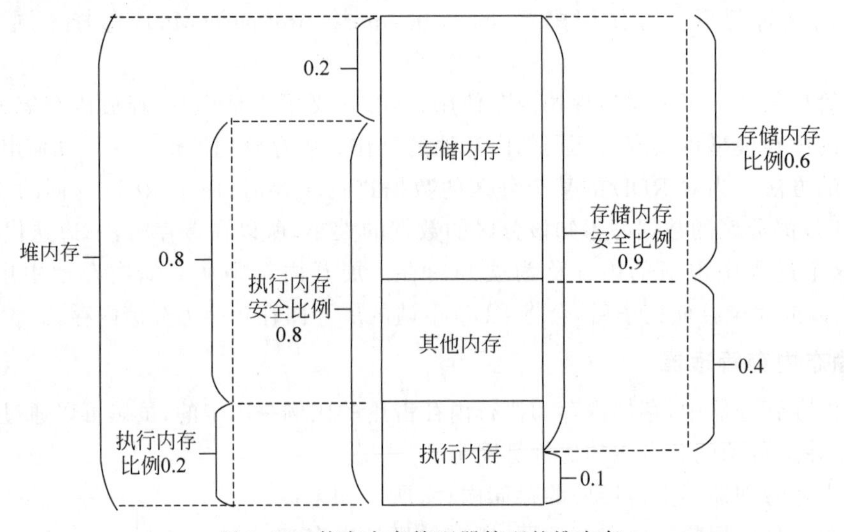

图3.78 静态内存管理器管理的堆内存

使用静态内存管理器不能自动调整各个部分的内存比例,尤其是对于不熟悉 Spark 内存管理的用户而言,可能会造成一部分内存空闲而另一部分内存不够用的情况。因此为了解决此问题,便出现了统一内存管理器。

2. 统一内存管理器

在统一内存管理器中,存储内存和执行内存之间划分为软边界。当一部分内存不够用时可以向另一部分借用。统一内存管理对于同一内存模式而言,将存储内存和执行内存进行统一管理,不再划分严格的边界。

统一内存管理器中管理的堆内存的大小为系统堆内存减去300MB预留空间,再乘以内存比例即为可管理的内存。内存比例通过 spark.memory.fraction 控制,默认为0.6。如果系统堆内存为1300MB,则管理器管理的存储内存和执行内存之和为(1300−300)MB×0.6=600MB。存储内存默认占用的比例依然使用 spark.memory.storageFraction 控制,默认为0.5。即在1300MB的堆内存中,存储内存和执行内存默认各占用300MB。在堆外内存中,分配的堆外内存都通过内存管理器管理，存储内存和执行内存按照 spark. memory. storageFraction 比例分配堆外内存空间。统一内存管理器管理的内存比例如图 3.79 所示。

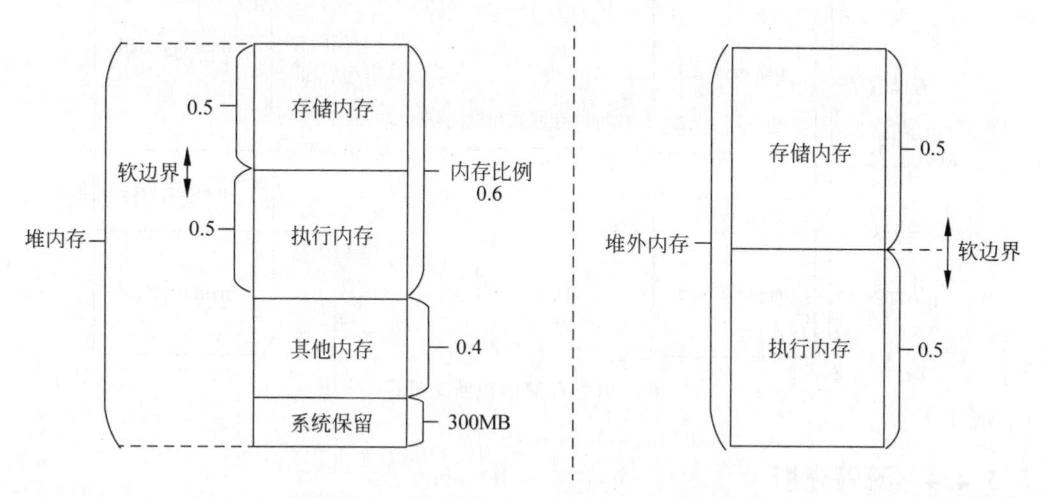

图 3.79　统一内存管理器管理的内存比例

当执行内存中内存不足时，会向存储内存借用一定的内存，借用的最大大小为当前存储内存的剩余空间，其中借用的内存部分也可能未完全使用。当借用成功以后会增大执行内存的内存池容量，减小存储内存的内存池容量。其借用过程如图 3.80 所示。

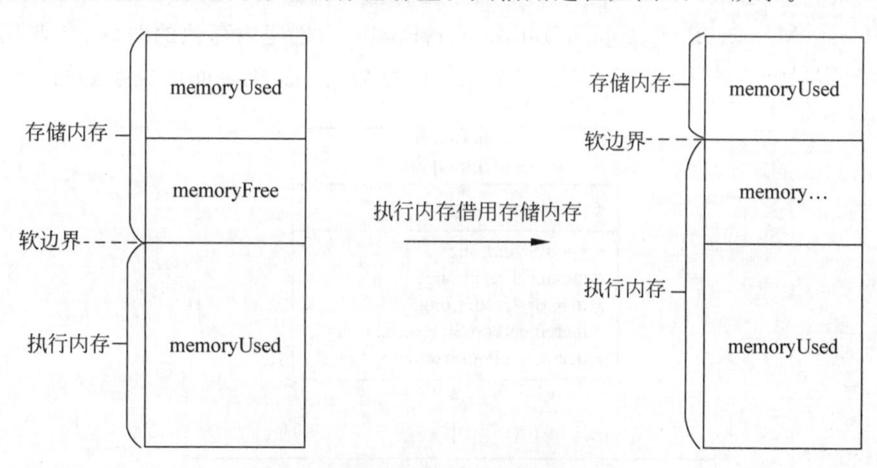

图 3.80　执行内存借用存储内存过程

当执行内存不足时，还有一种情况是存储内存借用了执行内存，造成了执行内存不足。这种情况下，执行内存可以通知存储内存释放其缓存的数据，让存储内存回退到默认的边界，但执行内存不能够借用存储内存默认边界内已经使用的内存。存储内存会使用最近最久未使用(LRU)策略对存储数据进行释放。这个过程如图 3.81 所示。

当存储内存不足时，可以向执行内存借用，借用的部分为执行内存的空闲部分。但是存储内存不能够使执行内存主动释放内存，除非运行的 Task 主动释放使用的执行内存。当在执行内存占了一大部分内存并且存储内存也使用完时，很可能会造成添加到存储内存的数据失败，频繁地造成存储内存清理最后使用的数据来释放内存。

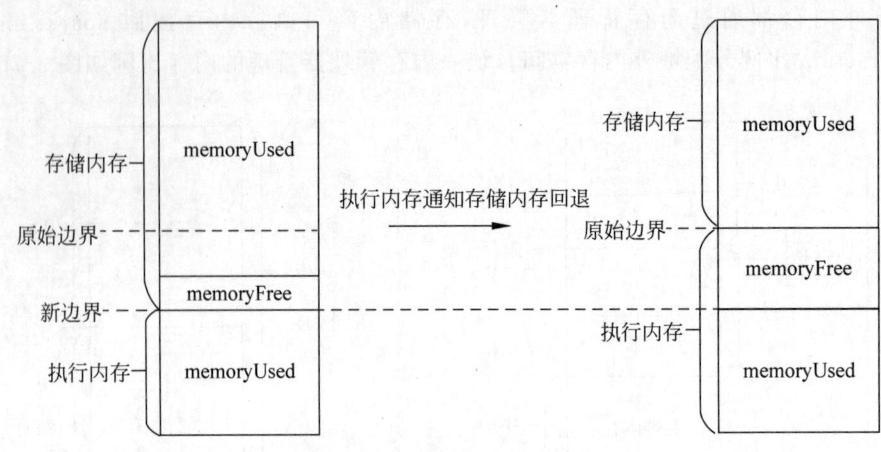

图 3.81　存储内存回退过程

3.4.4　源码分析

1. 内存池

在 Spark 中，使用 MemoryPool 抽象类来表示内存池，在其类中定义类内存池大小、使用内存、剩余内存、扩展内存池容量、减小内存池容量等方法。MemoryPool 有两个实现类，分别为 StorageMemoryPool、ExecutionMemoryPool。当创建内存池的时候，会调用父类的增加内存池容量的方法为内存池设置初始化的内存池大小。类之间的关系如图 3.82 所示。

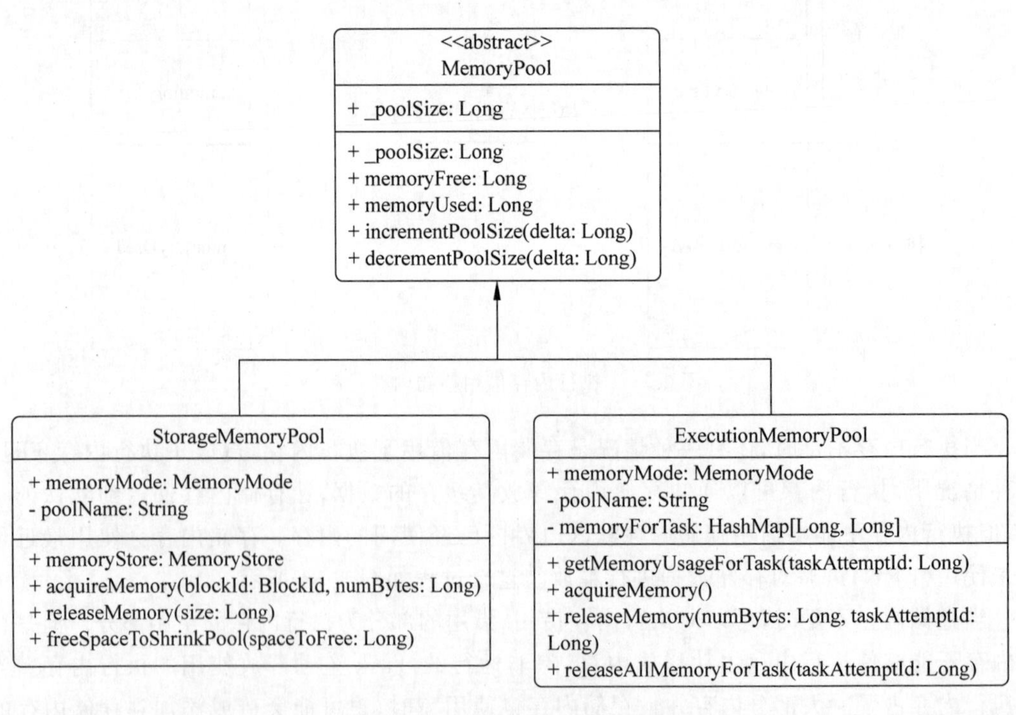

图 3.82　存储池类之间的关系

MemoryPool 的实现如下：

```
private[memory] abstract class MemoryPool(lock: Object) {
  //内存池大小
  private[this] var _poolSize: Long = 0

  //内存池当前大小
  final def poolSize: Long = lock.synchronized {
    _poolSize
  }
  //剩余内存大小
  final def memoryFree: Long = lock.synchronized {
    _poolSize - memoryUsed
  }
  //扩展内存池
  final def incrementPoolSize(delta: Long): Unit = lock.synchronized {
    ...
    _poolSize += delta
  }
  //减小存储池
  final def decrementPoolSize(delta: Long): Unit = lock.synchronized {
    ...
    _poolSize -= delta
  }
  //使用的内存
  def memoryUsed: Long
}
```

在 Spark 中定义了两种内存模式，分别为 ON_HEAP 和 OFF_HEAP，用于区分是堆内存还是堆外内存。在 StorageMemoryPool 和 ExecutionMemoryPool 中使用这两种内存模式区分不同的内存池。内存模式的定义如下：

```
public enum MemoryMode {
  ON_HEAP,
  OFF_HEAP
}
```

2. 存储内存池

存储内存池 StorageMemoryPool 继承了抽象类 MemoryPool，根据不同的内存模式生成了不同的内存的名称，同时提供了设置 MemoryStore 的方法，MemoryStore 是真正在内存中存储内存的组件，该组件会在 3.5 节做讲解。StorageMemoryPool 重写了父类的 memoryUsed 方法，其实现如下：

```
private[memory] class StorageMemoryPool(
                                        lock: Object,
                                        memoryMode: MemoryMode      //内存模式
                                      ) extends MemoryPool(lock) with Logging {
  //生成内存池名称
  private[this] val poolName: String = memoryMode match {
    case MemoryMode.ON_HEAP => "on-heap storage"
```

```
    case MemoryMode.OFF_HEAP => "off - heap storage"
  }
  //使用的内存
  @GuardedBy("lock")
  private[this] var _memoryUsed: Long = 0L
  //重写父类的方法
  override def memoryUsed: Long = lock.synchronized {
    _memoryUsed
  }
  //真正存储数据的组件
  private var _memoryStore: MemoryStore = _
  def memoryStore: MemoryStore = {
    if (_memoryStore == null) {
      throw new IllegalStateException("memory store not initialized yet")
    }
    _memoryStore
  }
  final def setMemoryStore(store: MemoryStore): Unit = {
    _memoryStore = store
  }
}
```

StorageMemoryPool 中定义了两个申请内存的方法，存储内存将每个存储的数据定义了一个 id，称为 BlockId，申请内存的时候需要提供申请数据的 BlockId 和申请的大小。由于申请内存的大小可能会大于存储内存的剩余部分的大小，所以 StorageMemoryPool 还提供了另外一个申请内存的方法提供 3 个参数，分别为 BlockId、申请内存的大小、需要释放内存的大小。其中需要释放内存的大小是根据用户申请内存大小减去剩余内存大小计算而来的。当需要释放内存时，StorageMemoryPool 会调用 MemoryStore 清除一定量的内存，从而为此 Block 整理出更多的内存。StorageMemoryPool 提供的申请内存方法如下：

```
private[memory] class StorageMemoryPool(
                                        lock: Object,
                                        memoryMode: MemoryMode        //内存模式
                                      ) extends MemoryPool(lock) with Logging {

   ...
   //申请内存，提供 BlockId 和申请内存的大小
  def acquireMemory(blockId: BlockId, numBytes: Long): Boolean = lock.synchronized {
    //如果申请的大小大于剩余内存，需要释放内存
    val numBytesToFree = math.max(0, numBytes - memoryFree)
    acquireMemory(blockId, numBytes, numBytesToFree)
  }
  //申请内存，提供 BlockId、申请内存的大小、释放内存的大小
  def acquireMemory(blockId: BlockId, numBytesToAcquire: Long,
                    numBytesToFree: Long): Boolean    = lock.synchronized {
     assert(numBytesToAcquire >= 0)
     assert(numBytesToFree >= 0)
     assert(memoryUsed <= poolSize)
     //如果需要释放内存
     if (numBytesToFree > 0) {
```

```
        //调用 memoryStore 释放内存
        memoryStore.evictBlocksToFreeSpace(Some(blockId), numBytesToFree, memoryMode)
      }
      //如果释放内存成功,则会回调内存池释放内存方法,减少已经使用的内存,这时候,
      //_memoryUsed 这个变量已经更新了
      val enoughMemory = numBytesToAcquire <= memoryFree
      //如果释放后,有足够的内存
      if (enoughMemory) {
        //已经使用的内存增加本次申请的大小
        _memoryUsed += numBytesToAcquire
      }
      //返回是否申请成功
      enoughMemory
    }
    ...
}
```

StorageMemoryPool 提供了两种释放内存的方法：一种为释放部分内存,传入需要释放内存的大小；另一种为释放所有内存。内存池在释放内存时,仅仅是修改了内存池中使用内存的大小。由此也可以证明内存池是在逻辑上对内存大小的管理,而并不是真正存储数据的地方。数据真正是在 MemoryStore 中存储的,当 MemoryStore 清除数据时,会调用内存池的释放内存方法,通知其有内存释放。StorageMemoryPool 释放内存方法如下：

```
private[memory] class StorageMemoryPool(
                                        lock: Object,
                                        memoryMode: MemoryMode      //内存模式
                                      ) extends MemoryPool(lock) with Logging {

    ...
  //释放内存
  def releaseMemory(size: Long): Unit = lock.synchronized {
    //如果释放大小大于使用的大小
    if (size > _memoryUsed) {
      _memoryUsed = 0
    } else {
      _memoryUsed -= size
    }
  }
  //释放所有内存
  def releaseAllMemory(): Unit = lock.synchronized {
    //释放所有内存,直接将使用的内存置为 0
    _memoryUsed = 0
  }
  ...
}
```

StorageMemoryPool 还提供了一个计算内存池可以减小大小的方法。如当执行内存向存储内存借用内存时,会调用该方法告诉存储内存期望让其减小内存的大小,比如期望存储内存减小 1000MB,当时此时 StorageMemoryPool 可能无法减小 1000MB,因为剩余空间不足 1000MB,这时 StorageMemoryPool 尝试调用 MemoryStore 释放部分内存,返回实际可

以减小的大小。该方法并未真正地减小内存池的大小，而是在执行减小内存池大小时，提前计算真正可以减小的大小的值。方法的实现如下：

```
private[memory] class StorageMemoryPool(
                                        lock: Object,
                                        memoryMode: MemoryMode      //内存模式
                                      ) extends MemoryPool(lock) with Logging {
  ...
  //根据期望减小的大小,返回内存池实际可以减小的大小
  //此方法并没有真正地减小内存池的大小,而是计算可以减小的大小
  def freeSpaceToShrinkPool(spaceToFree: Long): Long = lock.synchronized {
    //释放内存和空闲内存的最小值
    val spaceFreedByReleasingUnusedMemory = math.min(spaceToFree, memoryFree)
    //等待释放的内存是否够用,有时候可能无法满足申请的大小
    val remainingSpaceToFree = spaceToFree - spaceFreedByReleasingUnusedMemory
    //无法满足申请的大小,还需要额外的内存
    if (remainingSpaceToFree > 0) {
      //调用 memoryStore 清除数据,提供额外的内存,调用 memoryStore()方法后,会自动调用
      //内存池 releaseMemory()方法,
      //该方法并不是申请释放多少内存就释放多少,返回值为真正释放内存的大小
      val spaceFreedByEviction = memoryStore.evictBlocksToFreeSpace(None, remainingSpaceToFree,
memoryMode)
      //返回可以释放内存的大小
      spaceFreedByReleasingUnusedMemory + spaceFreedByEviction
    } else {
      //可以释放的内存
      spaceFreedByReleasingUnusedMemory
    }
  }
  ...
}
```

3. 执行内存池

执行内存池 ExecutionMemoryPool 继承了抽象类 MemoryPool，根据不同的内存模式生成了不同的内存的名称。执行内存一定是在 Task 运行时申请的内存，所以执行内存在申请内存时需提供 Task 的 id。在执行内存池中使用 Map 结构记录了每个 TaskId 和使用执行内存的映射关系。内存池中总的使用内存即为所有的 Task 使用内存之和。内存池还提供了根据 TaskId 获取该 Task 申请的执行内存大小的方法。ExecutionMemoryPool 实现如下：

```
private[memory] class ExecutionMemoryPool(
                                          lock: Object,
                                          memoryMode: MemoryMode      //内存模式
                                        ) extends MemoryPool(lock) with Logging {
  ...
  //内存池名称
  private[this] val poolName: String = memoryMode match {
      case MemoryMode.ON_HEAP => "on-heap execution"
      case MemoryMode.OFF_HEAP => "off-heap execution"
```

```
    }
    //taskId->使用内存的映射
    @GuardedBy("lock")
    private val memoryForTask = new mutable.HashMap[Long, Long]()
    //内存池使用内存为每个 Task 使用内存之和
    override def memoryUsed: Long = lock.synchronized {
        memoryForTask.values.sum
    }
    //获取某一个 Task 使用的内存
    def getMemoryUsageForTask(taskAttemptId: Long): Long = lock.synchronized {
        memoryForTask.getOrElse(taskAttemptId, 0L)
    }
    ...
}
```

执行内存池在为每个 Task 分配内存时，为了防止 Task 中数据发生倾斜，某个 Task 占用了大部分内存，在申请内存时，每个 Task 最多只能申请 $1/n$ 的内存大小，其中 n 表示当前申请内存的所有的 Task 的数量，并且保证每个 Task 至少分配 $1/2n$ 的内存大小。在 ExecutionMemoryPool 中申请内存的方法实现中，为了保证以上分配规则，该方法在申请内存时可能会发生阻塞，因为内存可能被其他的 Task 占用完，新申请内存的 Task 只能等待其他 Task 执行完毕，才能获取到相应的内存空间。

当 Task 申请的大小大于当前内存池的剩余空间大小时，执行内存池会尝试扩展内存池的大小，在统一内存管理器中会通过释放存储内存曾经借用过扩展内存的部分或占用存储内存的空闲部分来完成此操作。其中扩展内存池的方法和计算最新内存池的方法是调用者通过方法参数传入进来的，这样在不同的内存管理器中可以实现不同的扩展方式。ExecutionMemoryPool 中为 Task 申请内存的方式实现如下：

```
private[memory] class ExecutionMemoryPool(
                                                  lock: Object,
                                                  memoryMode: MemoryMode        //内存模式
                                                ) extends MemoryPool(lock) with Logging {
    ...
//为某个 Task 申请执行内存,该方法为 Task 分配的内存大小保证不会大于 1/n 内存大小,不会小于
//1/2n 内存大小
//这种方法为确保每个 Task 有使用 1/2n 内存的机会,可能会在有足够内存之前一直阻塞
//如果原有的 Task 没有释放,并且有新的 Task 加入就会发生阻塞
    private[memory] def acquireMemory(
                                            numBytes: Long,
                                            taskAttemptId: Long,
                                            maybeGrowPool: Long => Unit = (additionalSpaceNeeded:
Long) => Unit,
                                            computeMaxPoolSize: () => Long = () => poolSize): Long =
lock.synchronized {
        ...
        //把需要申请的 Task 加入到 Active Task 中,这样其他的任务在申请的时候,就能够减少它们
        //需要的内存数量
        if (!memoryForTask.contains(taskAttemptId)) {
          memoryForTask(taskAttemptId) = 0L
```

```
            //唤醒进程,为该任务分配内存,如果内存不足时,可能会再次处于阻塞状态
            lock.notifyAll()
        }
        //如果一个 Task 没有分配到 1/2n 内存,就一直循环
        while (true) {
            //所有 Task 的数量
            val numActiveTasks = memoryForTask.keys.size
            //当前 Task 申请内存的大小
            val curMem = memoryForTask(taskAttemptId)
            //如果内存不足,可能要扩展内存池的大小
            //扩展执行内存的方法由调用者传入
            //统一内存管理器执行时如果需要增大执行内存,会回收存储内存曾经借用执行内存的借用
            //的部分
            maybeGrowPool(numBytes - memoryFree)
            //增大内存池后,计算最新的内存池大小
            val maxPoolSize = computeMaxPoolSize()
            //每个 Task 可申请的最大内存
            val maxMemoryPerTask = maxPoolSize / numActiveTasks
            //每个 Task 可申请的最小内存
            val minMemoryPerTask = poolSize / (2 * numActiveTasks)
            //How much we can grant this task; keep its share within 0 <= X <= 1 / numActiveTasks
            //计算该 Task 最大可再申请的内存的大小
            val maxToGrant = math.min(numBytes, math.max(0, maxMemoryPerTask - curMem))
            //最大可以扩展的内存
            //Only give it as much memory as is free, which might be none if it reached 1 / numTasks
            //最多分配剩余内存的大小
            val toGrant = math.min(maxToGrant, memoryFree)
            //如果没有足够的内存,并且已经分配的内存小于 1/2n,就阻塞等待,直到其他 Task 执行完成
            //释放内存
            if (toGrant < numBytes && curMem + toGrant < minMemoryPerTask) {
                logInfo(s"TID $taskAttemptId waiting for at least 1/2N of $poolName pool to be free")
                lock.wait()
            } else {
                //有足够的内存,分配完成,跳出循环
                memoryForTask(taskAttemptId) += toGrant
                return toGrant
            }
        }
        0L //Never reached
    }
    ...
}
```

ExecutionMemoryPool 中释放内存时需要提供 TaskId,明确需要释放哪个 Task 的执行内存,并且在释放完成后,会调用锁的 notifyAll()方法,通知正在等待内存的线程有新的内存可用。释放内存的方法实现如下:

```
private[memory] class ExecutionMemoryPool(
                                          lock: Object,
                                          memoryMode: MemoryMode      //内存模式
                                        ) extends MemoryPool(lock) with Logging {
```

```
  ...
  def releaseMemory(numBytes: Long, taskAttemptId: Long): Unit = lock.synchronized {
      val curMem = memoryForTask.getOrElse(taskAttemptId, 0L)
      var memoryToFree = if (curMem < numBytes) {
          //如果申请释放的内存小于当前使用的内存
          ...
          curMem
      } else {
          numBytes
      }
      if (memoryForTask.contains(taskAttemptId)) {
          memoryForTask(taskAttemptId) -= memoryToFree
        //如果内存释放完了,从记录中移除
        if (memoryForTask(taskAttemptId) <= 0) {
            memoryForTask.remove(taskAttemptId)
        }
      }
      lock.notifyAll()        //通知等待内存的线程
  }
  //释放所有的内存
  def releaseAllMemoryForTask(taskAttemptId: Long): Long = lock.synchronized {
      val numBytesToFree = getMemoryUsageForTask(taskAttemptId)
      releaseMemory(numBytesToFree, taskAttemptId)
      numBytesToFree
  }
  ...
}
```

4. 内存管理器

内存管理器管理了以上介绍的4个内存池,它划分了存储内存和执行内存应该如何分配内存资源,并且内存管理器统一了内存的申请和释放的方式,其他组件只需调用内存管理器相应的申请、释放内存方法即可,屏蔽了底层内存池的实现和管理的细节。每个内存管理器在一个JVM进程中,只有一个实例,存在于SparkEnv中。Spark使用MemoryManager对内存管理器进行了抽象。具体有两个实现类,分别为静态内存管理器(StaticMemoryManager)和统一内存管理器(UnifiedMemoryManager)。类之间的关系如图3.83所示。

在抽象类MemoryManager中,其构造函数需要传入堆内存的存储内存和执行内存的大小,MemoryManager根据传入参数的大小创建了堆内存中存储内存池和执行内存池。根据用户配置的堆外内存的大小和存储内存所占的比例,创建了堆外内存池并对其大小进行了设置。MemoryManager中4个内存池的初始化过程如下:

```
private[spark] abstract class MemoryManager(
                                   conf: SparkConf,
                                   numCores: Int,
                                   onHeapStorageMemory: Long, //堆内存,存储内存大小
                                   onHeapExecutionMemory: Long //堆内存,执行内存大小
                                   ) extends Logging {

    ...
  //ON_HEAP,存储内存池
```

```
    @GuardedBy("this")
    protected val onHeapStorageMemoryPool = new StorageMemoryPool(this, MemoryMode.ON_HEAP)
    //OFF_HEAP,存储内存池
    @GuardedBy("this")
    protected val offHeapStorageMemoryPool = new StorageMemoryPool(this, MemoryMode.OFF_HEAP)
    //ON_HEAP,执行内存池
    @GuardedBy("this")
    protected val onHeapExecutionMemoryPool = new ExecutionMemoryPool(this, MemoryMode.ON_HEAP)
    //OFF_HEAP,执行内存池
    @GuardedBy("this")
    protected val offHeapExecutionMemoryPool = new ExecutionMemoryPool(this, MemoryMode.OFF_HEAP)
    //设置堆内存中两个内存池大小
    onHeapStorageMemoryPool.incrementPoolSize(onHeapStorageMemory)
    onHeapExecutionMemoryPool.incrementPoolSize(onHeapExecutionMemory)

    //默认最大堆外内存为 0
    protected[this] val maxOffHeapMemory = conf.getSizeAsBytes("spark.memory.offHeap.size", 0)
    //堆外存储内存占所有堆外内存的大小
    protected[this] val offHeapStorageMemory = (maxOffHeapMemory * conf.getDouble("spark.
memory.storageFraction", 0.5)).toLong
    //堆外执行内存
    offHeapExecutionMemoryPool.incrementPoolSize(maxOffHeapMemory - offHeapStorageMemory)
    //堆外存储内存
    offHeapStorageMemoryPool.incrementPoolSize(offHeapStorageMemory)
      ...
}
```

<<abstract>>
MemoryManager

+ onHeapStorageMemoryPool: StorageMemoryPool
+ offHeapStorageMemoryPool: StorageMemoryPool
+ onHeapExecutionMemoryPool: ExecutionMemoryPool
+ offHeapExecutionMemoryPool: ExecutionMemoryPool
+ maxOffHeapMemory: Long
+ tungstemMemoryAllocator: MemoryAllocator

+ maxOnHeapStorageMemory: Long
+ maxOffHeapStorageMemory: Long
+ acquireStorageMemory(blockId: BlockId, numBytes: Long, memoryMode: MemoryMode)
+ acquireUnrollMemory(blockId: BlockId, numBytes: Long, memoryMode: MemoryMode)
+ acquireExecutionMemory(numBytes: Long, taskAttemptId: Long, memoryMode: MemoryMode)

StaticMemoryManager

+ maxOnHeapExecutionMemory: Long
+ maxOnHeapStorageMemory: Long
+ maxUnrollMemory: Long

+ getMaxExecutionMemory(conf: SparkConf): Lng
+ getMaxStorageMemory(conf: SparkConf): Long

UnifiedMemoryManager

+ maxHeapMemory: Long
+ onHeapStorageRegionSize: Long

+ maxOnHeapStorageMemory: Long
+ maxOffHeapStorageMemory: Long
+ getMaxMemory(conf: SparkConf): Long

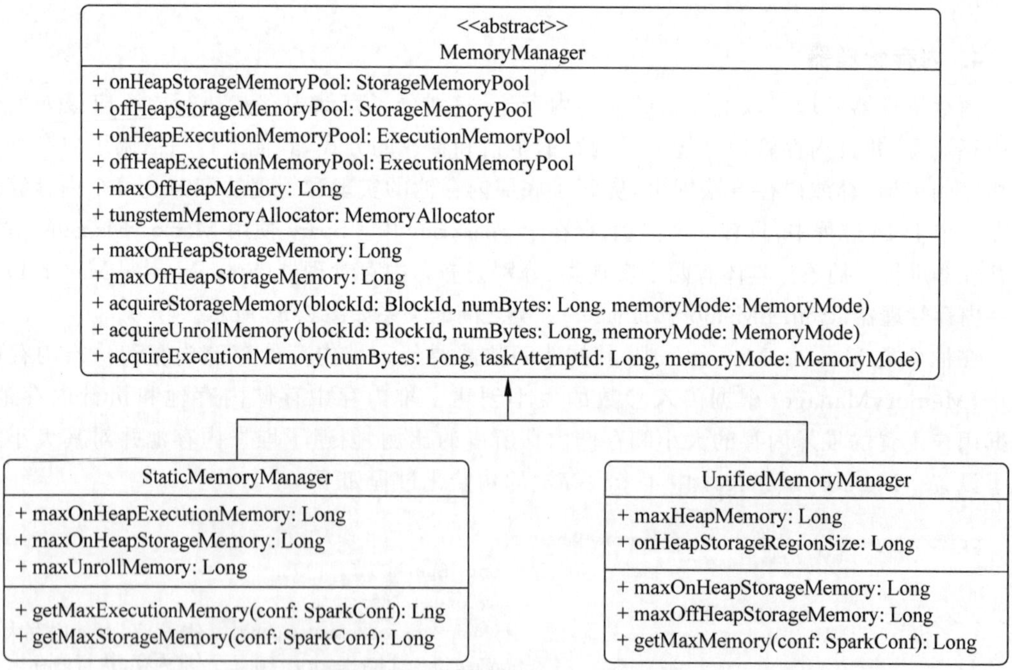

图 3.83 内存管理器类之间的关系

MemoryManager 对申请内存的方法进行了抽象，定义了申请内存的抽象方法，通过

MemoryManager 申请内存时,需指定申请的内存模型,方便实现类对不同内存池的操作。申请内存的方法如下：

```
private[spark] abstract class MemoryManager(
                                        conf: SparkConf,
                                        numCores: Int,
                                        onHeapStorageMemory: Long, //堆内存,存储内存大小
                                        onHeapExecutionMemory: Long //堆内存,执行内存大小
                                        ) extends Logging {
  ...
  //申请存储内存
  def acquireStorageMemory(blockId: BlockId, numBytes: Long, memoryMode: MemoryMode): Boolean
  //申请扩展内存
  def acquireUnrollMemory(blockId: BlockId, numBytes: Long, memoryMode: MemoryMode): Boolean
  //申请执行内存
  private[memory]def acquireExecutionMemory(numBytes: Long, taskAttemptId: Long, memoryMode:
MemoryMode): Long
  ...
}
```

MemoryManager 在释放内存时,通过指定内存模式对相应的内存池释放内存,也可以同时释放两个默认中的内存,其实现过程如下：

```
private[spark] abstract class MemoryManager(
                                        conf: SparkConf,
                                        numCores: Int,
                                        onHeapStorageMemory: Long, //堆内存,存储内存大小
                                        onHeapExecutionMemory: Long //堆内存,执行内存大小
                                        ) extends Logging {
   ...
   //释放执行内存
  private[memory] def releaseExecutionMemory(numBytes: Long, taskAttemptId: Long,
                          memoryMode: MemoryMode): Unit = synchronized {
    memoryMode match {
      case MemoryMode.ON_HEAP => onHeapExecutionMemoryPool.releaseMemory(numBytes,
taskAttemptId)
      case MemoryMode.OFF_HEAP => offHeapExecutionMemoryPool.releaseMemory(numBytes,
taskAttemptId)
    }
  }
  //释放所有的执行内存
  private[memory] def releaseAllExecutionMemoryForTask(taskAttemptId: Long): Long = synchronized {
    onHeapExecutionMemoryPool.releaseAllMemoryForTask(taskAttemptId) +
      offHeapExecutionMemoryPool.releaseAllMemoryForTask(taskAttemptId)
  }
  //释放存储内存
  def releaseStorageMemory(numBytes: Long, memoryMode: MemoryMode): Unit = synchronized {
    memoryMode match {
      case MemoryMode.ON_HEAP => onHeapStorageMemoryPool.releaseMemory(numBytes)
      case MemoryMode.OFF_HEAP => offHeapStorageMemoryPool.releaseMemory(numBytes)
    }
```

```
    }
    //释放所有存储内存
    final def releaseAllStorageMemory(): Unit = synchronized {
        onHeapStorageMemoryPool.releaseAllMemory()
        offHeapStorageMemoryPool.releaseAllMemory()
    }
    //释放展开内存
    final def releaseUnrollMemory(numBytes: Long, memoryMode: MemoryMode): Unit = synchronized {
        releaseStorageMemory(numBytes, memoryMode)
    }
    ...
}
```

MemoryManager 还定义了 tungsten 模式下的内存分配器，关于 tungsten 会在第 4 章进行讲解。

5. 静态内存管理器

静态内存管理器中管理 4 个内存池的大小在初始化时大小就确定了，不能够动态地改变。静态内存管理器 StaticMemoryManager 在初始化的时候，调用其伴生对象的方法获取了堆内存的存储内存和执行内存的大小，并将此大小传入了父类 MemoryManager 的构造函数用于创建和初始化内存池。由于静态内存管理器不支持堆外的存储内存，所以在 StaticMemoryManager 初始化的时候，会将堆外的存储内存的大小增加至堆外执行内存的大小。StaticMemoryManager 构造函数和初始化构成如下：

```
private[spark] class StaticMemoryManager(conf: SparkConf,
                                         maxOnHeapExecutionMemory: Long,
                                         override val maxOnHeapStorageMemory: Long,
                                         numCores: Int)
  extends MemoryManager(
    conf,
    numCores,
    maxOnHeapStorageMemory,
    maxOnHeapExecutionMemory) {
  def this(conf: SparkConf, numCores: Int) {
    //调用主构造函数
    this(
      conf,
      StaticMemoryManager.getMaxExecutionMemory(conf),     //获取堆内存执行内存大小
      StaticMemoryManager.getMaxStorageMemory(conf),       //获取堆内存存储内存大小
      numCores)
  }
  ...
  //StaticMemoryManager 不支持堆外存储，减少存储内存，增大执行内存
  offHeapExecutionMemoryPool.incrementPoolSize(offHeapStorageMemoryPool.poolSize)
  offHeapStorageMemoryPool.decrementPoolSize(offHeapStorageMemoryPool.poolSize)
  //最大的展开内存占存储内存的 20%
  private val maxUnrollMemory: Long = {
    (maxOnHeapStorageMemory * conf.getDouble("spark.storage.unrollFraction",0.2)).toLong
  }
  ...
}
```

在 StaticMemoryManager 的伴生对象中，使用 getMaxStorageMemory 获取最大可用的堆内存储内存，其计算方式为系统堆内存乘以安全比例 0.9 再乘以存储内存比例 0.6 得到最大的堆内存储内存。使用 getMaxExecutionMemory 获取最大的堆内执行内存，计算方式为系统堆内存乘以安全比例 0.8 再乘以执行内存比例 0.2 得到最大的堆内执行内存。伴生对象的实现如下：

```
private[spark] object StaticMemoryManager {
  //默认最大存储内存占安全边界的 60%
  private def getMaxStorageMemory(conf: SparkConf): Long = {
    //获取系统的堆内存
     val systemMaxMemory = conf.getLong("spark.testing.memory", Runtime.getRuntime.
maxMemory)
    val memoryFraction = conf.getDouble("spark.storage.memoryFraction", 0.6)
    val safetyFraction = conf.getDouble("spark.storage.safetyFraction", 0.9)
    (systemMaxMemory * memoryFraction * safetyFraction).toLong
  }

  //默认最大执行内存占安全边界的 20%
  private def getMaxExecutionMemory(conf: SparkConf): Long = {
    //获取系统的堆内存
    val systemMaxMemory = conf.getLong("spark.testing.memory", Runtime.getRuntime.maxMemory)
    ...
    val memoryFraction = conf.getDouble("spark.shuffle.memoryFraction", 0.2)
    val safetyFraction = conf.getDouble("spark.shuffle.safetyFraction", 0.8)
    (systemMaxMemory * memoryFraction * safetyFraction).toLong
  }
}
```

静态内存管理在申请存储内存时要求内存模式必须为堆内存模式，如果申请内存的大小大于存储内存池的大小时，此时静态内存管理器无能为力，无法对内存池进行扩展，只能返回申请失败。申请存储内存的过程如下：

```
private[spark] class StaticMemoryManager(conf: SparkConf, maxOnHeapExecutionMemory: Long,
                    override val maxOnHeapStorageMemory: Long, numCores: Int)
  extends MemoryManager(conf, numCores, maxOnHeapStorageMemory, maxOnHeapExecutionMemory) {
  ...
  override def acquireStorageMemory(blockId: BlockId,                  //BlockId
                                    numBytes: Long,                    //大小
                                    memoryMode: MemoryMode             //内存模式
                                    ): Boolean = synchronized {
    require(memoryMode != MemoryMode.OFF_HEAP,          //静态内存管理器不支持堆外存储
      "StaticMemoryManager does not support off-heap storage memory")
    if (numBytes > maxOnHeapStorageMemory) {
      ...
      false
    } else {
      //调用存储内存池申请内存
      onHeapStorageMemoryPool.acquireMemory(blockId, numBytes)
    }
  }
  ...
}
```

在申请展开内存时，展开内存最多占用存储内存的20%，展开内存的最大值在静态内存管理器初始化时进行了设置，因此在申请展开内存时，会判断当前已经申请的展开内存的大小。结合当前剩余内存的大小，判断是否需要清除其他数据来获取更多的内存资源。申请展开内存的过程如下：

```
private[spark] class StaticMemoryManager(conf: SparkConf, maxOnHeapExecutionMemory: Long,
                        override val maxOnHeapStorageMemory: Long, numCores: Int)
  extends MemoryManager(conf, numCores, maxOnHeapStorageMemory, maxOnHeapExecutionMemory) {
  ...
  override def acquireUnrollMemory(
                                  blockId: BlockId,
                                  numBytes: Long,
                                  memoryMode: MemoryMode): Boolean = synchronized {
    //当前已经申请的展开内存大小
    val currentUnrollMemory = onHeapStorageMemoryPool.memoryStore.currentUnrollMemory
    //当前剩余内存
    val freeMemory = onHeapStorageMemoryPool.memoryFree
    //还能够申请的展开内存的大小
    val maxNumBytesToFree = math.max(0, maxUnrollMemory - currentUnrollMemory - freeMemory)
    //需要释放内存的大小
    val numBytesToFree = math.max(0, math.min(maxNumBytesToFree, numBytes - freeMemory))
    //调用存储内存池申请内存
    onHeapStorageMemoryPool.acquireMemory(blockId, numBytes, numBytesToFree)
  }
  ...
}
```

在申请执行内存时，内存管理器只是调用了相应的内存池的申请内存方法，实现如下：

```
private[spark] class StaticMemoryManager(conf: SparkConf, maxOnHeapExecutionMemory: Long,
                        override val maxOnHeapStorageMemory: Long, numCores: Int)
  extends MemoryManager(conf, numCores, maxOnHeapStorageMemory, maxOnHeapExecutionMemory) {
  ...
  private[memory] override def acquireExecutionMemory(
                                        numBytes: Long,
                                        taskAttemptId: Long,
                                        memoryMode: MemoryMode): Long = synchronized {
      memoryMode match {
         case MemoryMode.ON_HEAP => onHeapExecutionMemoryPool.acquireMemory(numBytes,
taskAttemptId)
        case MemoryMode.OFF_HEAP => offHeapExecutionMemoryPool.acquireMemory(numBytes,
taskAttemptId)
      }
  }
  ...
}
```

6. 统一内存管理器

正如其名字一样，统一内存管理器统一了执行内存和存储内存的管理，使两部分划分了软边界，当一部分内存不够用时，可以借用另一部分内存。在UnifiedMemoryManager初始化时，和静态内存管理器类似，会使用其伴生对象的 getMaxMemory 获取最大的可以使用的内存。该部分内存包括存储内存和执行内存。通过 spark. memory. storageFraction 参数对两部分的内存进行边界划分。在获取最大可用内存时，首先获取了系统的可用的堆内存大小，在该大小的基础上减去了 300MB 作为系统预留内存，通过 spark. memory. fraction 获取可以使用的内存比例，默认为 0.6。UnifiedMemoryManager 的伴生对象实现如下：

```
object UnifiedMemoryManager {
  //系统保存的内存大小,非存储、非执行内存的大小 300MB
  private val RESERVED_SYSTEM_MEMORY_BYTES = 300 * 1024 * 1024
  //apply()函数,创建 UnifiedMemoryManager 对象
  def apply(conf: SparkConf, numCores: Int): UnifiedMemoryManager = {
    //获取内存管理器管理的最大内存
    val maxMemory = getMaxMemory(conf)
    new UnifiedMemoryManager(
      conf,
      maxHeapMemory = maxMemory,
      onHeapStorageRegionSize =
        (maxMemory * conf.getDouble("spark.memory.storageFraction", 0.5)).toLong,
      numCores = numCores)

  //返回存储内存和执行内存之和的最大值
  private def getMaxMemory(conf: SparkConf): Long = {
    //系统堆内存
    val systemMemory = conf.getLong("spark.testing.memory", Runtime.getRuntime.maxMemory)
    //系统保留内存 300MB
    val reservedMemory = conf.getLong("spark.testing.reservedMemory",
      if (conf.contains("spark.testing")) 0 else RESERVED_SYSTEM_MEMORY_BYTES)
    ...
    //去掉预留内存大小
    val usableMemory = systemMemory - reservedMemory
    //执行内存和存储内存占用的比例
    val memoryFraction = conf.getDouble("spark.memory.fraction", 0.6)
    (usableMemory * memoryFraction).toLong
  }
}
```

UnifiedMemoryManager 在构造时获取最大的管理内存和堆内存的存储内存的默认边界的大小，通过此参数传入父类 MemoryManager 的构造函数中初始化 4 个内存池。由于在统一内存管理器中，存储内存池和执行内存池的大小是会自动变化的，UnifiedMemoryManager 重写了获取最大存储内存的方法，最大的存储内存的大小即为所有的可用的内存减去执行内存池使用的大小。UnifiedMemoryManager 实现如下：

```
private[spark] class UnifiedMemoryManager private[memory](
                                                        conf: SparkConf,
                                                        val maxHeapMemory: Long,
                                                        onHeapStorageRegionSize: Long,
                                                        numCores: Int)
  extends MemoryManager(
    conf,
```

```
    numCores,
    onHeapStorageRegionSize,
    maxHeapMemory - onHeapStorageRegionSize) {
  ...
  //最大堆内存存储内存为最大堆内存减去堆内存执行内存使用的大小
  override def maxOnHeapStorageMemory: Long = synchronized {
    maxHeapMemory - onHeapExecutionMemoryPool.memoryUsed
  }
  override def maxOffHeapStorageMemory: Long = synchronized {
    maxOffHeapMemory - offHeapExecutionMemoryPool.memoryUsed
  }
  ...
}
```

UnifiedMemoryManager中申请存储内存时，首先根据申请的内存模式获取该模式下的执行内存池、存储内存池、最大可用的存储内存。其中，最大的可用存储内存为管理器管理的总内存减去执行内存使用的内存。根据用户申请的存储内存大小，如果该大小大于最大的可用存储内存，则直接返回申请失败，因为最大的可用存储内存已经考虑到借用执行内存的空闲部分；如果借用后依然不够，则无法分配更多的空闲内存。如果申请的大小大于存储内存剩余大小但小于存储内存的最大可用内存，则从执行内存中借用一部分内存，将存储内存池增大并减小执行内存池，使整个管理的内存大小保持不变，最终调用存储内存池分配内存。其实现如下：

```
private[spark] class UnifiedMemoryManager private[memory](
              conf: SparkConf, val maxHeapMemory: Long, onHeapStorageRegionSize: Long, numCores:
Int)
  extends MemoryManager(conf, numCores, onHeapStorageRegionSize, maxHeapMemory - onHeapStorage
RegionSize) {
    ...
    //申请存储内存
   override def acquireStorageMemory (blockId: BlockId, numBytes: Long, memoryMode:
MemoryMode): Boolean = synchronized {
    ...
    //根据申请的内存模式,获取对应的执行内存池、存储内存池、最大可用的存储内存
    val (executionPool, storagePool, maxMemory) = memoryMode match {
      case MemoryMode.ON_HEAP => (
        onHeapExecutionMemoryPool,
        onHeapStorageMemoryPool,
        maxOnHeapStorageMemory)
      case MemoryMode.OFF_HEAP => (
        offHeapExecutionMemoryPool,
        offHeapStorageMemoryPool,
        maxOffHeapStorageMemory)
    }
    //如果申请的内存大于最大可用的存储内存,则无法分配,maxMemory已考虑从执行内存借用的
    //部分
    if (numBytes > maxMemory) {
      ...
      return false
```

```
    }
    //如果申请的内存大于存储内存的剩余大小,则从执行内存借用一部分
    if (numBytes > storagePool.memoryFree) {
      //借用的大小不能超过执行内存的空闲大小
      val memoryBorrowedFromExecution = Mah.min(executionPool.memoryFree, numBytes - 
storagePool.memoryFree)
      //减小执行内存池大小
      executionPool.decrementPoolSize(memoryBorrowedFromExecution)
      //增大存储内存池大小
      storagePool.incrementPoolSize(memoryBorrowedFromExecution)
    }
    //申请内存
    storagePool.acquireMemory(blockId, numBytes)
  }
  …
}
```

UnifiedMemoryManager 申请展开内存直接调用了申请存储内存的方法。在申请执行内存时,首先根据申请内存的模式获取对应模式的存储内存池、执行内存池、存储内存池默认大小、管理内存的总大小。在执行内存池申请内存时需要传入扩展执行内存池和计算最大执行内存池大小的方法,该部分在执行内存池源码分析时已做过分析。

UnifiedMemoryManager 在扩展执行内存池的方法中首先获取了能够从存储内存借用的内存的大小。该部分大小分两种:如果存储内存借用过执行内存的大小,则让存储内存借用的大小还回来,该部分大小即为存储内存释放内存的大小;如果存储内存没有借用过执行内存,则该部分的大小即为存储内存的剩余部分大小。根据获取的存储内存需要释放内存的大小调用存储内存池尝试减小其内存池的大小(此部分在存储内存池部分已分析),存储内存池会返回实际能够减小的大小,最终根据实际减小的大小增加执行内存池的大小,减小存储内存池的大小。扩展执行内存的方法如下:

```
//增大执行内存池的大小
def maybeGrowExecutionPool(extraMemoryNeeded: Long): Unit = {
  //如果大于 0,则说明需要扩展执行内存池
  if (extraMemoryNeeded > 0) {
    //存储内存释放的最大内存为存储内存的空闲内存和存储内存借用执行内存的部分的最大值
    val memoryReclaimableFromStorage = math.max(storagePool.memoryFree, storagePool.poolSize - 
storageRegionSize)
    if (memoryReclaimableFromStorage > 0) {
      //计算存储内存能够释放的最大值,该方法在存储内存池中已分析
      val spaceToReclaim = storagePool.freeSpaceToShrinkPool(math.min(extraMemoryNeeded, 
memoryReclaimableFromStorage))
      //存储内存减小内存池大小
      storagePool.decrementPoolSize(spaceToReclaim)
      //执行内存增大内存池大小
      executionPool.incrementPoolSize(spaceToReclaim)
    }
  }
}
```

在计算执行内存最大的可用内存时，如果存储内存借用了执行内存部分，则可以让其还回来，但存储内存在其默认的大小的范围内使用，存储内存是不能够释放内存供执行内存使用的。所以会获取存储内存使用的值和存储内存默认大小值的最小值作为存储内存的值，用最大管理的内存减去该值即为执行内存可以使用的最大值。计算执行内存最大值的方法如下：

```
//执行内存池的大小为总内存减去存储内存使用的大小
//如果存储内存借用了执行内存,则让存储内存把借用的部分还回来
def computeMaxExecutionPoolSize(): Long = {
  maxMemory - math.min(storagePool.memoryUsed, storageRegionSize)
}
```

申请执行内存的过程如下：

```
private[spark] class UnifiedMemoryManager private[memory](
              conf: SparkConf, val maxHeapMemory: Long, onHeapStorageRegionSize: Long,
numCores: Int)
  extends MemoryManager(conf, numCores, onHeapStorageRegionSize, maxHeapMemory - onHeapStorage
RegionSize) {
    ...
  override private[memory] def acquireExecutionMemory(
                                                      numBytes: Long,
                                                      taskAttemptId: Long,
                                                      memoryMode: MemoryMode): Long =
synchronized {
      val (executionPool, storagePool, storageRegionSize, maxMemory) = memoryMode match {
        case MemoryMode.ON_HEAP => (
          onHeapExecutionMemoryPool,
          onHeapStorageMemoryPool,
          onHeapStorageRegionSize,
          maxHeapMemory)
        case MemoryMode.OFF_HEAP => (
          offHeapExecutionMemoryPool,
          offHeapStorageMemoryPool,
          offHeapStorageMemory,
          maxOffHeapMemory)
      }
      ...
      //申请内存
      executionPool.acquireMemory(numBytes, taskAttemptId, maybeGrowExecutionPool, computeMax
ExecutionPoolSize)
    }
    ...
}
```

本节介绍了内存的管理方式，但还没有涉及真正在哪些地方申请内存、在哪些地方释放内存。在后续 Spark 存储管理和 Shuffle 讲解的过程中，会继续介绍 Spark 内存的使用。

视频讲解

3.5 Spark 存储原理

Spark 任务在执行时，有很多地方需要将数据进行存储，如 RDD 数据的缓存、广播变量数据的存储、Shuffle 阶段 Map 端的数据存储等。这些过程中数据的存储都离不开 Spark 的存储模块。

3.5.1　存储模块架构

1. 模块架构

Spark 存储模块的架构类似于 HDFS 的存储架构，HDFS 中分为两种角色：NameNode 和 DataNode。其中，NameNode 负责数据块的元数据的存储；DataNode 负责本节点的数据块的读写。Spark 的存储模块也类似，分为 BlockManager 和 BlockManagerMaster。BlockManager 负责本节点的数据块的读写操作。BlockManagerMaster 负责记录每个节点的元数据信息，如每个数据块都存在于哪些节点上。BlockManager 也可以接收 BlockManagerMaster 发来的信息对本节点的数据进行删除等操作。

BlockManagerMaster 和 BlockManager 之间通过 RPC 的 Endpoint 通信。其中每个节点都有自己的通信端点。BlockManagerMaster 只存在于 Driver 节点中，BlockManager 存在于 Driver 节点和每个 Executor 节点。每个 Executor 中有且仅有一个 BlockManager。每个 BlockManager 都有自己的唯一的 id，称为 BlockManagerId，每个 BlockManagerId 都由 Host、Port 和 ExecutorId 组成。

当 Executor 初始化时，会将 BlockManagerId 和 BlockManager 的信息在 BlockManagerMaster 中进行注册，BlockManagerMaster 中维护了本应用中所有的 BlockManagerId 和 BlockManagerInfo 的映射关系。

BlockManager 负责本 Executor 中所有任务的数据读写操作，在 BlockManager 中有两个非常重要的组件，为 DiskStore 和 MemoryStore，它们分别负责本节点的磁盘读写和内存读写操作。Spark 存储模块架构如图 3.84 所示。

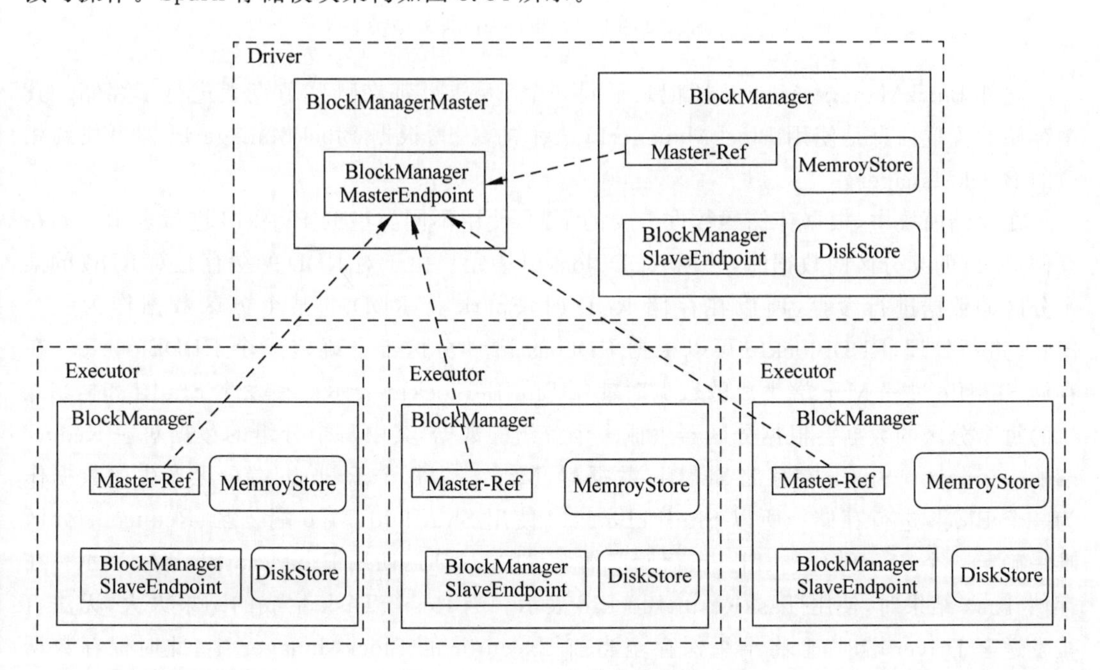

图 3.84　Spark 存储模块架构

2. Block 抽象

Spark 将存储的数据进行抽象,每个存储的数据都称为一个 Block,每个 Block 都对应着唯一的 id,称为 BlockId。在 BlockManager 中,对数据进行读写都是根据 BlockId 进行的。如果某个 BlockManager 中存储了一份数据,BlockManager 会将该数据的 BlockId 和数据的存储状态(BlockStatus)发送至 BlockManagerMaster 中,从而 BlockManagerMaster 中即可知道每个 BlockId 对应的数据都存放在哪些节点中。在 BlockManager 向 BlockManagerMaster 报告的 BlockId 的状态中,包含了该 Block 的存储级别、内存占用大小、磁盘占用大小。BlockManagerMaster 维护的 BlockId 和 BlockStatus 对应关系如图 3.85 所示。

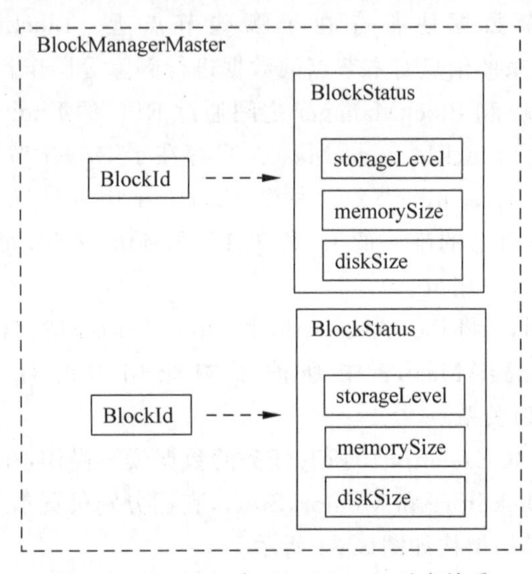

图 3.85 BlockId 与 BlockStatus 对应关系

此外 BlockManagerMaster 还记录了同一个 BlockId 都在哪些节点上进行了存储。其中存储的位置信息是使用 BlockManagerId 表示的,因为根据 BlockManagerId 即可找到相应的 BlockManager。

在存储模块中,根据存储的数据分类的不同,使用不同类型的 BlockId 进行表示。如在存储 RDD 的某分区的数据时,使用 RDDBlockId 表示。由于对 RDD 的缓存是对 RDD 的某个分区的数据进行缓存,所以在存储 RDD 时,Spark 将 RDD 的某个分区数据作为一个 Block 进行处理,RDDBlockId 可以根据 RDD 的 id 和分区唯一确定一个 RDDBlockId。在存储 Shuffle 过程 Map 端生成的数据时使用 ShuffleBlockId 表示。在发生 Shuffle 时,Map 端的每个分区的数据会根据分区器生成多个分组的数据,其中每个分组的数据对应 Reduce 端的一个分区。Spark 在存储 Shuffle 数据时,Map 端为每个 Reduce 端分区产生的数据作为一个 Block 进行存储。所以 ShuffleBlockId 使用 ShuffleId、Map 端分区、Reduce 端分区唯一确定一个 ShuffleBlockId。在存储广播变量的数据时,使用 BroadcastBlockId 表示。在存储 Task 结果时,使用 TaskResultBlockId 表示。当 ResultTask 生成的结果太大,无法直接发送至 Driver 端时,会将结果保存至当前 Executor 的 BlockManager 中,此时保存数据产生的 BlockId 即为 TaskResultBlockId,每个 TaskResultBlockId 使用对应的 TaskId 即可唯一生成一个 TaskResultBlockId。

根据存储数据的数据结构的不同,存储的数据可分为两类：第一类为存储的数据为一个对象或一个字节数组,存储此种类型的数据时,数据大小本身就已经确定,用于广播变量或其他存储字节数组的场景；第二类为存储的数据为迭代器类型的数据,如在缓存RDD的某分区的数据时,RDD分区的数据是迭代器类型的,必须一条一条进行迭代,直到迭代完成才能知道数据到底有多大。在保存迭代类型的数据时,保存的形式可以将每条数据进行序列化保存,也可以不进行序列化；而将所有的迭代器中的对象放到一个大的集合中进行保存。此类数据在读取时,返回的类型也是迭代器类型的数据。

3. 存储级别

在进行数据存储时,需要指定数据存储的级别。在数据存储级别中记录了该数据在存储时是否使用磁盘、是否使用内存、是否使用堆外内存、是否进行序列化、存储的副本数等。在使用堆外内存进行存储时,必须将数据序列化才能够存储。在Spark中,内置了几种最常用的存储级别。Spark内置的存储级别如表3.7所示。

表3.7　Block内置的存储级别

存储级别	使用磁盘	使用内存	使用堆外内存	序列化	副本数
NONE	否	否	否	否	0
DISK_ONLY	是	否	否	否	1
MEMORY_ONLY	否	是	否	否	1
MEMORY_ONLY_2	否	是	否	否	2
MEMORY_ONLY_SER	否	是	否	是	1
MEMORY_AND_DISK	是	是	否	否	1
MEMORY_AND_DISK_SER	是	是	否	是	1
OFF_HEAP	否	是	是	是	1

对于同一个Block而言,无论是存储RDD分区的Block还是Shuffle产生的Block,每个Block的数据一定是完整地存储在磁盘或内存中的,不会存在同一个Block数据一部分存储在内存中,一部分存储在磁盘中的情况。但是对于RDD而言,由于存在多个分区,在进行缓存时会产生多个Block,有可能有的Block存储在内存中,有的Block存储在磁盘中。

4. 数据序列化

在进行数据存储时,如果存储级别中指定需要将数据进行序列化,在对数据存储之前会使用序列化器对数据进行序列化。在读取数据的时候同样会将数据进行反序列化后返回。如果存储的数据为迭代器类型的数据,如RDD的分区的数据,这种类型的数据每读取一条就需要对数据进行一次序列化操作,如果在这个过程中使用合适的序列化器,不仅能够节省序列化的时间,而且能减小序列化后数据的大小。

3.5.2　磁盘存储实现

在BlockManager中,负责磁盘读写的组件为DiskStore。DiskStore负责对给定的BlockId中的数据在文件中进行读写。

1. 磁盘存储设计

Spark 为了避免在读写的根目录产生过大的 inode，在对数据读写时，将不同的 BlockId 根据其名称进行了哈希，将不同的 Block 存储到了分散的不同的子目录中。DiskBlockManager 负责本节点的子目录的创建及 BlockId 和目录中文件的映射。DiskStore 调用 DiskBlockManager 生成 BlockId 对应的文件，将数据写入对应的文件中。在每个 BlockManager 中存在一个 DiskStore 组件，每个 DiskStore 组件中存在一个 DiskBlockManager 组件。它们的关系如图 3.86 所示。

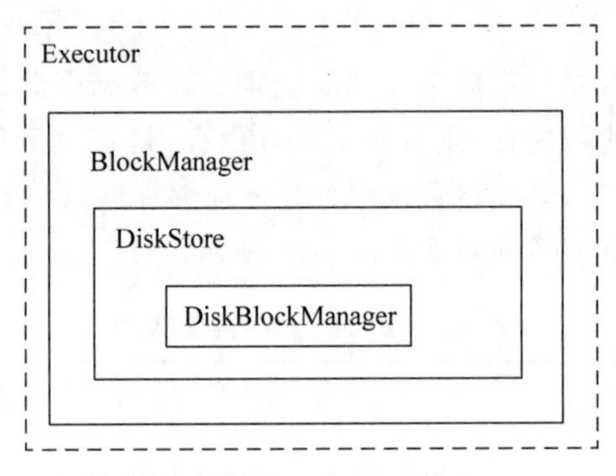

图 3.86　DiskStore 组成

DiskBlockManager 在初始化时，会先读取 Spark 配置中的本地可读写的文件目录，如 spark.local.dir 配置。该目录根据部署方式的不同获取的读写目录也不同，而且获取的读写目录可能有多个。在这个过程中获取的各个目录被称为 localDir。DiskBlockManager 会在每个 localDir 中创建更多的子目录，默认的目录个数为 64。在两个 localDir 中，默认创建的目录形式如图 3.87 所示。

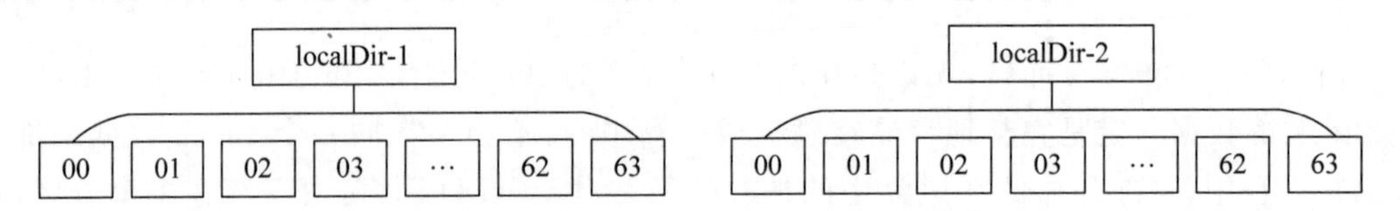

图 3.87　DiskBlockManager 创建的目录

DiskBlockManager 并不会在初始化时将所有的目录创建出来，只有在读写某个 Block 时，使用到了该目录才会进行创建。在读写某个 Block 时，首先会根据 BlockId 获取对应的名称，每个 BlockId 都会有相应的名称。根据名称获取到一个正整数的哈希值。根据该哈希值对 localDir 数量取模计算出保存至哪个 localDir 中，根据哈希值对子目录的数量取模计算出保存至哪个子目录中，然后在该目录中创建文件名为 name 文件。通过该过程，最终将某个 BlockId 映射到了某个目录中的某个文件上。

2. 写数据

在写入磁盘时，DiskStore 首先通过 DiskBlockManager 计算出该 BlockId 应该存储的文件位置。通过获取文件的输入流将数据写入文件，同时在 DiskStore 中使用 Map 的数据结构保存了 BlockId 和数据大小的映射，在计算 Block 的大小时，可直接从该映射中读取，避免了计算文件的大小。

3. 读数据

在读取磁盘中的数据时，首先通过使用 DiskBlockManager 根据 BlockId 计算出该数据存放的文件大小，如果文件小于内存映射的阈值默认为(2MB)，则直接分配内存将文件数据读入内存中；如果大于该值，则使用内存映射的方式将文件映射至内存中返回。

3.5.3　内存存储实现

在 BlockManager 中，负责内存读写的组件为 MemoryStore。MemoryStore 负责对给定的 BlockId 的数据在内存中进行读写。与磁盘读写不同的是，内存中读写分为两部分：堆内存和堆外内存。而且在磁盘只能保存序列化的数据，但是在内存中，既可以保存序列化的数据也可以保存非序列化的数据。

1. 内存存储设计

在磁盘存储中，最终保存数据的载体为文件，每个 Block 中的数据都保存到了文件中。与磁盘存储对应，将 Block 的数据保存至内存中，每份数据被抽象为了一个 MemoryEntry。MemoryEntry 是真正存储数据的载体，每个 MemoryEntry 都保存了数据本身、数据大小、数据的类型、内存模式。由于在内存中可能保存序列化的数据，也可能保存非序列化的数据，所以 MemoryEntry 也有两种类型与之对应，两种类型分别为 DeserializedMemoryEntry 和 SerializedMemoryEntry。MemoryEntry 结构如图 3.88 所示。

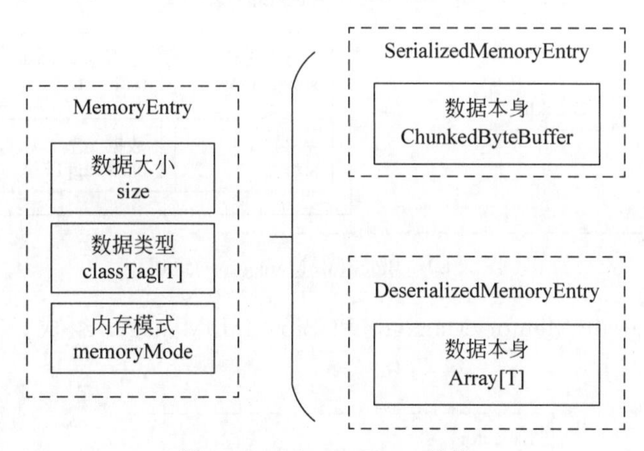

图 3.88　MemoryEntry 结构

如果保存的数据为非序列化数据，则对应的 MemoryEntry 为 DeserializedMemoryEntry。非序列化数据只能保存在堆内存中，保存的数据类型为 Array 类型。无论保存的是单条记录还是迭代类型的记录，均可以通过数组进行保存。如果保存的数据为序列化数据，则既可以保存在堆内存中，也可以保存在堆外内存中，保存的数据类型为 ByteBuffer。在 MemroyStore 中保存了每个存储 Block 的 BlockId 和其 MemoryEntry 的对应关系。

在 MemroyStore 中，还存在一个组件，为内存管理器，即在前面介绍的管理各个内存池的组件。在 Spark1.6 以后，该内存管理器默认为统一内存管理器。在 MemoryStore 中进行数据存储时，MemoryStore 首先会向内存管理器申请存储内存，只有申请成功才会将数据进行保存。若申请不成功,则说明内存不足以保存该数据,MemoryStore 不会将数据保存至内存中。同理 MemroyStore 中的数据进行删除时,也会通知内存管理器,减少存储内存的占用。

在进行内存存储时,每个 Block 会生成一个对应的 Block 的元数据信息,称为 BlockInfo,BlockInfo 中记录了该 Block 的存储级别、存储数据的类型、数据大小、是否通知 master 节点等信息。这些 BlockInfo 的数据统一使用 BlockInfoManager 组件进行管理。为了防止多线程对同一个 Block 的读写出错,BlockInfoManager 还负责维护每个 BlockId 对应的读写锁的信息。当对该 Block 进行写操作时,必须获取写锁才能够操作。多个线程可同时获取同一个 Block 的读锁实现并发读的操作。BlockInfoManager 的组成如图 3.89 所示。

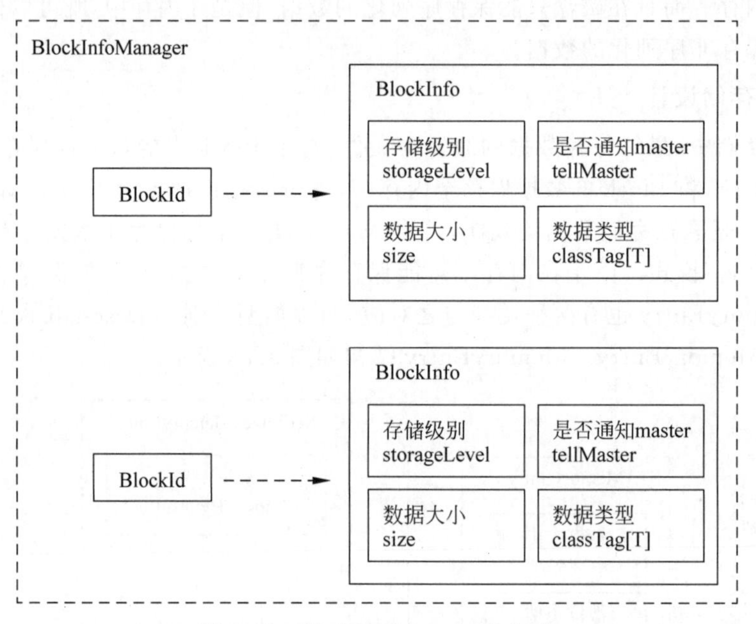

图 3.89 BlockInfoManager 的组成

MemroyStore 中由 MemoryManager 和 BlockInfoManager 组成。其结构如图 3.90 所示。

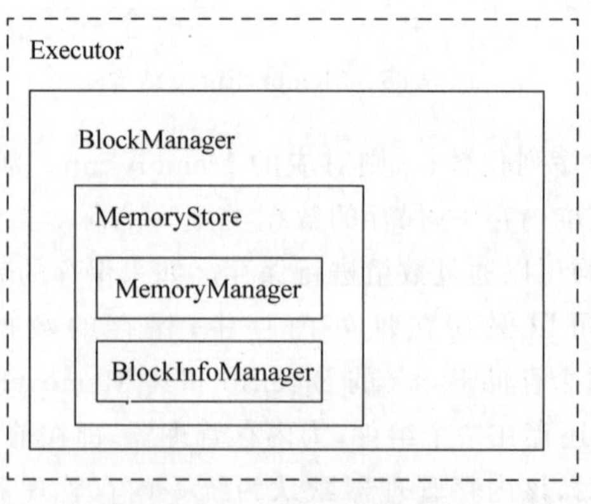

图 3.90 MemoryStore 组成

2. 写内存

数据在缓存至内存中时，分为两种类型：一种为已经确定大小的字节数组；另一种为未知大小迭代器类型的数据。

当缓存第一种类型的数据时，因为已经确定数据的大小，MemroyStore 直接通过内存管理器根据存储的内存模式申请相应大小的存储内存，如果申请成功，则将数据封装至 SerializedMemoryEntry 中，此时 SerializedMemoryEntry 即保存了需要保存的数据、数据的大小、存储的内存模式等，MemoryStore 将此 BlockId 和 SerializedMemoryEntry 的对应关系保存至自身的 Map 中。如果申请内存失败，则会返回保存失败的信息。

如果缓存的数据类型为迭代器类型时，如缓存 RDD 的某个分区的数据，此时在没有迭代完成所有数据时，是不知道数据的大小的。MemroyStore 在处理此类数据时，通过展开(Unroll)内存实现。在刚开始进行迭代时，会向内存管理器申请一部分初始化的展开内存，在后续的迭代过程中，每迭代一条数据，会将数据进行缓存。每迭代一批数据会计算所有已经缓存数据的大小，如果缓存数据大小大于了已经申请的展开内存，则会再次向内存管理器申请展开内存，再依次迭代后续的数据。直到内存管理器不能够分配更多的内存此时缓存失败，会将已缓存的数据清除。或者所有数据迭代完成时，内存管理器还能够分配更多的内存，此时说明系统有足够的内存缓存数据，会将已经申请的展开的内存转换成存储内存，并返回缓存成功。申请展开内存的过程如图 3.91 所示。

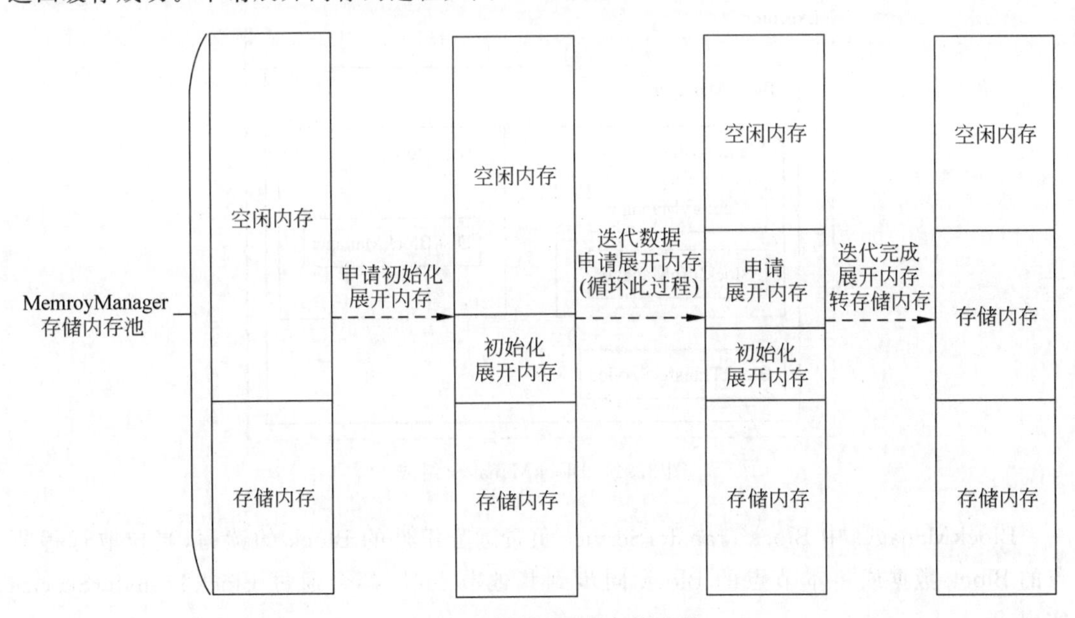

图 3.91　申请展开内存的过程

在存储迭代类型的数据过程中，根据不同的内存模式，会申请不同的内存池的空间。如存储模式中指定使用堆内存存储时，会向内存管理器申请堆内存的存储内存空间。如果为非序列化的数据，MemoryStore 将每条迭代的数据保存至一个集合中，该集合能够估算已经存储数据的大小。所以在存储非序列化数据时，计算的内存空间并不是完全准确的，只能估算出存储数据的大概大小。如果存储的数据为序列化数据，在将每一条数据进行序列化后可以精确计算数据量的大小，最终将每一条序列化的数据转化为 MemoryEntry 进行存储。

3. 读内存

在读取内存中的缓存时，MemroyStore 首先会根据 BlockId 找到对应的 MemoryEntry。根据存储时数据类型的不同，MemoryStore 提供了两种不同的获取数据的方式。第一种为 getBytes()方法，此方法直接返回 MemoryEntry 中的字节的数据，当存储的对象为单个字节数组或者序列化的迭代类型的数据时，都通过此方法获取数据。第二种为 getValues()，此方法会返回缓存数据的迭代器，即数据在存储的过程中没有进行序列化，直接将保存的集合中的数据迭代进行返回。

3.5.4 块管理器

在 3.5.2 节和 3.5.3 节中介绍了磁盘存储和内存存储的实现，但真正进行数据存储时，并不是直接使用 DiskStore 和 MemoryStore，而是使用 BlockManager。BlockManager 对 DiskStore 和 MemoryStore 进行了封装，实现了外部调用存储组件的统一接口，可根据用户指定的存储级别在磁盘或内存中进行读取。同时 BlockManager 还负责对 Block 的副本进行管理，如果副本数大于 1，BlockManager 会通过 BlockTransferService 将新存储的 Block 数据同步至其他的节点中。BlockManager 中包含的组件如图 3.92 所示。

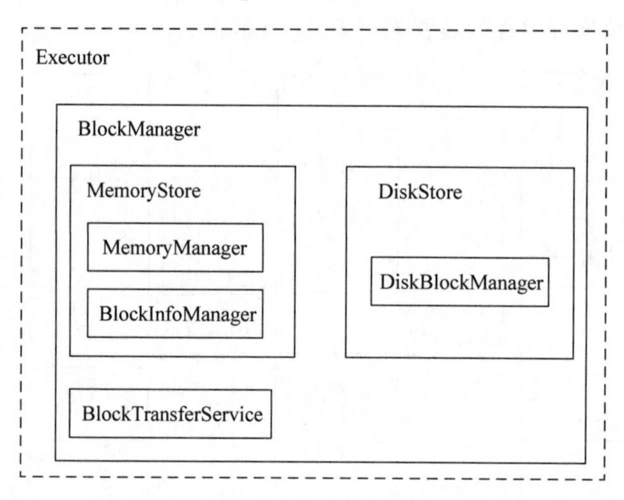

图 3.92 BlockManager 组成

BlockManager 中 BlockTransferService 负责远程组件的 Block 的读写，当拉取远程节点的 Block 数据或将本节点的 Block 同步到其他节点时，都会通过 BlockTransferService 实现。

1. 写数据

BlockManager 对外提供了统一的数据存取的接口，其他组件在进行数据缓存时，会调用 BlockManager 中相应的方法，如在保存数据时，存储级别指定内存和磁盘，则 BlockManager 会首先调用 MemoryStore 进行存储。如果存储成功，则会直接返回；如果存储不成功，则会将数据写入磁盘中。如果该 Block 需要向 Master 汇报，BlockManager 负责将 BlockId 和 BlockInfo 对应的关系发送至 BlockManagerMaster 中。如果存储级别中指定了大于 1 的副本，在写入完成后，会调用 BlockTransferService 将 Block 向其他节点进行同步。

2. 读数据

在读取 Block 的数据时，BlockManager 首先会根据 BlockId 对应的存储级别在内存中进行查找，如果内存中不存在，则会在磁盘中进行查找；如果内存和磁盘都不存在，则可以通过 BlockTransferService 从远程节点进行获取。

3.5.5 源码分析

1. BlockManagerMaster

BlockManagerMaster 运行在 Driver 进程中，它通过内部的组件 BlockManagerMasterEndpoint 与其他的 BlockManager 进行通信。它们之间的关系如图 3.93 所示。

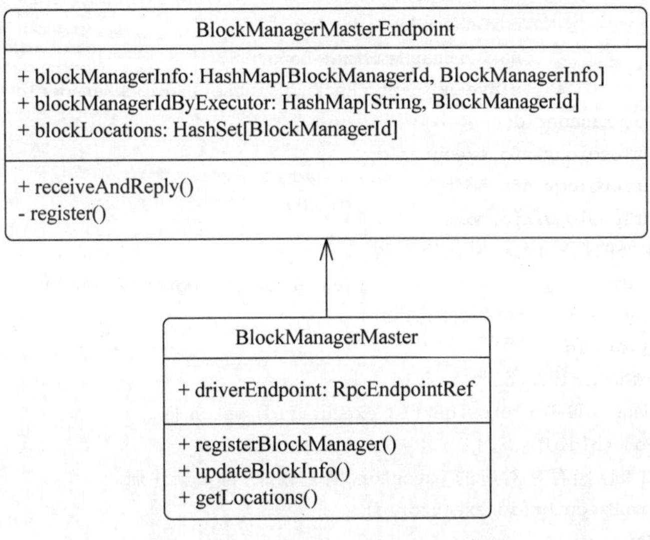

图 3.93 BlockManagerMaster 类图

BlockManagerMasterEndpoint 保存了每个 BlockManagerId 和 BlockManagerInfo 的映射关系，也保存了 BlockId 和 BlockManagerId 的映射关系，用于查找每个 Block 所在的 BlockManager。BlockManagerMasterEndpoint 中保存映射关系的成员变量如下：

```
class BlockManagerMasterEndpoint(override val rpcEnv: RpcEnv,
                                 val isLocal: Boolean,
                                 conf: SparkConf,
                                 listenerBus: LiveListenerBus)
  extends ThreadSafeRpcEndpoint with Logging {
  ...
  //BlockManagerId -> BlockManagerInfo 映射
  private val blockManagerInfo = new mutable.HashMap[BlockManagerId, BlockManagerInfo]
  //ExecutorId -> BlockManagerId 映射
  private val blockManagerIdByExecutor = new mutable.HashMap[String, BlockManagerId]
  //保存 BlockId 对应的位置信息，每个位置使用 BlockManagerId 表示
```

```
  private val blockLocations = new JHashMap[BlockId, mutable.HashSet[BlockManagerId]]
  ...
}
```

当其他的 BlockManager 向 BlockManagerMaster 进行注册时，会自动回调 BlockManagerMasterEndpoint 中的 receiveAndReply()方法，该方法中通过模式匹配最终调用 register()对 BlockManager 进行注册。register()方法实现如下：

```
class BlockManagerMasterEndpoint(override val rpcEnv: RpcEnv,
                                  val isLocal: Boolean,
                                  conf: SparkConf,
                                  listenerBus: LiveListenerBus)
  extends ThreadSafeRpcEndpoint with Logging {
  ...
  //对 BlockManager 进行注册
  private def register(
                       idWithoutTopologyInfo: BlockManagerId,
                       maxOnHeapMemSize: Long,
                       maxOffHeapMemSize: Long,
                       slaveEndpoint: RpcEndpointRef): BlockManagerId = {
    val id = BlockManagerId(
      idWithoutTopologyInfo.executorId,
      idWithoutTopologyInfo.host,
      idWithoutTopologyInfo.port,
      //获取额外的拓扑信息,默认空实现
      topologyMapper.getTopologyForHost(idWithoutTopologyInfo.host))
    val time = System.currentTimeMillis()
    //如果不包含此 id
    if (!blockManagerInfo.contains(id)) {
      blockManagerIdByExecutor.get(id.executorId) match {
        case Some(oldId) =>
          //如果已经存在对应的 executor,则先删除,再重新注册
          removeExecutor(id.executorId)
        case None =>
      }
      //记录 ExecutorId 和 BlockManager 对应关系
      blockManagerIdByExecutor(id.executorId) = id
      //记录 id 和 BlockManagerInfo 对应关系
      blockManagerInfo(id) = new BlockManagerInfo(
        id, System.currentTimeMillis(), maxOnHeapMemSize, maxOffHeapMemSize, slaveEndpoint)
    }
    ...
    id

  ...
}
```

其他 BlockManger 中存储的 Block 块发生更新时，会向 BlockManagerMaster 发送 UpdateBlockInfo 消息，BlockMangerMasterEndpoint 根据 BlockId 更新相应的信息，如 Block 存储位置等。在 BlockMangerMasterEndpoint 接收并处理 UpdateBlockInfo 的过程

如下：

```
class BlockManagerMasterEndpoint(override val rpcEnv: RpcEnv,
                                 val isLocal: Boolean,
                                 conf: SparkConf,
                                 listenerBus: LiveListenerBus)
  extends ThreadSafeRpcEndpoint with Logging {
  ...
  override def receiveAndReply(context: RpcCallContext): PartialFunction[Any, Unit] = {
    ...
    //更新 BlockInfo
      case _ updateBlockInfo @ UpdateBlockInfo (blockManagerId, blockId, storageLevel,
deserializedSize, size) =>
        context.reply(updateBlockInfo(blockManagerId, blockId, storageLevel, deserializedSize,
size))
  }
  private def updateBlockInfo(
                              blockManagerId: BlockManagerId,
                              blockId: BlockId,
                              storageLevel: StorageLevel,
                              memSize: Long,
                              diskSize: Long): Boolean = {

    //更新 BlockManager 中的信息
    blockManagerInfo(blockManagerId).updateBlockInfo(blockId, storageLevel, memSize, diskSize)
    //找到该 Block 的存储位置
    var locations: mutable.HashSet[BlockManagerId] = null
    if (blockLocations.containsKey(blockId)) {
      locations = blockLocations.get(blockId)
    } else {
      locations = new mutable.HashSet[BlockManagerId]
      blockLocations.put(blockId, locations)
    }
    if (storageLevel.isValid) {
      //记录存储位置
      locations.add(blockManagerId)
    } else {
      locations.remove(blockManagerId)
    }
    //如果该 Block 在任何节点都不存在,则删除该 BlockId 和保存位置的映射关系
    if (locations.size == 0) {
      blockLocations.remove(blockId)
    }
    true
  }
  ...
}
```

其他 BlockManger 通过 BlockId 获取该 Block 的存储位置时，会向 BlockMangerMaster 发送 GetLocations 消息，BlockMangerMasterEndpoint 通过查找本地存储的 BlockId 和

BlockManager 的对应关系进行返回。同一个 Block 可能存在多个副本，存在于不同的 BlockManger 中。获取 Block 对应位置的过程如下：

```
class BlockManagerMasterEndpoint(override val rpcEnv: RpcEnv,
                                 val isLocal: Boolean,
                                 conf: SparkConf,
                                 listenerBus: LiveListenerBus)
  extends ThreadSafeRpcEndpoint with Logging {
  ...
  override def receiveAndReply(context: RpcCallContext): PartialFunction[Any, Unit] = {
    //获取 Block 所在的位置
    case GetLocations(blockId) =>
      context.reply(getLocations(blockId))
  }
  //从保存的映射中查找 BlockId 对应的存储位置
  private def getLocations(blockId: BlockId): Seq[BlockManagerId] = {
    if (blockLocations.containsKey(blockId)) blockLocations.get(blockId).toSeq else Seq.empty
  }
  ...
}
```

2. BlockManager 初始化

在每个 Driver 节点和 Executor 节点中都存在一个 BlockManager，用于负责本节点的 Block 块的读写，同时负责向 BlockMangerMaster 汇报本节点中存储的 Block 块的信息。BlockManager 是在 SparkEnv 创建的时候创建的，但此时 BlockManger 并未进行初始化，因为如果在 Executor 端创建 SparkEnv 的时候，BlockManager 向 BlockManagerMaster 进行注册，此时可能 BlockManagerMaster 还未初始化完成。

BlockManager 在构造的时候创建了两个最重要的组件：DiskStore 和 MemoryStore。这两个组件分别负责本 Executor 或 Driver 中的磁盘和内存的读写操作。在此过程中还为 DiskStore 创建了 DiskBlockManager 用于管理 Block 和文件之间的映射关系，也通过构造 BlockManager 时传入的 MemoryManager 参数，将 MemoryManager 传入 MemoryStore 的构造函数中，从而实现 MemoryStore 在内存中存储或删除数据时实现节点的内存管理，为 MemoryStore 创建了 BlockInfoManager 管理内存存储中的 Blokc 块的信息和读写锁的数据。BlockManager 在构造过程中，创建的重要组件过程如下：

```
private[spark] class BlockManager(
                                  executorId: String,
                                  rpcEnv: RpcEnv,
                                  val master: BlockManagerMaster,
                                  memoryManager: MemoryManager,
                                  ...
                                  )
  extends BlockDataManager with BlockEvictionHandler with Logging {
  ...
  //磁盘管理器，管理 Block 和本地文件之间的映射
  val diskBlockManager = {
    val deleteFilesOnStop =
```

```
      !externalShuffleServiceEnabled || executorId == SparkContext.DRIVER_IDENTIFIER
    new DiskBlockManager(conf, deleteFilesOnStop)
  }
  //创建 BlockInfoManager,管理每个 Block 的读写锁
  private[storage] val blockInfoManager = new BlockInfoManager
  //内存存储
  private[spark] val memoryStore = new MemoryStore(conf, blockInfoManager, serializerManager,
memoryManager, this)
  //磁盘存储
  private[spark] val diskStore = new DiskStore(conf, diskBlockManager, securityManager)
  //为内存管理器设置 MemoryStore
  memoryManager.setMemoryStore(memoryStore)
  ...
}
```

BlockManager 在构造时,还创建了本节点的 Endpoint,用于和其他的节点进行通信。创建 Endpoint 的过程如下:

```
private[spark] class BlockManager(
                                 executorId: String,
                                 rpcEnv: RpcEnv,
                                 val master: BlockManagerMaster,
                                 memoryManager: MemoryManager,
                                 ...
                                 )
  extends BlockDataManager with BlockEvictionHandler with Logging {
  ...
  //创建 EndPoint
  private val slaveEndpoint = rpcEnv.setupEndpoint(
    "BlockManagerEndpoint" + BlockManager.ID_GENERATOR.next,
    new BlockManagerSlaveEndpoint(rpcEnv, this, mapOutputTracker))
  ...
}
```

BlockManager 是 ExecutorBackend 向 Driver 端发送注册 Executor 消息后,收到 Driver 端回复 Executor 注册成功,创建 Executor 对象时调用了 BlockManager 的 initialize()方法进行了初始化。

ExecutorBackend 接收到 Driver 端 Executor 注册成功的消息后处理如下:

```
private[spark] class CoarseGrainedExecutorBackend(
    override val rpcEnv: RpcEnv,
    ...
    env: SparkEnv)
  extends ThreadSafeRpcEndpoint with ExecutorBackend with Logging {
  ...
  override def receive: PartialFunction[Any, Unit] = {
    //Executor 注册成功
    case RegisteredExecutor =>
      logInfo("Successfully registered with driver")
      try {
```

```
            //创建 Executor 对象
            executor = new Executor(executorId, hostname, env, userClassPath, isLocal = false)
        } catch {
            case NonFatal(e) =>
                exitExecutor(1, "Unable to create executor due to " + e.getMessage, e)
        }
        ...
    }
```

在创建 Executor 对象的过程中，调用了 BlockManager 的 initialize()方法，在该方法中 BlockManager 进行了初始化操作。调用的过程如下：

```
private[spark] class Executor(
    executorId: String,
    ...)
  extends Logging {
  ...
  //创建线程池
  private val threadPool = {
    val threadFactory = new ThreadFactoryBuilder()
      .setDaemon(true)
      .setNameFormat("Executor task launch worker - %d")
      .setThreadFactory(new ThreadFactory {
        override def newThread(r: Runnable): Thread =
          new UninterruptibleThread(r, "unused") //thread name will be set by ThreadFactoryBuilder
      })
      .build()
    Executors.newCachedThreadPool(threadFactory).asInstanceOf[ThreadPoolExecutor]
  }
  if (!isLocal) {
    //注册统计系统
    env.metricsSystem.registerSource(executorSource)
    //初始化 BlockManager
    env.blockManager.initialize(conf.getAppId)
  }
}
```

在 BlockManager 在初始化的过程中，对 blockTransferService 进行了初始化，用于本节点和远程节点的 Block 传输，根据本节点的 HostName、Port、ExecutorId 等信息生成了本节点的 BlockManagerId，此 BlockManagerId 用于在一个应用程序中区分不同的 Executor 对应的 BlockManager。创建 BlockManagerId 后，会向 BlockManagerMaster 节点发送注册消息，在这个过程中，完成了 BlockManager 在 BlockManagerMaster 中的注册。BlockManager 初始化方法实现如下：

```
private[spark] class BlockManager(
                                    executorId: String,
                                    rpcEnv: RpcEnv,
                                    val master: BlockManagerMaster,
                                    memoryManager: MemoryManager,
                                    ...
```

```
                                    )
  extends BlockDataManager with BlockEvictionHandler with Logging {
  ...
def initialize(appId: String): Unit = {
    //初始化 blockTransferService
    blockTransferService.init(this)
    //初始化 ShuffleClient
    shuffleClient.init(appId)
    //复制策略
    blockReplicationPolicy = {
      val priorityClass = conf.get(
        "spark.storage.replication.policy", classOf[RandomBlockReplicationPolicy].getName)
      val clazz = Utils.classForName(priorityClass)
      val ret = clazz.newInstance.asInstanceOf[BlockReplicationPolicy]
      logInfo(s"Using $priorityClass for block replication policy")
      ret
    }
    //创建 BlockManagerId
    val id = BlockManagerId(executorId, blockTransferService.hostName, blockTransferService.
port, None)
    //向 master 注册
    val idFromMaster = master.registerBlockManager(
      id,
      maxOnHeapMemory,
      maxOffHeapMemory,
      slaveEndpoint)
    blockManagerId = if (idFromMaster != null) idFromMaster else id
    ...
  }
  ...
}
```

3. BlockId 生成策略

在 BlockManager 中,存储的数据块都被称为一个 Block,每个 Block 都会生成一个 BlockId 用于区分每一个数据,也通过此 BlockId 向远程节点拉取需要的 Block 的数据。使用数据存储的操作主要有 3 种,分别为对 RDD 的缓存、对 Shuffle 的 Map 端运行结果的存储、对广播变量的存储。针对 3 种不同的操作,Spark 对 BlockId 进行了抽象,创建了 BlockId 的抽象类,该类中定义了获取 Block 的名称、是否为 RDD 数据、是否为 Shuffle 数据、是否为广播变量数据等方法。BlockId 类图如图 3.94 所示。

BlockId 抽象类代码如下:

```
sealed abstract class BlockId {
  //Block 全局唯一的名称
  def name: String

  //转为 RDDBlockId
  def asRDDId: Option[RDDBlockId] = if (isRDD) Some(asInstanceOf[RDDBlockId]) else None
  //是否为 RDD 数据
  def isRDD: Boolean = isInstanceOf[RDDBlockId]
```

```
  //是否为 Shuffle 数据
  def isShuffle: Boolean = isInstanceOf[ShuffleBlockId]
  //是否为广播变量数据
  def isBroadcast: Boolean = isInstanceOf[BroadcastBlockId]

  override def toString: String = name
  override def hashCode: Int = name.hashCode
  override def equals(other: Any): Boolean = other match {
    case o: BlockId => getClass == o.getClass && name.equals(o.name)
    case _ => false
  }
}
```

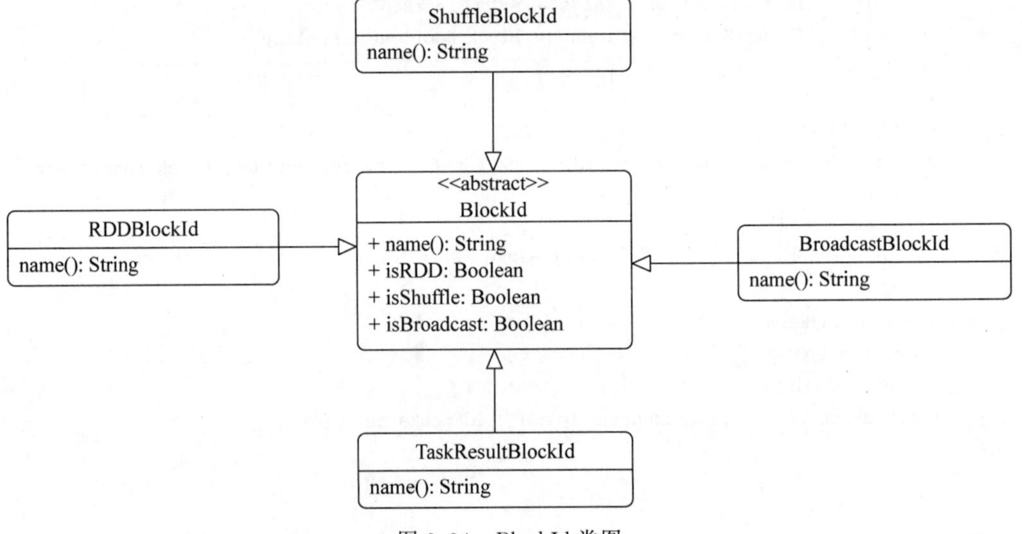

图 3.94　BlockId 类图

RDD 的缓存是按照分区进行缓存的，每个分区会生成一个 Block，所以 RDD 的 BlockId 通过 RDD 的 id 和分区来确定唯一的 Block，RDD 的 BlockId 的名称以 rdd_为前缀。RDDBlockId 类表示每个 RDD 分区的 Block 的 id，RDDBlockId 继承了 BlockId，其实现如下：

```
case class RDDBlockId(rddId: Int, splitIndex: Int) extends BlockId {
  override def name: String = "rdd_" + rddId + "_" + splitIndex
}
```

Shuffle 的 Map 端产生的 Block，通过 Map 端的 id、Reduce 端的 id 和 Shuffle 的 id 唯一确定一个 Block，Shuffle 生成数据的名称都以 shuffle_为前缀。ShuffleBlockId 实现如下：

```
case class ShuffleBlockId(shuffleId: Int, mapId: Int, reduceId: Int) extends BlockId {
  override def name: String = "shuffle_" + shuffleId + "_" + mapId + "_" + reduceId
}
```

广播变量的 BlockId 由创建广播变量时生成的 id 确定，其名称的前缀为 broadcase_，BroadcastBlockId 实现如下：

```
case class BroadcastBlockId(broadcastId: Long, field: String = "") extends BlockId {
  override def name: String = "broadcast_" + broadcastId + (if (field == "") "" else "_" + field)
}
```

在 ResultTask 中，如果生成的结果过大，会将结果保存到当前节点的 BlockManager 中，在这个保存的过程中，使用的为 TaskResultBlockId，该 id 使用 TaskId 即可确定唯一的 Block，以 taskresult_为前缀。TaskResultBlockId 的实现如下：

```
case class TaskResultBlockId(taskId: Long) extends BlockId {
  override def name: String = "taskresult_" + taskId
}
```

在 BlockId 的伴生对象中，还定义了 apply()方法，能够根据 BlockId 的名称转换为对应的 BlockId 的对象。通过正则匹配不同的前缀和不同的 id 的规则生成不同的 BlockId 的对象，其实现如下：

```
object BlockId {
  val RDD = "rdd_([0-9]+)_([0-9]+)".r
  val SHUFFLE = "shuffle_([0-9]+)_([0-9]+)_([0-9]+)".r
  val SHUFFLE_DATA = "shuffle_([0-9]+)_([0-9]+)_([0-9]+).data".r
  val SHUFFLE_INDEX = "shuffle_([0-9]+)_([0-9]+)_([0-9]+).index".r
  val BROADCAST = "broadcast_([0-9]+)([_A-Za-z0-9]*)".r
  val TASKRESULT = "taskresult_([0-9]+)".r
  val STREAM = "input-([0-9]+)-([0-9]+)".r
  val TEST = "test_(.*)".r
  def apply(id: String): BlockId = id match {
    case RDD(rddId, splitIndex) =>
      RDDBlockId(rddId.toInt, splitIndex.toInt)
    case SHUFFLE(shuffleId, mapId, reduceId) =>
      ShuffleBlockId(shuffleId.toInt, mapId.toInt, reduceId.toInt)
    case SHUFFLE_DATA(shuffleId, mapId, reduceId) =>
      ShuffleDataBlockId(shuffleId.toInt, mapId.toInt, reduceId.toInt)
    case SHUFFLE_INDEX(shuffleId, mapId, reduceId) =>
      ShuffleIndexBlockId(shuffleId.toInt, mapId.toInt, reduceId.toInt)
    case BROADCAST(broadcastId, field) =>
      BroadcastBlockId(broadcastId.toLong, field.stripPrefix("_"))
    case TASKRESULT(taskId) =>
      TaskResultBlockId(taskId.toLong)
    case STREAM(streamId, uniqueId) =>
      StreamBlockId(streamId.toInt, uniqueId.toLong)
    case TEST(value) =>
      TestBlockId(value)
    case _ =>
      throw new IllegalStateException("Unrecognized BlockId: " + id)
  }
}
```

4. 存储级别

在 Spark 中使用 StorageLevel 表示数据块的存储级别，如是否使用内存、是否使用磁盘、是否使用堆外内存、是否序列化、副本数等信息。BlockManager 在对数据进行缓存的时候，首先读取该 Block 的存储级别，根据存储级别中配置的不同使用不同的存储组件进行存储。StorageLevel 的实现如下：

```
class StorageLevel private(
    private var _useDisk: Boolean,
    private var _useMemory: Boolean,
    private var _useOffHeap: Boolean,
    private var _deserialized: Boolean,
    private var _replication: Int = 1)
  extends Externalizable {
  ...
  def this() = this(false, true, false, false)

  def useDisk: Boolean = _useDisk
  def useMemory: Boolean = _useMemory
  def useOffHeap: Boolean = _useOffHeap
  def deserialized: Boolean = _deserialized
  def replication: Int = _replication

  if (useOffHeap) {
    require(!deserialized, "Off - heap storage level does not support deserialized storage")
  }

  private[spark] def memoryMode: MemoryMode = {
    if (useOffHeap) MemoryMode.OFF_HEAP
    else MemoryMode.ON_HEAP
  }

  override def clone(): StorageLevel = {
    new StorageLevel(useDisk, useMemory, useOffHeap, deserialized, replication)
  }

  override def equals(other: Any): Boolean = other match {
    case s: StorageLevel =>
      s.useDisk == useDisk &&
      s.useMemory == useMemory &&
      s.useOffHeap == useOffHeap &&
      s.deserialized == deserialized &&
      s.replication == replication
    case _ =>
      false
  }

  //是否有效
  def isValid: Boolean = (useMemory || useDisk) && (replication > 0)
  ...
}
```

在 StorageLevel 的伴生对象中，定义了最常见的几种存储级别，其实现如下：

```
object StorageLevel {
```

```
  //常见的存储级别
  val NONE = new StorageLevel(false, false, false, false)
  val DISK_ONLY = new StorageLevel(true, false, false, false)
  val DISK_ONLY_2 = new StorageLevel(true, false, false, false, 2)
  val MEMORY_ONLY = new StorageLevel(false, true, false, true)
  val MEMORY_ONLY_2 = new StorageLevel(false, true, false, true, 2)
  val MEMORY_ONLY_SER = new StorageLevel(false, true, false, false)
  val MEMORY_ONLY_SER_2 = new StorageLevel(false, true, false, false, 2)
  val MEMORY_AND_DISK = new StorageLevel(true, true, false, true)
  val MEMORY_AND_DISK_2 = new StorageLevel(true, true, false, true, 2)
  val MEMORY_AND_DISK_SER = new StorageLevel(true, true, false, false)
  val MEMORY_AND_DISK_SER_2 = new StorageLevel(true, true, false, false, 2)
  //堆外内存
  val OFF_HEAP = new StorageLevel(true, true, true, false, 1)
  //根据字符串返回对应的存储级别
  def fromString(s: String): StorageLevel = s match {
    case "NONE" => NONE
    case "DISK_ONLY" => DISK_ONLY
    case "DISK_ONLY_2" => DISK_ONLY_2
    case "MEMORY_ONLY" => MEMORY_ONLY
    case "MEMORY_ONLY_2" => MEMORY_ONLY_2
    case "MEMORY_ONLY_SER" => MEMORY_ONLY_SER
    case "MEMORY_ONLY_SER_2" => MEMORY_ONLY_SER_2
    case "MEMORY_AND_DISK" => MEMORY_AND_DISK
    case "MEMORY_AND_DISK_2" => MEMORY_AND_DISK_2
    case "MEMORY_AND_DISK_SER" => MEMORY_AND_DISK_SER
    case "MEMORY_AND_DISK_SER_2" => MEMORY_AND_DISK_SER_2
    case "OFF_HEAP" => OFF_HEAP
    case _ => throw new IllegalArgumentException(s"Invalid StorageLevel: $s")
  }
  def apply(
      useDisk: Boolean,
      useMemory: Boolean,
      useOffHeap: Boolean,
      deserialized: Boolean,
      replication: Int): StorageLevel = {
    getCachedStorageLevel(
      new StorageLevel(useDisk, useMemory, useOffHeap, deserialized, replication))
  }
  private[spark] val storageLevelCache = new ConcurrentHashMap[StorageLevel, StorageLevel]()
  private[spark] def getCachedStorageLevel(level: StorageLevel): StorageLevel = {
    storageLevelCache.putIfAbsent(level, level)
    storageLevelCache.get(level)
  }
}
```

5. 文件读写

在 BlockManager 中实现对数据在磁盘中的存储都是通过 DiskStore 实现的，DiskStore 负责磁盘中文件的写入和读取，但是 DiskStore 的使用也离不开另外一个重要的组件 DiskBlockManager，DiskBlockManager 负责计算每个 BlockId 应该存储到哪个文件中，实现文件名和文件路径的计算，计算完成后，将该文件对象交给 DiskStore，DiskStore 负责对文件的读写操作。在 DiskBlockManager 构造时，首先会通过配置信息读取 Spark 的可读写的目录，如常见的 spark.local.dir 配置。Spark 可读写的目录可能为多个，在这些目录中创建的子目录以 blockmgr 为前缀，这些目录被称为 localDir。创建 localDir 后，会在每个 localDir 再次创建 64 个子目录，用于真正的文件存储。这些子目录被称为 subDir，但 subDir 的创建为惰性的，只有使用到了才会创建。使用二维数组保存 localDir 和 subDir 的对应关系。DiskBlockManager 的构造过程如下：

```
private[spark] class DiskBlockManager(conf: SparkConf, deleteFilesOnStop: Boolean) extends
Logging {
  private[spark] val subDirsPerLocalDir = conf.getInt("spark.diskStore.subDirectories", 64)
  ...
  //创建文件目录,先根据 spark.local.dir 创建根目录,再创建多个子目录,把文件哈希到相应的
  //子目录中
  private[spark] val localDirs: Array[File] = createLocalDirs(conf)
  ...
  //保存子文件夹,64 个
  private val subDirs = Array.fill(localDirs.length)(new Array[File](subDirsPerLocalDir))
  ...
}
```

DiskBlockManager 在根据 BlockId 获取对应的文件对象时，首先通过 BlockId 的名称方法获取 BlockId 的名称，再对名称进行哈希得到一个正整数的哈希值，通过该哈希值对 localDir 数量取模获取对应的 localDir，对 subDir 取模获取对应的 subDir。如果 subDir 不存在则创建该目录，最终生成 BlockId 对应的文件的绝对路径。其实现如下：

```
private[spark] class DiskBlockManager(conf: SparkConf, deleteFilesOnStop: Boolean) extends
Logging {
  ...
  //获取文件,根据文件名的哈希获取
  def getFile(filename: String): File = {
    //计算出该名称的哈希
    val hash = Utils.nonNegativeHash(filename)
    //得到对应的 localDir
    val dirId = hash % localDirs.length
    //得到 subDir
    val subDirId = (hash / localDirs.length) % subDirsPerLocalDir
    //如果 subDir 不存在,则创建
    val subDir = subDirs(dirId).synchronized {
      val old = subDirs(dirId)(subDirId)
      if (old != null) {
        old
      } else {
        val newDir = new File(localDirs(dirId), "%02x".format(subDirId))
        if (!newDir.exists() && !newDir.mkdir()) {
          throw new IOException(s"Failed to create local dir in $newDir.")
        }
        subDirs(dirId)(subDirId) = newDir
        newDir
      }
```

```
      }
      //根据目录和名称,生成对应的文件对象
      new File(subDir, filename)
    }
    //根据 BlockId 获取对应的文件
    def getFile(blockId: BlockId): File = getFile(blockId.name)
    ...
  }
```

DiskStore 在将数据保存至文件时,首先使用 DiskBlockManager 通过 BlockId 计算出对应的文件,获取文件的输出流,通过外部传入的写入方法将数据写入文件。写入完成后,通过 Map 结构记录 Block 和其大小的映射关系。DiskStore 保存数据的过程如下:

```
private[spark] class DiskStore(
    conf: SparkConf,
    diskManager: DiskBlockManager,
    securityManager: SecurityManager) extends Logging {
  //记录每个 Block 名称和其大小的映射关系
  private val blockSizes = new ConcurrentHashMap[String, Long]()
  //将数据写入文件
  def put(blockId: BlockId)(writeFunc: WritableByteChannel => Unit): Unit = {
  //获取 BlockId 对应的文件
  val file = diskManager.getFile(blockId)
  //获取文件的输出流
  val out = new CountingWritableChannel(openForWrite(file))
  ...
  try {
    //将数据写入文件
    writeFunc(out)
    //记录 Block 名称与 Block 大小的映射关系
    blockSizes.put(blockId.name, out.getCount)
  } finally {
   ...
  }
  //将数据写入文件
  def putBytes(blockId: BlockId, bytes: ChunkedByteBuffer): Unit = {
    put(blockId) { channel =>
      bytes.writeFully(channel)
    }
  }
}
```

DiskStore 根据 BlockId 获取数据时,首先使用 DiskBlockManager 通过 BlockId 计算出对应的文件,根据 Block 的数据的大小使用不同的方式进行加载,如果数据量不大,如为默认的 2MB,则会直接将文件中的数据读入内存中返回,如果大于 2MB,则使用 channel 生成文件和内存之间的映射进行返回。DiskStore 读取 Block 数据的过程如下:

```
private[spark] class DiskStore(
    conf: SparkConf,
    diskManager: DiskBlockManager,
    securityManager: SecurityManager) extends Logging {
```

```
  ...
  def getBytes(blockId: BlockId): BlockData = {
    //获取 BlockId 对应的文件
    val file = diskManager.getFile(blockId.name)
    //获取 Block 大小
    val blockSize = getSize(blockId)
    securityManager.getIOEncryptionKey() match {
      case Some(key) =>
        //如果数据加密
        new EncryptedBlockData(file, blockSize, conf, key)
      case _ =>
        //如果数据未加密
        //获取文件输入流
        val channel = new FileInputStream(file).getChannel()
        //如果文件大小小于 minMemoryMapBytes,默认 2MB,直接读入内存
        if (blockSize < minMemoryMapBytes) {
          Utils.tryWithSafeFinally {
            val buf = ByteBuffer.allocate(blockSize.toInt)
            JavaUtils.readFully(channel, buf)
            buf.flip()
            new ByteBufferBlockData(new ChunkedByteBuffer(buf), true)
          } {
            channel.close()
          }
        } else {
          Utils.tryWithSafeFinally {
            new ByteBufferBlockData(
              new ChunkedByteBuffer(channel.map(MapMode.READ_ONLY, 0, file.length)), true)
          } {
            channel.close()
          }
        }
    }
  }
  ...
}
```

6. 内存读写

与磁盘存储不同,磁盘存储只能存储序列化后的数据,而内存存储既可以存储序列化的数据,也可以存储非序列化的数据。MemoryStore 将在内存中存储的数据都抽象为 MemeoryEntry,每个 MemeoryEntry 保存每个 Block 块中的数据,同时记录数据的大小和数据的类型。MemeoryEntry 的作用类似于在磁盘存储中的文件,都是存储数据的组件。MemeoryEntry 类图如 3.95 所示。

MemoryEntry 抽象类中定义了数据的大小、内存模式、数据类型,实现如下:

```
private sealed trait MemoryEntry[T] {
  //数据大小
  def size: Long
  //内存模式
```

```
  def memoryMode: MemoryMode
  //数据类型
  def classTag: ClassTag[T]
}
```

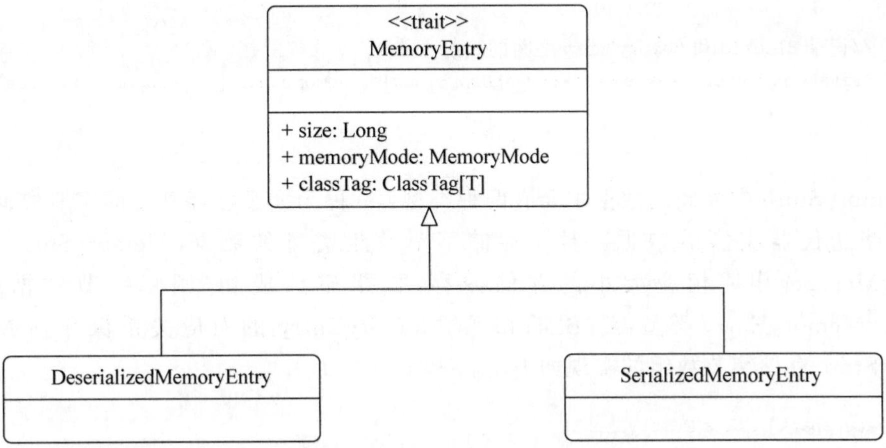

图 3.95 MemoryEntry 类图

DeserializedMemoryEntry 继承了 MemoryEntry 抽象类，用于表示非序列化的数据。DeserializedMemoryEntry 中使用数组保存每一条非序列化的数据，同时非序列化的数据只能存储在堆内存中。非序列化的数据大小只能被估算，不能够精确计算占用内存的大小。DeserializedMemoryEntry 实现如下：

```
private case class DeserializedMemoryEntry[T](
                                              value: Array[T],
                                              size: Long,
                                              classTag: ClassTag[T]) extends MemoryEntry[T] {
  val memoryMode: MemoryMode = MemoryMode.ON_HEAP
}
```

SerializedMemoryEntry 使用 ByteBuffer 保存序列化的数据。SerializedMemoryEntry 中的数据既可以保存在堆内存中，也可以保存在堆外内存中，而且其保存的数据大小可以被精确地计算。SerializedMemoryEntry 实现如下：

```
private case class SerializedMemoryEntry[T](
                                            buffer: ChunkedByteBuffer,
                                            memoryMode: MemoryMode,
                                            classTag: ClassTag[T]) extends MemoryEntry[T] {
  def size: Long = buffer.size
}
```

在 MemoryStore 中使用 LinkedHashMap 保存每个 BlockId 和 MemoryEntry 之间的映射关系，MemoryEntry 中存在真正存储的数据，通过此映射关系即可快速在内存中找到每个 BlockId 对应的数据。此映射关系的实现如下：

```
private[spark] class MemoryStore(
                                 conf: SparkConf,
```

```
                                blockInfoManager: BlockInfoManager,
                                serializerManager: SerializerManager,
                                memoryManager: MemoryManager,
                                blockEvictionHandler: BlockEvictionHandler)
  extends Logging {
    ...
    //记录 BlockId 和 MemoryEntry 之间的映射
    private val entries = new LinkedHashMap[BlockId, MemoryEntry[_]](32, 0.75f, true)
    ...
  }
```

MemoryStore 中存储的数据主要有两种类型：一种为大小已经确定的字节数据；另一种为存储迭代器类型的数据。对于存储字节数组类型的数据，MemoryStore 直接向 memoryManager 申请相应大小的存储内存，如果申请成功，则将字节数据封装为 SerializedMemoryEntry 类型，将 BlockId 和 MemoryEntry 的对应关系保存到 Map 中。MemoryStore 存储字节数组的实现如下：

```
private[spark] class MemoryStore(
                                conf: SparkConf,
                                blockInfoManager: BlockInfoManager,
                                serializerManager: SerializerManager,
                                memoryManager: MemoryManager,
                                blockEvictionHandler: BlockEvictionHandler)
  extends Logging {
  ...
  def putBytes[T: ClassTag](
                          blockId: BlockId,
                          size: Long,
                          memoryMode: MemoryMode,
                          _bytes: () => ChunkedByteBuffer): Boolean = {
    //先申请存储内存
    if (memoryManager.acquireStorageMemory(blockId, size, memoryMode)) {
      //因为已经申请了内存,可以直接把数据计算出来
      val bytes = _bytes()
      //创建一个 entry
      val entry = new SerializedMemoryEntry[T](bytes, memoryMode, implicitly[ClassTag[T]])
      //放到 entries 中
      entries.synchronized {
        entries.put(blockId, entry)
      }
      //打印日志
      logInfo("Block %s stored as bytes in memory (estimated size %s, free %s)".format(
        blockId, Utils.bytesToString(size), Utils.bytesToString(maxMemory - blocksMemoryUsed)))
      //返回存储成功
      true
    } else {
      //如果申请内存失败,说明没有足够的内存,返回存储失败
      false
    }
  }
  ...
}
```

MemoryStore 在存储迭代类型的数据时，根据数据是否进行序列化提供了两个方法实现，分别为 putIteratorAsValues()和 putIteratorAsBytes()。两个方法的实现类似，只是在数据需要进行序列化时，putIteratorAsBytes()方法会边序列化边进行存储。本节以 putIteratorAsValues()方法为例介绍 MemoryStore 如何将迭代类型的数据存储为非序列化的数据。在存储迭代类型的数据时，最终的目的为将所有的数据进行迭代，将每一条数据进行缓存。但是 MemoryStore 不能一次性将所有的数据迭代出来，因为该迭代数据可能会非常大，不能够直接存储在内存中，如果直接循环存入集合中很可能会造成内存溢出。

MemoryStore 在存储迭代类型的数据时，通过展开内存实现一边迭代一边向 memoryManager 申请内存，如果所有的数据迭代完成时，memoryManager 还能够申请内存，此时所有的数据就已经存储到了内存中。如果在迭代过程中，memoryManager 不能再申请更多的展开内存，说明此时内存不足不能够存储还未迭代的数据，此时保存数据失败。putIteratorAsValues()实现时，首先定义了一些重要变量，如当前迭代的条数、是否有足够内存继续迭代、每迭代多少条数据检查一次是否需要申请更多内存、初始化展开内存的大小、存储每条记录的集合(此集合能够估算所有存储数据的总大小)。putIteratorAsValues()方法部分实现如下：

```
private[storage] def putIteratorAsValues[T](
                                            blockId: BlockId,
                                            values: Iterator[T],
                                            classTag: ClassTag[T]):
Either[PartiallyUnrolledIterator[T], Long] = {
    //展开的条数
    var elementsUnrolled = 0
    //是否有足够的内存继续展开
    var keepUnrolling = true
    //用于展开的初始化的内存
    val initialMemoryThreshold = unrollMemoryThreshold
    //展开多少条检查一次内存是否够用
    val memoryCheckPeriod = 16
    //展开已经使用的内存数量
    var memoryThreshold = initialMemoryThreshold
    //需要申请内存的倍数
    val memoryGrowthFactor = 1.5
    //这个 Block 已经使用的内存
    var unrollMemoryUsedByThisBlock = 0L
    //存储数据的集合,能够估算所有数据的大小
    var vector = new SizeTrackingVector[T]()(classTag)
    //申请展开内存,申请失败则返回 false
      keepUnrolling  =  reserveUnrollMemoryForThisTask ( blockId,  initialMemoryThreshold,
MemoryMode.ON_HEAP)
    //申请失败,没有足够内存,存储失败
    if (!keepUnrolling) {
      logWarning(s"Failed to reserve initial memory threshold of " +
        s"${Utils.bytesToString(initialMemoryThreshold)} for computing block $blockId in
memory.")
    } else {
```

```
        //还有足够内存,当前申请的展开内存加上新申请的内存的大小
        unrollMemoryUsedByThisBlock += initialMemoryThreshold
      }
      …
  }
```

在定义完需要的变量后,该方法循环迭代每一条数据,并在迭代过程中判断已经迭代的数据占用的内存是否超过了申请的展开内存,如果超过则再次向 memoryManager 申请展开内存,如果申请成功,则继续进行迭代,直到所有的数据迭代完成或申请内存失败,则退出循环。putIteratorAsValues()循环过程如下:

```
private[storage] def putIteratorAsValues[T](
                                                blockId: BlockId,
                                                values: Iterator[T],
                                                classTag: ClassTag[T]):
Either[PartiallyUnrolledIterator[T], Long] = {
    … 定义的变量
    //如果还能迭代,并且还能够分配内存
    while (values.hasNext && keepUnrolling) {
      //把这个值放到容器中,用于计算大小
      vector += values.next()
      //是不是需要检查申请更多的内存,如果模 16 为 0,则检查内存
      if (elementsUnrolled % memoryCheckPeriod == 0) {
        //当前已经使用的大小
        val currentSize = vector.estimateSize()
        //如果当前使用的内存大于或等于分配的内存的阈值
        if (currentSize >= memoryThreshold) {
          //计算还需要内存的大小
          val amountToRequest = (currentSize * memoryGrowthFactor - memoryThreshold).toLong
          //尝试调用 memoryManager 分配内存,此时 keepUnrolling 变量被修改,会影响是否继续循环
          keepUnrolling = reserveUnrollMemoryForThisTask ( blockId, amountToRequest,
MemoryMode.ON_HEAP)
          //分配成功
          if (keepUnrolling) {
            //如果还能继续分配,则为当前已经分配的值加上申请的内存
            unrollMemoryUsedByThisBlock += amountToRequest
          }
          //设置新的内存阈值
          memoryThreshold += amountToRequest
        }
      }
      elementsUnrolled += 1
    }
    …
}
```

当循环结束后,一共有两种可能:一种为 keepUnrolling 为 true,即 memoryManager 还能够继续分配内存,但所有数据迭代完成,说明所有数据都存储到了内存中并且还有足够的内存;另一种可能为 keepUnrolling 为 false,说明迭代过程中内存不足,所有的数据还未迭代完成,此时会造成缓存数据失败。

如果存储成功,则会将集合中的数据转换为数组;并将数组封装到 DeserializedMemoryEntry 中;将申请的所有的展开内存转换为存储内存,释放展开内存,增加存储内存,从而完成数据的迭代存储过程。putIteratorAsValues()将展开内存转换为存储内存的过程如下:

```
private[storage] def putIteratorAsValues[T](
                                          blockId: BlockId,
                                          values: Iterator[T],
                                          classTag: ClassTag[T]):
Either[PartiallyUnrolledIterator[T], Long] = {
    ... while 循环完成
    if (keepUnrolling) {
      //We successfully unrolled the entirety of this block
      //成功将数据保存到了内存中
      val arrayValues = vector.toArray
      vector = null
      //转化成 entry
        val entry = new DeserializedMemoryEntry[T](arrayValues, SizeEstimator.estimate
(arrayValues), classTag)
      val size = entry.size
      //把展开的内存转换为使用的存储内存
      def transferUnrollToStorage(amount: Long): Unit = {
        //Synchronize so that transfer is atomic
        memoryManager.synchronized {
          //释放展开的内存
          releaseUnrollMemoryForThisTask(MemoryMode.ON_HEAP, amount)
          //申请存储内存
          val success = memoryManager.acquireStorageMemory(blockId, amount, MemoryMode.ON_HEAP)
          assert(success, "transferring unroll memory to storage memory failed")
        }
      }
      val enoughStorageMemory = {
        //如果真正使用的大小比预计分配的要多,则再申请一部分内存
        if (unrollMemoryUsedByThisBlock <= size) {
          val acquiredExtra = memoryManager.acquireStorageMemory(blockId, size -
unrollMemoryUsedByThisBlock, MemoryMode.ON_HEAP)
          //如果分配成功
          if (acquiredExtra) {
            transferUnrollToStorage(unrollMemoryUsedByThisBlock)
          }
          acquiredExtra
        } else { //unrollMemoryUsedByThisBlock > size
          //如果真正使用的内存比分配的要小,那么就回收多余的一部分内存
          val excessUnrollMemory = unrollMemoryUsedByThisBlock - size
          //释放多余的展开的内存
          releaseUnrollMemoryForThisTask(MemoryMode.ON_HEAP, excessUnrollMemory)
          //将展开内存转换为存储内存
          transferUnrollToStorage(size)
          true
        }
      }
```

```
      //如果存储成功
      if (enoughStorageMemory) {
        entries.synchronized {
          //存储 BlockId 和 entry
          entries.put(blockId, entry)
        }
        Right(size)
      } else {
        //转换存储内存失败,没有足够内存
        Left(new PartiallyUnrolledIterator(
          this,
          MemoryMode.ON_HEAP,
          unrollMemoryUsedByThisBlock,
          unrolled = arrayValues.toIterator,
          rest = Iterator.empty))
      }
    } else {
      ...
    }
    ...
}
```

如果循环过程中,不能够再申请更多的内存,则存储失败,会释放已申请的展开内存,返回新的迭代器。其实现如下:

```
private[storage] def putIteratorAsValues[T](
                                             blockId: BlockId,
                                             values: Iterator[T],
                                             classTag: ClassTag[T]):
Either[PartiallyUnrolledIterator[T], Long] = {
    ... while 循环完成
    if (keepUnrolling) {
      ... 迭代完成
    } else {
      //在展开 RDD 的过程中,用完了内存
      Left(new PartiallyUnrolledIterator(
        this,
        MemoryMode.ON_HEAP,
        unrollMemoryUsedByThisBlock,
        unrolled = vector.iterator,
        rest = values))
    }
}
```

MemoryStore 在读取缓存数据时,直接通过获取 BlockId 对应的 MemoryEntry 即可得到需要的数据。获取字节数组类型的数据过程如下:

```
def getBytes(blockId: BlockId): Option[ChunkedByteBuffer] = {
  val entry = entries.synchronized {
    entries.get(blockId)
  }
```

```
    entry match {
      case null => None
      case e: DeserializedMemoryEntry[_] =>
        throw new IllegalArgumentException("should only call getBytes on serialized blocks")
      case SerializedMemoryEntry(bytes, _, _) => Some(bytes)
    }
  }
```

当从内存中删除一个 Block 时，会将其从保存的映射中删除，并释放占用的存储内存。此外 MemoryStore 还定义了释放内存的方法，如在缓存其他 Block 数据时，内存不足，会释放最早未使用的 Block 占用的内存。在释放 Block 内存时，不会删除同一 RDD 的其他分区的数据，避免产生循环删除和存储的过程。

7. BlockManager 读写

BlockManager 中真正负责数据读写的组件为 DiskStore 和 MemoryStore。BlockManager 并不负责真正的数据读写。但是 BlockManager 对 DiskStore 和 MemoryStore 进行了封装，对外提供了统一的存取的接口，并且 BlockManager 在数据存储的时候负责解析用户指定的存储级别，根据不同的存储级别使用不同的组件进行存储，如果需要进行序列化工作还会调用序列化工具完成数据的序列化。在读取 Block 的数据时，BlockManager 会根据存储级别在内存中和磁盘中进行读取，必要时调用 blockTransferService()进行远程节点的数据读取。关于 BlockManager 中数据读写的方法，会在以下数据缓存的过程中进行介绍。

8. RDD 的缓存过程

在进行 RDD 的缓存时，用户需调用 RDD 的 cache()或 persist()方法，指定 RDD 的缓存级别，该方法只是在成员变量中记录了 RDD 的存储级别，并未真正地对 RDD 进行缓存。只有当 RDD 计算的时候才会对 RDD 进行缓存。RDD 获取某个分区的迭代器的源码如下：

```
final def iterator(split: Partition, context: TaskContext): Iterator[T] = {
  if (storageLevel != StorageLevel.NONE) {
    getOrCompute(split, context)
  } else {
    computeOrReadCheckpoint(split, context)
  }
}
```

在 getOrCompute()方法中，调用 BlockManager 的 getOrElseUpdate()方法，如果 BlockManager 存在该分区的数据则直接返回，不再计算。如果 BlockManager 不存在，则对数据进行计算，并将计算返回的迭代器数据在 BlockManager 中进行缓存。getOrCompute()方法实现如下：

```
private[spark] def getOrCompute(partition: Partition, context: TaskContext): Iterator[T] = {
    //构造 BlockId
    val blockId = RDDBlockId(id, partition.index)
    //是否读取缓存
    var readCachedBlock = true
    //This method is called on executors, so we need call SparkEnv.get instead of sc.env.
    //读取缓存的 Block 块，如果没有缓存则计算后缓存
    SparkEnv.get.blockManager.getOrElseUpdate(blockId, storageLevel, elementClassTag, () => {
```

```
        readCachedBlock = false
        computeOrReadCheckpoint(partition, context)
      }) match {
        case Left(blockResult) =>
          if (readCachedBlock) {
            //如果数据存在,则更新统计信息
            val existingMetrics = context.taskMetrics().inputMetrics
            existingMetrics.incBytesRead(blockResult.bytes)
            new InterruptibleIterator[T](context, blockResult.data.asInstanceOf[Iterator[T]]) {
              override def next(): T = {
                existingMetrics.incRecordsRead(1)
                delegate.next()
              }
            }
          } else {
            //数据不存在,但缓存成功
            new InterruptibleIterator(context, blockResult.data.asInstanceOf[Iterator[T]])
          }
        //缓存失败
        case Right(iter) =>
          new InterruptibleIterator(context, iter.asInstanceOf[Iterator[T]])
      }
    }
```

在 BlockManager 的 getOrElseUpdate()方法中，会读取缓存的 BlockId 的数据，如果数据不存在则调用传入的方法获取迭代的数据进行缓存。getOrElseUpdate()方法实现如下：

```
def getOrElseUpdate[T](
                       blockId: BlockId,
                       level: StorageLevel,
                       classTag: ClassTag[T],
                       makeIterator: () => Iterator[T]): Either[BlockResult, Iterator[T]] = {
    //从本地或远程获取数据,如果存在则直接返回
    get[T](blockId)(classTag) match {
      case Some(block) =>
        return Left(block)
      case _ =>
      //Need to compute the block.
    }
    //本地和远程都没有,把这份数据迭代后进行缓存
    doPutIterator(blockId, makeIterator, level, classTag, keepReadLock = true) match {
      case None =>
        ...
        //释放锁
        releaseLock(blockId)
        //返回缓存结果
        Left(blockResult)
      case Some(iter) =>
        //保存失败,返回原有迭代器
        Right(iter)
    }
  }
```

get()方法尝试从本地或远程获取 Block 的数据，在获取本地的数据时，会优先从内存中读取数据，如果读取失败则会从磁盘中读取，如果本地没有该 Block 的数据，则会向 master 发送信息获取 Block 存在数据的节点，远程拉取数据。其获取过程如下：

```
def get[T: ClassTag](blockId: BlockId): Option[BlockResult] = {
  //从本地获取一个 Block
  val local = getLocalValues(blockId)
  //本地有数据
  if (local.isDefined) {
    logInfo(s"Found block $ blockId locally")
    return local
  }
  //从远程获取
  val remote = getRemoteValues[T](blockId)
  if (remote.isDefined) {
    logInfo(s"Found block $ blockId remotely")
    return remote
  }
  None
}
```

在 getOrElseUpdate()方法中，真正执行数据缓存的操作为 doPutIterator()。doPutIterator()方法中指定了 BlockId、迭代器、存储等级、数据类型等信息。doPutIterator()方法会根据指定的存储等级在不同的存储组件中进行存储，如果副本数大于 1 还会将存储的数据向远程的节点进行复制，数据存储成功后会向 BlockManagerMaster 进行汇报，BlockManagerMaster 即可知道 BlockId 存在的位置。doPutIterator()实在内存中的存储过程实现如下：

```
private def doPutIterator[T](
                              blockId: BlockId, iterator: () => Iterator[T], level: StorageLevel,
                              classTag: ClassTag[T], tellMaster: Boolean = true,
                              keepReadLock: Boolean = false):Option[PartiallyUnrolledIterator
[T]] = {
    //先创建获取该 BlockInfo 信息
    doPut(blockId, level, classTag, tellMaster = tellMaster, keepReadLock = keepReadLock) { info =>
      var iteratorFromFailedMemoryStorePut: Option[PartiallyUnrolledIterator[T]] = None
      //Block 大小
      var size = 0L
      //如果存储级别使用内存
      if (level.useMemory) {
        //即使指定了 useDisk,依然先往内存里放,如果内存不够,则后边会往磁盘里放
        if (level.deserialized) {
          //如果是非序列化数据
          memoryStore.putIteratorAsValues(blockId, iterator(), classTag) match {
            //全部都放到了内存中
            case Right(s) =>
              size = s
            case Left(iter) =>
              //内存没有足够的空间存储,放到磁盘中
```

```
          if (level.useDisk) {
            diskStore.put(blockId) { channel =>
              val out = Channels.newOutputStream(channel)
              serializerManager.dataSerializeStream(blockId, out, iter)(classTag)
            }
            size = diskStore.getSize(blockId)
          } else {
            //内存不够,并且不能存磁盘,直接返回迭代器
            iteratorFromFailedMemoryStorePut = Some(iter)
          }
        }
      } else {
        //序列化数据存储
        memoryStore.putIteratorAsBytes(blockId, iterator(), classTag, level.memoryMode) match {
          //内存中存储完成
          case Right(s) =>
            size = s
          //内存中存不下
          case Left(partiallySerializedValues) =>
            //如果使用磁盘
            if (level.useDisk) {
              diskStore.put(blockId) { channel =>
                val out = Channels.newOutputStream(channel)
                partiallySerializedValues.finishWritingToStream(out)
              }
              size = diskStore.getSize(blockId)
            } else {
              iteratorFromFailedMemoryStorePut = Some(partiallySerializedValues.
valuesIterator)
            }
        }
      }

    } else if (level.useDisk) {
     ...
    }
    ...
    iteratorFromFailedMemoryStorePut
  }
}
```

doPutIterator()在磁盘中存储数据的过程如下：

```
private def doPutIterator[T](
                              blockId: BlockId, iterator: () => Iterator[T], level: StorageLevel,
                              classTag: ClassTag[T], tellMaster: Boolean = true,
                              keepReadLock: Boolean = false): Option[PartiallyUnrolledIterator
[T]] = {
  //先创建获取该 BlockInfo 信息
  doPut(blockId, level, classTag, tellMaster = tellMaster, keepReadLock = keepReadLock) { info =>
    var size = 0L
```

```
    if (level.useMemory) {
      ... 内存存储
    } else if (level.useDisk) {
      //向磁盘中存储
      diskStore.put(blockId) { channel =>
        val out = Channels.newOutputStream(channel)
        //如果使用磁盘,则先将数据序列化存储
        serializerManager.dataSerializeStream(blockId, out, iterator())(classTag)
      }
      size = diskStore.getSize(blockId)
    }
    ...
    iteratorFromFailedMemoryStorePut
  }
}
```

doPutIterator()向 master 汇报 Block 状态及向远程节点复制数据的过程如下：

```
private def doPutIterator[T](
                              blockId: BlockId,
                              iterator: () => Iterator[T],
                              level: StorageLevel,
                              classTag: ClassTag[T],
                              tellMaster: Boolean = true,
                              keepReadLock: Boolean = false): Option[PartiallyUnrolledIterator
[T]] = {
  //先创建获取该 BlockInfo 信息
  doPut(blockId, level, classTag, tellMaster = tellMaster, keepReadLock = keepReadLock) { info =>
    var size = 0L
    if (level.useMemory) {
      ...
    } else if (level.useDisk) {
      ...
    }
    //获取当前 Block 的状态
    val putBlockStatus = getCurrentBlockStatus(blockId, info)
    val blockWasSuccessfullyStored = putBlockStatus.storageLevel.isValid
    if (blockWasSuccessfullyStored) {
      info.size = size
      if (tellMaster && info.tellMaster) {
        //向 master 报告块状态
        reportBlockStatus(blockId, putBlockStatus)
      }
      ...
      //如果副本数大于 1,复制块到其他机器
      if (level.replication > 1) {
        val bytesToReplicate = doGetLocalBytes(blockId, info)
        val remoteClassTag = if (!serializerManager.canUseKryo(classTag)) {
          scala.reflect.classTag[Any]
        } else {
          classTag
```

```
            }
            try {
              //复制到其他节点
              replicate(blockId, bytesToReplicate, level, remoteClassTag)
            } finally {
              bytesToReplicate.dispose()
            }
          }
        }
        iteratorFromFailedMemoryStorePut
      }
    }
```

第4章

Shuffle详解

Shuffle 是 Spark Job 执行过程中非常重要的过程。Spark 的 Shuffle 与 Hadoop 中的 MapReduce 过程有很多相似之处,但也有自己的优势。Spark 在 Shuffle 过程中权衡内存与磁盘间的使用,尽最大努力将数据在内存中进行分组、排序等。当内存不足时 Spark 也可以将数据溢写到磁盘中而且实现相同的功能,这也体现了 RDD 的弹性之处。本章将介绍 Shuffle 的过程及内存的使用。本章的主要内容有:

- 为什么需要 Shuffle。
- Shuffle 执行流程。
- Shuffle 内存管理。
- ShuffleWrite。
- ShuffleRead。

4.1 为什么需要 Shuffle

4.1.1 Shuffle 的由来

在少量数据中,如果对一批数据进行分类处理,可在单个节点中使用 Map 等数据结构将每类数据进行分组,同一类数据放到一个集合中,实现分类处理的功能。但是在分布式计算中,数据分散到了多个节点中,对于同一类数据可能存在于多个节点中,这就为分类进行计算造成了困难。所以在分布式的环境中,需要一个过程将同一类数据放到一个节点中,这样便可实现数据分类的计算。

4.1.2 Shuffle 实现的目标

Shuffle 最终实现的目标是将同一类数据发送到同一个节点中,在一个节点中便可对同一类数据进行聚合等操作。如在 WordCount 的过程中，需要将同一个单词的计数发送到一个节点中，这样才能够计算出一个单词出现的总次数。该过程如图 4.1 所示。

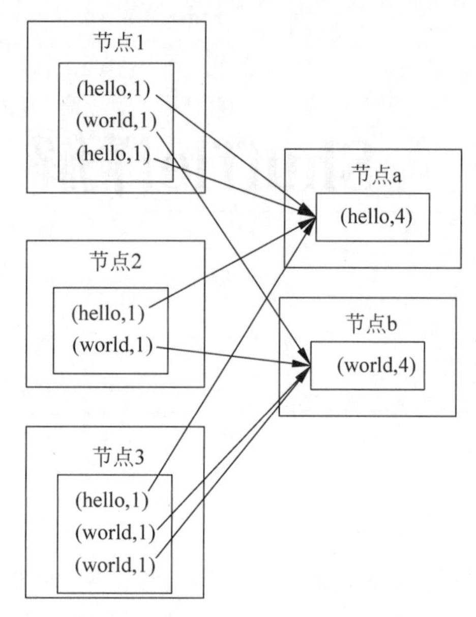

图 4.1　WordCount Shuffle 过程

在实际生活中也有很多 Shuffle 的例子，如在橘子盛产的季节，橘子通常会按照大小分开，大橘子能够卖更高的价格。如果只有几斤橘子人工便可以按照大中小将橘子分开。但是如果有几十万吨橘子呢？那么就需要如图 4.2 所示的分橘子工具。在图 4.2 中工人只要将橘子放到滚动的机器中，橘子便会顺着滚筒的滚动按照大小，从大小不同的孔中漏出来。

图 4.2　分橘子工具

如果橘子的量非常大，那么可以同时运行多个这样的工具，每个工具都可以将橘子的大小进行分组。这个过程类似于 Spark 分区的概念，将大量的数据分为可以并行处理的更小的分区。但是最终还是要获取所有的同一种大小的所有的橘子，当所有并行的分橘子工具都分完时，只需要将同一种大小的所有的橘子进行汇聚，即可实现大量橘子按大小分组的功能。

在这个过程中，每个小的任务将橘子按照大小进行分组，再对每个任务的同一分组的橘子进行汇聚的过程即为 Shuffle。所以 Shuffle 分为两个步骤：第一个步骤为每个小的任务对自己拥有的数据进行分组的过程，这个过程称为 Map 阶段，也被称为 Shuffle 的上游过程；第二个过程为对每个任务的分组进行汇聚的过程，经过此过程同一大小的橘子便汇聚到了一起，这个过程称为 Reduce 阶段，也被称为 Shuffle 的下游过程。

在以上分橘子的过程中，分橘子的机器自动将橘子按照大中小进行了分组，在 Spark 的 RDD 中使用 Partitioner 组件实现了完全相同的功能，将同一分区的数据进行分组，以便后续的 Reduce 阶段来拉取相应的数据。

4.2 Spark 执行 Shuffle 的流程

4.2.1 总体流程

如果 Spark 的 Job 中出现了 Shuffle，那么必定需要两个 RDD 的依赖关系为宽依赖。两个 RDD 之间的依赖关系是窄依赖还是宽依赖取决于 RDD 的算子的实现。如常见的 map、filter 算子将一个 RDD 转换为新的 RDD 时，两个 RDD 之间的依赖便为窄依赖。如果使用 groupBy、groupByKey 等算子将一个 RDD 转换为另一个 RDD 时，新的 RDD 对父 RDD 的依赖即为宽依赖。

在 Stage 的划分阶段，如果 RDD 的依赖为宽依赖，便会将该 RDD 划分到新的 Stage 中。如在 val rdd2=rdd1.groupByKey()操作中，rdd1 使用 groupByKey 算子将 rdd1 转换为了 rdd2，此时 rdd2 对 rdd1 的依赖即为宽依赖，即 ShuffleDependency。这个依赖关系的建立是在 groupByKey 的方法中实现的，在该方法中，创建了新的 rdd2，类型为 ShuffledRDD。在 ShuffledRDD 的依赖中即为对父 RDD 的 ShuffleDependency。Stage 的划分过程如图 4.3 所示。

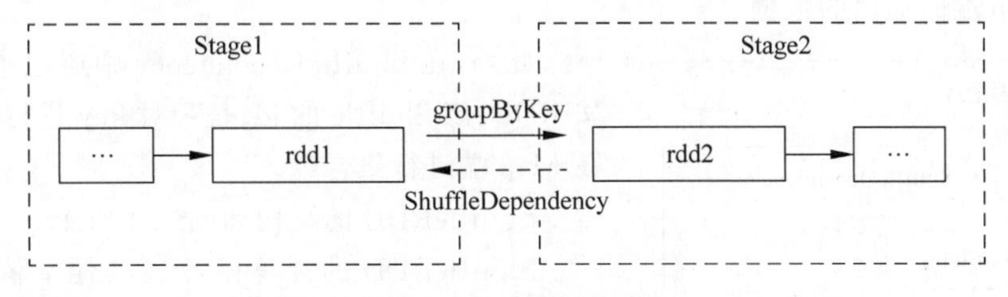

图 4.3 Stage 的划分过程

在划分的两个 Stage 中，Stage2 会对 Stage1 产生依赖，所以会首先计算 Stage1，在计算 rdd1 时，如果 rdd1 的数据不存在，会首先计算其父 RDD 的数据，最终 rdd1 将数据按照 key 进行分组，写入本节点的 BlockManager 管理的文件中。等 Stage1 所有的 Task 完成后，会将 Stage1 中的每个分区 Map 端输出的保存位置存储在 MapOutputTrackerMaster 中。Stage2 中计算某个分区的数据时，首先会通过 MapOutputTracker 找到该分区的数据都存在于哪些节点上，再拉取相应节点的数据，完成 Stage2 中的数据的加载，进而执行后续的 RDD 的转换。

MapOutputTracker 组件也是主从结构，在 Driver 中为 MapOutputTrackerMaster，在 Executor 中为 MapOutputTrackerWorker。Master 中保存了每个 Shuffle 的 Map 端每个分区的输出信息。Worker 通过与 Master 通信获取某个 Shuffle 的 Reduce 端对应的 Map 端数据保存在哪些节点中。

4.2.2 ShuffleRDD 的生成

在用户编写的程序中，如果使用如 groupByKey 等产生 Shuffle 的算子，产生的 RDD 的类型都为 ShuffleRDD 类型。当然用户也可以自定义算子产生其他 RDD 的类型。如在 val rdd2＝rdd1. groupByKey()操作中，rdd2 的类型为 ShuffleRDD，ShuffleRDD 与其他的 RDD 最大的不同在于 ShuffledRDD 对其他的 RDD 依赖为宽依赖，即为 ShuffleDependency。

在 ShuffleDependency 中包含了在 Shuffle 过程中使用的几个重要的组件。这些组件分别如下。

- Partitioner：用于将 key 进行分组，判断哪个 key 应该分到哪一组中。Partitioner 确定了所有的 key 一共能够分为多少组。这些分组的数量也决定了下游 Reduce 任务的分区的大小。在 Map 端数据进行分组时，便将每个 key 使用 Partitioner 进行分组，进而得到每个 key 所属的分组。Partitioner 组件功能类似于 4.1.2 节中提到的分橘子工具中按照大中小分类的工具的作用。
- Aggregator：用于将同一个 key 的两个 value 进行聚合，也可以将两个聚合后的值进行聚合。在 Reduce 端将使用 Aggregator 将同一个 key 的所有的 value 进行聚合。如果定义了在 Map 进行聚合，在执行 Map 过程的时候，也会调用 Aggregator 首先在 Map 端进行聚合
- ShuffleHandle：用于在 Map 端获取写入器(ShuffleWriter)将分区的数据写入文件中，在 Reduce 端用于获取分区读取器(ShuffleReader)，读取该分区中对应的不同的 Map 端的输出的数据。

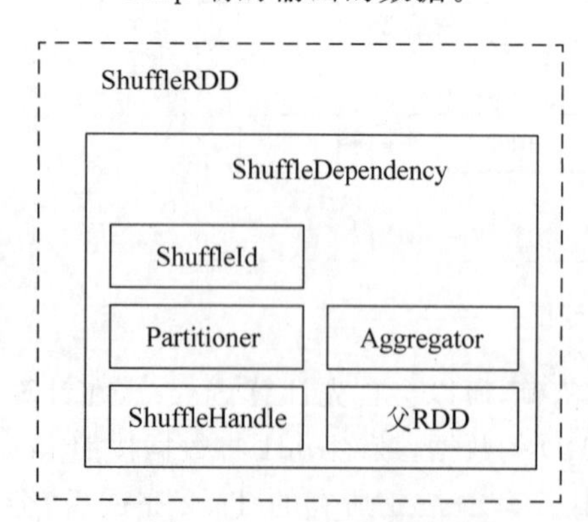

图 4.4 ShuffleRDD 的结构

此外，在 ShuffleDependency 中还记录了依赖的父 RDD、该 Shuffle 的 id、是否对 key 进行排序、是否在 Map 端进行聚合等。

ShuffleRDD 的结构如图 4.4 所示。

ShuffleRDD 的计算函数与其他窄依赖的计算函数也不同，普通 map()函数执行时，计算某分区的数据时，只需对父 RDD 的某分区数据进行转换即可。但 ShuffleRDD 某分区计算时，必须到不同的节点拉取对应分区的结果才能完成该分区数据的加载。

4.2.3 Stage 的划分

在执行的 RDD 触发 action 操作后，DAGScheduler 会递归 RDD 的依赖关系，每遇到一个 ShuffleDependency 就会将依赖的 RDD 划分到新的 Stage 中。最终一个 Job 被划分到有先后依赖关系的多个 Stage 中。最后的 Stage 称为 ResultStage，之前所有的 Stage 都为 ShuffleMapStage。一个 ShuffleMapStage 加载数据的过程可能直接从数据源中加载，也可能会是某个 Shuffle 过程的 Reduce 阶段，从上一个 Stage 的 Map 端输出进行加载。但所有的 ShuffleMapStage 运行完成后，都会将数据分组存储到当前节点的 BlockManager 的文件中，等待下一个 Stage 来拉取结果。

每个 ShuffleMapStage 中都会使用一个名为 outputLocs 的数组记录每个分区计算完成的结果。在 ShuffleMapStage 中，每个 Task 完成后生成的结果都为 MapStatus 类型，该数组的大小为执行 Map 阶段的 RDD 分区的数量的大小。在该 Stage 中每有一个 Task 完成时，就会将对应的 MapStatus 存放到数组中对应分区的位置，数组的索引与分区的 id 对应。如果数组中所有的分区都生成了 MapStatus，则整个 Stage 计算完成。

在 ShuffleMapStage 中还会包含该 Stage 中最后的 RDD、依赖的所有的父 Stage、计算的分区数、Reduce 阶段的 RDD 的 ShuffleDependency。ShuffleMapStage 的组成如图 4.5 所示。在图中 Stage 的最后的 RDD 与 ShuffleDependency 记录的 RDD 为同一个 RDD。

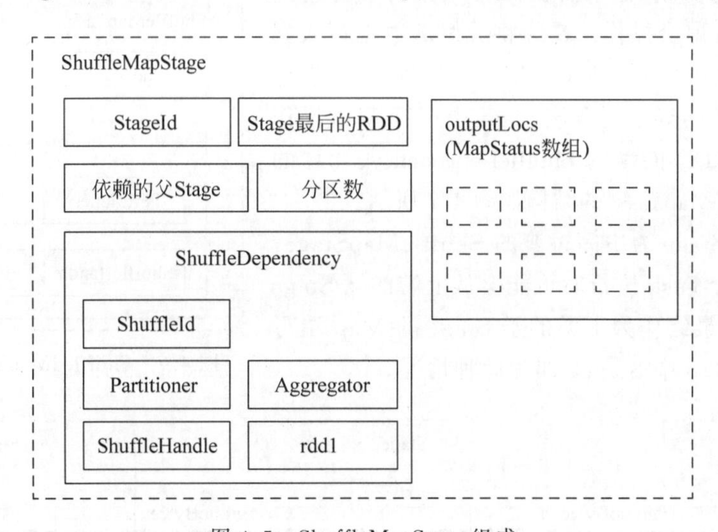

图 4.5 ShuffleMapStage 组成

在生成 ShuffleMapStage 的过程中，还会向 MapOutputTrackerMaster 根据 ShuffleId 注册该 Shuffle，注册时 MapOutputTrackerMaster 同样会根据 Shuffle 的分区的数量生成一个 MapStatus 数组，在 Map 结构中记录该 ShuffleId 与数组的映射关系。MapOutputTrackerMaster 中保存了当前应用中所有的 ShuffleId 和其 MapStatus 数组的映射关系。当 Stage 执行完毕后，会将 Stage 中保存结果的数组复制到 MapOutputTracker 中。Shuffle 的注册过程如图 4.6 所示。

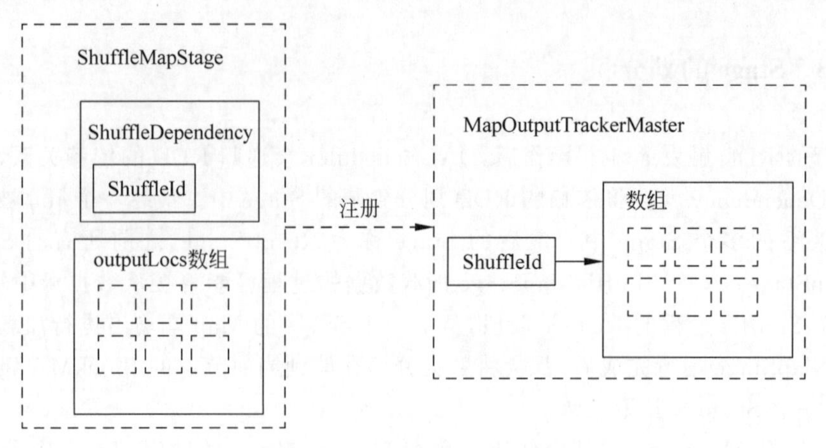

图 4.6 Shuffle 的注册过程

4.2.4 Task 的划分

Stage 划分完成后，每个 Stage 会根据计算 RDD 的分区的大小划分为多个 Task，每个 Task 计算 RDD 的一个分区的数据。ShuffleMapStage 中划分的 Task 为 ShuffleMapTask，ShuffleMapTask 会被序列化到 Executor 节点中进行执行，ShuffleMapTask 的执行会将该分区的数据进行分组，如果需要 Map 端聚合在分组过程中则还会进行聚合操作。最终将分组的数据写入到所在节点的文件中。ShuffleMapTask 在序列化时，发送到 Executor 中的内容主要有该 Stage 中执行 Map 操作的 RDD、下游 RDD 依赖的 ShuffleDependency、计算的分区等。ShuffleMapTask 的结构如图 4.7 所示。

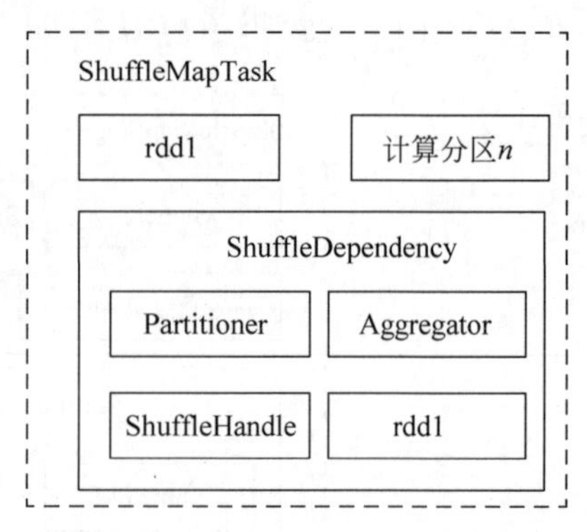

图 4.7 ShuffledMapTask 的结构

如果一个 Stage 为中间过渡的 ShuffleMapStage，那么该 Stage 的 Task 执行时可能会从上游的父 Stage 中拉取数据，并最终作为下游的子 Stage 的 Map 端写入数据。如图 4.8 中 Stage2 即为此种情况。

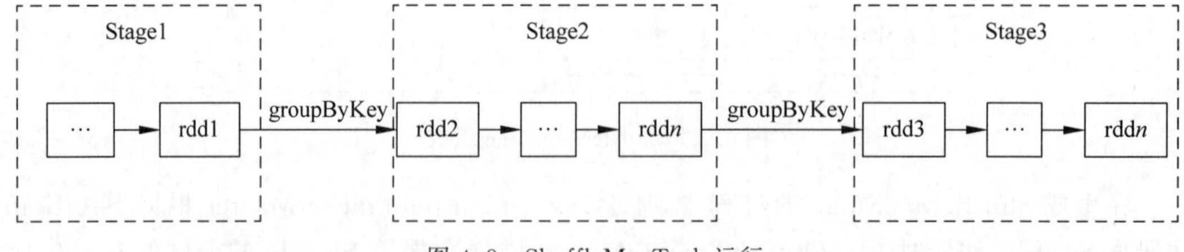

图 4.8 ShuffleMapTask 运行

4.2.5 Map 端写入

在运行 ShuffleMapTask 时，首先反序列化出 ShuffleMapTask 中保存的 RDD 信息、对应的宽依赖、执行的分区等数据。通过 RDD 的计算函数和执行的分区计算出该分区的数据，如果 RDD 依赖的父 RDD 数据不存在，会首先计算其父 RDD 的数据。当该 Stage 中最后的 RDD 分区的数据计算完成后，会通过该 Executor 中 SparkEnv 中的 ShuffleManager 组件获取相应的分区写入器(ShuffleWriter)。ShuffleWriter 根据 ShuffleDependency 中的 Partitioner 对每条记录的 key 进行分组，如果 ShuffleDependency 中定义了需要在 Map 端进行聚合，还会调用 ShuffleDependency 中的 Aggregator 组件将相同的 key 进行聚合。聚合方式取决于用户执行的算子中定义的聚合的方式。最终 ShuffleWriter 将分组的数据写入文件中，根据 ShuffleWriter 的不同，写入的文件可能为一个也可能为多个，详细的写入过程请参考 4.4 节。ShuffleWriter 写入完成后，会生成该分区写入的结果 MapStatus，将 MapStatus 返回 Driver 端，完成本 Task 的执行。

MapStatus 中记录了该分区数据保存的 BlockManager 的 Id 和下游每个分区对应数据的大小。如在一个 ShuffleMapTask 中，执行某分区的数据，按照 Partitioner 共分为了 5 组，则在生成 MapStatus 中会包含一个大小为 5 的 Long 类型的数组，数组中分别记录每个分组中生成数据的大小。该分组的大小即为下游 Reduce 任务的分区的大小，每个分区的数据拉取 Map 端每个任务生成的对应的分区的数据。Map 端的 Task 执行原理如图 4.9 所示。

Map 端任务执行流程如图 4.10 所示。

在 Map 端数据写入的时候，在数据分组的过程和数据聚合的过程(如果需要)都会消耗

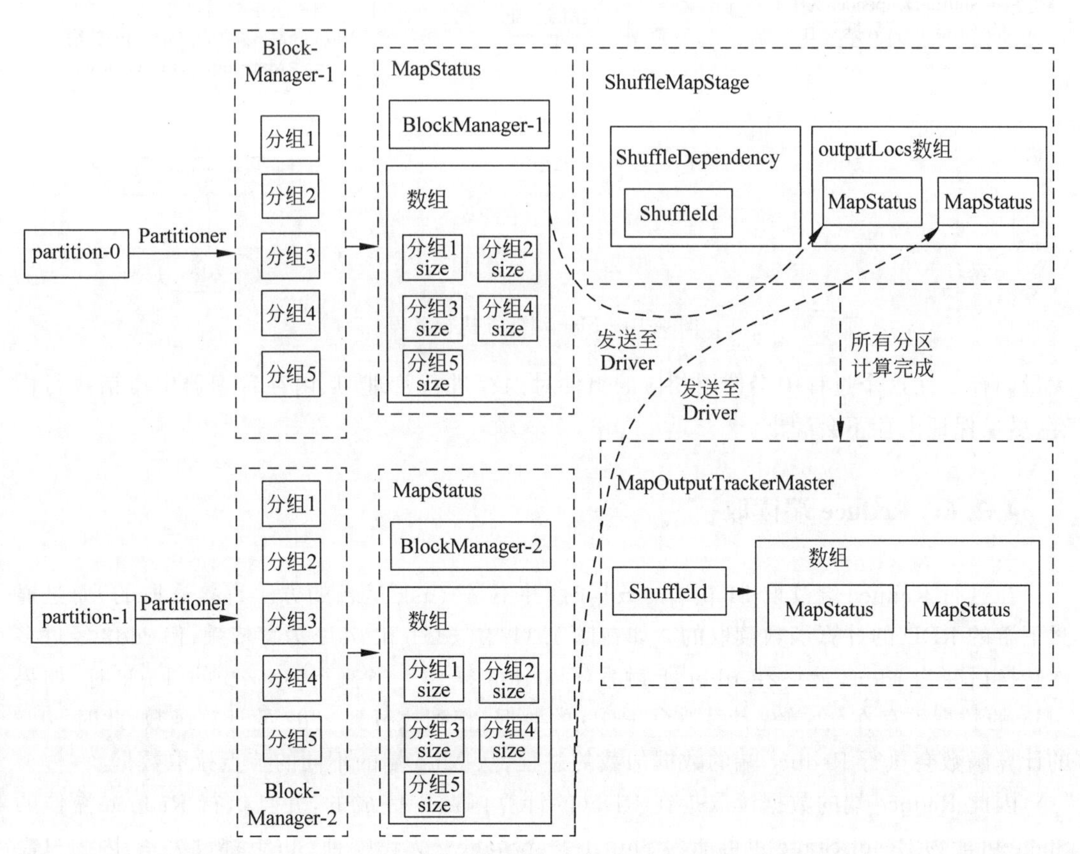

图 4.9 Map 端的 Task 执行原理

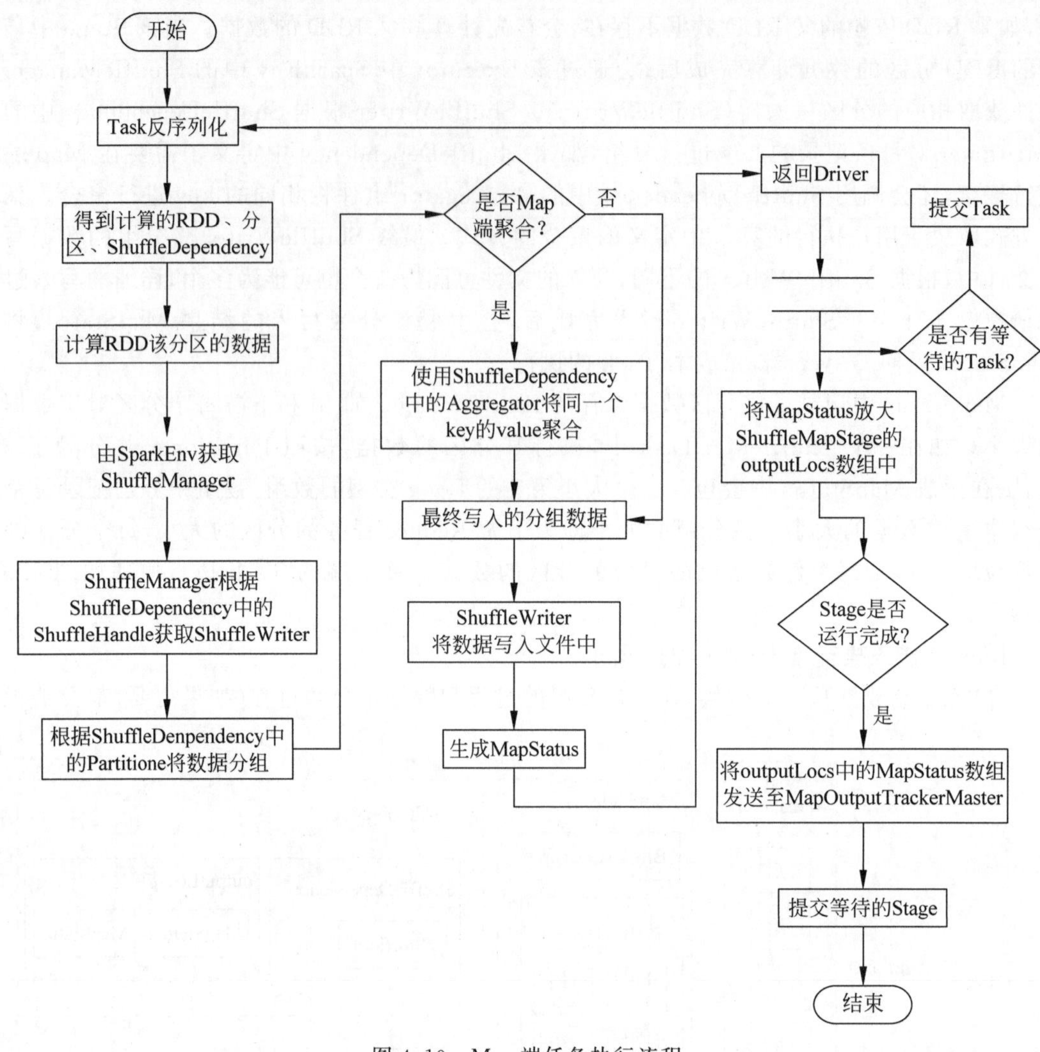

图 4.10 Map 端任务执行流程

大量内存。在这个过程中会使用相应的组件对内存进行管理,从内存管理器中申请执行内存,尽量保证内存不会溢出。

4.2.6 Reduce 端读取

在进行 Reduce 端读取 Map 端的数据时,并不是 Task 运行的方法直接读取的,而是通过下游的 RDD 的计算函数读取的。如在图 4.11 中,rdd1 和 rdd2 为宽依赖,但 rdd2 经过多次转换后变为 rdd*n*,最终在 rdd*n* 上触发了 action 操作。当执行 Stage2 的 Task 时,如果 rdd*n* 的数据不存在,会首先计算其父 RDD 的数据,直到执行到 rdd2 的计算函数,此时 rdd2 的计算函数会执行 Reduce 端的数据加载的过程,从 Map 端的不同的节点拉取数据。

因此 Reduce 端的数据读取是在 RDD 的计算函数中完成的,并且执行 Reduce 操作的 Stage 可能为 ResultStage 也可能为 ShuffleMapStage。无论哪种 Stage 都没关系,因为只需要执行 RDD 的计算函数即可完成数据的读取。在读取 Shuffle 数据的 RDD 中,其依赖一

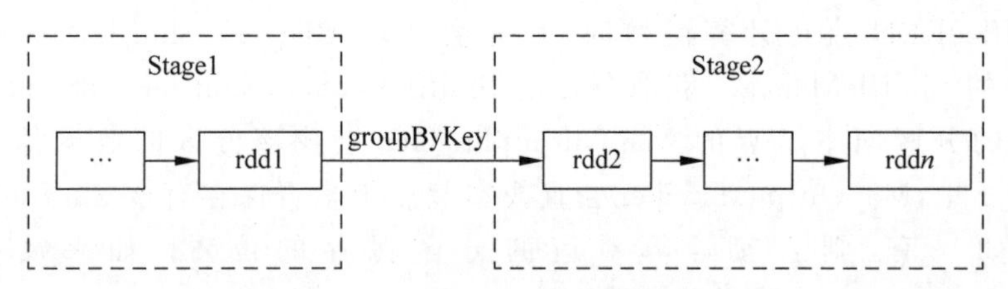

图 4.11 Reduce 端数据读取的触发

定为 ShuffleDependency。在 ShuffleDependency 保存有 partitioner 分区器，根据 Partitioner 可获取分区的数量，该数据决定了上游的 Map 任务中将数据分为多少组，也决定了在 Reduce 阶段的 RDD 一共有多少个分区。由于下游中的 RDD 的分区数量和上游 Map 端按照 key 分组的数量使用的是同一个 ShuffleDependency 中的相同的 Partitioner，所以保证了上游的每个分区数据的分组数量和下游的 RDD 的分区数量一定是相同的。

Reduce 阶段的 RDD 中的每个分区会读取上游中包含该分区数据的各个分组中的数据。这里的 Map 端的数据分组和分组中的 key 的数量是没关系的。如在哈希分区中，不同的 key 可能会被分到同一个组中。在下游的 RDD 的分区中，同一分组中的数据可能会有多个 key，其中每个 key 即为迭代器中的一条数据。Reduce 端不同的分区读取 Map 端分组的数据的过程如图 4.12 所示。

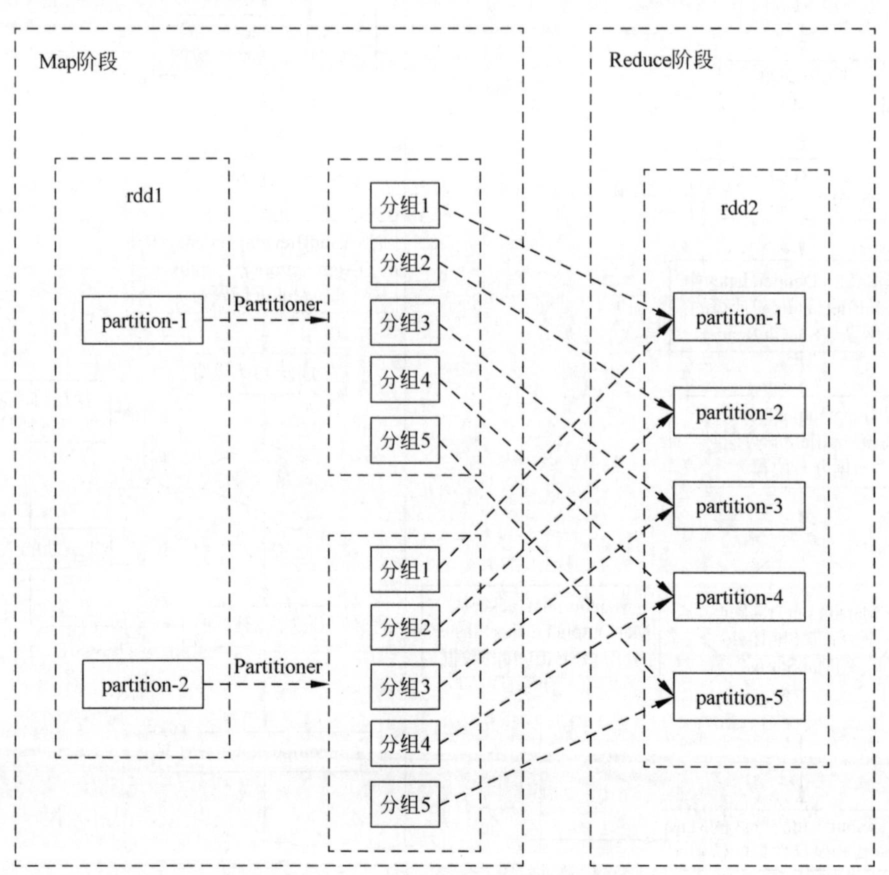

图 4.12 Reduce 端数据读取示意图

在 ShuffledRDD 执行计算函数时，首先会获取 RDD 的 ShuffleDependency，通过 SparkEnv 中的 ShuffleManager 获取分区的 ShuffleReader，ShuffleReader 根据 ShuffleId 和需要计算的分区向本节点的 MapOutputTracker 查找该分区的数据都分布在哪些 BlockManager 中，MapOutputTracker 会查找本节点中是否保存有该 ShuffleId 的所有的 MapStatus，如果有，则直接计算对应的分区保存的位置；如果没有，则会向 MapOutputTrackerMaster 发送消息获取该 ShuffleId 的所有的 MapStatus，将 MapStatus 保存到本地，防止后续相同的 ShuffleId 在不同的分区再次使用。

ShuffleReader 获取到分区数据保存的 BlockManager 及每个 BlockManager 中保存的多个 BlockId 和大小的信息后，会将这些位置信息转换为多个 FetchRequest，每个 FetchRequest 会请求同一个 BlockManager 中的一批 Block 获取相应的数据，将这些数据形成迭代器，将迭代器中的数据使用 ShuffleDependency 中的 Aggregator 将相同的 key 进行聚合，形成新的迭代器，如果执行需要将 key 排序，则会将 key 排序后形成最终的迭代器返回，完成计算函数的执行。计算函数将迭代器返回至调用的 RDD，调用的 RDD 再根据迭代器计算其分区的数据。Reduce 端读取数据的流程如图 4.13 所示。

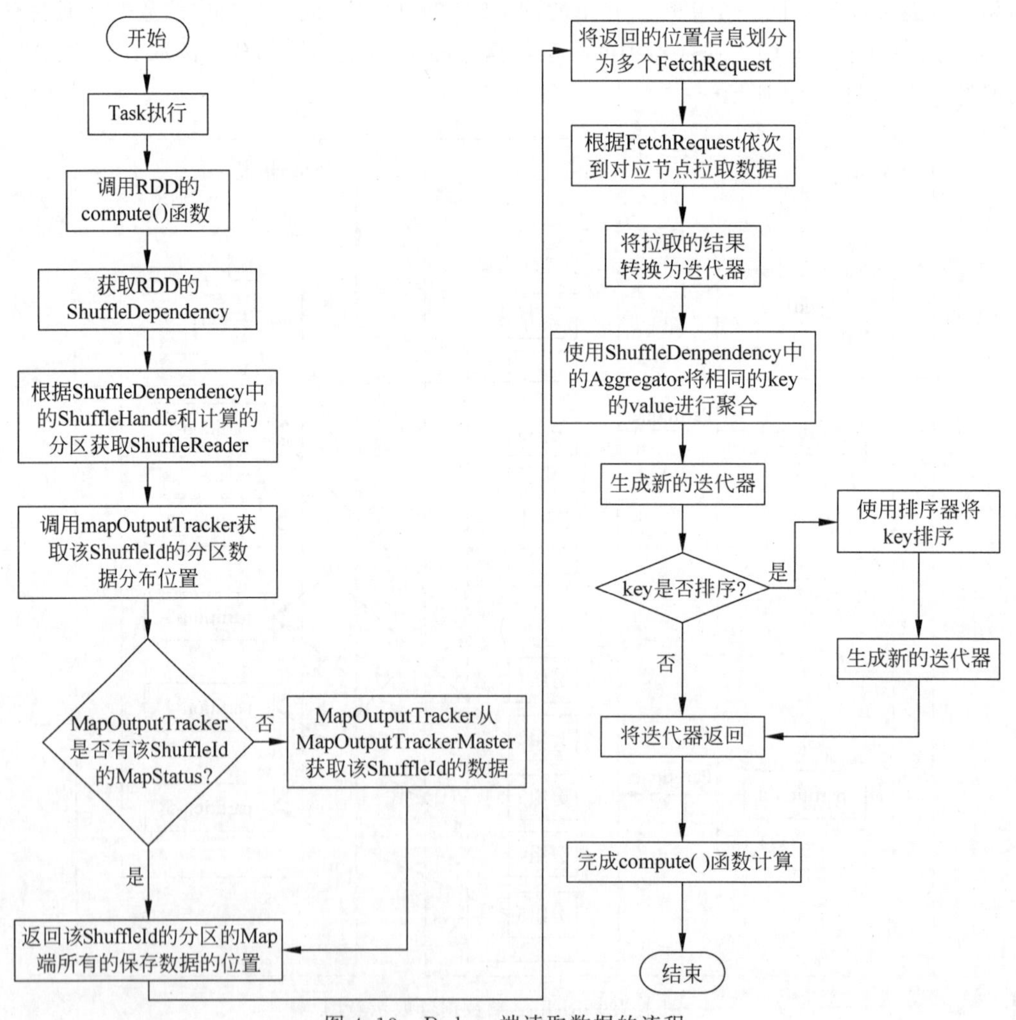

图 4.13　Reduce 端读取数据的流程

在 Reduce 的过程中，对 key 执行聚合和排序的过程，都会消耗大量内存。在这个过程中使用相应的组件对内存进行管理，向内存管理器申请执行内存，尽量保证内存不会溢出。

4.3 Shuffle 内存管理

4.3.1 任务内存管理器

在 Executor 中，内存的种类根据使用方式可划分为 3 种，分别为程序正常运行使用的内存、存储内存和执行内存。其中程序正常运行使用的内存为普通的堆栈调用过程，最常见的为 RDD 的迭代过程中生成的临时对象，这部分内存 Spark 无须进行管理。存储内存为 Spark 对系统缓存的数据缓存到内存中时使用的内存。这部分内存由 BlockManager 申请和释放。执行内存为在 Map 阶段或 Reduce 阶段对数据分组、聚合、排序等过程使用的内存，该部分内存也纳入了 Spark 内存管理之中。Spark 并不能精确计算在对数据分组过程中究竟使用了多少内存，但是可以计算在分组时有多大的数据存储在内存中，这部分使用的内存称为执行内存。在对数据进行分组、排序之前都会申请相应的执行内存，就如同使用存储内存一般，在存储数据之前一定会先申请存储内存。

在一个 Executor 中只有一个内存管理器(MemoryManager)管理整个节点的内存的使用，也只有一个 BlockManager 申请存储内存的使用。但是执行内存则不同，同一个 Executor 可以并行地运行多个 Task，每个 Task 可能都会申请执行内存。Spark 是如何管理多个 Task 申请的执行内存呢?

在每个 Task 运行过程中，对执行内存的申请都离不开一个组件——任务内存管理器(TaskMemoryManager)。每个 Task 都会生成单独的 TaskMemoryManager 用于管理该 Task 执行过程中申请的所有的执行内存。所有的 TaskMemoryManager 向本节点的 MemoryManager 申请内存。MemoryManager 保证每个 Task 申请的内存大小大于 $1/2n$ 且小于 $1/n$。如果使用统一内存管理器，MemoryManager 还能够实现在执行内存不足时，向存储内存借用。在 Executor 中，内存管理的结构如图 4.14 所示。

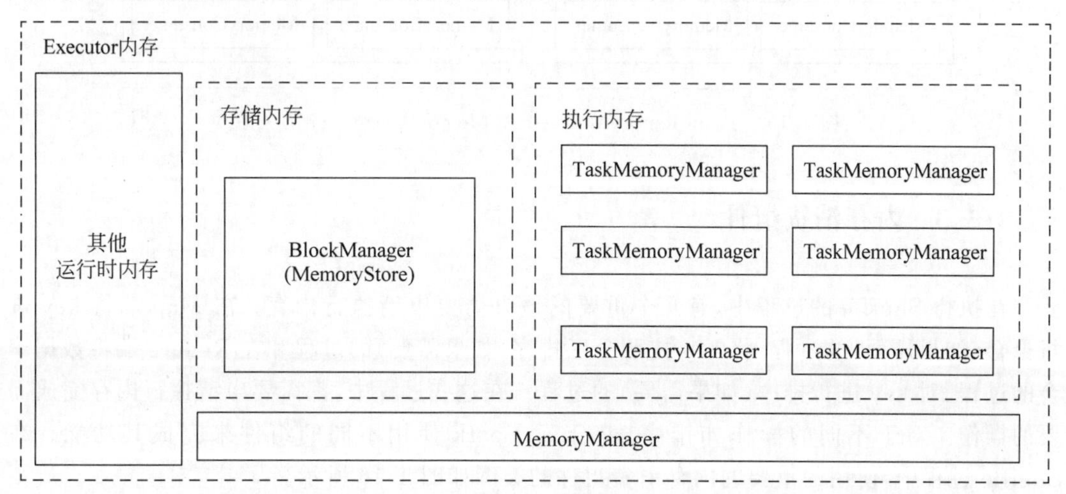

图 4.14 Executor 中内存管理的结构

4.3.2 内存消费者

在 Executor 中 Task 执行时，Task 也不能够直接向其所有的 TaskMemoryManager 申请执行内存，因为直接申请不便于 TaskMemoryManager 对内存的管理。Spark 将需要申请执行内存的组件都抽象成为内存消费者（MemoryConsumer），所有申请执行内存的地方必须继承 MemoryConsumer 抽象类。每个 MemoryConsumer 都维持一个 TaskMemoryManager 的引用，用于申请内存使用。同时 MemoryConsumer 还记录了已经申请内存的大小、使用的内存模式等信息。

一个 TaskMemoryManager 中会管理多个内存消费者，这多个内存消费者都是同一个 Task 申请的内存。当其中一个内存消费者申请执行内存不足时，MemoryManager 无法分配更多的内存，因为每个 Task 申请的内存是有上限的（$1/n$），但是此时 TaskMemoryManager 可以通知相同 Task 的其他内存消费者释放内存，因为属于同一个 Task，其他内存消费者释放内存后，申请内存的内存消费者就可以再次申请到更多的内存。TaskMemoryManager 和 MemoryConsumer 的关系如图 4.15 所示。

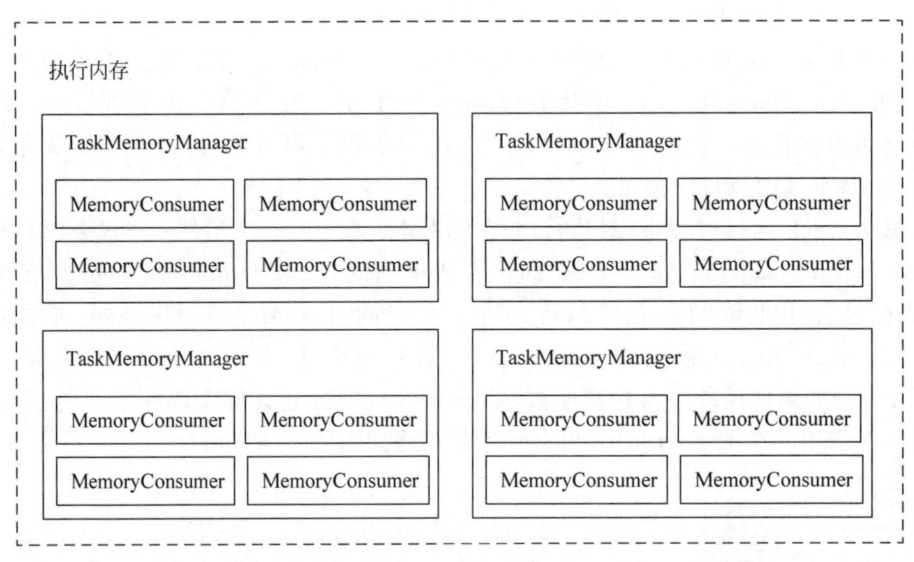

图 4.15 TaskMemoryManager 和 MemoryConsumer 的关系

4.3.3 内存消费组件

在执行 Shuffle 的过程中，有几个重要的地方需要申请执行内存：在 Map 端将 key 进行聚合（如果需要）的过程、将 key 按照分区排序（如果需要）的过程和在 Reduce 端将数据聚合的过程、对 key 进行排序（如果需要）的过程。在这些过程中，都需要申请执行内存完成需要的操作。对于不同的操作如排序、聚合等，Spark 使用不同的组件来完成其功能。在 Shuffle 过程中，使用的重要的内存消费组件的类图如图 4.16 所示。

其中，ExternalSorter 和 ShuffleExternalSorter 用于 Map 端对迭代器的 key 按照分区

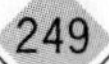

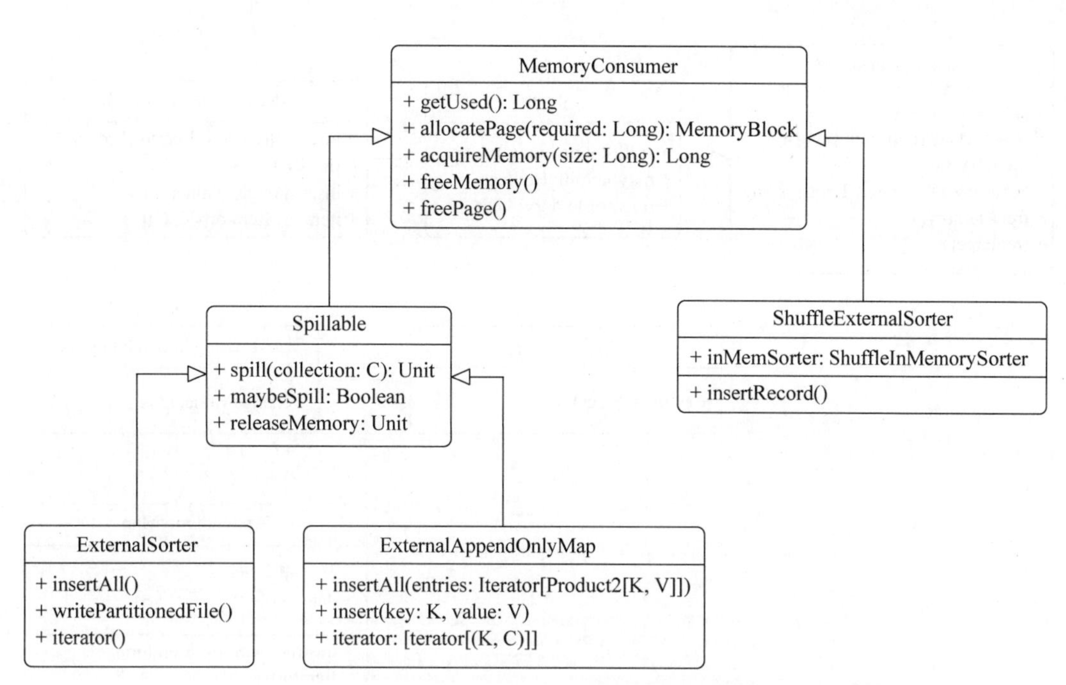

图 4.16　使用的重要的内存消费组件的类图

排序。ExternalSorter 还用于在 Reduce 端对 key 进行排序。ExternalAppendOnlyMap 用于对迭代器中的 key 进行聚合。

ExternalSorter 和 ExternalAppendOnlyMap 申请的内存为普通的执行内存,只需申请大小,申请成功使用内存即可。ShuffleExternalSorter 使用的为 Tungsten 管理的内存,它将内存划分为 Page 使用。

1. ExternalAppendOnlyMap

ExternalAppendOnlyMap 实现了将(key,value)类型的迭代器中的数据把同一个 key 的 value 按照指定的方式进行聚合,并返回新的迭代器。新的迭代器也是(key,value)类型,但是 value 为按照 key 聚合后的数据。该组件在 Reduce 端将所有 Map 节点的数据拉取后,进行聚合时使用。在旧版本的 Spark 中,使用 HashShuffleWriter 时,在 Map 端数据聚合时也使用该组件。但在新版本的 SortShuffleWriter 中 Map 端数据聚合不再使用该组件。

在小数据量的情况下,很容易实现类似的聚合功能。但是 Spark 在聚合的场景数据量可能会非常大,在 Reduce 端会从各个 Map 节点拉取本分区的数据,再对数据进行聚合操作。如果将这些数据全部放到内存中,很容易造成内存溢出。

ExternalAppendOnlyMap 在对迭代器中的数据进行聚合时,首先将一部分数据放入一个内部维护的自定义的可以计算数据量大小的 Map 中,这个 Map 的类型为 SizeTrackingAppendOnlyMap。ExternalAppendOnlyMap 的类图如图 4.17 所示。

SizeTrackingAppendOnlyMap 真正的数据存储是通过 AppendOnlyMap 实现的。在聚合数据时每迭代一条数据就将该(key,value)放入 SizeTrackingAppendOnlyMap 中,如果该 Map 中该 key 已存在,则将新记录的 value 和 Map 中已经存在的聚合的值进行聚合,将聚合后的值再次保存至 Map 中。在 AppendOnlyMap 中,使用数组保存 key、value 的值,并

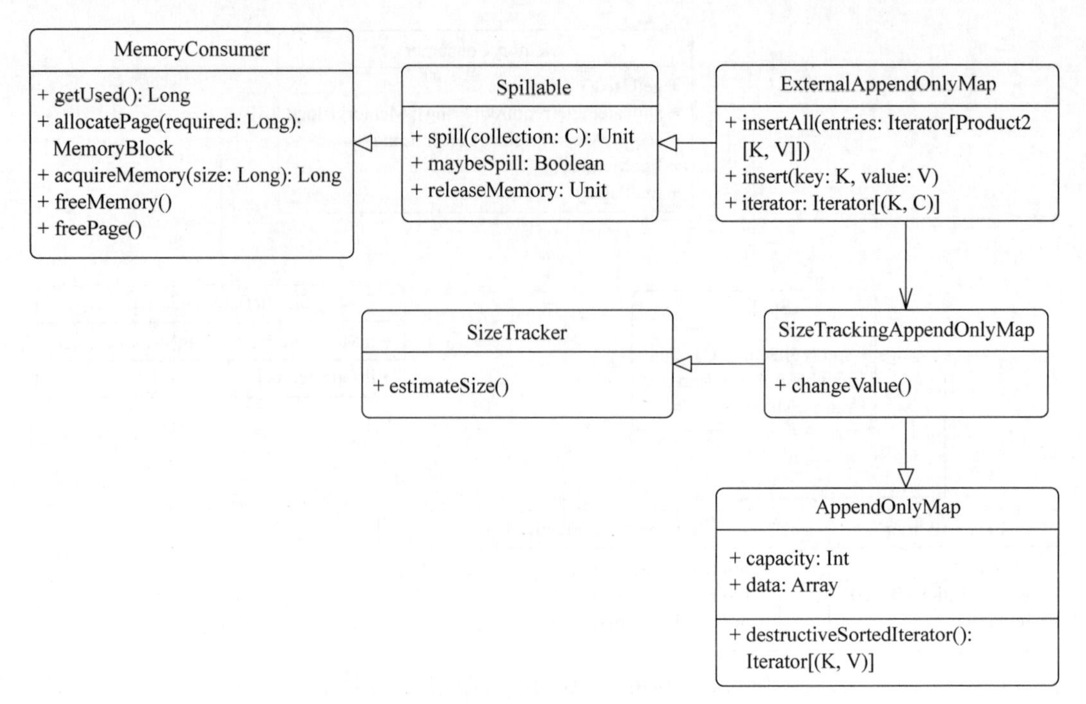

图 4.17　ExternalAppendOnlyMap 的类图

且 key 和 value 保存在连续的索引中。数组的大小是其容量的两倍，因为需要保存 key 和 value 两个值。通过对 key 取哈希值计算出 key 保存位置的索引，进而获取到 value 的值。当该数组中的数据快使用完时，可对数组进行扩充，每次扩大 1 倍，进而存储更多的 key、value 的值。如(hello，1)在对 hello 取哈希值后得到的位置为 3，其存储原理如图 4.18 所示。

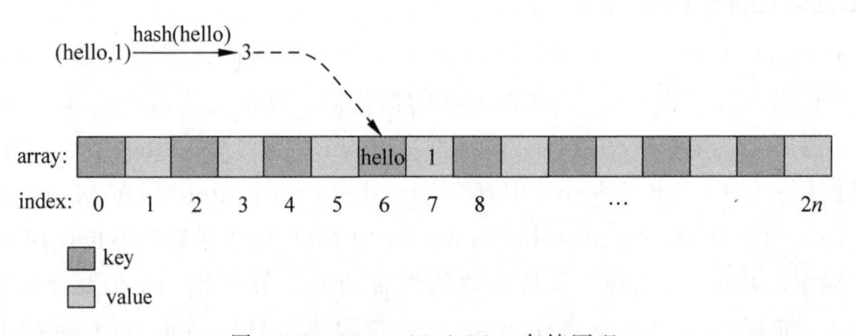

图 4.18　AppendOnlyMap 存储原理

AppendOnlyMap 还可以获取其保存数据的迭代器，指定 key 的排序方式。AppendOnlyMap 按照指定的排序方式将 key 排序，返回排序后的迭代器，迭代器中包含对应的 key、value 的值。在这个过程中，数据的存储和排序都是在内存中进行的。AppendOnlyMap 中的 key 一旦进行排序，获取 Map 中数据的迭代器，其内部的原有的存储的数据结构就会发生变化，意味着该 Map 就不能够再正常使用。

在进行聚合时，迭代的数据存储到 AppendOnlyMap 中后，会定时地检查 Map 中存储数据的大小，如每读取 32 条检查一次(将读取的条数取模即可)。ExternalAppendOnlyMap

在创建 AppendOnlyMap 时会申请初始的内存大小，当 AppendOnlyMap 中的数据占用的内存大于申请的内存时，ExternalAppendOnlyMap 会向 TaskMemoryManager 再次申请执行内存，如果申请成功，则可以将 AppendOnlyMap 进行扩展，将其数组大小扩展一倍用于在内存中存储更多的数据，并记录最新申请的内存值。如果申请内存失败，则此时没有足够的执行内存供 AppendOnlyMap 使用，这时 ExternalAppendOnlyMap 会将 AppendOnlyMap 中的数据按照 key 的哈希值的大小进行排序，生成迭代器，将迭代器中的数据写入到 BlockManager 管理的临时的文件中。这个过程被称为溢写磁盘(Splill)。写入磁盘中的数据都是按照 key 值排序的，写入时数据使用序列化工具进行了序列化。写入的磁盘文件数据存储形式示意如图 4.19 所示，实际是以二进制形式存储的。

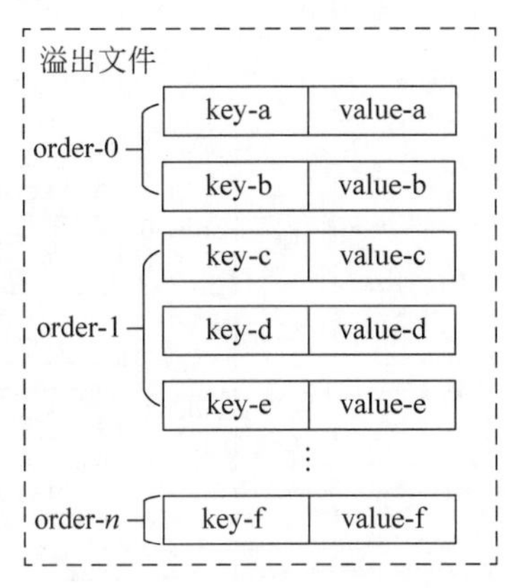

图 4.19 写入的磁盘文件数据存储形式示意

由图 4.19 中可看出，不同的 key 其排序后的顺序可能是相同的，但文件的整体能够保证存储数据 key 是有序的。

当 AppendOnlyMap 中的数据溢写到磁盘中后，ExternalAppendOnlyMap 会释放 Map 中的数据占用的内存，在释放内存时会保留原有的申请的初始的内存大小。释放内存后，ExternalAppendOnlyMap 中将原有的 SizeTrackingAppendOnlyMap 置空，再次创建新的 SizeTrackingAppendOnlyMap，用于保存新迭代的数据。因为 SizeTrackingAppendOnlyMap 在获取迭代器后其内部数据结构被破坏，需重新创建。

在迭代过程中会循环执行以上过程，如果内存不足，则将 SizeTrackingAppendOnlyMap 中的数据写入磁盘，释放内存，创建新的 SizeTrackingAppendOnlyMap，将新数据写入新 Map 中，当 Map 中的数据大小超过申请的大小时，再次申请内存扩展 Map，直到不能够申请更多的内存，再将 Map 中数据写入文件。

经过以上循环过程，最终需要聚合的数据迭代后被存储到了多个按照 key 排序后的文件，内存中的 Map 也可能包含最后迭代的部分数据，此部分数据由于最后迭代时内存足够依然存在于内存的 Map。数据迭代完成后，其数据组成如图 4.20 所示。

在迭代完成后，每个文件中的 key 的 value 是经过聚合的。但是由于全部的数据被分散到了不同的文件中，不同的文件中可能包含同一个 key 的 value 的聚合的值。所以下一步的操作就是如何将不同文件中的相同的 key 进行聚合，包括内存中剩余部分的数据也需要进行聚合。在生成的文件中，都有一个共同的特点，它们的 key 都是按照哈希值进行排序的，即按照文件顺序的读取，key 的顺序都是依次递增的。

ExternalAppendOnlyMap 最终的目的为生成聚合后的迭代器，而并不是将聚合后的数据一次性返回，所以 ExternalAppendOnlyMap 在实现的时候，是边迭代边聚合，并没有先将所有的文件中的数据都聚合后再返回迭代器。使用边迭代边聚合的功能减少了内存的占用，同一时刻只需聚合迭代中的 key 即可。

在将文件中的数据聚合时，ExternalAppendOnlyMap 首先获取每个文件中的数据的迭代器和内存中 SizeTrackingAppendOnlyMap 按照 key 排序的迭代器。在这一批的迭代器

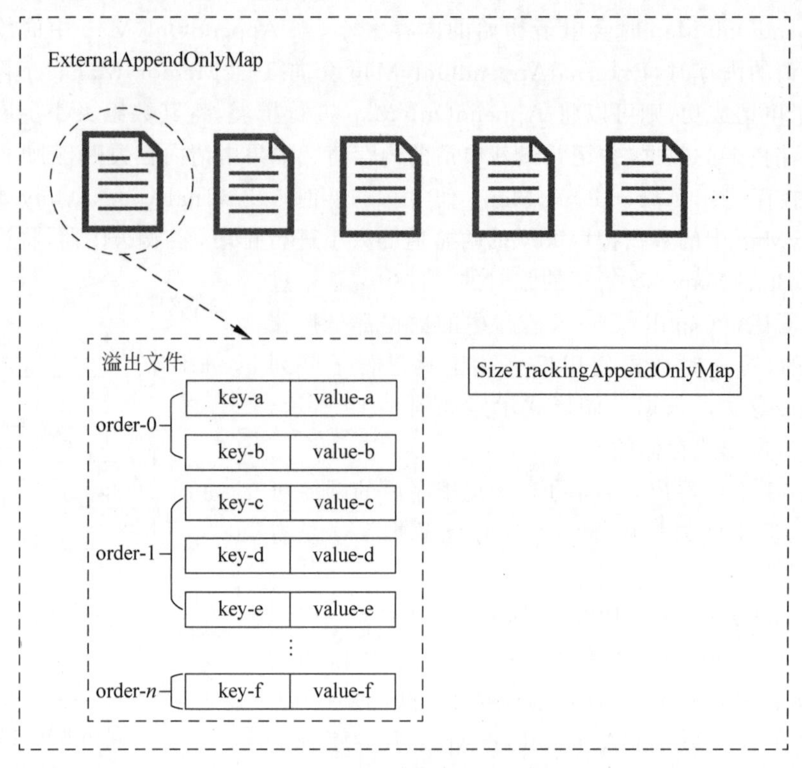

图 4.20　数据迭代完成后的数据组成

中,每个获取的都是当前迭代器的数据中 key 最小的数据。经过此过程文件中的数据和内存中的数据得到了统一的处理接口,都通过迭代器使用。获取的迭代器如图 4.21 所示。

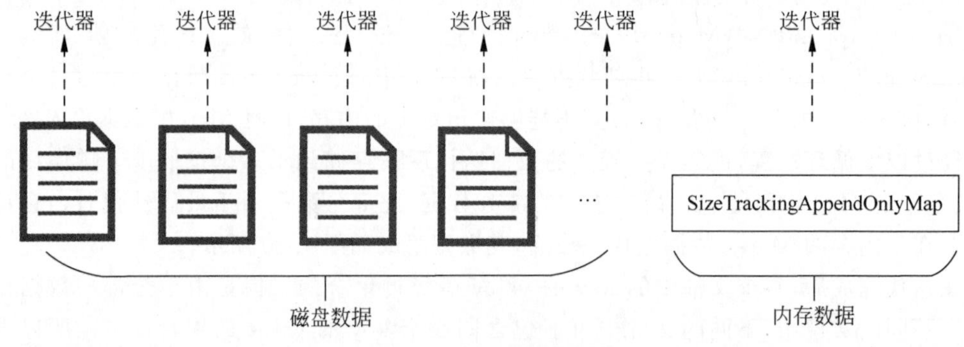

图 4.21　获取的迭代器

在生成的一批迭代器中,虽然 key 是按照哈希值大小排序的,但是同一迭代器的同一个顺序中可能包含多个 key,因为 key 的哈希值可能会相同。不同迭代器中最小的 key 的哈希值也不会相同。ExternalAppendOnlyMap 在实现的时候对每个迭代器再次进行了封装,将每个迭代器封装为一个 StreamBuffer。StreamBuffer 记录了当前的迭代器的引用和当前最小的哈希值的所有的 key、value 的集合。该集合使用 ArrayBuffer 表示。在这个 ArrayBuffer 中它们的 key 的哈希值都是相同的,而且是当前迭代器中哈希值最小的。在 StreamBuffer 中使用 minKeyHash 记录当前 ArrayBuffer 中的 key 的哈希值。某一个迭代器转换为 StreamBuffer 的过程如图 4.22 所示。

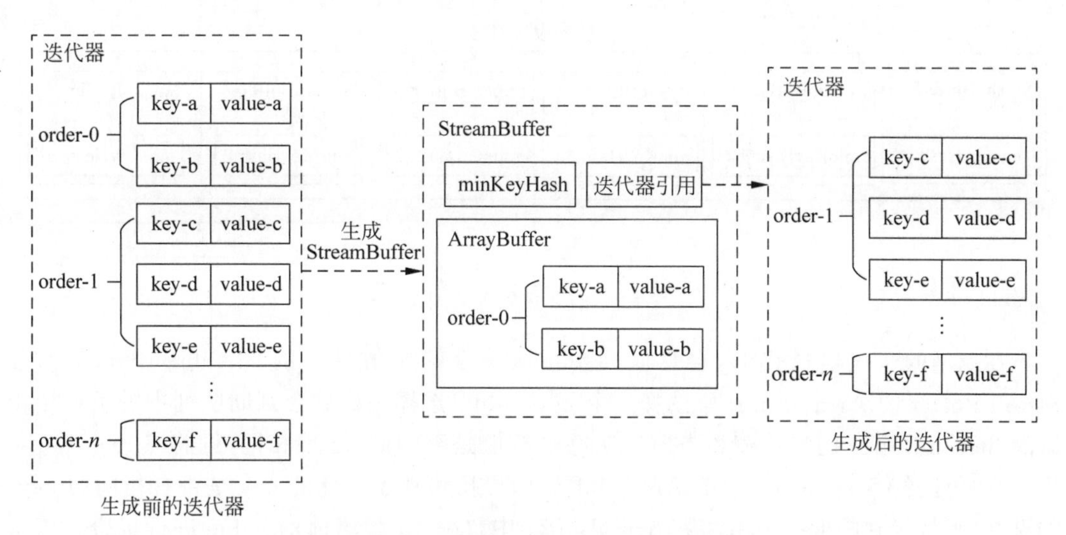

图 4.22 迭代器转换为 StreamBuffer 的过程

通过以上过程，每个迭代器生成了对应的一个 StreamBuffer，在 StreamBuffer 中都保存了当前迭代器中的最小的哈希值和对应的 key、value 的集合。生成的 StreamBuffer 如图 4.23 所示。

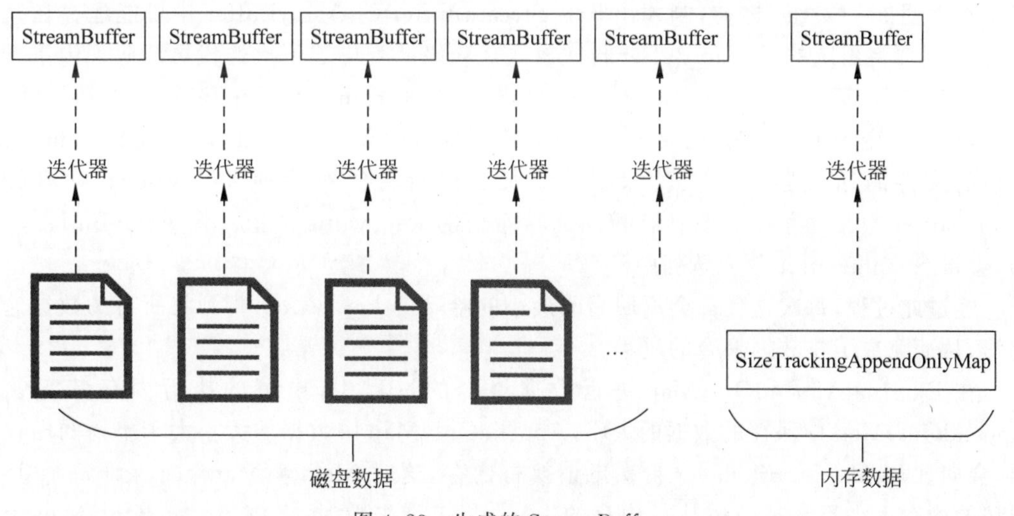

图 4.23 生成的 StreamBuffer

在生成的 StreamBuffer 中，每个 StreamBuffer 都记录着自己的最小的哈希值。而且在这些 StreamBuffer 中最小的哈希值有可能相同也有可能不同，如果哈希值相同，则两个 StreamBuffer 中很可能包含相同的 key，但这并不是必然的，也有可能不同的 key 的哈希值相同。ExternalAppendOnlyMap 在返回的聚合的迭代器中，最初的数据就是从最小的哈希值的 key、value 返回的。每迭代一次，返回一个 key 和 value。

ExternalAppendOnlyMap 会把所有的 StreamBuffer 放入一个优先级的队列中，该队列中出队的总是哈希值最小的 StreamBuffer。该优先级队列会在堆内存中将 StreamBuffer 进行排序。图 4.24 所示为 6 个 StreamBuffer 放入优先级队列后的出队顺序。

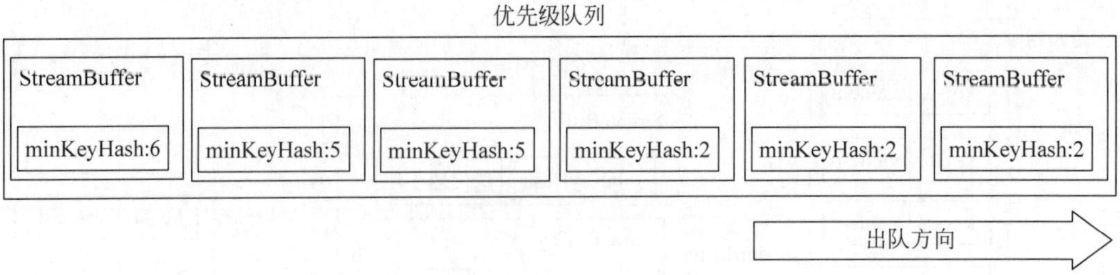

优先级队列

StreamBuffer minKeyHash:6 | StreamBuffer minKeyHash:5 | StreamBuffer minKeyHash:5 | StreamBuffer minKeyHash:2 | StreamBuffer minKeyHash:2 | StreamBuffer minKeyHash:2

出队方向

图 4.24 优先级队列

在返回的迭代器迭代时，会从队列中出队一个哈希值最小的 StreamBuffer，然后在 StreamBuffer 的 ArrayBuffer 中选择一个 key、value，选择完成后会判断队列中的下一个出队的 StreamBuffer 的哈希值和当前出队的哈希值是否相同，如果相同，则将 StreamBuffer 出队，在出队的 StreamBuffer 的 ArrayBuffer 中寻找和刚才选择的 key 是否有相同的 key，如果有，则将找到的 key、value 从 ArrayBuffer 中移除，并和当前的 value 进行聚合。依次判断并遍历优先级队列中的所有的 StreamBuffer，直到队列中的 StreamBuffer 的哈希值和当前迭代的哈希值不相同才停止。经过一次循环，选择的 key 会在所有的 StreamBuffer 中的 ArrayBuffer 中移除，并最终生成了该 key 的聚合后的 value。此时当前迭代的 key、value 即可返回。

在返回 key、value 之前，刚才出队的 StreamBuffer 的 ArrayBuffer 中可能还存在其他的 key，需要将出队的 StreamBuffer 再次放入优先级队列中。下次迭代再从队列中重新出队一个哈希值最小的 StreamBuffer。如果出队的 StreamBuffer 在移除一个 key 后，其 ArrayBuffer 变为了空，即该哈希值下已经没有了对应的 key、value，此时会从 StreamBuffer 对应的文件的迭代器中再次读取下一个最小的哈希值对应的 key、value。读取后在 ArrayBuffer 中又会存在一批具有相同的哈希值的 key、value 的值。将 ArrayBuffer 填充后，会将 StreamBuffer 放入队列中。

经过此过程，每次迭代都会返回当前最小的哈希的 key、value，直到将所有的数据迭代完毕，从而完成了将数据聚合的过程。

在 ExternalAppendOnlyMap 进行数据聚合的过程中，申请的执行内存其实就是 AppendOnlyMap 中保存的数据的大小，AppendOnlyMap 中数据的大小大于申请的内存值时，会向 TaskMemoryManager 再次申请执行内存，这时 MemoryManager 保证每个 Task 申请的内存大小不超过总体执行内存的 $1/n$。当申请失败时，会将 AppendOnlyMap 中的数据写入磁盘，再释放内存。在此过程中，内存会被不断地申请和释放，这就是 ExternalAppendOnlyMap 操作的执行内存。

在前面已指明 Spark 并不能精确地计算 Shuffle 过程中使用的执行内存，其计算的只是在内存中存储数据的一部分。在对 AppendOnlyMap 中的数据按照 key 进行排序时、在优先级队列对 StreamBuffer 排序时、在将同一个 key 的两个 value 进行聚合时，这些部分的内存都没有计入执行内存中，因此 Spark 会尽量保证内存不会溢出，但在实际执行时，没有计算部分的内存如果数据太大也会造成内存溢出。

如使用 groupByKey 算子对 key 进行聚合时，在 Reduce 端，同一个 key 会对应一个数组类型的 value。在聚合过程中，如果一个 key 的 value 数组过大，按照 ExternalAppendOnlyMap 的

设计是无法避免内存溢出的，因此出现此种情况应考虑减少 key 对应的 vlaue 或在 Map 端进行聚合。

2. ExternalSorter

ExternalSorter 用于在 Map 端将数据进行分组，每个分组对应下游的一个分区，最终形成按分区有序的数据。与 ExternalAppendOnlyMap 不同的是 ExternalAppendOnlyMap 最终返回迭代器类型，而 ExternalSorter 可以直接将排序后的数据写入文件中，供 Reduce 端任务来拉取数据。ExternalSorter 的实现思想与 ExternalAppendOnlyMap 类似，都是将部分数据写入内存中，内存不足时再溢写到文件中，最后对多个文件中的数据形成按分区排序的数据写入一个文件中。

ExternalSorter 在实现将数据分组按分区排序写入文件的过程中对一条记录序列化了两次。第一次是在外部的迭代器插入到 ExternalSorter 中时，ExternalSorter 内存不足会将数据排序写入文件，这个过程会进行每一条记录的序列化。在合并多个文件时需要将文件中的数据反序列化读取，如果需要将 value 进行聚合还会执行聚合操作，然后将数据再次写入文件中，这个过程会再次将数据序列化。这两次序列化并写入文件的过程对 Spark 任务的执行产生了一定的性能影响。

4.3.4 Tungsten 内存管理

有了存储内存和执行内存，Spark 就已经可以对大量数据的任务进行处理，为什么会出现另一种内存管理方式？Tungsten 究竟实现了什么功能？它的出现一定是提升了 Spark 的处理速度或是解决了一些问题才引入的，比如 4.3.3 节中遗留的数据两次序列化的问题，使用 Tungsten 的内存管理机制即可解决。

严格来讲 Tungsten 并不是一种内存管理机制，而是 Databricks 公司提出的对 Spark 优化内存和 CPU 的项目，这个项目称为 Spark Tungsten。Spark Tungsten 的项目宣言就是 Bringing Apache Spark closer Bare Metal——榨干硬件性能。Tungsten 项目对 Spark 的各种环节都有优化，如直接管理内存、避免 JVM 开销、优化各种排序算法、利用 CPU 的缓存提高命中率等。Spark Tungsten 最初对 Spark SQL 优化得较多，但后期 Shuffle 也有受益的部分。本节对于 Tungsten 的概念仅仅定义为其内存使用的过程。

在 MemoryManager 中申请执行内存时，除了正常申请内存的大小、组建自己使用 JVM 分配的缓冲区存储数据外，MemoryManager 还提供了另外一种申请执行内存的方式——通过 TungstenMemoryAllocator 申请内存页(Page)。通过 TungstenMemoryAllocator 分配的内存一般被称为 Tungsten 管理的内存。Tungsten 申请的内存也属于执行内存的一部分，它与另外一种申请执行内存的方式共享执行内存池。Tungsten 管理的内存统一了堆内存和堆外内存的操作方式，无论使用哪种方式，其操作内存的方式都是相同的。

TungstenMemoryAllocator 申请的内存为一块连续的内存地址，每申请一块地址就被称为一个内存页。如果一个 TaskMemoryManager 申请了多个内存页，那么 TaskMemoryManager 自己维护多个内存页的集合，这个内存页的集合被称为页表(Page Table)。当对某个内存页进行读写时只需要获取该内存页的起始内存地址，通过偏移量读取数据即可。

1. 内存的起始位置表示

在 Spark 中使用 MemoryLocation 表示内存页的起始位置，如果申请的内存类型为堆外内存，那么该内存页的起始位置只需要一个 Long 类型的变量即可记录该内存的位置。Tungsten 申请堆外内存使用 Unsafe 类中的方法直接分配连续的堆外内存。堆外内存的位置如图 4.25 所示。

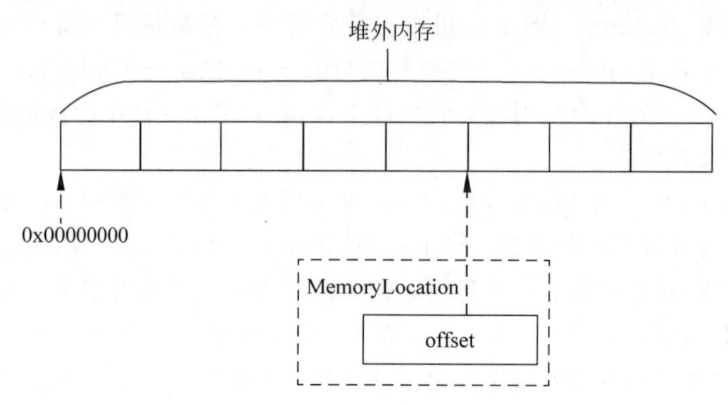

图 4.25 堆外内存的位置

如果申请的内存类型为堆内存，Spark 使用一个 Long 类型的数组让 JVM 分配指定大小的连续的内存区域。正常情况下 Long 类型数组中只能存储 Long 类型的数据。但是 Spark 使用 Unsafe 的 API 能够直接修改分配的内存区域的某字节中的数据，这意味着只要获取该内存区域的起始地址，就能够像操作堆外内存一般操作堆内存中的数据。在堆内存中，如果要获取内存的起始地址，则只能通过 Java 对象的引用来获取。但在数组对象中一般起始位置并不是真正存储数据的起始位置，还需要对该起始位置再次移动额外的偏移量才能够获取真正的数据存储位置。所以如果申请的内存为堆内存类型，只需要对象的引用和偏移量便能够对数据存储的起始位置定位。堆内存中对数据存储位置的定位如图 4.26 所示。

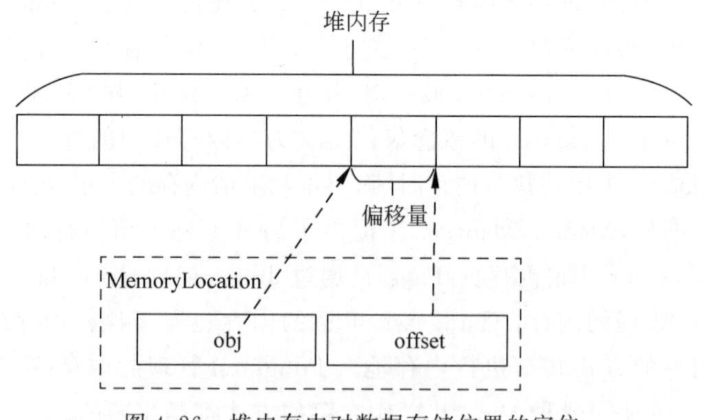

图 4.26 堆内存中对数据存储位置的定位

为了统一堆外内存和堆内存的起始位置的管理，Spark 使用 MemoryLocation 类表示内存的起始位置，该类有两个变量，分别为对象的引用 obj 和 Long 类型的偏移量 offset。如果为堆外内存，则该对象的引用为空，offset 即表示真正的内存地址；如果为堆内存，对象的引用为 Long 类型数组的引用，offset 表示在该对象的堆内存位置偏移多少为真正的数据存储位置。

2. 内存块的表示

只有内存的起始位置还不能表示一个内存页，因为只有起始位置并不知道内存块的大小，因此 Spark 使用 MemoryBlock 表示一个内存页，MemoryBlock 继承了 MemoryLocation，并且记录了内存块的大小，使用 length 表示其内存大小。MemoryBlock 还记录了其所属内存页的页码称为 pageNumber。

3. 数据指针

在对 Tungsten 的内存写入时，首先需要通过 TaskMemoryManager 申请执行内存，TaskMemoryManager 会为其分配一个内存页，每个内存页使用 MemoryBlock 表示，每申请一个内存页，TaskMemoryManager 就会在其 pageTable 数组中记录其页码。在对数据写入时，只要指定页码和在该页中的偏移量即可在某个内存块指定的位置写入。对于存储的数据而言，页码和在页内的偏移量就是数据的指针，只要获取这两个变量，就能找到数据的位置。为了方便对指针的管理，Spark 将页码和页面中的偏移量进行了压缩。使用 8 字节(64b)表示该指针。在 64 位中，高 13 位表示页码，低 51 位表示页面的偏移量。指针的寻址过程如图 4.27 所示。

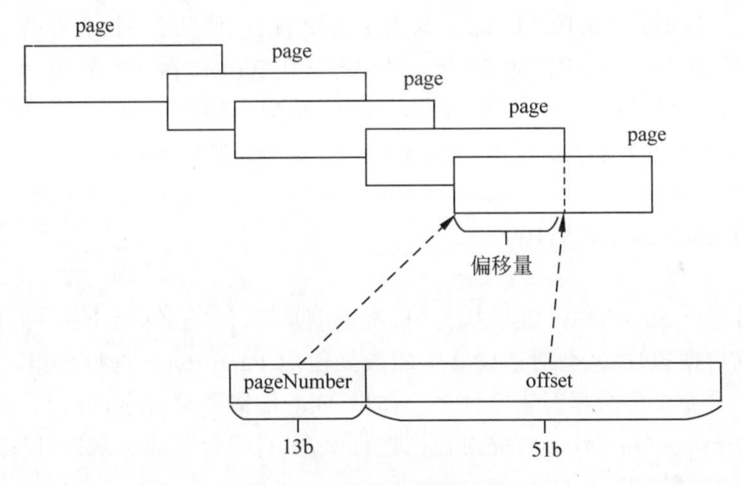

图 4.27　指针的寻址过程

有了对内存页的分配方式，也有了对内存页的编址的方式，Spark 中的组件即可通过申请内存页，并获取指针直接将数据写入内存中的指定区域，避免了 JVM 对指针的管理的过程。

4.3.5　Tungsten 内存消费组件

在 Shuffle 过程中，使用 Tungsten 内存的组件为 ShuffleExternalSorter，该组件用于在 Map 端将数据按照分区进行排序，但不能够进行聚合。组件的详细工作原理请参考 UnsafeShuffleWriter 部分。

4.4 ShuffleWrite

在执行 ShuffleMapTask 时，Task 通过获取 Executor 中 SparkEnv 的 ShuffleManager，通过 ShuffleManager 获取 ShuffleWriter，将 Map 端的数据写入 BlockManager 管理的文件中。在 Spark2.0 以前的版本，存在两种不同的 ShuffleManager，分别为 HashShuffleManager 和 SortShuffleManager。HashShuffleManager 获取的 ShuffleWriter 将 key 按照哈希值进行分组，每组的数据写入不同的文件中，在下游的 Reduce 拉取数据的时候读取对应的文件即可。SortShuffleManager 将 key 按照分组进行排序，所有分组的数据写入了一个文件中，记录每个分组数组在文件中的偏移量。

HashShuffleManager 获取的 ShuffleWriter 类型为 HashShuffleWriter。SortShuffleManager 可以获取 3 种不同的 ShuffleWriter，分别为 BypassMergeSortShuffleWriter、SortShuffleWriter、UnsafeShuffleWriter，这 3 种 ShuffleWriter 在写入 Map 数据的时候，写入的方式各不相同。

4.4.1 HashShuffleManager

在 Spark2.0 后 HashShuffleManager 退出了历史舞台，伴随着 HashShuffleWriter 也不再使用。因为在进行 Shuffle 的时候，HashShuffleWriter 存在着很大的弊端。但 HashShuffleWriter 是最经典的也是最容易理解的一种 Map 端的写入器，对 HashShuffleWriter 实现原理的掌握会更加容易对其他 ShuffleWriter 的实现原理进行理解。

4.4.2 HashShuffleWriter

在 Map 端每个 ShuffleMapTask 执行时，都会获取一个 ShuffleWriter，HashShuffleWriter 在写入 Map 端数据的时候，会对迭代器中的数据使用 Partitioner 进行分组，为每个分组生成一个文件，将分组中的数据写入文件中。如果 Map 端需要聚合时，HashShuffleWriter 会使用 ExternalAppendOnlyMap 首先对数据进行聚合，将聚合后的数据分组写入不同的文件中。分组写入的过程如图 4.28 所示。

假如在 Map 的 Task 数量为 10 000，在 Reduce 的端的 Task 数量为 1000，那么在集群中 Map 端的过程将会形成 10 000×1000=1000 万个文件。由此可见，使用 HashShuffleWriter 将会产生大量的文件，会对系统的 I/O 造成巨大压力。而且在对文件读写时需要打开文件的输出流，打开大量的文件将会消耗大量的内存，使 Executor 端的内存也产生很大的压力。

为了解决以上产生大量文件的问题，HashShuffleWriter 引入了 Consolidation 机制。同一个 Executor 中的同一个 CPU 核执行的 Task，可以将相同的分组的数据写入同一文件中，这在一定程度上减少了文件的生成。启用 Consolidation 机制后的执行过程如图 4.29 所示。

引入 Consolidation 机制后并没有在本质上解决在 Shuffle 过程中产生大量文件的问题，所以该中 Shuffle 的机制被 SortShuffleManager 取代。

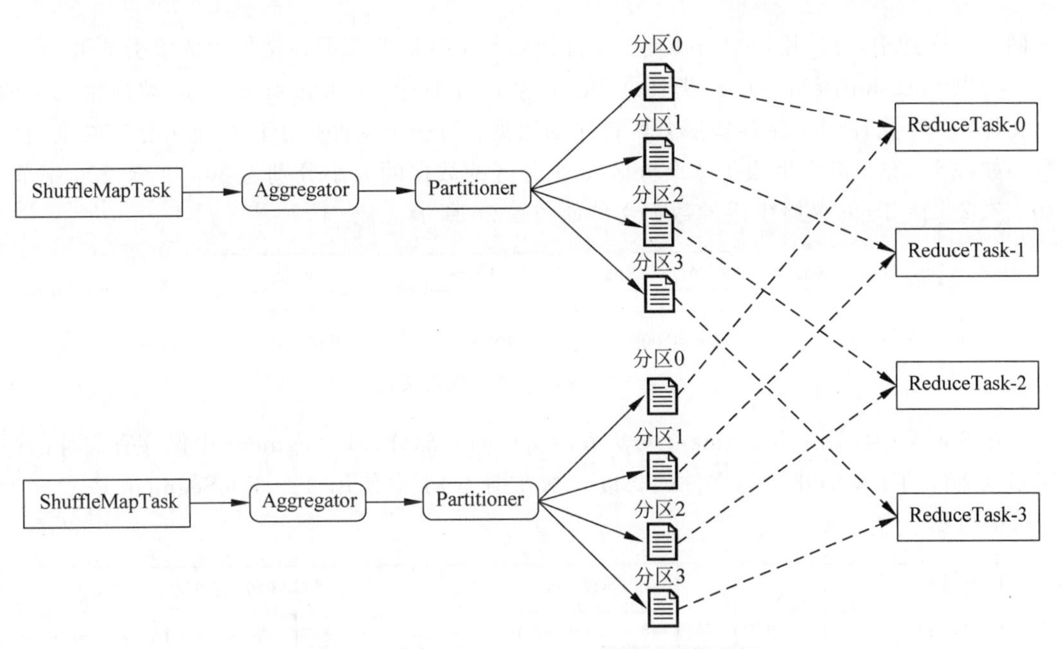

图 4.28 HashShuffleWriter 分组写入的过程

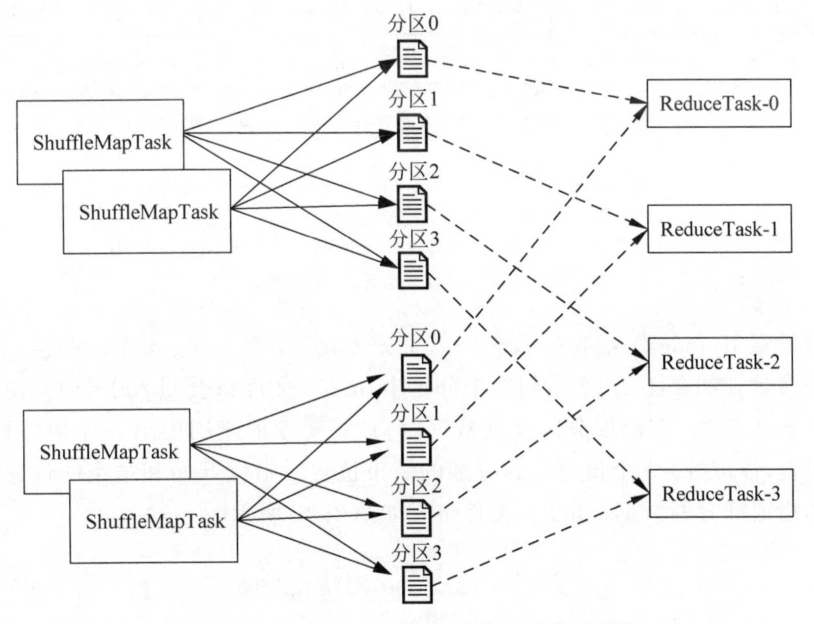

图 4.29 启用 Consolidation 机制后的执行过程

4.4.3 SortShuffleManager

SortShuffleManager 可以获取 3 种 ShuffleWriter，这 3 种 ShuffluWriter 在 Map 端最终都将数据写入了一个文件中，避免了大量文件的生成，减缓了 Shuffle 过程中磁盘 I/O 的压力。在获取的 3 种 ShuffleWriter 中，其写入数据的过程是不同的，但最终写入的文件格式和效果都是一样的，都是将 key 按照分区进行排序，依次将不同的分区的数据序列化后写入同一个文件中，再使用一个 index 小文件记录每个分区的数据在文件中的索引即可。

所以 SortShuffleManager 获取的 ShuffleWriter 每个 Task 最终在 Map 端都生成了两个文件：一个文件用于保存按照分区排序的数据；另一个文件用于保存每个分区的索引信息。如一个 Task 最终生成了 3 个分区，3 个分区的数据的大小分别为 300 字节、200 字节、400 字节。该 Task 最终生成的数据文件如图 4.30 所示。

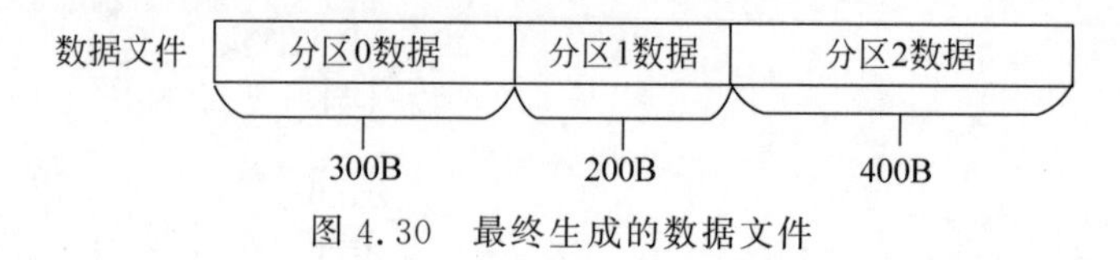

图 4.30 最终生成的数据文件

在 Spark 中使用 FileSegment 对象表示文件的一部分，FileSegment 中保存有文件的引用和该文件的偏移的开始与文件的长度。如在图 4.31 中使用 3 个 FileSegment 表示 3 个分区的数据。

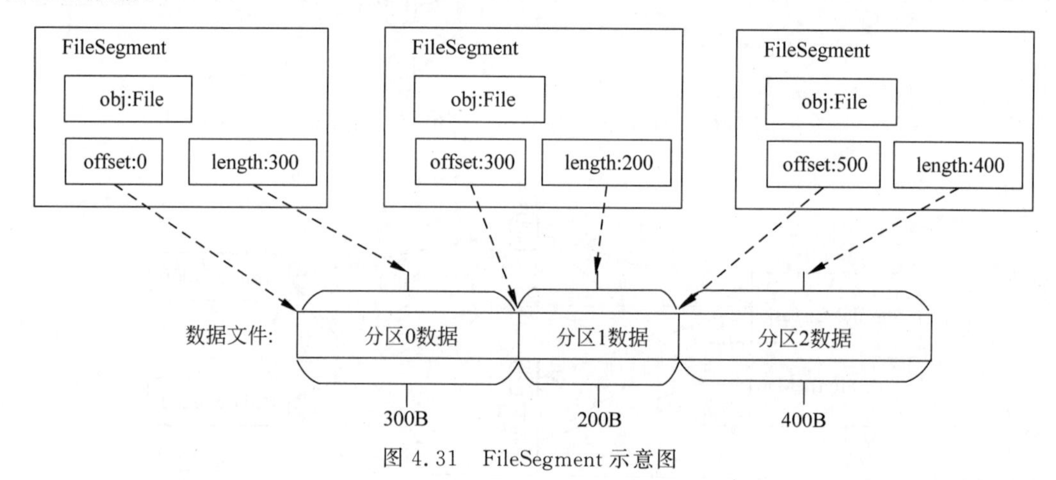

图 4.31 FileSegment 示意图

在生成的索引(index)文件中，仅仅写入了分区数+1 个 Long 类型的数值，分别记录每个分区的偏移量。如在图 4.32 中的 3 个分区中，index 文件将会写入 4 个 Long 型数值，分别为 0、300、500、900。在读取分区 n 的数据时，只需要读取索引中第 n 个值即可得到该分区的起始位置，读取 $n+1$ 个值可得到分区的结束位置。根据开始和结束的位置，即可读取该文件中的指定部分的数据。index 文件格式如图 4.32 所示。

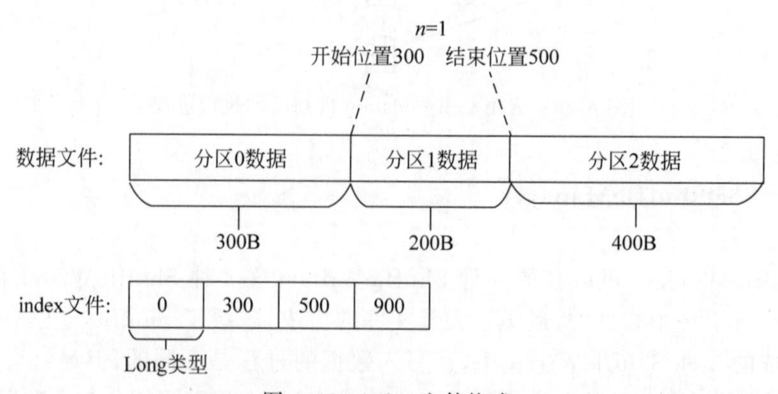

图 4.32 index 文件格式

SortShuffleManager 获取的 ShuffleWriter 最终将 Map 端的数据按照以上形式生成两个文件供 Reduce 端读取，当读取某分区的数据时，根据索引文件读取对应文件的指定开始和结束位置即可。

SortShuffleManager 在获取 ShuffleWriter 时，是如何决定使用哪一种 ShuffleWriter 的呢？这个并不取决于用户的配置，因为 3 种 ShuffleWriter 各有自己的使用场景和使用限制。如 BypassMergeSortShuffleWriter 类似于 HashShffleWriter，在写入过程会生成多个临时文件，使用 BypassMergeSortShuffleWriter 时 Map 端不需要聚合并且分区数较小，默认值为 200。当同时满足这两个条件时，就使用 BypassMergeSortShuffleWriter。如果用户使用的序列化器支持重定位并且不需要 Map 端进行聚合，并且分区数小于 $1^{24}-1$(16 777 215)个分区，则使用 UnsafeShuffleWriter。当以上条件都不满足的时候，会使用 SortShuffleWriter。SortShuffleManager 可以为每个 Shuffle 确定不同的 ShuffleWriter。不同的 Shuffle 可能会使用不同的 ShuffleWriter。SortShuffleManager 选择 ShuffleWriter 的流程如图 4.33 所示。

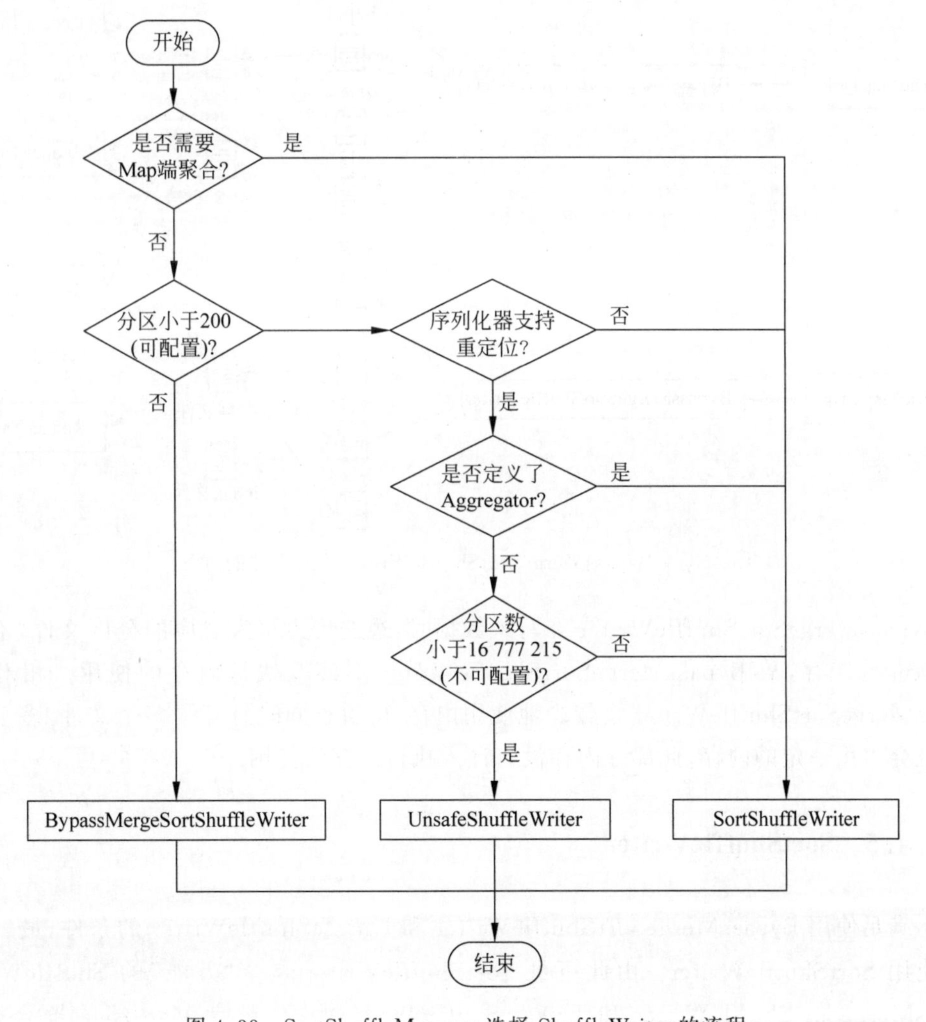

图 4.33 SortShuffleManager 选择 ShuffleWriter 的流程

4.4.4 BypassMergeSortShuffleWriter

使用 BypassMergeSortShuffleWriter 的前提是 Map 端数据不需要聚合，并且生成的分区数小于 200，该值可以通过 spark. shuffle. sort. bypassMergeThreshold 配置。因为 BypassMergeSortShuffleWriter 与 HashShuffleWriter 非常类似，每个 Task 会为下游的每个分区生成一个文件，在这种情况下如果分区数太多会造成大量文件被打开，产生 I/O 瓶颈，因此使用该 ShuffleWriter 时，分区数不应太多，不必执行按照分区排序的过程，在小分区的情况下能获取不错性能。BypassMergeSortShuffleWriter 为每个分区生成一个临时文件后，最终将所有的文件合并，按照分区顺序写入一个文件中，同时生成对应 index 索引文件。BypassMergeSortShuffleWriter 写入文件的过程如图 4.34 所示。

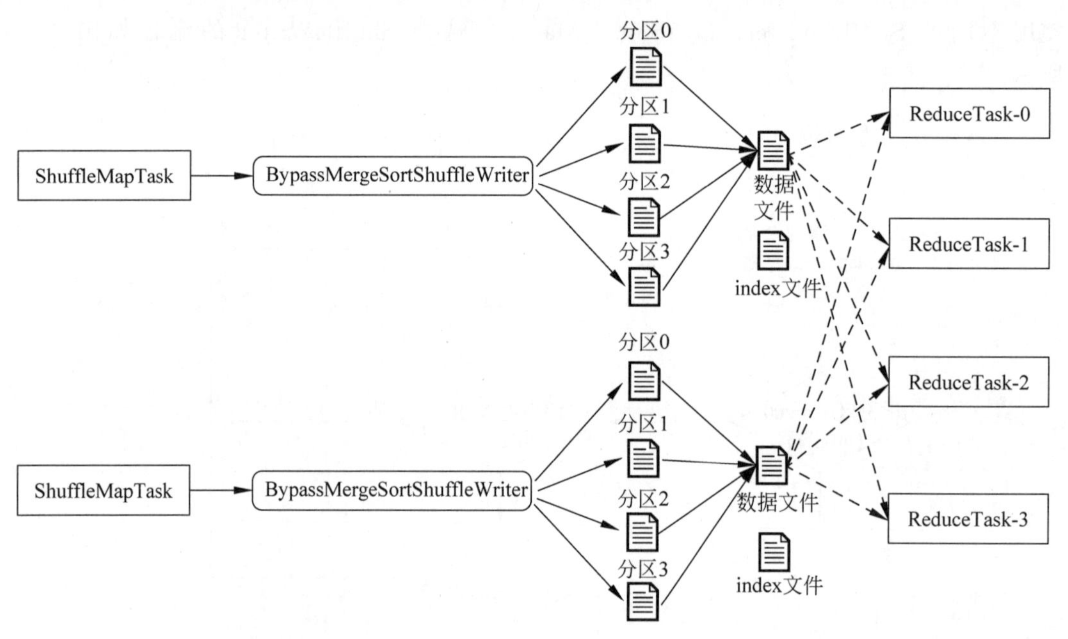

图 4.34 BypassMergeSortShuffleWriter 写入文件的过程

BypassMergeSortShuffleWriter 在写入数据时，边迭代边写入对应的分区文件，不涉及将数据进行缓存，故 BypassMergeSortShuffleWriter 不涉及执行内存的使用。相对而言 BypassMergeSortShuffleWriter 会较少地使用内存，但由于同时打开了多个文件，多个文件句柄也会占用一定的内存，此部分内存没有计入执行内存的使用。

4.4.5 SortShuffleWriter

不满足使用 BypassMergeSortShuffleWriter 和 UnsafeShuffleWriter 的条件，最后都会选择使用 SortShuffleWriter。由此可见 SortShuffleWriter 是个“万能”的 ShuffleWriter。BypassMergeSortShuffleWriter 和 UnsafeShuffleWriter 均不支持 Map 端的聚合操作。SortShuffleWriter 不仅支持 Map 端的聚合操作，还支持按照 key 在 Map 端排序的操作。

SortShuffleWriter 最终会将所有的数据将 key 按照分区排序写入到一个数据文件中，并生成相应的 index 文件。如果 Map 端需要聚合，SortShuffleWriter 会按照 key 使用 ShuffleDependency 中的 Aggregator 将数据聚合。如果需要按照 key 排序，使用 SortShuffleWriter 写入数据时，每个 key 在同一分区内有序。SortShuffleWriter 能够实现聚合、排序等功能都离不开 4.3.3 节中讲到的内存消费组件 ExternalSorter。

可以说 SortShuffleWriter 中并没有实现任何实质性的功能，所有的工作都是由 ExternalSorter 完成的。SortShuffleWriter 将 Map 端迭代的数据插入到 ExternalSorter 中，ExternalSorter 按照指定的 Aggregator、key 的顺序等将数据进行聚合、排序。在此过程中，ExternalSorter 和 ExternalAppendOnlyMap 实现类似，将迭代的数据首先插入到内存中的集合中，在插入的过程中，不断申请执行内存，如果执行内存不足则会将内存中的集合数据序列化溢写到文件中，在写入文件时，保证每个文件的数据按照分区有序，如果 key 需要排序还会保证每个分区中的 key 有序，经过多个迭代过程会生成多个溢出文件。最终将多个文件中的数据进行合并，生成一个按照分区排序的数据文件。这个过程中会读取每个溢出文件的数据，将数据反序列化，将各个文件中同一个分区的数据生成一个迭代器再次将数据序列化写入到文件中，同时生成 index 索引文件。

ExternalSorter 将各个文件合并排序的过程请参考 ExternalAppendOnlyMap 部分，其实现原理类似，这里不再赘述。ExternalSorter 实现了在内存一定的情况下将数据排序、聚合并写入到一个文件的功能。SortShuffleWriter 调用 ExternalSorter 实现了 Map 端写入文件的功能，基于 ExternalSorter 的实现原理，该过程必须将数据进行两次序列化才能够实现此功能。

4.4.6　UnsafeShuffleWriter

UnsafeShuffleWriter 是 3 个 ShuffleWriter 中使用条件最苛刻的一个，它不能在 Map 端进行数据聚合，不能够对 key 进行排序，并且还需要序列化器支持重定位功能。KryoSerializer 和 Spark SQL 中定制的序列化器都支持此功能。序列化器的重定位功能可以实现在序列化的数据中读取指定位置的对应的数据，此功能称为 relocation。

在使用 SortShuffleWriter 序列化两次的主要原因是内存中数据不足时，需要将数据序列化保存到磁盘中，在合并为一个文件时，需要对 key 按照分区进行排序，此时必须反序列出原有数据，比较每个 key 的分区的大小，比较完成后再次将数据写入到一个排序的文件中。

如果想避免两次序列化就必须保证数据在进行第一次序列化时，能够记录该数据的位置，并且根据这个这个位置能够再次读到序列化的数据，用于将数据写入同一个排序的文件中。在这个过程中，数据保存的位置即相当于一个指针，根据这个指针就能够获取该条序列化后的数据。在插入数据时，只需要将每个指针和它对应的分区进行关联，最终将指针按照分区进行排序，即可形成排序后的指针，根据排序的指针依次读取序列化后的数据，将数据写入到一个文件中，此时文件中的数据即是按照分区进行排序的。UnsafeShuffleWriter 使用类似的思想实现了 Map 端的数据写入过程。如在图 4.35 中，4 条记录分别序列化后保存至连续的内存中，在保存数据之前，首先使用4字节写入数据的大小，同时返回数据的指针。item1和item3为分区0的数据，item2和item4为分区1的数据。其序列化并写入排序文件的过程如图4.35所示。

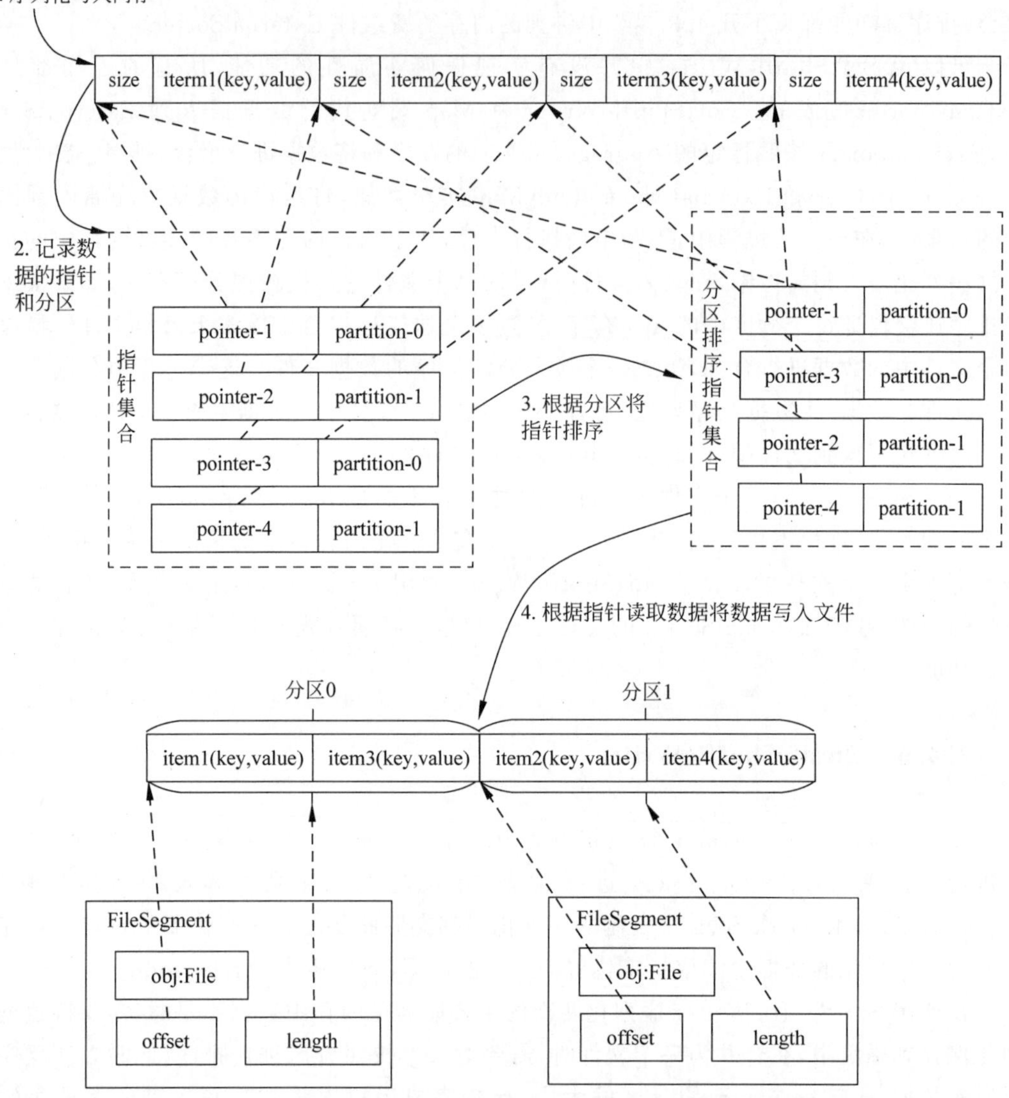

图4.35 UnsafeShuffleWriter序列化并写入排序文件的过程

UnsafeShuffleWriter在将序列化数据存储时和对指针进行排序时，使用的都是Tungsten管理内存，即通过申请一个个内存页存储数据。如果内存中的数据条数大于spark.shuffle.spill.numElementsForceSpillThreshold(默认值为1024×1024×1024)，就会将内存中的所有指针按照分区排序，再按照排序后的指针依次读取内存中序列化的数据的位置，依次写入一个文件中，记录该文件中每个分区的偏移位置即可。最后将所有的文件按照偏移位置进行合并，在合并多个文件的过程中，此时不再需要反序列化，直接将文件对应的分区的数据合并即可。

UnsafeShuffleWriter 中，处理序列化数据插入和生成指针的组件为 ShuffleExternalSorter，将指针在内存中进行排序的组件为 ShuffleInMemorySorter。这两个组件都会使用 Tungsten 类型的内存。在 ShuffleExternalSorter 中保存了一个当前正在使用的内存页和当前内存页的插入位置的偏移量，每次插入数据时，将数据大小和数据内容保存至内存页中，并移动偏移量，此时该内存页的页码和偏移量便形成了该条数据的指针。该指针使用 8 字节的 Long 类型的数据表示一个数据的地址，在高 13 位表示页码，低 51 位表示在内存页中的偏移量。详细的编码过程请参考 4.3 节 Tungsten 内存管理部分。根据该指针即可定位到数据保存的位置，先读取 4 字节得到数据大小，再依次读取该大小的内容得到指定序列化的一条数据。当当前的内存页使用完时，会通过 TaskMemoryManager 再次申请新的内存页。

在将序列化数据保存到内存页中时，每插入一条数据会将该条数据对应的指针和所属的分区插入到 ShuffleInMemorySorter 中，ShuffleInMemorySorter 会将数据的指针和 partitionId 再次进行压缩，形成一个 Long 类型的数据能够同时表示数据的指针和分区。在这 64 位中，使用高 24 位表示分区，使用低 40 位表示指针。因此在 UnsafeShuffleWriter 中分区不能超过 24 个，即 id 不能大于 16 777 215，因为分区的索引从 0 开始。在对数据指针和分区编码后，形成 Long 类型的数据，会将该数据插入到 ShuffleInMemorySorter 申请的 Tungsten 内存中。在 ShuffleInMemorySorter 中使用 Long 类型的数组保存编码后的数据。ShuffleInMemorySorter 默认使用 RadixSort 会占用此真正数据多一倍的内存。用户可指定使用 Tim sort，多占用真正数据的 0.5 倍内存。即如果数组大小为 1000，实际可用的排序的数据只能有 500，当该数组大小不够时，也会向 TaskMemoryManager 申请更大的内存页，将当前的数据复制到新的内存页中。如果 UnsafeShuffleWriter 在内存中插入数据的条数大于 1000×1000×1000 时（通过 spark. shuffle. spill. numElementsForceSpillThreshold 配置），会将数据溢出到磁盘，此时会将 ShuffleInMemorySorter 中的编码的值进行排序，因为每个编码的值高 24 位为分区的 id，所以在排序完成后，ShuffleInMemorySorter 中的每个编码的值都是按照分区进行排序的。由于直接对内存中的 Long 类型数据排序，而且直接在其所在的数组中排序，基于数序扫描的特性，大大提高了缓存的命中率。这种排序比其他组件中基于 JVM 引用的排序提高了排序效率，因为在基于 JVM 引用的排序中，还需要再次根据引用找到对应的 JVM 中的对象，由于对象存储的位置是随机的，所以相对于内存顺序扫描而言会慢很多。ShuffleInMemorySorter 的工作原理如图 4.36 所示。

当内存中的数据需要溢出到磁盘中时，会将 ShuffleInMemorySorter 中的所有数据排序，按照分区顺序读取每一个指针记录，通过指针找到对应的内存页中的偏移量，在这个位置中读取 4 字节的数据找到本地数据的大小，再顺序读取该大小的记录，将记录写入文件中。这个过程会将内存中的数据按照分区顺序写入一个文件中。基于指针找到序列化中数据的位置是序列化器的重定位特性，因此使用 UnsafeShuffleWriter 时，序列化器必须支持重定位特性。由于数据都是存在于内存中的，对内存中数据的定位和读取速度会非常快，通过不断循环排序的指针，将对应的数据写入文件。经过多次溢出，会生成多个文件，其过程如图 4.37 所示。

最终将多个文件合并，按照分区顺序写入一个文件中即可。由于数据都已经按照分区排序，不必再比较每个文件中数据 key 的顺序，因此只需要将文件合并即可。在此过程中默

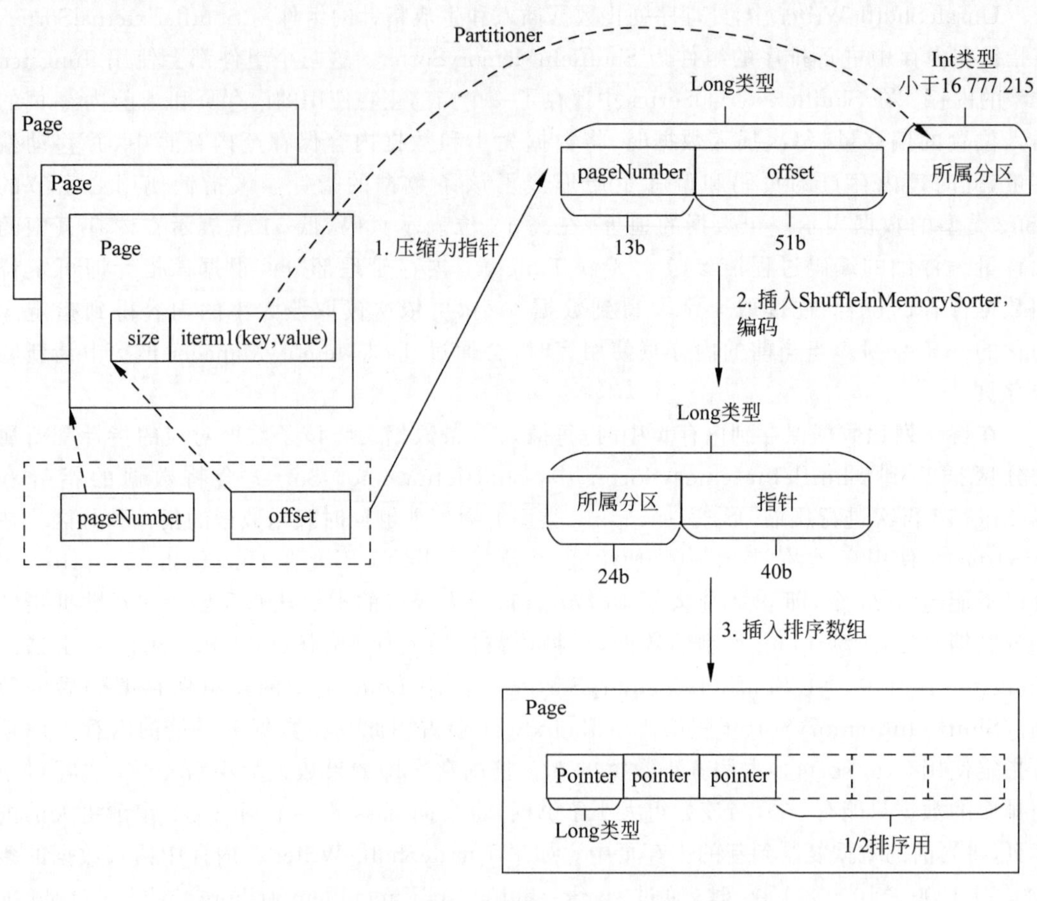

图 4.36 ShuffleInMemorySorter 的工作原理

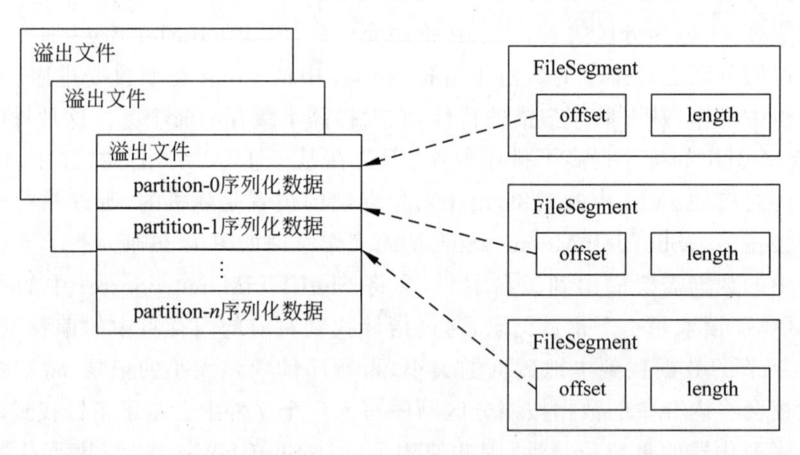

图 4.37 多文件溢出过程

认使用 NIO 进行合并，在一定程度上也提高了合并的速度。文件的合并过程如图 4.38 所示。

至此 UnsafeShuffleWriter 即实现了在 Tungsten 内存中对数据的存储和排序的过程，并最终形成了按分区排序的文件和索引数据。

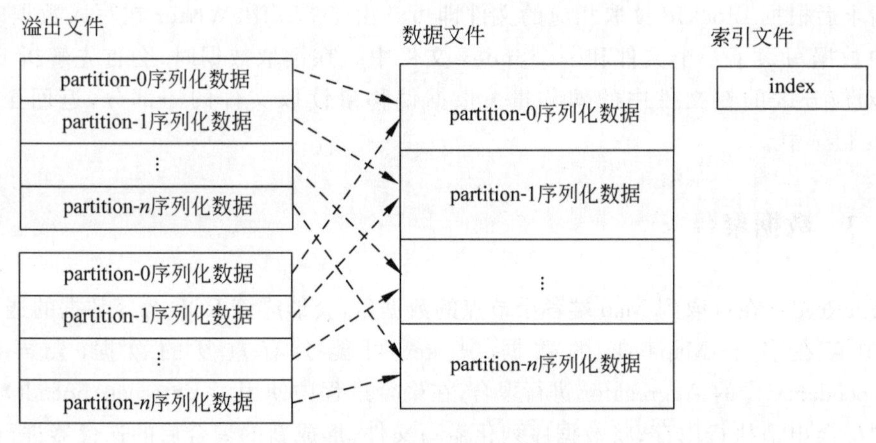

图 4.38 多文件合并过程

4.5 ShuffleRead

在 ShuffleWriter 将 Map 端的数据写入磁盘中，ShuffleMapStage 执行完成后，会执行后续的 Stage。后续的 Stage 在使用 ShuffleRDD 中的数据时，会根据其计算函数到多个节点的 Map 端拉取数据。

4.5.1 获取 ShuffleReader

Reduce 端拉取数据是在计算函数中通过 ShuffleManager 获取 ShuffleReader 拉取的。ShuffleReader 通过需要计算的分区，到 MapOutputTracker 中获取该分区对应的数据都存在于哪些节点上。MapOutputTracker 会返回该分区中的数据都存在于哪些 BlockManager 中、每个 BlockManager 中有哪些 BlockId 属于该分区，以及数据的大小。ShuffleReader 通过将需要拉取的数据进一步划分，通过 BlockManagerId 判断出哪些数据存在于本地节点、哪些数据存在于远程节点，将远程节点中的数据划分为多个 FetchRequest。每个 FetchRequest 中包含了同一个节点中的多个 BlockId 的请求。ShuffleReader 将 FetchRequest 加入到队列中，每次从队列中出队一个或多个 FetchRequest，通过 FetchRequest 到远程节点拉取请求，并将拉取的结果再次放入队列中。通过对队列中的数据进行迭代，获取该分区所有数据的迭代器。

同一时刻正在拉取的数据在内存中的占用不能超过设定的值，默认为 48MB(spark. reducer. maxSizeInFlight)，通过此参数控制了同时在 Reduce 端拉取数据的任务的数量，避免过多占用内存。

4.5.2 拉取 Map 端数据

在拉取数据时，通过 BlockManager 中的 shuffleClient 进行拉取，默认为 BlockTransferService 类型。通过 shuffleClient 向对应的 BlockManager 中发送拉取数据的请求，BlockManager

接收到请求后根据 BlockId 读取相应的文件即可。由于 ShuffleWriter 在写入数据时，将所有分区的数据写入了一个文件和一个 index 文件中。在读取数据时，会首先解析 index 文件，获取对应分区的在文件中的偏移量。根据偏移量读取文件的一部分，返回至调用的 ShuffleReader 中。

4.5.3 数据聚合

ShuffleReader 在拉取到 Map 端各个节点的数据后，会形成该 RDD 分区数据的迭代器，该迭代器中存在各个 MapTask 的数据，其 key 可能会有重复的数据，会再次使用 ShuffleDependency 中的 Aggregator 进行聚合，在聚合过程中使用了 ExternalAppendOnlyMap。此过程同样会申请执行内存，将数据序列化溢写文件，形成新的聚合后的迭代器进行返回。

4.5.4 key 排序

如果执行的算子中，对需要的 key 进行排序，Reduce 端在将所有的数据进行聚合后，还会再次调用 ExternalSorter 将 key 进行排序，此过程中同样会申请执行内存，将数据序列化溢写磁盘，最终返回新的迭代器给计算函数。

第5章

Spark性能调优

Spark 中一个应用程序的执行经历了非常复杂的过程,无论哪一步执行缓慢都会造成对整个 Spark 程序的影响。因此 Spark 性能的调优并不仅仅是通过调节几个地方就能使 Spark 程序能够很快地运行。有些配置的调节可能会使 Spark 程序计算速度成倍地加快,有些则变化不是很明显。而且在程序调优的过程中,不能死板硬套各个调优的要点,应根据自身程序的执行情况而定。只有对 Spark 应用程序执行的过程深入理解,才能够迅速定位程序在哪个步骤可能会出现瓶颈,因此在这里强烈建议各位读者再次阅读第 3 章、第 4 章中 Spark 执行原理部分,本章所有的调优要点都是针对 Spark 运行的某个过程进行调节。本章的主要内容有:

- Spark 任务监控。
- Spark 程序调优。
- Spark 资源调优。
- Shuffle 过程调优。

5.1 Spark 任务监控

对 Spark 性能的调优离不开对任务的监控,只有在运行过程中,通过监控手段发现问题,才能迅速定位问题所在。本节将分别介绍 SparkUI 和日志的使用。

5.1.1 SparkUI 使用

在 Spark 应用程序时,默认会在 Driver 节点的 4040 端口启动 Web UI 的服务,通过此 Web UI 可对 Spark 应用程序的 Job 划分、Stage 划分、Task 执行、缓存的使用等各个方面进行监控。

1. 实例数据和程序

在本节的演示中,使用搜狗实验室的一个月的开源搜索日志作为数据源进行分析,分析当月中搜索词汇的排行和使用搜索功能次数最多的用户。日志下载地址为 https://www.sogou.com/labs/resource/q.php,数据量约为1.5GB。数据实例如下:

```
6383203565086312  [bt种子下载]  8 1  www.lovetu.com/
07822362349231865 [魅族广告歌曲]  3 1  ldjiamu.blog.sohu.com/10491955.html
23528656921072266 [http://onlyasianmovies.net]  1 1  onlyasianmovies.net/
1436688800427007З [郑州市旅行社西峡游]  3 1  www.ad365.com/htm/adinfo/20040707/12100.htm
6144464294944183  [玉蒲团]  5 1  www.play-asia.com/paOS-13-71-7i-49-zh-70-bmd.html
9137002123303413  [论坛BBS]  102 1  www.brucejkd.com/bbs/index.asp
9302238914666434  [www.9zmv.com]  1 1  www.9zmv.com/5.1.2 Spark日志分析
```

每一列的含义分别为用户ID、[查询词]、该URL在返回结果中的排名、用户单击的顺序号、用户单击的URL。分析的示例程序如下:

```
object SearchAnalyse {
  def main(args: Array[String]): Unit = {
    val sparkConf = new SparkConf().setAppName("SearchAnalyse")
    val sc = new SparkContext(sparkConf)
    val lines = sc.textFile(args(0))
    //取出用户名和搜索的词汇
    val accoutAndKeyWorlds = lines.map(l => {
      val worlds = l.split("\t")
      (worlds(0), worlds(1))
    })
    //对数据进行缓存
    accoutAndKeyWorlds.cache()
    //分析搜索次数最多的词
    val keywordTop10 = accoutAndKeyWorlds.map(accoutAndKeyWorld => (accoutAndKeyWorld._2, 1)).
reduceByKey(_ + _).sortBy(_._2, ascending = false).take(10)
    //分析搜索次数最多的用户
    val searchTop10 = accoutAndKeyWorlds.map(accoutAndKeyWorld => (accoutAndKeyWorld._1, 1)).
reduceByKey(_ + _).sortBy(_._2, ascending = false).take(10)
    keywordTop10.foreach(println(_))
    searchTop10.foreach(println(_))
  }
}
```

2. Job 界面

当程序启动后,可访问SparkUI的界面,在界面中共分为5部分。其Tab标签分别为Jobs、Stages、Storage、Environment、Executors。

在Jobs界面,可看到当前应用程序正在执行的和已经完成的Job,每个Job由使用的一个action操作触发,并会在Description中显示触发Job的代码的位置。在每个Job中还可以看到划分的Stage的个数和所有Task的个数。Job界面如图5.1所示。

3. Stages 界面

通过单击某个Job可以看到该Job的详细Stage划分情况和每个Stage的依赖关系。

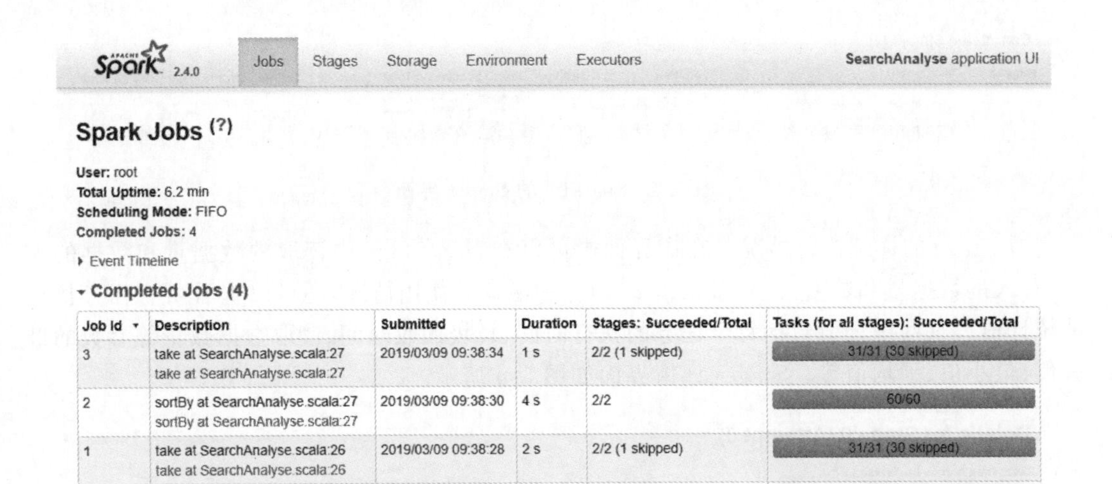

图 5.1 SparkUI 的 Job 界面

该依赖关系通过 DAGScheduler 划分，单击 DAG Visualization 可查看 Stage 的有向无环图。其界面如图 5.2 所示。

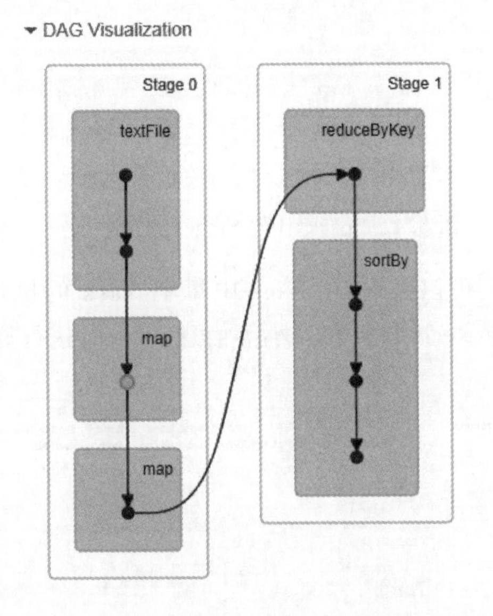

图 5.2 Stage 的有向无环图

在完成的 Stages 界面中，可查看每个 Stage 划分的 Task 的个数、执行结果信息、执行总时间。如果为 ShuffleMapStage 则会显示 Shuffle 过程中 Shuffle Write 的总大小。下游的 Stage 读取 Map 端数据，会显示 Shuffle Read 的大小以及任务执行的总时间。如果在该界面中，每个 Stage 划分的 Task 特别少，甚至只有一个 Task 时，应考虑检查程序增大相应 RDD 的分区数量。Stages 界面如图 5.3 所示。

在 Stages 界面中可看到所有 Stage 的执行情况，这些 Stage 与 Job 中的 Stage 相对应。该界面与 Job 详情中的界面相同，只是将所有的 Stage 在列表中展示。单击某个 Stage 后，

▾ Completed Stages (2)

Stage Id ▾	Description	Submitted	Duration	Tasks: Succeeded/Total	Input	Output	Shuffle Read	Shuffle Write
1	sortBy at SearchAnalyse.scala:26 +details	2019/03/09 09:38:25	3 s	30/30			64.6 MB	
0	map at SearchAnalyse.scala:26 +details	2019/03/09 09:38:15	10 s	30/30	1602.3 MB			64.6 MB

图 5.3　SparkUI 的 Stages 界面

可查看 Stage 的详细执行情况。在该界面中可以查看该 Stage 中读取的数据量和数据的大小、写入的数据量和数据大小、Shuffle 时内存和磁盘的使用情况，还可以查看所有任务执行的统计值。这些统计值包括每个任务的执行时间、垃圾回收时间、读取数据数量等参数的最大值、最小值、平均值等。Stages 详情界面如图 5.4 所示。

Details for Stage 0 (Attempt 0)

Total Time Across All Tasks: 3.5 min
Locality Level Summary: Node local: 30
Input Size / Records: 1602.3 MB / 21426941
Shuffle Write: 64.6 MB / 4014011
Shuffle Spill (Memory): 10.5 MB
Shuffle Spill (Disk): 1776.7 KB

▸ DAG Visualization
▸ Show Additional Metrics
▸ Event Timeline

Summary Metrics for 30 Completed Tasks

Metric	Min	25th percentile	Median	75th percentile	Max
Duration	6 s	6 s	7 s	8 s	9 s
GC Time	1.0 s	1 s	2 s	2 s	3 s
Input Size / Records	37.9 MB / 513703	47.5 MB / 638485	54.9 MB / 739796	59.9 MB / 804787	82.4 MB / 1030577
Shuffle Write Size / Records	1747.3 KB / 107137	1987.0 KB / 121617	2.2 MB / 137574	2.4 MB / 146484	2.5 MB / 151662
Shuffle spill (memory)	0.0 B	0.0 B	0.0 B	0.0 B	10.5 MB
Shuffle spill (disk)	0.0 B	0.0 B	0.0 B	0.0 B	1776.7 KB

图 5.4　SparkUI 的 Stages 详情界面

在 Stages 详情界面中还可以查看该 Stage 中每个 Task 的执行情况，如执行时间、GC 时间、Shuffle Write/Shuffle Read 数量和大小等信息。Task 执行详情界面如图 5.5 所示。

▾ Tasks (30)

Index ▴	ID	Attempt	Status	Locality Level	Executor ID	Host	Launch Time	Duration	GC Time	Input Size / Records	Write Time	Shuffle Write Size / Records	Shuffle Spill (Memory)	Shuffle Spill (Disk)	Errors
0	6	0	SUCCESS	NODE_LOCAL	1	node1 stdout stderr	2019/03/09 09:58:23	7 s	1 s	82.4 MB / 1030577	3 ms	2.0 MB / 125523	0.0 B	0.0 B	
1	2	0	SUCCESS	NODE_LOCAL	8	node9 stdout stderr	2019/03/09 09:58:23	8 s	2 s	60.2 MB / 773306	5 ms	2026.2 KB / 122110	0.0 B	0.0 B	
2	0	0	SUCCESS	NODE_LOCAL	9	node6 stdout stderr	2019/03/09 09:58:23	7 s	1.0 s	60.6 MB / 809359	4 ms	2.4 MB / 145415	0.0 B	0.0 B	
3	3	0	SUCCESS	NODE_LOCAL	3	node5 stdout stderr	2019/03/09 09:58:23	7 s	1 s	63.9 MB / 847977	4 ms	2.5 MB / 151358	0.0 B	0.0 B	

图 5.5　SparkUI 的 Task 执行详情界面

4. Storage 界面

如果对 RDD 执行了缓存，在 Storage 界面中可看到该 RDD 的缓存情况，如果指定只使用内存进行缓存，当某个 Executor 中存储内存不足时，该 Executor 中 RDD 对应的分区不会被缓存。在一些极端的情况下，所有的 Executor 中都不能够缓存 RDD 任何一个分区，此时在 Storage 界面中不会显示该 RDD 的缓存信息。Storage 界面如图 5.6 所示。

Storage

▾ RDDs

ID	RDD Name	Storage Level	Cached Partitions	Fraction Cached	Size in Memory	Size on Disk
2	MapPartitionsRDD	Memory Deserialized 1x Replicated	16	53%	1831.7 MB	0.0 B

图 5.6 SparkUI 的 Storage 界面

单击缓存的 RDD 后，可以看到该 RDD 在每个 Executor 中使用的资源情况、堆内存和堆外内存、磁盘等，还可以查看该 RDD 的总分区数以及缓存的分区数、缓存的每个分区占用资源的大小等。RDD 缓存详情界面如图 5.7 所示。

RDD Storage Info for MapPartitionsRDD

Storage Level: Memory Deserialized 1x Replicated
Cached Partitions: 16
Total Partitions: 30
Memory Size: 1831.7 MB
Disk Size: 0.0 B

Data Distribution on 9 Executors

Host	On Heap Memory Usage	Off Heap Memory Usage	Disk Usage
node4:43480	213.6 MB (152.7 MB Remaining)	0.0 B (0.0 B Remaining)	0.0 B
node9:46513	129.4 MB (236.9 MB Remaining)	0.0 B (0.0 B Remaining)	0.0 B
node8:43109	226.1 MB (140.2 MB Remaining)	0.0 B (0.0 B Remaining)	0.0 B
node1:37047	210.0 MB (156.3 MB Remaining)	0.0 B (0.0 B Remaining)	0.0 B
node3:38286	224.5 MB (141.8 MB Remaining)	0.0 B (0.0 B Remaining)	0.0 B
node7:45934	207.1 MB (159.2 MB Remaining)	0.0 B (0.0 B Remaining)	0.0 B
node6:41502	238.1 MB (128.2 MB Remaining)	0.0 B (0.0 B Remaining)	0.0 B
node5:39139	257.5 MB (108.8 MB Remaining)	0.0 B (0.0 B Remaining)	0.0 B
node10:41997	125.3 MB (241.0 MB Remaining)	0.0 B (0.0 B Remaining)	0.0 B

16 Partitions

Block Name ▴	Storage Level	Size in Memory	Size on Disk	Executors
rdd_2_11	Memory Deserialized 1x Replicated	104.2 MB	0.0 B	node7:45934
rdd_2_13	Memory Deserialized 1x Replicated	127.9 MB	0.0 B	node1:37047
rdd_2_14	Memory Deserialized 1x Replicated	129.4 MB	0.0 B	node9:46513
rdd_2_15	Memory Deserialized 1x Replicated	125.3 MB	0.0 B	node10:41997

图 5.7 RDD 缓存详情界面

5. Executors 界面

在 Executors 界面中，可以查看该应用程序分配的所有的 Driver 和 Executor。同时可以查看 Executor 的 CPU Cores 和正在执行的任务(Active Tasks)。该界面还会展示每个 Executor 中 Task 执行的总时间和 GC 的总时间。如果该界面中，Active Tasks 的数量始终小于 Cores 一列，则说明分配的 Task 数量太少。RDD 的分区过少造成并行度降低，无法利用现有的 CPU 资源。Executors 详情界面如图 5.8 所示。

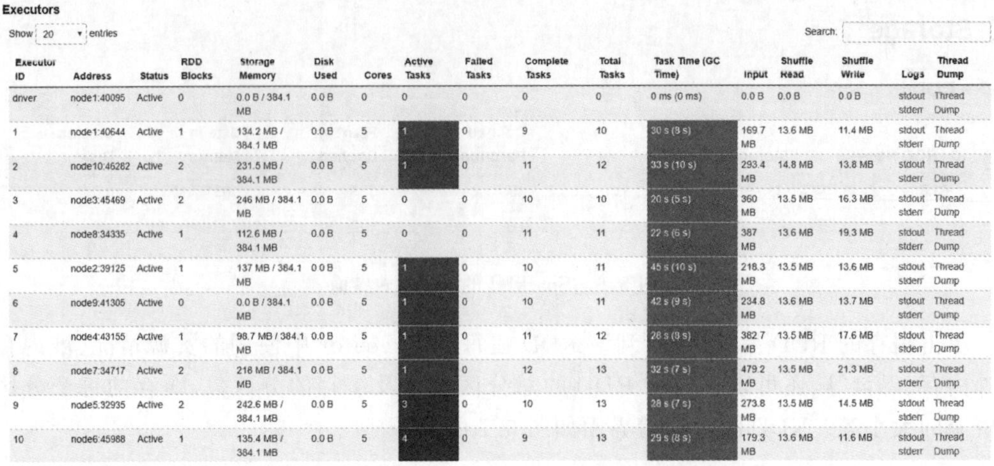

Executors

Show 20 entries　　　　Search:

Executor ID	Address	Status	RDD Blocks	Storage Memory	Disk Used	Cores	Active Tasks	Failed Tasks	Complete Tasks	Total Tasks	Task Time (GC Time)	Input	Shuffle Read	Shuffle Write	Logs	Thread Dump
driver	node1:40095	Active	0	0.0 B / 384.1 MB	0.0 B	0	0	0	0	0	0 ms (0 ms)	0.0 B	0.0 B	0.0 B	stdout stderr	Thread Dump
1	node1:40644	Active	1	134.2 MB / 384.1 MB	0.0 B	5	1	0	9	10	30 s (8 s)	169.7 MB	13.6 MB	11.4 MB	stdout stderr	Thread Dump
2	node10:46282	Active	2	231.5 MB / 384.1 MB	0.0 B	5	1	0	11	12	33 s (10 s)	293.4 MB	14.8 MB	13.8 MB	stdout stderr	Thread Dump
3	node3:45469	Active	2	246 MB / 384.1 MB	0.0 B	5	0	0	10	10	20 s (5 s)	360 MB	13.5 MB	16.3 MB	stdout stderr	Thread Dump
4	node8:34335	Active	1	112.6 MB / 384.1 MB	0.0 B	5	0	0	11	11	22 s (6 s)	387 MB	13.6 MB	19.3 MB	stdout stderr	Thread Dump
5	node2:39125	Active	1	137 MB / 384.1 MB	0.0 B	5	1	0	10	11	45 s (10 s)	218.3 MB	13.5 MB	13.6 MB	stdout stderr	Thread Dump
6	node9:41305	Active	0	0.0 B / 384.1 MB	0.0 B	5	1	0	10	11	42 s (9 s)	234.8 MB	13.6 MB	13.7 MB	stdout stderr	Thread Dump
7	node4:43155	Active	1	98.7 MB / 384.1 MB	0.0 B	5	1	0	11	12	28 s (8 s)	382.7 MB	13.5 MB	17.6 MB	stdout stderr	Thread Dump
8	node7:34717	Active	2	218 MB / 384.1 MB	0.0 B	5	1	0	12	13	32 s (7 s)	479.2 MB	13.5 MB	21.3 MB	stdout stderr	Thread Dump
9	node5:32935	Active	2	242.6 MB / 384.1 MB	0.0 B	5	3	0	10	13	28 s (7 s)	273.8 MB	13.5 MB	14.5 MB	stdout stderr	Thread Dump
10	node6:45988	Active	1	135.4 MB / 384.1 MB	0.0 B	5	4	0	9	13	29 s (8 s)	179.3 MB	13.6 MB	11.6 MB	stdout stderr	Thread Dump

图 5.8　Executors 详情界面

5.1.2　Spark 运行日志详解

在 Spark 程序的日志分为 Driver 端的日志和 Executor 端的日志，因为这两种不同的角色是运行在不同的 JVM 中的。

1. Driver 端的日志

在 Spark Standalone 集群中，cluster 模式在 Driver 端初始化过程中日志输出的顺序为将用户程序提交至集群中，运行用户的 main()函数，初始化 SparkContext，初始化 SparkEnv，创建 TaskScheduler 和 SchedulerBackend，SchedulerBackend 连接集群提交 SparkApplication，申请 Executor。

在提交 Driver 程序、SparkContext 初始化时，通过 DriverWrapper 将程序提交到集群中运行。该过程日志如下：

```
...
2019-03-09 10:40:47 INFO  Utils:54 - Successfully started service 'Driver' on port 45355.
2019-03-09 10:40:47 INFO  DriverWrapper:54 - Driver address: 192.168.99.4:45355
2019-03-09 10:40:47 INFO  WorkerWatcher:54 - Connecting to worker spark://Worker@
192.168.99.4:37887
...
2019-03-09 10:40:47 INFO  TransportClientFactory:267 - Successfully created connection to
/192.168.99.4:37887 after 47 ms (0 ms spent in bootstraps)
2019-03-09 10:40:47 INFO  WorkerWatcher:54 - Successfully connected to spark://Worker@
192.168.99.4:37887
2019-03-09 10:40:48 INFO  SparkContext:54 - Running Spark version 2.4.0
2019-03-09 10:40:48 INFO  SparkContext:54 - Submitted application: SearchAnalyse
```

SparkContext 在初始化时，会创建 SparkEnv；Driver 端的 SparkEnv 中创建了 MapOutputTracker 用于保存 ShuflleMap 端的结果；创建了 BlockManagerMaster 用于管理所有的 BlockManager，维护 Block 的元数据；创建了 BlockManager，用于保存该节点的

Block 块；在 BlockManager 中创建了 DiskBlockManager 用于磁盘数据存储，创建了 MemoryStore 用于内存存储。后续过程中启动了 SparkUI。该过程日志输出如下：

```
2019-03-09 10:40:48 INFO  SparkEnv:54 - Registering MapOutputTracker
2019-03-09 10:40:48 INFO  SparkEnv:54 - Registering BlockManagerMaster
2019-03-09 10:40:48 INFO  BlockManagerMasterEndpoint:54 - Using org.apache.spark.storage.
DefaultTopologyMapper for getting topology information
2019-03-09 10:40:48 INFO  BlockManagerMasterEndpoint:54 - BlockManagerMasterEndpoint up
2019-03-09 10:40:48 INFO  DiskBlockManager:54 - Created local directory at /tmp/blockmgr-
dbb0d9a4-3ec3-4cb1-b644-3b63a1df6dab
2019-03-09 10:40:48 INFO  MemoryStore:54 - MemoryStore started with capacity 366.3 MB
...
2019-03-09 10:40:48 INFO  Utils:54 - Successfully started service 'SparkUI' on port 4040.
...
2019-03-09 10:40:48 INFO  SparkUI:54 - Bound SparkUI to 0.0.0.0, and started at http://
node8:4040
```

在 BlockManager 创建过程中还会创建 BlockTransferService，用于该节点与其他节点通信。在 Shuffle 过程中，Reduce 端根据 BlockId 到 Map 端拉取数据就是通过该组件实现的。

```
2019-03-09 10:40:49 INFO  Utils:54 - Successfully started service 'org.apache.spark.
network.netty.NettyBlockTransferService' on port 41833.
2019-03-09 10:40:49 INFO  NettyBlockTransferService:54 - Server created on node8:41833
2019-03-09 10:40:49 INFO  BlockManager:54 - Using org.apache.spark.storage.
RandomBlockReplicationPolicy for block replication policy
```

在创建 SchedulerBackend 后，会通过 StandaloneAppClient 将 Application 提交到 Master 中，Master 分配资源启动 Executor，Executor 启动成功后会再次向 Driver 中进行注册，通知 Driver 启动成功。该过程日志如下：

```
2019-03-09 10:40:49 INFO  StandaloneAppClient$ClientEndpoint:54 - Connecting to master
spark://node1:7077...
2019-03-09 10:40:49 INFO  TransportClientFactory:267 - Successfully created connection to
node1/192.168.99.10:7077 after 1 ms (0 ms spent in bootstraps)
2019-03-09 10:40:49 INFO  StandaloneSchedulerBackend:54 - Connected to Spark cluster with
app ID app-20190309104049-0001
2019-03-09 10:40:49 INFO  StandaloneAppClient$ClientEndpoint:54 - Executor added: app-
20190309104049-0001/0 on worker-20190309103111-192.168.99.10-45309 (192.168.99.10:
45309) with 3 core(s)
2019-03-09 10:40:49 INFO  StandaloneSchedulerBackend:54 - Granted executor ID app-
20190309104049-0001/0 on hostPort 192.168.99.10:45309 with 3 core(s), 1024.0 MB RAM
2019-03-09 10:40:49 INFO  StandaloneAppClient$ClientEndpoint:54 - Executor added: app-
20190309104049-0001/1 on worker-20190309103111-192.168.99.17-35625 (192.168.99.17:
35625) with 3 core(s)
2019-03-09 10:40:49 INFO  StandaloneSchedulerBackend:54 - Granted executor ID app-
20190309104049-0001/1 on hostPort 192.168.99.17:35625 with 3 core(s), 1024.0 MB RAM
2019-03-09 10:40:49 INFO  StandaloneAppClient$ClientEndpoint:54 - Executor added: app-
20190309104049-0001/2 on worker-20190309103111-192.168.99.9-35356 (192.168.99.9:
35356) with 3 core(s)
```

```
2019-03-09 10:40:49 INFO  StandaloneSchedulerBackend:54 - Granted executor ID app-20190309104049-0001/2 on hostPort 192.168.99.9:35356 with 3 core(s), 1024.0 MB RAM
```

当 Executor 初始化完成后，其节点中的 BlockManager 会到 Driver 中的 BlockManagerMaster 中进行注册，Driver 中的 BlockManager 也会进行注册。该过程日志如下：

```
2019-03-09 10:40:49 INFO  BlockManagerMaster:54 - Registering BlockManager BlockManagerId(driver, node8, 41833, None)
2019-03-09 10:40:49 INFO  BlockManagerMasterEndpoint:54 - Registering block manager node8:41833 with 366.3 MB RAM, BlockManagerId(driver, node8, 41833, None)
2019-03-09 10:40:49 INFO  BlockManagerMaster:54 - Registered BlockManager BlockManagerId(driver, node8, 41833, None)
...
2019-03-09 10:40:51 INFO  BlockManagerMasterEndpoint:54 - Registering block manager 192.168.99.17:34544 with 366.3 MB RAM, BlockManagerId(1, 192.168.99.17, 34544, None)
2019-03-09 10:40:51 INFO  BlockManagerMasterEndpoint:54 - Registering block manager 192.168.99.9:46547 with 366.3 MB RAM, BlockManagerId(2, 192.168.99.9, 46547, None)
2019-03-09 10:40:51 INFO  BlockManagerMasterEndpoint:54 - Registering block manager 192.168.99.10:45560 with 366.3 MB RAM, BlockManagerId(0, 192.168.99.10, 45560, None)
```

在使用 textFile 方法的时候，Spark 会将 Hadoop 的配置文件进行广播，其他 Executor 到 HDFS 中拉取数据时，使用此配置。广播的变量最终会存储在 MemoryStore 中。MemoryStore 会显示存储数据的大小以及剩余空间的大小。该过程的日志如下：

```
2019-03-09 10:40:49 INFO  MemoryStore:54 - Block broadcast_0 stored as values in memory (estimated size 240.6 KB, free 366.1 MB)
2019-03-09 10:40:49 INFO  MemoryStore:54 - Block broadcast_0_piece0 stored as bytes in memory (estimated size 23.1 KB, free 366.0 MB)
2019-03-09 10:40:49 INFO  BlockManagerInfo:54 - Added broadcast_0_piece0 in memory on node8:41833 (size: 23.1 KB, free: 366.3 MB)
2019-03-09 10:40:49 INFO  SparkContext:54 - Created broadcast 0 from textFile at SearchAnalyse.scala:20
2019-03-09 10:40:49 INFO  FileInputFormat:249 - Total input paths to process : 30
```

在用户编写的代码中 action 操作会触发 Job 的执行，每个 Job 会被划分为 Stage，在本示例中使用了 sortBy 算法，虽然该算子为 transformation，但它会额外触发一次 Job 执行，用于评估每个分区中排序的数据，DAGScheduler 会将每个 Job 先创建最后的 ResultStage，再依次创建其依赖的 Stage。该过程日志如下：

```
2019-03-09 10:40:50 INFO  SparkContext:54 - Starting job: sortBy at SearchAnalyse.scala:26
2019-03-09 10:40:50 INFO  DAGScheduler:54 - Registering RDD 3 (map at SearchAnalyse.scala:26)
2019-03-09 10:40:50 INFO  DAGScheduler:54 - Got job 0 (sortBy at SearchAnalyse.scala:26) with 30 output partitions
2019-03-09 10:40:50 INFO  DAGScheduler:54 - Final stage: ResultStage 1 (sortBy at SearchAnalyse.scala:26)
2019-03-09 10:40:50 INFO  DAGScheduler:54 - Parents of final stage: List(ShuffleMapStage 0)
2019-03-09 10:40:50 INFO  DAGScheduler:54 - Missing parents: List(ShuffleMapStage 0)
```

如果一个 Stage 中所有的父 Stage 都计算完成或没有父 Stage 时，则会提交这个 Stage。在本示例中提交 Stage 0 加载 HDFS 中的数据。该过程日志如下：

```
2019-03-09 10:40:50 INFO  DAGScheduler:54 - Submitting ShuffleMapStage 0 (MapPartitionsRDD
[3] at map at SearchAnalyse.scala:26), which has no missing parents
```

每个提交的 Stage 都会被划分为多个 Task，Task 数量与 RDD 的分区一致。所有的 Task 计算逻辑都相同，将 Task 序列化后进行广播，这样可实现多个 Task 在同一个 Executor 执行时，仅仅保存一份 Task 的二进制数据。多个 Task 被封装为 TaskSet 交给 TaskScheduler 处理。该过程的日志如下：

```
2019-03-09 10:40:50 INFO  DAGScheduler:54 - Submitting ShuffleMapStage 0 (MapPartitionsRDD
[3] at map at SearchAnalyse.scala:26), which has no missing parents
2019-03-09 10:40:50 INFO  MemoryStore:54 - Block broadcast_1 stored as values in memory
(estimated size 4.9 KB, free 366.0 MB)
2019-03-09 10:40:50 INFO  MemoryStore:54 - Block broadcast_1_piece0 stored as bytes in
memory (estimated size 2.9 KB, free 366.0 MB)
2019-03-09 10:40:50 INFO  BlockManagerInfo:54 - Added broadcast_1_piece0 in memory on
node8:41833 (size: 2.9 KB, free: 366.3 MB)
2019-03-09 10:40:50 INFO  SparkContext:54 - Created broadcast 1 from broadcast at
DAGScheduler.scala:1161
2019-03-09 10:40:50 INFO  DAGScheduler:54 - Submitting 30 missing tasks from
ShuffleMapStage 0 (MapPartitionsRDD[3] at map at SearchAnalyse.scala:26) (first 15 tasks are
for partitions Vector(0, 1, 2, 3, 4, 5, 6, 7, 8, 9, 10, 11, 12, 13, 14))
2019-03-09 10:40:50 INFO  TaskSchedulerImpl:54 - Adding task set 0.0 with 30 tasks
```

SchedulerBackend 将等待的 Task 提交到有空闲 CPU 的 Executor 中，并输出 Task 的 id、Stage id、运行的 executor、计算的分区、本地化级别等信息。该过程日志如下：

```
2019-03-09 10:40:51 INFO  CoarseGrainedSchedulerBackend$DriverEndpoint:54 - Registered
executor NettyRpcEndpointRef(spark-client://Executor) (192.168.99.17:46224) with ID 1
2019-03-09 10:40:51 INFO  TaskSetManager:54 - Starting task 0.0 in stage 0.0 (TID 0, 192.
168.99.17, executor 1, partition 0, ANY, 7920 bytes)
2019-03-09 10:40:51 INFO  TaskSetManager:54 - Starting task 1.0 in stage 0.0 (TID 1, 192.
168.99.17, executor 1, partition 1, ANY, 7920 bytes)
2019-03-09 10:40:51 INFO  TaskSetManager:54 - Starting task 2.0 in stage 0.0 (TID 2, 192.
168.99.17, executor 1, partition 2, ANY, 7920 bytes)
2019-03-09 10:40:51 INFO  CoarseGrainedSchedulerBackend$DriverEndpoint:54 - Registered
executor NettyRpcEndpointRef(spark-client://Executor) (192.168.99.9:38590) with ID 2
2019-03-09 10:40:51 INFO  TaskSetManager:54 - Starting task 3.0 in stage 0.0 (TID 3, 192.
168.99.9, executor 2, partition 3, ANY, 7920 bytes)
```

当计算的 Task 运行完成时，会将结果返回至 Driver 端，输出 Task 计算的时间、所在的 Executor、计算的分区等信息。当有 Task 计算完成时会有 Executor 的 CPU 空闲，这时会将等待运行的 Task 提交到空闲的 Executor 中。循环往复，直到该 Stage 的所有的 Task 都计算完成。该过程的日志如下：

```
2019-03-09 10:40:58 INFO  TaskSetManager:54 - Finished task 4.0 in stage 0.0 (TID 4) in 7082
ms on 192.168.99.9 (executor 2) (1/30)
2019-03-09 10:40:58 INFO  TaskSetManager:54 - Starting task 10.0 in stage 0.0 (TID 10, 192.
```

```
168.99.9, executor 2, partition 10, ANY, 7920 bytes)
2019-03-09 10:40:58 INFO  TaskSetManager:54 - Finished task 5.0 in stage 0.0 (TID 5) in 7111 ms on 192.168.99.9 (executor 2) (2/30)
2019-03-09 10:40:59 INFO  TaskSetManager:54 - Starting task 11.0 in stage 0.0 (TID 11, 192.168.99.9, executor 2, partition 11, ANY, 7920 bytes)
2019-03-09 10:40:59 INFO  TaskSetManager:54 - Finished task 3.0 in stage 0.0 (TID 3) in 7704 ms on 192.168.99.9 (executor 2) (3/30)
2019-03-09 10:40:59 INFO  TaskSetManager:54 - Starting task 12.0 in stage 0.0 (TID 12, 192.168.99.17, executor 1, partition 12, ANY, 7920 bytes)
```

当该Stage中所有的Task都计算完成时，会将TaskSet从队列中移除，完成该Stage的计算。此时会查找依赖此Stage的子Stage，将子Stage进行提交，计算子Stage。该过程日志如下：

```
2019-03-09 10:41:10 INFO  TaskSchedulerImpl:54 - Removed TaskSet 0.0, whose tasks have all completed, from pool
2019-03-09 10:41:10 INFO  DAGScheduler:54 - ShuffleMapStage 0 (map at SearchAnalyse.scala:26) finished in 20.198 s
2019-03-09 10:41:10 INFO  DAGScheduler:54 - looking for newly runnable stages
2019-03-09 10:41:10 INFO  DAGScheduler:54 - running: Set()
2019-03-09 10:41:10 INFO  DAGScheduler:54 - waiting: Set(ResultStage 1)
2019-03-09 10:41:10 INFO  DAGScheduler:54 - failed: Set()
2019-03-09 10:41:10 INFO  DAGScheduler:54 - Submitting ResultStage 1 (MapPartitionsRDD[7] at sortBy at SearchAnalyse.scala:26), which has no missing parents
```

当某个Job的所有的Stage完成计算后，该Job计算完成，输出Job的计算时间，运行下一个Job。该过程的日志如下：

```
2019-03-09 10:41:11 INFO  DAGScheduler:54 - ResultStage 1 (sortBy at SearchAnalyse.scala:26) finished in 1.158 s
2019-03-09 10:41:11 INFO  DAGScheduler:54 - Job 0 finished: sortBy at SearchAnalyse.scala:26, took 21.730926 s
2019-03-09 10:41:11 INFO  SparkContext:54 - Starting job: take at SearchAnalyse.scala:26
2019-03-09 10:41:11 INFO  DAGScheduler:54 - Registering RDD 5 (sortBy at SearchAnalyse.scala:26)
2019-03-09 10:41:11 INFO  DAGScheduler:54 - Got job 1 (take at SearchAnalyse.scala:26) with 1 output partitions
2019-03-09 10:41:11 INFO  DAGScheduler:54 - Final stage: ResultStage 4 (take at SearchAnalyse.scala:26)
```

一个Spark的应用程序就是在不断提交Job、划分Stage、提交Task、执行Task。当所有Job计算完成时，整个Spark应用程序就计算完成了。在此过程中输出每个Task、每个Stage、每个Job的执行时间，这部分日志在定位问题时非常重要。因为当Spark应用程序出现问题时，某一部分的执行时间可能会非常长。

2. Executor端的日志

Driver端负责Stage的划分、Task的提交。Executor端负责任务的执行并将任务结果进行返回。Executor在初始化时，同样会创建SparkEnv，在SparkEnv中创建BlockManager、MemoryManager等各个组件。该部分日志与Driver端类似，不再列出。

当 Executor 端接收到 Task 时,会运行该 Task,并输出该 Task 属于哪个 Stage。在首次运行 Task 时,会从广播变量中获取 Task 的二进制数据,该节点的 BlockManager 会从远程的节点拉取。该过程的日志如下:

```
2019-03-09 10:40:51 INFO  CoarseGrainedExecutorBackend:54 - Got assigned task 3
2019-03-09 10:40:51 INFO  CoarseGrainedExecutorBackend:54 - Got assigned task 4
2019-03-09 10:40:51 INFO  CoarseGrainedExecutorBackend:54 - Got assigned task 5
2019-03-09 10:40:51 INFO  Executor:54 - Running task 3.0 in stage 0.0 (TID 3)
2019-03-09 10:40:51 INFO  Executor:54 - Running task 5.0 in stage 0.0 (TID 5)
2019-03-09 10:40:51 INFO  Executor:54 - Running task 4.0 in stage 0.0 (TID 4)
...
2019-03-09 10:40:53 INFO  TorrentBroadcast:54 - Started reading broadcast variable 1
2019-03-09 10:40:53 INFO  TransportClientFactory:267 - Successfully created connection to
node8/192.168.99.4:41833 after 2 ms (0 ms spent in bootstraps)
2019-03-09 10:40:53 INFO  MemoryStore:54 - Block broadcast_1_piece0 stored as bytes in
memory (estimated size 2.9 KB, free 366.3 MB)
2019-03-09 10:40:53 INFO  TorrentBroadcast:54 - Reading broadcast variable 1 took 135 ms
2019-03-09 10:40:53 INFO  MemoryStore:54 - Block broadcast_1 stored as values in memory
(estimated size 4.9 KB, free 366.3 MB)
```

在 Task 运行过程中,如果对 RDD 进行缓存,会将该 RDD 的计算的分区的数据缓存到节点的 BlockManager 中,如果指定只使用内存,则当内存不足时,会提示缓存失败。该过程的日志如下:

```
2019-03-09 10:40:57 INFO  MemoryStore:54 - Will not store rdd_2_5
2019-03-09 10:40:57 WARN  MemoryStore:66 - Not enough space to cache rdd_2_5 in memory!
(computed 93.4 MB so far)
2019-03-09 10:40:57 INFO  MemoryStore:54 - Memory use = 355.3 KB (blocks) + 318.3 MB
(scratch space shared across 3 tasks(s)) = 318.6 MB. Storage limit = 366.3 MB.
2019-03-09 10:40:57 WARN  BlockManager:66 - Block rdd_2_5 could not be removed as it was not
found on disk or in memory
2019-03-09 10:40:57 WARN  BlockManager:66 - Putting block rdd_2_5 failed
```

当 BlockManager 中存储内存不足时,会将内存中的数据溢写到磁盘中。该过程的日志如下:

```
2019-03-09 10:41:02 INFO  MemoryStore:54 - 5 blocks selected for dropping (109.6 MB bytes)
2019-03-09 10:41:02 INFO  BlockManager:54 - Dropping block broadcast_1_piece0 from memory
2019-03-09 10:41:02 INFO  BlockManager:54 - Writing block broadcast_1_piece0 to disk
2019-03-09 10:41:02 INFO  BlockManager:54 - Dropping block broadcast_1 from memory
2019-03-09 10:41:02 INFO  BlockManager:54 - Writing block broadcast_1 to disk
2019-03-09 10:41:02 INFO  BlockManager:54 - Dropping block broadcast_0 from memory
2019-03-09 10:41:02 INFO  BlockManager:54 - Writing block broadcast_0 to disk
2019-03-09 10:41:02 INFO  BlockManager:54 - Dropping block broadcast_0_piece0 from memory
2019-03-09 10:41:02 INFO  BlockManager:54 - Writing block broadcast_0_piece0 to disk
2019-03-09 10:41:02 INFO  BlockManager:54 - Dropping block rdd_2_4 from memory
```

当 Task 运行完成时,会将 Task 的运行结果返回至 Driver 端,并输出计算结果的大小。该过程的日志如下:

```
2019-03-09 10:41:08 INFO  Executor:54 - Finished task 20.0 in stage 0.0 (TID 20). 1220 bytes
```

```
result sent to driver
2019-03-09 10:41:10 INFO  Executor:54 - Finished task 27.0 in stage 0.0 (TID 27). 1220 bytes
result sent to driver
2019-03-09 10:41:10 INFO  Executor:54 - Finished task 28.0 in stage 0.0 (TID 28). 1177 bytes
result sent to driver
```

在执行 Shuffle 操作时，Map 端使用 ExternalSorter 对数据进行分组、按分区排序，如果内存不足，则会将内存中的数据写入磁盘，为后续数据迭代留出内存空间。在 Reduce 端使用 ExternalSorter 对 key 进行排序时，如果内存不足则同样会溢写到磁盘中。该过程日志如下：

```
2019-03-09 13:49:09 INFO  ExternalSorter:54 - Thread 65 spilling in-memory map of 5.2 MB to
disk (1 time so far)
2019-03-09 13:49:10 INFO  ExternalSorter:54 - Thread 65 spilling in-memory map of 5.1 MB to
disk (2 times so far)
2019-03-09 13:49:10 INFO  ExternalSorter:54 - Thread 65 spilling in-memory map of 5.1 MB to
disk (3 times so far)
2019-03-09 13:49:10 INFO  ExternalSorter:54 - Thread 65 spilling in-memory map of 5.9 MB to
disk (4 times so far)
2019-03-09 13:49:11 INFO  ExternalSorter:54 - Thread 65 spilling in-memory map of 6.6 MB to
disk (5 times so far)
2019-03-09 13:49:11 INFO  ExternalSorter:54 - Thread 65 spilling in-memory map of 5.5 MB to
disk (6 times so far)
```

在 Reduce 端对所有的 Map 端的 Task 中的数据进行聚合时，会使用 ExternalAppendOnlyMap 组件，如果内存不足，则该组件会将数据溢写到磁盘中。该过程日志如下：

```
2019-03-09 13:50:05 INFO  ExternalAppendOnlyMap:54 - Thread 65 spilling in-memory map of
5.1 MB to disk (1 time so far)
2019-03-09 13:50:05 INFO  ExternalAppendOnlyMap:54 - Thread 65 spilling in-memory map of
5.3 MB to disk (2 times so far)
2019-03-09 13:50:05 INFO  ExternalAppendOnlyMap:54 - Thread 65 spilling in-memory map of
5.3 MB to disk (3 times so far)
2019-03-09 13:50:06 INFO  ExternalAppendOnlyMap:54 - Thread 65 spilling in-memory map of
5.1 MB to disk (4 times so far)
```

5.2 Spark 程序调优

5.2.1 提高并行度

在 Spark 中，任务运行的并行度是对性能影响最大的因素。任务的并行度决定了能够同时运行多少个任务来处理 RDD 中的数据。在 Spark 中一个 Job 会被划分为多个 Stage，每个 Stage 会生成多个 Task，每个 Task 计算 RDD 中的一个分区的数据。所以并行度是针对某个 Stage 而言的，不同的 Stage 其并行度可能不同。如经过 Shuffle 以后，Map 端的 Task 数量和 Reduce 端的任务数量一般是不同的。

如果并行度太低则将无法充分利用集群的计算资源，如在某个 Stage 中，计算的 RDD 只有一个分区，真正计算的只能生成一个 Task，即使集群中分配了再多的 Executor，每个 Executor 中有很多 CPU。在这个 Task 执行时，也只能使用其中一个 Executor 中的一个 CPU，其他分配的集群资源都处于空闲状态。而且由于 RDD 的所有的数据都通过一个分区计算，因此造成这一个 Task 计算的数据过大，运行缓慢。

1. Reduce 端并行度

在 Shuffle 的 Reduce 端的分区数都是通过分区器获取的。分区器决定了 Map 端的每个 Task 的将数据分组的数量，也决定了 Reduce 端的分区的数量。默认此数量为 200，通过 spark.default.parallelism 配置。如果在计算的任务中有大量的数据，并且有足够的 CPU 资源计算，则可以考虑适当提高此参数，提高 Reduce 端的并行度。在一些产生 Shuffle 的算子中，可以手动指定分区的数量，如 groupByKey(1000)。此时通过算子中的设置可以达到相同的效果。

2. RDD 加载数据并行度

在一个 Stage 中，各个 RDD 的转换都是通过流水线的形式进行转换的。在 Stage 的第一个 RDD 负责该 Stage 中的数据的初始化加载。根据加载数据源的不同，初始的 RDD 加载数据的来源只有两种：一是该 Stage 为 Shuffle 的 Reduce 端，通过拉取上游的数据完成数据加载；二是从不同的数据源中加载如数据库、文件系统、并行集合等。在第一种中并行度的调节已介绍；在第二种中，不同的数据源对应生成的 RDD 的方式不同，其并行度取决于 RDD 的创建过程。如从文件系统加载数据时，HadoopRDD 会为每个 HDFS 每个 Block 块创建一个分区，此时 RDD 的分区数据量取决于文件 Block 块的数据，在运行 Task 时每个 Task 读取一个 Block 块中的数据。其他在从不同的数据源加载数据时，应按照其加载方式，适当调整初始 RDD 的并行度。

3. 主动调整分区数量

在某些极端的情况下，可能用户不能控制 RDD 的分区的数量，得到的 RDD 的分区数量可能特别小，造成并行度很低，此时可通过 repartition() 函数手动增加 RDD 的分区，此时会生成新的 ShuffleRDD，在这个过程中会发生 Shuffle 操作。所以此函数应慎重使用。

Spark 官方推荐根据应用分配 CPU 的情况，分区的数量可以为 CPU 核数的 2～3 倍。

5.2.2 避免创建重复的 RDD

在对数据计算过程中，如果某个 RDD 使用了多次，应避免创建多次 RDD 的对象。如某 RDD 为从文件系统中加载，后续又使用到了该文件系统中同一目录的数据，又进行了加载，此时会在 Driver 端创建两个 RDD 的对象，但 RDD 中计算的数据是相同的，即使不对 RDD 缓存的情况下也应使用同一 RDD 进行操作。配合 RDD 的缓存可实现 RDD 的数据只加载一次，在后续计算中如果使用到该 RDD 的数据，会直接从缓存中读取。

5.2.3 RDD 持久化

在执行 Spark 应用程序的过程中，每个 action 操作都会触发 Spark Job 的执行。多个

Spark Job 可能会使用到同一个 RDD,默认情况下,RDD 的计算会通过其计算函数获取 RDD 某分区的数据,计算函数在获取数据时首先根据 RDD 的 BlockId 到 BlockManager 中查找该 RDD 的分区是否被缓存,如果缓存了则不再通过父 RDD 进行计算,直接从 BlockManager 中获取。

当一个 RDD 被不同的 Job 多次使用时,可以将该 RDD 进行缓存,在第一次使用时会从父 RDD 进行计算,计算完成后会将 RDD 每个分区的数据缓存到对应 Executor 的 BlockManager 中,后续使用的过程中,执行到计算函数会首先到 BlockManager 查找缓存,从而避免了 RDD 的重复计算。

但并不是只要重复使用 RDD 就需要进行缓存,如果一个 RDD 从 HDFS 中读取的数据被使用了多次,此时对这个 RDD 进行缓存可能得不偿失,因为 HDFS 中的数据会比集群中的内存大很多,内存中无法容纳该 RDD 的数据,根据指定的缓存策略可能会将数据保存到节点的磁盘中,再次使用的时候还是会从磁盘中进行读取,这时和从 HDFS 中直接读取没有什么区别,甚至可能还没有从 HDFS 中读取磁盘的吞吐量高。

真正应被缓存的 RDD 应是经过复杂的计算,经过多次的 Shuffle、过滤后重复使用的 RDD。如某个 RDD 从最初 10TB 数据中经过各种 Shuffle、过滤等计算最终得到了 10GB 的数据,而这个 10GB 的数据会重复地使用,此时缓存才能发挥其加速的作用。

5.2.4 广播大变量

在执行的算子中,如果使用到了外部的变量,Spark 会通过序列化将该变量放到每个 Task 中,如果使用到的外部变量较大,此时会产生大量的网络 I/O,而且每个 Task 中保存重复的大量变量造成内存的极大浪费,严重的还会造成频繁的 GC。未使用广播变量时变量的分配情况如图 5.9 所示。

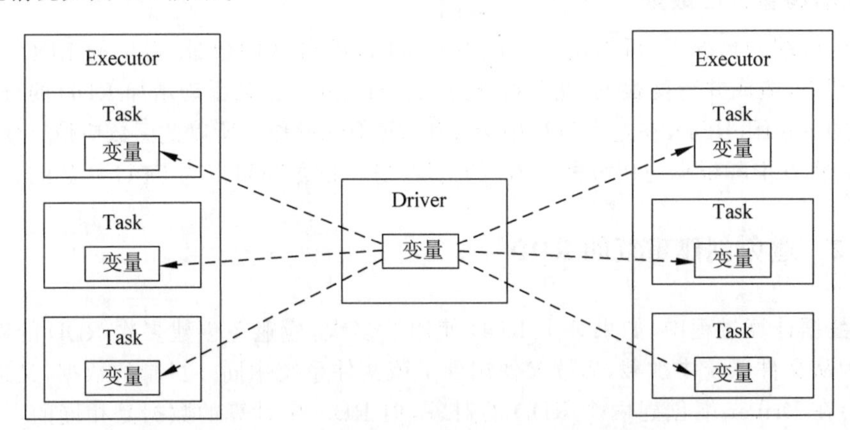

图 5.9 未使用变量广播时变量的分配情况

如果外部的变量过大应使用广播功能(Broadcast)。通过广播的功能可实现在每个 Executor 中都保存一份变量,而不是在每个 Task 中。使用广播变量后,变量的分布如图 5.10 所示。多个 Task 在一个 Executor 中运行时,共享同一个变量即可,大大减少了内存的占用。而且 Executor 中的广播的变量是懒加载的,只有 Task 使用到该变量时,对应节点的

BlockManager 才会从其他节点中拉取数据。如一个变量为 100MB,执行的 Task 有 10 000 个,可使用的 Executor 有 100 个。此时如果不进行变量的广播,则所有 Task 使用的内存大小为 100MB×10 000≈1000GB。如果使用广播变量,则所有的 Task 使用的内存的大小为 100×100=10GB。相差 100 倍的数据量,这 100 倍的重复数据保存到内存中造成了严重浪费,1000GB 的数据在网络中传输也是很大的开销。广播变量在各个 Executor 中的分布如图 5.10 所示。

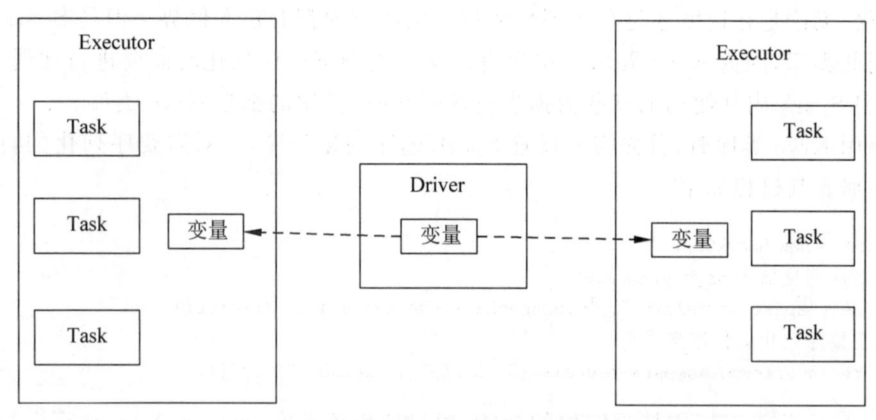

图 5.10 广播变量在各个 Executor 中的分布

此外如果两个 RDD 进行 join 时,在一定条件下也可以通过广播变量实现。两个 RDD 在进行 join 时,如果它们的 partitioner 不同,会产生 Shuffle 操作。如果两个 join 的 RDD 中有一个数据量较少,也可以将该 RDD 的数据进行广播,使用广播的变量手动进行 join,此时可以避免 Shuffle 的过程,从而加快计算速度。如果两个 RDD 数据量都比较大,则该方式将不适用,因为获取 RDD 的所有数据,会将所有的分区的数据传入到 Driver 端,如果 RDD 的数据较大,很可能会造成 Driver 端内存的溢出。

5.2.5 使用高性能序列化类库

在 Spark 任务执行的过程中,很多地方用都到了数据的序列化。对数据序列化也影响到了 Spark 任务执行的速度。尤其是对 RDD 数据的序列化,大量数据的序列化会消耗一部分时间。Spark 中主要有以下几方面使用到了序列化功能。

- Task 会被序列化,传输到 Executor 节点。
- 广播变量的数据会被序列化,在 BlockManager 中存储,并传输到 Executor 节点。
- 对 RDD 进行缓存时,根据指定的缓存策略,有的会将数据序列化存储,在读取时需将数据反序列化。
- 在 Shuffle 的 Map 端使用 SortShuffleWriter 数据按照 key 聚合、按照分区排序的过程需要两次将数据序列化。
- 在 Shuffle 的 Map 端使用 BypassMergeSortShuffleWriter 和 UnsafeShuffleWriter 时需要将数据进行一次序列化写入磁盘。
- 在 Shuffle 的 Reduce 端对 key 进行聚合时,使用 ExternalAppendOnlyMap 如果内

存不足,将内存中的数据溢出到磁盘时,需要将数据进行序列化;在将磁盘数据合并时,需要反序列化。

- 在 Shuffle 的 Reduce 端使用 ExternalSorter 对 key 进行排序时,如果内存不足需要将数据溢写到磁盘中,此过程需要对数据序列化,在读取时需要反序列化。

在如此多的序列化和反序列化中,使用用一个高性能的序列化类库非常重要,如常见的 Kryo 序列化类库,它的性能会比 Java 自带的序列化类库高很多,官方介绍其性能要比 Java 高出 10 倍,无论是在速度还是在序列化数据的大小方面都有很大优势。但是 Spark 默认并没有使用此类库,因为 Kryo 要求对用户自定义的类型进行序列化时需要进行注册,使用不够方便,但 Spark 内部使用的某些数据进行序列化时,使用的都是 Kryo 类库。

在使用 Kryo 类库时,首先需要设置 Spark 的序列化类库,并对需要序列化的自定义的类进行注册。其过程如下:

```
val conf = new SparkConf()
//设置序列化器为 KryoSerializer
conf.set("spark.serializer", "org.apache.spark.serializer.KryoSerializer")
//注册要序列化的自定义类型
conf.registerKryoClasses(Array(classOf[Class1], classOf[Class2]))
```

Kryo 序列化类库还支持重定位的功能,通过使用该类库,可以在 Map 端写入数据时使用 UnsafeShuffleWriter,从而实现只对数据序列化一次的目的。Java 自带的序列化工具并不支持重定位功能,在 Map 端写入数据时,如果使用 SortShuffleWriter 会对数据进行两次序列化操作,使计算过程相对变慢。

5.2.6 优化资源操作连接

在 Spark 将数据处理完成后,往往需要将处理的结果写入持久化组件中,如写入数据库、写入文件等。在使用这些连接时,如果调用 RDD 的 foreach()函数,在函数内部创建连接会为每条 RDD 的记录都创建一个连接,造成极大的性能损失。典型的错误写法如下所示:

```
rdd.foreach { record =>
    val connection = createNewConnection()
    connection.send(record)
    connection.close()
  }
```

如果涉及资源的操作,则应该为每个分区创建一个资源连接,如操作数据库时,为每个分区创建一个数据库连接,这样同一个分区的所有的数据便可以使用同一个连接操作需要的资源。在 Spark 中可以使用 RDD 的 foreachPartition()函数,为每个分区数据执行相应的操作。其函数使用如下所示:

```
rdd.foreachPartition { partitionOfRecords =>
    val connection = createNewConnection()
    partitionOfRecords.foreach(record => connection.send(record))
    connection.close()
  }
```

5.3 Spark 资源调优

5.3.1 CPU 分配

Spark Job 的执行是通过将 Job 划分为多个有依赖关系的 Stage，每个 Stage 划分为多个 Task，Task 并行执行，从而形成了 Spark 的并行计算。在 SparkContext 初始化的时候，会向对应的集群管理器中申请 Executor，每个 Executor 中包含了可用的 CPU 和内存。Executor 启动成功后会向 Driver 端进行注册，从而 Driver 的集群管理器即可知道有多少 Executor 可用，每个 Executor 中有多少 CPU 可用。

当 Executor 中的 CPU 有空闲时，Driver 端会将当前执行的 Stage 中等待运行的 Task 提交到对应的 Exeuctor 中执行。直到 Executor 中的 CPU 都占用完毕或者该 Stage 中没有等待运行的 Task 为止。当 Executor 中的某个 Task 执行完毕时，会将运行结果发送至 Driver 端。Driver 端将对应的 Executor 增加可用的 CPU，再次判断是否有等待的 Task 需要运行，如果有，则将 Task 提交到刚刚空闲出 CPU 的 Executor 中。

因此 Spark 应用程序分配的 CPU 的个数决定了集群中能够同时并行运行的 Task 的个数。如果应用程序只分配了一个 Executor，Executor 中只有一个 CPU，在 Stage 中的多个 Task 执行时，则会一个一个排队执行，一个 Task 运行完毕后，其他的 Task 才能够进行执行。在计算过程中，如果想提高程序运行的并行度，应提高 CPU 的分配数量。但是并行度也可能会受到 RDD 分区的限制，如果 RDD 的分区太小，则会造成 Task 数量过少，此时分配再多的 CPU 也不能提高任务执行的并行度。Spark 在 YARN 模式下为分配 Executor 和 CPU 的脚本示例如下：

```
./bin/spark-submit \
  --master yarn-cluster \
  --num-executors 10 \
  --driver-cores 8 \
  --executor-cores 8 \
```

5.3.2 内存分配

Spark 应用程序在运行时，所有的节点可分为两种角色：Driver 和 Executor。Driver 负责将 Job 划分为 Task，提交到 Executor 中执行，并接收 Executor 返回的 Task 计算的结果，对结果进行汇总。所以在内存的分配中，也需要为 Driver 和 Executor 分别配置内存。

Driver 节点的内存，仅仅需要将任务结果进行汇总，如果没有使用 collect 算子将大量数据拉取到 Driver 中，一般 Driver 不会使用特别多的内存，因为 Driver 节点本身并不负责 RDD 的计算。

Executor 节点的堆内存中，除一部分用于正常任务执行使用的堆内存外，还有一部分内存被该节点的 Executor 管理，Executor 将其管理的内存分为存储内存和执行内存。在该 Executor 中运行的所有的 Task 都共享该节点的存储内存和执行内存。对 RDD 进行缓存时，会占用存储内存的部分，在 Shuffle 时，Map 端和 Reduce 端都会占用执行内存。所以在对 Executor 内存进行分配时应充分考虑缓存部分和执行内存部分的大小。Executor 中每个 Task 申请执行内存最大为 $1/n$，当一个 Executor 中分配的 CPU 较多时，应适当多分配内存用于每个 Task 申请执行内存；否则执行内存过小，可能会造成在 Shuffle 过程中，数据频繁溢出到磁盘中，从而使任务计算时间变长。Spark 在 YARN 模式下为分配 Executor 和内存的脚本示例如下：

```
./bin/spark-submit \
  --master yarn-cluster \
  --num-executors  10 \
  --driver-memroy  4G \
  --executor-memory  16G \
```

此外在进行内存分配时，内存的大小应避免在 32～40GB 的范围，因为在这个范围内由于 JVM 关闭了指针压缩功能，被分配的内存一部分会被指针占用，使得用户并没有从分配更多的内存中受益。关于指针压缩的内容读者可以参考 2.2.4 节内容。

5.3.3 提高磁盘性能

虽然 Spark 是基于内存迭代式计算的，但是如果在 RDD 的计算过程中发生了 Shuffle，那么无论内存是否充足，Shuffle 的 Map 端的数据都一定要写入磁盘中。早期版本的 Spark 会直接在内存中保存数据，但由于数据量大经常会造成内存溢出，现在的 Spark 版本发生 Shuffle 一定会写入磁盘，Reduce 阶段再从磁盘中读取。

如果 Spark 在 Map 阶段分组、聚合，在 Reduce 阶段聚合、排序的过程中，内存不足以存放整个 RDD 的数据，此时还会发生额外的磁盘溢写的操作。

如果在对 RDD 缓存的过程中，存储内存不足以存放 RDD 的某个分区的数据时，如果允许写入磁盘也会将数据溢写至磁盘中。

在以上过程中伴随磁盘的读写都会有数据的序列化和反序列化操作，所以使用高性能的磁盘、高性能的序列化类库都能为 Spark 的执行提高速度。如果在对计算速度要求更苛刻的情况下，甚至可以使用内存盘作为磁盘读写，但使用内存盘的前提是一定要保证内存盘足够大，否则 Spark 溢出磁盘的数据可能会将内存盘写满，造成程序运行失败。

5.3.4 Executor 数量的权衡

在可用资源一定的情况下，会涉及如何确定 Executor 数量的问题。如在 YARN 中，用户可指定需要启动的 Executor 和每个 Executor 分配的内存与 CPU，此时同样的 CPU 资源是多分配 Executor，将每个 Executor 中 CPU 数量减少，还是减少 Executor 数量为每个 Executor 分配更多的 CPU 呢？

如果仅仅对于 CPU 的使用而言，其实是相同的，因为每个 Task 的执行会占用一个 CPU，Task 不会关心是使用哪个 Executor 的 CPU 运行。

对于内存使用则不同，因为如果在一个 Executor 中 CPU 的数量过多，在该 Executor

中执行的 Task 数量就会变多，如果 Task 需要进行 Shuffle 操作，则所有 Task 会共享同一个 Executor 中的执行内存。假如此时一个 Executor 分配的内存过少，则会造成每个 Task 分配的执行内存过少。同样，如果对 RDD 进行缓存时，在一个 Executor 中的 CPU 过多，会将同一个 RDD 的多个分区都缓存到同一个 Executor 中，此时也需要增加内存满足多个分区的数据缓存使用。

如果在任务中使用到了大的广播变量，此时分配的 Executor 越多，那么共享变量的副本数就越多。在同一个 Executor 中运行的 Task 是可以共享同一份共享变量的，因此在进行 Executor 数量的划分中，也应考虑共享变量的使用。

此外，Executor 进程本身的运行也需要消耗内存。在 Spark 中，统一内存管理器为 Executor 的运行预留了 300MB 内存，同时使用了剩余部分的 60%作为内存管理器管理的内存部分，其他部分都作为任务正常执行时使用。如果 Executor 运行过多，在相同的内存条件下，系统预留使用的内存就会增多。

5.3.5 Spark 管理内存比例

默认情况下 Executor 会预留 300MB 内存，并且剩余部分的 60%作为存储内存和管理内存使用。其余的 40%和预留的 300MB 内存作为 Executor 本身和 Task 执行占用的堆内存使用。如果在运行 Spark 任务时，用户的内存有限，不能为每个 Executor 分配大量内存，并且在执行的算子中，没有单独使用较大的集合存储自定义的对象，此时可适当调节内存管理器管理的内存部分，减少预留的内存，增加执行内存和存储内存，可以使更多的内存资源用于缓存和 Shuffle 的操作。

通过 spark.testing.reservedMemory 设置 Executor 使用的预留内存默认为 300MB，通过 spark.memory.fraction 设置内存管理器管理的内存比例，默认为 0.6，可适当调为 0.6～0.8，具体应根据实际应用程序而定。统一内存管理器管理的内存部分如图 5.11 所示。

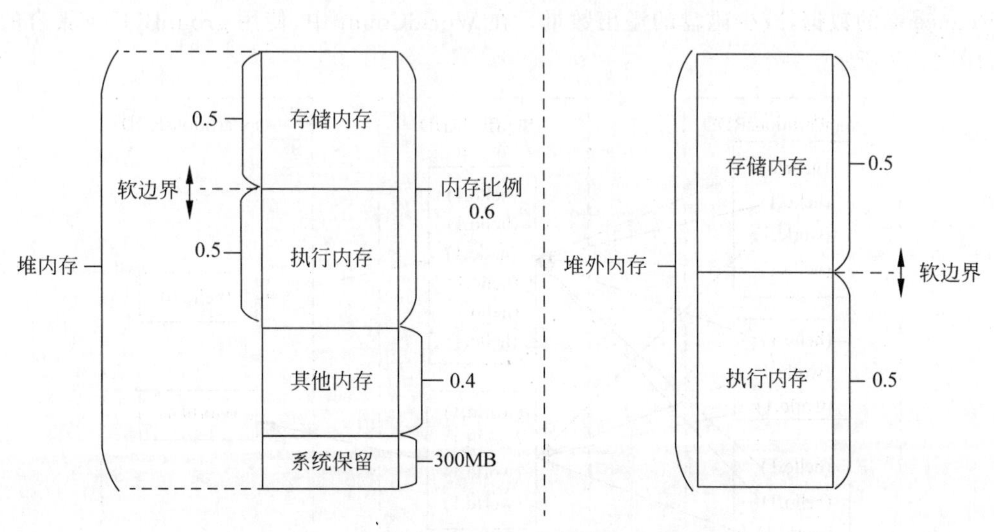

图 5.11 统一内存管理器管理的内存部分

5.3.6 使用 Alluxio 加速数据访问

当 Spark 从 HDFS 或其他持久化组件中加载数据时，其速度受到磁盘的吞吐量限制。当某些热数据经常使用时，可考虑在 Spark 组件与底层存储组件中加入内存缓存层，使用 Alluxio 是一个很好的选择。Alluxio 与 Hadoop 的兼容性很好，当 Spark 程序从 HDFS 加载数据变为从 Alluxio 加载数据时，仅仅修改加载路径即可，可以很方便地与 Alluxio 进行集成。

使用 Alluxio 能够使 Spark 访问文件的速度显著提升，目前已有超过 100 家公司的生产中进行了部署，并且在超过 1000 个节点的集群上运行着。Spark 与 Alluxio 详细的集成方式请参考 1.4 节。

5.4 Shuffle 过程调优

5.4.1 Map 端聚合

在进行 Shuffle 的过程中，Reduce 端需要对 Map 阶段中的相同的 key 进行聚合，此过程中会加载大量数据，在聚合过程中还会将数据溢写到磁盘中。如果在 Map 端每个 Task 能够对自己分区的数据按照 key 首先聚合一次，将会大大减少 Map 端的数据输出。这个过程也需要视具体聚合过程而定。如聚合的过程是进行求和，则大量相同的 key 最终会生成一条数据，而且 value 值也会很小。如果聚合过程是将相同 key 的 value 聚合到一个数组中，类似于 groupByKey 的过程，此时，虽然在 Map 端进行了聚合，但是 value 值的大小并没有明显减小，此时在 Map 端聚合没有优势，而且大数组在聚合过程中还可能造成内存的溢出。

在 Spark 中已经定义了一些能够在 Map 端预先聚合的算子，如 reduceByKey、aggregateByKey 等，都会在 Map 端先进行聚合再写入文件中。在 Shuffle 阶段只需要拉取聚合后的数据即可。使用此种方式可以大大减少 Shuffle 过程中网络的流量，而且能够减少 Reduce 端的数据，减少磁盘的溢出数量。在 WorldCount 中，使用 groupByKey 聚合的过程如图 5.12 所示。

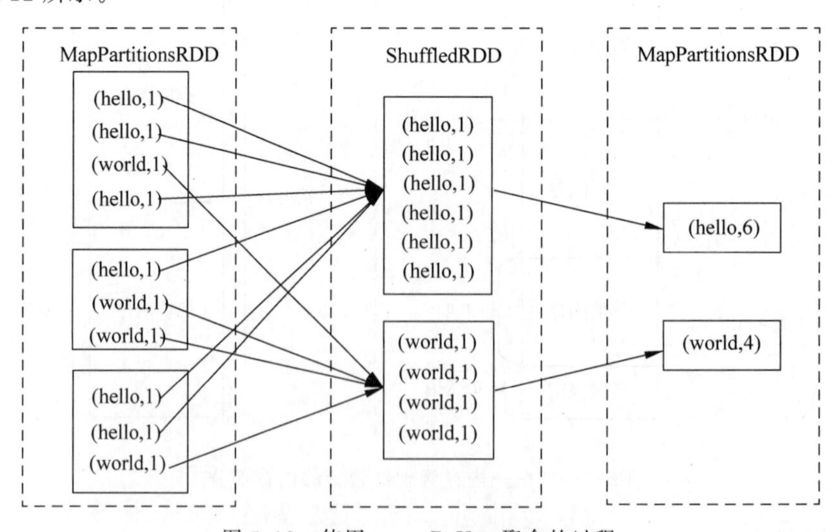

图 5.12 使用 groupByKey 聚合的过程

使用 reduceByKey 聚合的过程如图 5.13 所示。

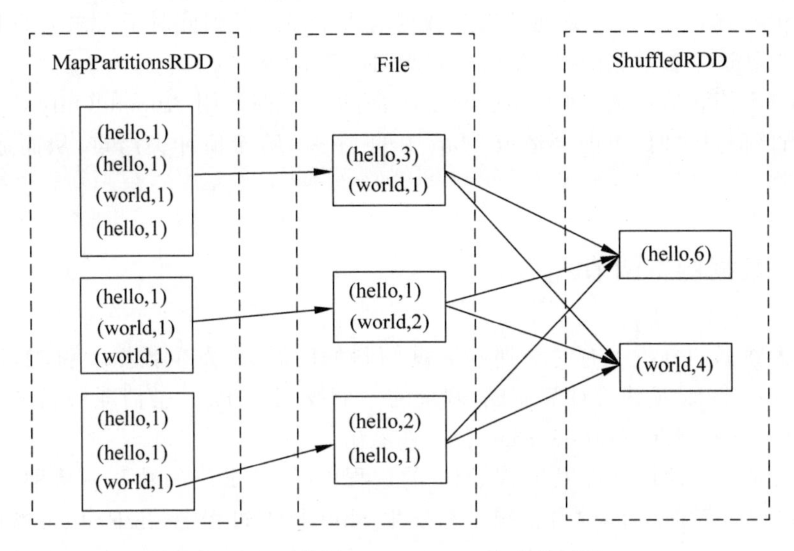

图 5.13 使用 reduceByKey 聚合的过程

5.4.2 文件读写缓冲区

Spark 的 BlockManager 在对磁盘进行写入数据时，首先会把数据写入缓冲区中，再将缓冲区的数据一次性写入磁盘。默认缓冲区的大小位 32KB，如果适当提高该缓冲区的大小，可以减少 I/O 的次数，从而在一定程度上提高读写性能。该参数通过 spark. shuffle. file. buffer 配置，如果用户内存资源充足则可提高至 64～1024KB。

5.4.3 Reduce 端并行拉取数量

在 Recude 端并行执行的 Task 通过分区数决定，但在同一个分区中，在不同的 Map 端的 Task 并行拉取的任务是可以控制的。默认该数量通过一个内存缓存大小(64MB)控制。Reduce 端的某一个 Task 在拉取数据时，会保证同时拉取的任务占用的内存不超过该值，通过这个值的控制，可以实现多个 Map 端的 Task 依次排队进行拉取，而不是同时拉取，从而控制了内存的使用。如果内存资源充足则可以通过 spark. reducer. maxSizeInFlight 增大该内存值，增大后同时拉取的任务数将会增多，并行地从 Map 端拉取数据，从而加快 Reduce 端的计算过程。

5.4.4 溢写文件上限

在 Shuffle 的过程中，ExternalSorter 和 ExternalAppendOnlyMap 都会通过 spark. shuffle. spill. batchSize 参数控制内存中记录的数量，默认为 10 000，当内存的集合中的数据达到这个数据的时候，无论执行内存是否充足都会将内存中的数据强制写入磁盘中，这对大内存的 Executor 而言并不是一个很好的处理方式，因为内存还有足够的空间，还能将数据存储在内存中，到达了 10 000 条便把这些数据写入了磁盘。因此对于大内存的 Executor 而言可以适当提高这个参数，保证内存被充分使用。

此参数也不能调节过大，因为在这两个组件的底层都使用 AppendOnlyMap 存储内存中的数据，当该值过大时，可能会造成 Map 中的 key 的哈希值冲突严重，从而造成 Map 的性能严重下降。

5.4.5 数据倾斜调节

在进行大数据的分析中有时会遇到数据倾斜的问题，在发生数据倾斜时，通常同一个 Stage 的 99%的 Task 很快都计算完成，剩余的一个或几个 Task 会消耗很长的时间才能计算完成，甚至在一些情况下，这些 Task 会内存溢出。

产生这种情况的原因是在发生 Shuffle 的过程中，某个 key 的数据量特别大，而其他的 key 数据量相对而言非常小，这种情况下在发生 Shuffle 的过程中，在 Reduce 端同一 key 会被一个 Task 进行处理，这时这个 Task 处理的数据量非常大，而其他的 Task 处理的数据量却很少，从而造成该 Task 执行非常缓慢。数据倾斜示意图如图 5.14 所示。

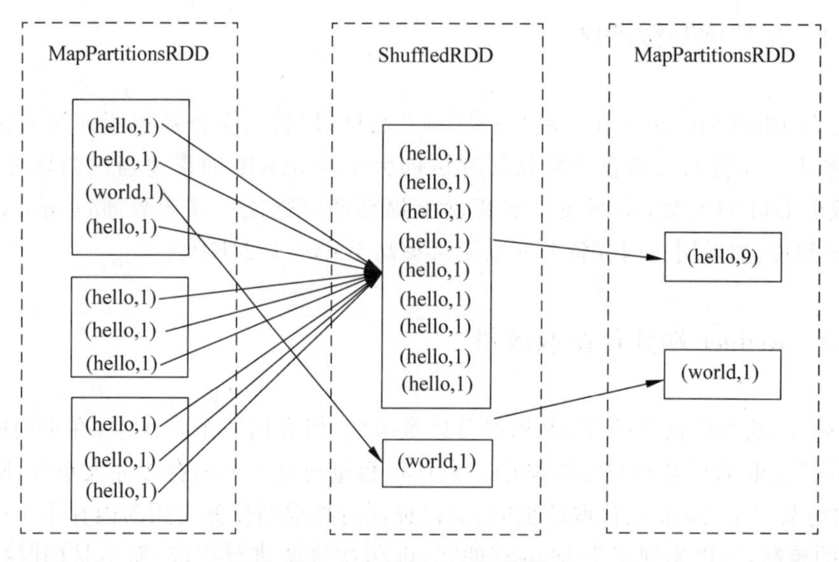

图 5.14 数据倾斜示意图

在这种情况下可以考虑将所有的 key 加上随机数字前缀，如加上 1～1000 的随机前缀，原有发生倾斜的 key 加上随机前缀后将会变为 1000 个不同的 key。在进行 Shuffle 的过程中首先对这 1000 个 key 进行聚合，聚合完成后倾斜的 key 将会得到 1000 组聚合后的数据，再对该 1000 组数据进行聚合得到最终的聚合结果。在这个过程中发生倾斜的 key 由于加上了随机的前缀，在 Shuffle 的时候，会被分到不同的分区，避免了之前所有的 key 都在一个分区中处理的情况。其原理如图 5.15 所示。

此外还可以适当提高 Reduce 端的并行度，使每个分区中处理的 key 的数量减少，这在一定程度上解决了数据倾斜的问题，但是如果只有一个 key 发生了严重的数据倾斜，这种方式并没有从根本上解决问题。增加 Reduce 端并行度的过程如图 5.16 所示。

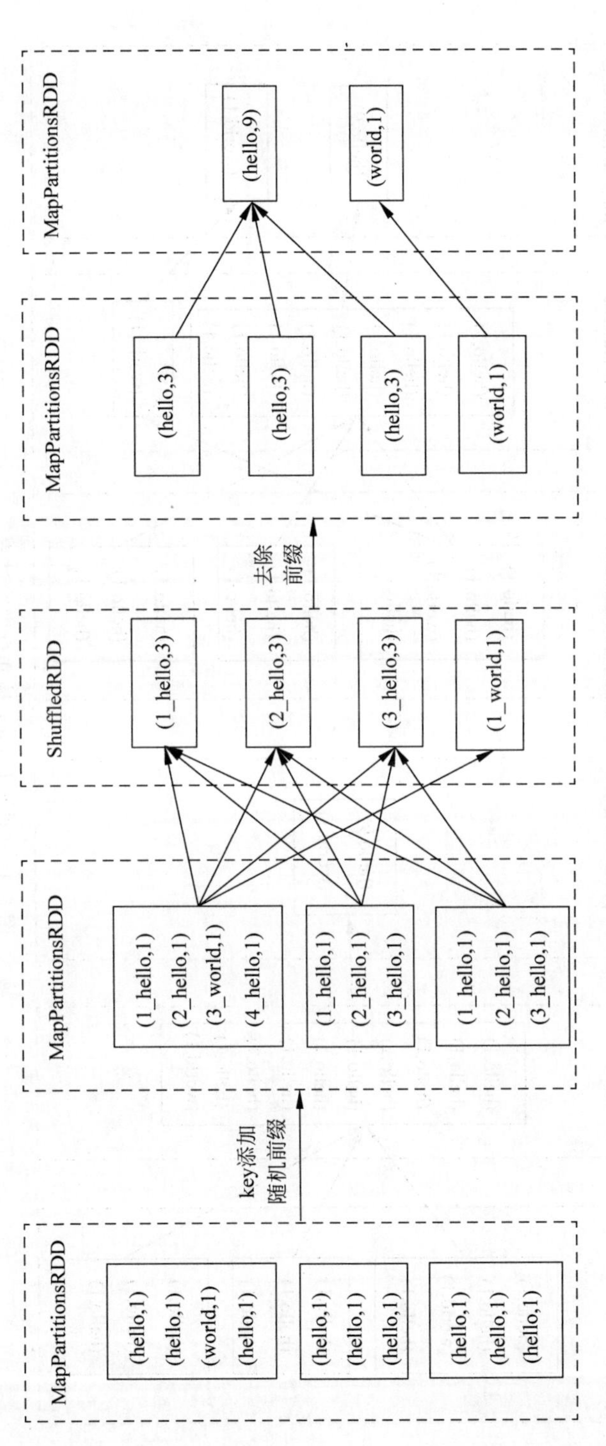

图 5.15　随机前缀聚合原理示意图

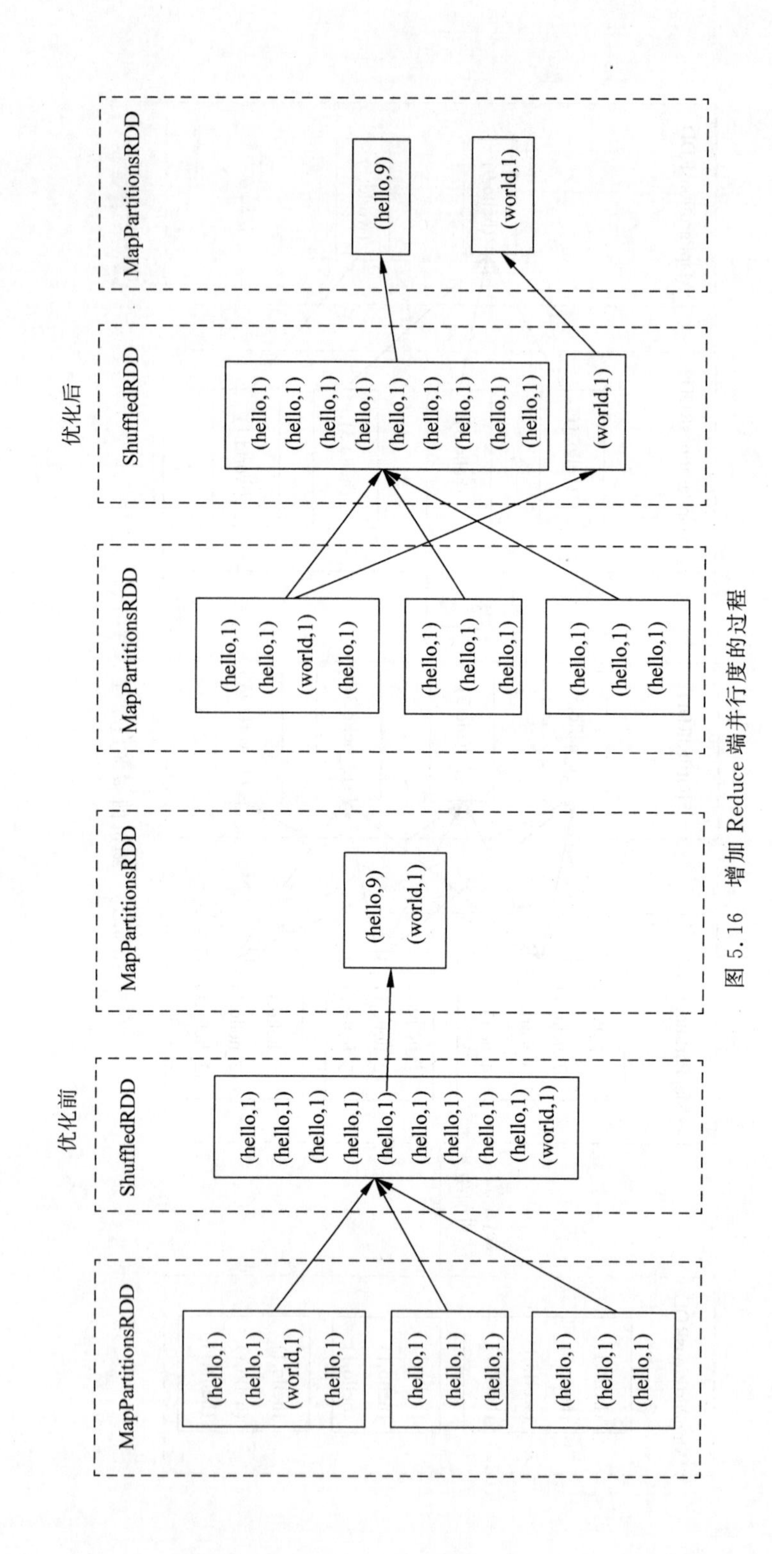

图 5.16 增加 Reduce 端并行度的过程

5.5 外部运行环境

Spark 任务的运行除了依赖 Spark 框架以外，还会涉及很多外部因素，如集群中网络通信、磁盘的 I/O、单核 CPU 的执行速度、外部数据源的读写的吞吐等。这些因素已经超出了 Spark 框架的控制范围。在运行的过程中，这些外部的因素也可能会影响到 Spark 任务的执行，因此在进行 Spark 调优的过程中，应综合考虑各方面的因素，任何一个环节出现问题都会造成 Spark 任务执行出现问题。

参 考 文 献

[1] 郭景瞻. 图解 Spark 核心技术与案例实战[M]. 北京：电子工业出版社，2017.

[2] GANELIN I，ORHIAN E. Spark 大数据集群计算的生产实践[M]. 李刚，译. 北京：电子工业出版社，2017.

[3] 耿嘉安. 深入理解 Spark 核心思想与源码分析[M]. 北京：机械工业出版社，2015.

[4] PENTREATH N. Spark 机器学习[M]. 蔡立宇，等译. 北京：人民邮电出版社，2015.

[5] 高彦杰，倪亚宇. Spark 大数据分析实战[M]. 北京：机械工业出版社，2015.

[6] 夏俊鸾. Spark 大数据处理技术[M]. 北京：电子工业出版社，2015.

[7] 于俊. Spark 核心技术与高级应用[M]. 北京：机械工业出版社，2015.

[8] 周志明. 深入理解 Java 虚拟机[M]. 北京：机械工业出版社，2015.

[9] 葛一鸣. 实战 Java 虚拟机：JVM 故障诊断与性能优化[M]. 北京：电子工业出版社，2015.

[10] 高俊峰. 高性能 Linux 服务器构建实战[M]. 北京：机械工业出版社，2014.

图书资源支持

感谢您一直以来对清华版图书的支持和爱护。为了配合本书的使用，本书提供配套的资源，有需求的读者请扫描下方的“书圈”微信公众号二维码，在图书专区下载，也可以拨打电话或发送电子邮件咨询。

如果您在使用本书的过程中遇到了什么问题，或者有相关图书出版计划，也请您发邮件告诉我们，以便我们更好地为您服务。

我们的联系方式：

地　　址：北京市海淀区双清路学研大厦 A 座 701

邮　　编：100084

电　　话：010-83470236　010-83470237

资源下载：http://www.tup.com.cn

客服邮箱：2301891038@qq.com

QQ：2301891038（请写明您的单位和姓名）

书圈

扫一扫，获取最新目录

课 程 直 播

用微信扫一扫右边的二维码，即可关注清华大学出版社公众号“书圈”。